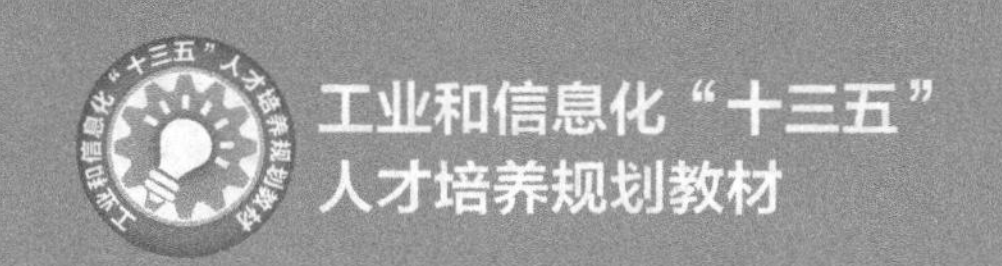

物联网概论

第2版

Introduction to the Internet of Things

黄玉兰 ◎ 编著

人 民 邮 电 出 版 社

北 京

图书在版编目（CIP）数据

物联网概论 / 黄玉兰编著. -- 2版. -- 北京 : 人民邮电出版社, 2018.11
工业和信息化“十三五”人才培养规划教材
ISBN 978-7-115-48887-9

Ⅰ. ①物… Ⅱ. ①黄… Ⅲ. ①互联网络－应用－高等学校－教材②智能技术－应用－高等学校－教材 Ⅳ. ①TP393.4②TP18

中国版本图书馆CIP数据核字(2018)第158860号

内 容 提 要

本书通过梳理物联网这个概念所包含的内容，对物联网的感知层、网络层、应用层进行系统讲解，覆盖了物联网背景、架构、核心技术、应用等基本框架，形成了理论和实例、技术和应用、学术和产业相结合的物联网知识体系。本书共有 10 章，包括绪论、物联网体系架构、射频识别（RFID）系统、传感器与无线传感网、物联网通信、物联网网络服务、物联网数据与计算、物联网中间件、物联网安全机制、智慧地球与物联网应用等内容。物联网从提出到发展，从实践到创新，已经悄然迈入了 2.0 时代，本书与之相适应。每章都配有本章小结、思考与练习，列举了例题，书末附有部分习题参考答案，便于学习。

本书适合作为高校物联网工程、电子、通信、计算机、自动控制等专业物联网课程的教材，也可作为物联网及相关行业科研、教学和管理人员的参考书。

◆ 编　　著　黄玉兰
　责任编辑　左仲海
　责任印制　马振武

◆ 人民邮电出版社出版发行　　北京市丰台区成寿寺路 11 号
　邮编　100164　　电子邮件　315@ptpress.com.cn
　网址　http://www.ptpress.com.cn
　北京天宇星印刷厂印刷

◆ 开本：787×1092　1/16
　印张：16.5　　　　2018 年 11 月第 2 版
　字数：484 千字　　2025 年 1 月北京第 13 次印刷

定价：49.80 元

读者服务热线：(010)81055256　印装质量热线：(010)81055316
反盗版热线：(010)81055315
广告经营许可证：京东市监广登字 20170147 号

第2版前言 FOREWORD

第2版说明

《物联网概论》自2011年12月出版以来，已经重印8次。本书第1版于2013年3月荣获陕西省高等教育教学成果奖。

为适应物联网的迅速发展，现对第1版进行修订。本版保留了原书的体系结构和各章中心明确、视角全面、层次清楚、论述流畅的特点，在保持第1版基本风格不变的前提下，对全书进行了更新和完善。

目前物联网从提出到发展，从实践到创新，已经悄然迈入了2.0时代。随着大数据、云计算、5G（第五代移动通信）、人工智能等的逐步发展完善，如果说物联网1.0是信息化向物的延伸，那么物联网2.0就是应用牵引的新概念发展模式。为适应物联网2.0的发展，第2版在第1版的基础上做了以下修订。

- 修订了绪论的部分内容。本版增加了物联网2.0的特征和发展现状、各种引领性新技术的内容，完善了物联网发展概况的内容。
- 修订了物联网体系架构的部分内容。本版更新了近5年感知层和网络层新技术体系的内容，增加了物联网应用领域的内容，完善了物联网所需新技术环境的内容。
- 删除了“全球物品编码”一章。本版将其中EPC编码的内容调整到“射频识别（RFID）系统”一章中。
- 新增了射频识别（RFID）系统的部分内容。本版增加了“EPC系统是物联网起源”的内容，增加了EPC编码、EPC标签、EPC读写器、EPC中间件、EPC网络服务的内容。
- 新增了传感器与无线传感网的部分内容。本版增加了传感器技术特点和发展趋势的内容，增加了生物传感器的内容，增加了传感器集成化、智能化和网络化的内容，并增加了20多幅插图。
- 新增了物联网通信的部分内容。本版增加了移动通信网络从1G演进到5G的内容，增加了4G核心技术和网络结构的内容，增加了5G研究进程、技术特点、引领战略目标的内容，增加了光网络诞生及发展的内容，增加了光纤通信技术发展现状的内容，增加了光网络发展趋势的内容，增加了量子通信的内容。
- 新增了“物联网数据与计算”一章。本版新增了大数据和云计算的内容，包括增加了大数据概念的内容，增加了物联网产生大数据的内容，增加了数据融合技术的内容，增加了Google技术“三件宝”的内容，增加了大数据技术开源实现的内容，增加了大数据关键技术的内容，增加了云计算概念的内容，增加了云计算层次架构的内容，增加了云计算在车联网中应用的内容。
- 新增和修订了物联网安全机制的部分内容。本版增加了信息安全基本属性的内容，增加了信息安全主要威胁和解决手段的内容，增加了常见密码算法和密码协议的内容，增加了物联网安全威胁举例和挑战的内容，完善了感知层安全、网络层安全的内容，删除了数据完整性的内容。
- 新增和修订了物联网应用的部分内容。本版增加了我国物联网应用爆发（共享单车）的实例，增加了物联网在西班牙农业和百度无人驾驶中应用的实例，修订了物联网在交通、制造、物流领域应用的内容。

- 为便于学习，本版增加了每章小结，列举了例题，增加了计算题的习题答案。

背景介绍

目前，物联网产业界出现了一个新名词：物联网 2.0。2011—2017 年，从云计算到智慧城市，从移动互联网到大数据，从智能硬件到人工智能，几乎每年都有引领性的新技术产生。当时，这些引领性的新技术曾经被认为是技术的未来。现在，这些引领性的新技术被认为是物联网产业链的一个环节，对物联网的认知终于得到了统一。

关于本书

本书的初衷是为读者勾勒出物联网的基本框架，通过梳理物联网这个概念所包含的内容，使读者获得开启物联网大门的钥匙。本书蕴含了理解和掌握物联网所覆盖的知识背景，启发了整合局部知识构架物联网系统的思路，涵盖了实现物联网所需的关键技术，前瞻了物联网的应用价值和社会价值，是物联网技术与应用的通识教材。

本书内容组织方式

本书覆盖了物联网的产生背景、特征、内涵和发展趋势，给出了物联网感知层、网络层、应用层三层技术架构，系统介绍了物联网的核心技术，建立了从原理到应用的知识体系，描绘了信息技术已上升为让物理世界更加智能的智慧地球的美好前景。

本书特色

- 本书初衷明确，是物联网通识教材。
- 本书架构清晰，按“绪论—物联网架构—物联网核心技术—物联网应用”展开全书。
- 本书视角全面，覆盖了“物联网背景、架构、技术、从原理到应用”的知识体系。
- 本书系统性强，在物联网全局思想的基础上对感知层、网络层、应用层进行系统讲解。
- 本书突出技术融合，物联网是典型的跨学科技术，融合是现今技术发展的方向。
- 本书服务高校教学，让高校学生同步感悟到信息技术的发展步伐，让高校学生同步领会到融合是技术的发展方向，让高校学生同步学习到信息技术的最新知识，让高校学生同步认识到在经济发展中科技进步被寄予了厚望。

本书作者

全书由西安邮电大学黄玉兰教授撰写。由于作者的时间和水平有限，书中难免会有不足和疏漏之处，敬请广大专家和读者予以指正（电子邮箱：huangyulan10@sina.com）。

编　者

2018 年 2 月

第1版前言 FOREWORD

物联网是技术发展与应用需求达到一定阶段的必然结果。物联网是典型的跨学科技术，作为计算进程与物理进程发展的统一体，已经成为信息技术发展的新趋势。物联网在现有技术的基础上，综合运用多种新兴技术，突破了互联网人与人通信的限制，通过计算进程与物理进程的实时交互，使网络延伸到物体之上，以实现对物理系统的实时跟踪，进而达到全球信息的交换与共享。

互联网时代，人与人之间的距离变近了；而继互联网之后的物联网时代，则是人与物、物与物之间的距离变近了。物联网被称为继计算机、互联网之后世界信息产业的第三次浪潮，物联网已上升为国家战略，成为下一阶段IT产业的任务。

物联网摆脱了信息技术惯常的思维模式，人类在信息的世界里将获得一个新的沟通维度，从任何时间、任何地点人与人之间的沟通和连接，扩展到任何时间和任何地点人与物、物与物之间的沟通和连接。物联网带来了信息技术新的增长点，作为新一代信息技术的代表，物联网通过汇集、整合和连接现有的技术，推进了技术的升级，给徘徊已久、疲态渐显的信息技术带来了新的目标和新的前景。物联网实现了信息技术的精确控制、通信和计算功能，且以全面感知、互通互联和智慧运行作为技术特征，这种全新的联网方式对信息技术提出了很大的挑战，给信息技术在理论上的发展提供了广阔的空间。

本书内容组织方式

本书覆盖了物联网的产生背景、特征、内涵和发展趋势，给出了物联网感知层、网络层、应用层三层技术架构，系统介绍了物联网核心技术，建立了从原理到应用的知识体系，描绘了信息技术已上升为让物理世界更加智能的智慧地球的美好前景。

本书作者

全书由西安邮电大学黄玉兰撰写。西安电子科技大学电子信息工程专业的夏璞同学协助完成了本书的插图工作，并协助整理了物联网的技术资料，在此表示感谢。夏岩提供了物联网的相关资料，他在西门子公司工作多年，有丰富的技术和实践经验，在本书的编写过程中给出了一些建议，在此表示感谢。

由于作者时间和水平有限，书中难免会有不足和疏漏之处，敬请广大专家和读者予以指正（电子邮箱：huangyulan10@sina.com）。

编　者
2011年9月

目录 CONTENTS

第1章 绪论

物联网是技术发展与应用需求达到一定阶段的必然结果。物联网是典型的跨学科技术，作为计算进程与物理进程发展的统一体，已经成为信息技术发展的新趋势。物联网在现有技术的基础上，综合运用多种新兴技术，突破了互联网中人与人通信的限制，通信能力扩展到人与物、物与物。其通过计算进程与物理进程的实时交互，使网络延伸到物体之上，可实现对物理系统的实时跟踪与控制，进而达到全球信息的交换与共享。

物联网摆脱了信息技术惯常的思维模式，人类在信息的世界里将获得一个新的沟通维度，从任何时间、任何地点人与人之间的沟通和连接，扩展到任何时间和任何地点人与物、物与物之间的沟通和连接。物联网带来了信息技术新的增长点。作为新一代信息技术的代表，物联网通过汇集、整合和连接现有的技术，推进了技术的升级，给徘徊已久、疲态渐显的信息技术带来了新的目标和新的前景。物联网实现了对物理世界的实时控制、通信和计算功能，且以全面感知、互通互联和智慧运行作为技术特征，这种全新的联网方式对信息技术提出了很大的挑战，给信息技术在理论和应用上的发展提供了广阔的空间。

1.1 物联网的概念

物联网是在互联网概念的基础上，将其用户端延伸和扩展到任何物品，进行信息交换和通信的一种网络概念。互联网时代，人与人之间的“距离”变小了；而继互联网之后的物联网时代，则是人与物、物与物之间的“距离”变小了。

物联网的定义：指通过信息传感设备，按照约定的协议，把任何物品与互联网连接起来，进行信息交换和通信，以实现智能化识别、定位、跟踪、监控和管理的一种网络。它是在互联网的基础上延伸和扩展的网络。

物联网的英文名称为“The Internet of Things”。由该名称可见，物联网就是“物与物相连的互联网”。这里有两层意思：第一，物联网的核心和基础仍然是互联网，是在互联网的基础之上延伸和扩展的一种网络；第二，其用户端延伸和扩展到了任何物品，人与物可以通过互联网进行信息的交换和通信。

根据国际电信联盟（International Telecommunication Union，ITU）的描述，在物联网时代，通过在各种各样的物品上嵌入一种短距离的移动收发器，物品将被智能化，世界上所有的物品都可以通过互联网主动进行信息交换。物联网技术将对全球经济和个人生活产生重大影响。

物联网的概念打破了之前的传统思维。过去的思维一直是将物理基础设施和 IT 基础设施分开，一方面是机场、公路、建筑物等物理基础设施，另一方面是数据中心、个人计算机、宽带等 IT 基础设施。而在物联网时代，混凝土、电缆将与芯片、宽带整合为统一的基础设施，当把感应器嵌入到电网、铁路、桥梁、大坝等真实的物体上之后，人类梦寐以求的“将物体赋予智能”，在物联网时代将成为现实。物联网能够实现物品的自动识别，能够让物品“开口说话”，实现人与物的信息网络的无缝整合，进而通过开放性的计算机网络实现信息的交换与共享，从而达到对物体的透明管理。物联网描绘的是智能化的世界。在物联网的世界里，万物都将相连，信息技术已经上升为让整个物理世界更加智能的智慧地球的新阶段。物联网如图 1.1 所示。

图 1.1　物联网的示意图

1.2 物联网的技术特征

物联网的技术特征来自于同互联网的类比。物联网不仅对“物”实现连接和操控，它还通过技术手段的扩张，赋予了网络新的含义。物联网的技术特征是全面感知、互通互联和智慧运行。物联网需要对物体具有全面感知的能力，对信息具有互通互联的能力，并对系统具有智慧运行的能力，从而形成一个连接人与物体的信息网络。在此基础上，人类可以用更加精细和动态的方式管理生产和生活，提高资源利用率和生产力水平，改善人与自然的关系，达到更加“智慧”的状态。

1.2.1 全面感知

全面感知解决的是人类社会与物理世界的数据获取问题。全面感知是物联网的皮肤和五官，主要功能是识别物体、采集信息。全面感知是指利用各种感知、捕获、测量等的技术手段，实时对物体进行信息的采集和获取。

实际上，人们在多年前就已经实现了对“物”局域性的感知处理。例如，测速雷达对行驶中的车辆进行车速测量，自动化生产线对产品进行识别、自动组装等。

现在，物联网全面感知是指物联网在信息采集和信息获取的过程中追求的不仅是信息的广泛和透彻，而且强调信息的精准和效用。“广泛”描述的是地球上任何地方的任何物体，凡是需要感知的，都可以纳入物联网的范畴；“透彻”是通过装置或仪器，可以随时随地提取、测量、捕获和标识需要感知的物体信息；“精准和效用”是指采用系统和全面的方法，精准、快速地获取和处理信息，将特定的信息获取设备应用到特定的行业和场景，对物体实施智能化的管理。

在全面感知方面，物联网主要涉及物体编码、自动识别技术和传感器技术。物体编码用于给每一个物体一个“身份”，其核心思想是为每个物体提供唯一的标识符，实现对全球对象的唯一有效编码；自动识别技术用于识别物体，其核心思想是应用一定的识别装置，通过被识别物品和识别装置之间的无线通信，自动获取被识别物品的相关信息；传感器技术用于感知物体，其核心思想是通过在物体上植入各种微型感应芯片使其智能化，这样任何物体都可以变得“有感觉、有思想”，包括自动采集实时数据（如温度、湿度）、自动执行与控制（如启动流水线、关闭摄像头）等。

1.2.2 互通互联

互通互联解决的是信息传输问题。互通互联是物联网的血管和神经，其主要功能是信息的接入和信息的传递。互通互联是指通过各种通信网与互联网的融合，将物体的信息接入网络，进行信息的可靠传递和实时共享。

“互通互联”是“全面感知”和“智慧运行”的中间环节。互通互联要求网络具有“开放性”，全面感知的数据可以随时接入网络，这样才能带来物联网的包容和繁荣。互通互联要求传送数据的准确性，这就要求传送环节具有更大的带宽、更高的传送速率、更低的误码率。互通互联还要求传送数据的安全性，由于无处不在的感知数据很容易被窃取和干扰，因此要求保障网络的信息安全。

互通互联会带来网络“神经末梢”的高度发达。物联网既不是互联网的翻版，也不是互联网的一个接口，而是互联网的一个延伸。从某种意义上来说，互通互联就是利用互联网的“神经末梢”将物体的信息接入互联网，它将带来互联网的扩展，让网络的触角伸到物体之上，网络将无处不在。在技术方面，建设“无处不在的网络”，不仅要依靠有线网络的发展，还要积极发展无线网络，其中光纤到路边（FTTC）、光纤到户（FTTH）、无线局域网（WLAN）、卫星定位（GPS）、短距离无线通信（如 ZigBee、RFID）等技术都是组成“网络无处不在”的重要技术。有人预测，不久的将来，世界上“物物互联”的业务跟“人与人通信”的业务相比，将达到 30：1。如果这一预测成为现实，物联网的网络终端将迅速增多，无所不在的网络“神经末梢”将真正改变人类的生活。

物联网建立在现有移动通信网和互联网等的基础上，通过各种接入设备与通信网和互联网相连。在信息传送的方式上，可以是点对点、点对面或面对点。广泛的互通互联使物联网能够更好地对工业生产、城市管理、生态环境和人民生活的各种状态进行实时监控，使工作和娱乐可以通过多方协作得以远程完成，从而改变整个世界的运作方式。

1.2.3 智慧运行

智慧运行解决的是计算、处理和决策问题。智慧运行是物联网的大脑和神经中枢，主要包括网络管理中心、信息中心、智能处理中心等，主要功能是信息及数据的深入分析和有效处理。"智慧运行"是指利用数据管理、数据处理、模糊识别、大数据和云计算等各种智能计算技术，对跨地区、跨行业、跨部门的数据及信息进行分析和处理，以便整合和分析海量、复杂的数据信息，提升对物理世界、经济社会、人类生活各种活动和变化的洞察力，实现智能决策与控制，以更加系统和全面的方式解决问题。

智慧运行不仅要求物服从人，也要求人与物之间的互动。在物联网内，所有的系统与结点都有机地连成一个整体，起到互帮互助的作用。对于物联网来说，通过智能处理可以增强人与物的一体化，能够在性能上对人与物的能力进行进一步扩展。例如，当某一数字化的物体需要补充电能时，物体可以通过网络搜索到自己的供应商，并发出需求信号；当收到供应商的回应时，这个数字化的物体能够从中寻找到一个优选方案来满足自我的需求；而这个供应商，既可以由人控制，也可以由物控制。这类似于人们利用搜索引擎进行互联网查询，得到结果后再进行处理。具备了数据处理能力的物体，可以根据当前的状况进行判断，从而发出供给或需求信号，并在网络上对这些信号进行计算和处理，这成为物联网的关键所在。

仅仅将物连接到网络，还远远没有发挥出物联网的最大威力。物联网的意义不仅是连接，更重要的是交互，以及通过互动衍生出来的种种可利用的特性。物联网的精髓是实现人与物、物与物之间的相融与互动、交流与沟通。在这些功能中，智慧运行成为核心与灵魂。

1.3 物联网的发展概况

当物联网最初被提出时，只是停留在给全球每个物品一个代码，实现物品跟踪与信息传递的设想。如今，美国、欧洲的很多国家、日本、韩国和我国都把物联网提升为国家战略，物联网的发展已经不仅仅是IT 行业的发展，而是上升为国家综合竞争力的体现，物联网本身则被称为继计算机、互联网之后世界信息产业的第三次浪潮。

1.3.1 物联网概念的诞生

1999 年，美国麻省理工学院（MIT）最早明确地提出了物联网的概念。MIT 提出的物联网是：给物品贴上一个射频识别（Radio Frequency Identification，RFID）的电子标签，电子标签内存储物品的信息（产地、原料组成、生产日期等），通过 RFID 完成对物品的识别，从而获取物品的信息，然后借助于互联网，将物品的信息在网上发布，在全球范围内实现对物品信息的共享，进而可以对物品进行智能管理。

2005 年，国际电信联盟（ITU）在峰会上提出了物联网的概念，物联网真正受到广泛关注。2005 年11 月 17 日，在突尼斯（Tunis）举行的信息社会世界峰会（WSIS）上，ITU 发布了《ITU 互联网报告 2005：物联网》（*ITU Internet Reports 2005：The Internet of Things*），正式提出了"物联网"的概念。报告分为 7 章，主要介绍了如下内容。

第 1 章：物联网简介。

第 2 章：可用技术。

第 3 章：市场机会。

第 4 章：潜在挑战。

第 5 章：发展中国家的机遇。

第 6 章：美好前景。

第 7 章：新生态系统。

ITU 的报告着重呈现了新兴技术、市场机会、政策问题等信息，深入探讨了物联网的技术细节及其对全球商业和个人生活的影响。ITU 的报告指出，无所不在的“物联网”通信时代即将来临，通过 RFID 和传感器等都可以获取物体的信息，世界上所有的物体都可以通过互联网主动进行信息交换，包括从轮胎到牙刷、从房屋到纸巾。

1.3.2 物联网在国外的发展

1. 物联网在美国的发展概况

2008 年 11 月，IBM 公司提出了智慧地球（Smarter Planet）的概念。智慧地球是指将新一代的 IT 技术充分运用到各行各业之中，具体就是把感应器等嵌入和装备到电网、铁路、桥梁、隧道、公路、建筑、供水系统、大坝、油气管道等各种物体中，并且普遍连接，形成物联网；然后将物联网与现有的互联网整合起来，实现人类社会与物理系统的整合，从而达到“智慧”的状态。

2009 年 1 月，奥巴马与美国科技界举行了一次“圆桌会议”，IBM 首席执行官彭明盛提出了“智慧地球”的建议。奥巴马对“智慧地球”的构想给予积极回应，并将其提升至国家发展战略。

2. 物联网在欧盟的发展概况

（1）欧盟的“物联网欧洲行动计划”

2009 年 6 月，欧盟在比利时首都布鲁塞尔向欧洲议会、欧洲理事会、欧洲经济与社会委员会和地区委员会提交了《物联网—洲行动计划》（*Internet of Things-An action plan for Europe*），欧盟希望构建物联网框架。《物联网—欧洲行动计划》有如下 14 项行动。

行动 1 体系：定义一套基本的物联网治理原则，建立一个足够分散的架构，使得各地的行政当局能够在透明度、竞争和问责等方面履行自己的职责。

行动 2 隐私：持续地监督隐私和私人数据保护问题，还将公布泛在信息社会隐私与信任的指导意见。

行动 3 芯片沉默：开展有关“芯片沉默权利”技术和法律层面的辩论，它将涉及不同用户在使用不同的名字表达个人想法时，可以随时断开他们的网络。

行动 4 风险：提供一个政策框架，使物联网迎接信任、接入和安全方面的挑战。

行动 5 重要资源：物联网基础设施将成为欧洲的重要资源，特别是要将其与关键的信息基础设施联系在一起。

行动 6 标准：对现有及未来与物联网相关的标准进行评估，必要时推出附加标准。

行动 7 资助：持续物联网方面的研究项目，特别是在微电子学、非硅组件、能源获取技术、无线通信智能系统网络、隐私与安全及新的应用等重要的技术领域。

行动 8 合作：筹备在绿色轿车、节能建筑、未来工厂、未来互联网 4 个物联网能发挥重要作用的领域与公共及私营部门合作。

行动 9 创新：将考虑通过 CIP（竞争与创新框架计划）推出试验项目的方式，推动物联网应用的进程。试验项目集中于电子健康、电子无障碍、气候变化等领域。

行动 10 通报制度：欧盟委员会将定期向欧洲议会、欧洲理事会及其他相关机构通报物联网的进展。

行动 11 国际对话：将在物联网所有方面加强与国际合作伙伴现有的对话力度，目的是在联合行动、共享最佳实践和推进各项工作实施上取得共识。

行动 12 RFID 再循环：将评估推行再循环 RFID 标签的难度以及将现有 RFID 标签作为再循环物的利弊。

行动 13 检验：对物联网相关技术定期检测，并评估这些技术对经济和社会的影响。

行动 14 演进：开展与世界其他地区的定期对话，并分享物联网最佳实践。

（2）“欧盟”对于物联网发展的预测

欧洲智能系统集成技术平台（EPOSS）在 *Internet of Things in 2020* 报告中预测，物联网的发展将经历

4个阶段：2010年之前RFID被广泛应用于物流、零售和制药领域，2011—2015年物体互联，2015—2020年物体进入半智能化，2020年之后物体进入全智能化。

3. 物联网在日本的发展概况

2001年以来，日本相继制定了“e-Japan”战略、“u-Japan”战略、“i-Japan”战略等多项信息技术发展战略，从大规模信息基础设施建设入手，拓展和深化信息技术应用。

（1）“e-Japan”战略

2001年1月实施“e-Japan”战略。“e”是指英文单词“electronic”。“e-Japan”战略在宽带化、信息基础设施建设、信息技术的应用普及等方面取得了进展。

（2）“u-Japan”战略

2004年12月发布“u-Japan”战略。“u”是指英文单词“ubiquitous”，意为“普遍存在的，无所不在的”。“u-Japan”战略是希望建成一个在任何时间、任何地点，任何人都可以上网的环境，实现人与人、物与物、人与物之间的连接。

（3）“i-Japan”战略

2009年7月颁布“i-Japan”战略。“i”有两层含义：一个是指像用水和空气那样应用信息技术（inclusion），使之融入日本社会的每一个角落；另一个是指创新（innovation），激发新的活力。“i-Japan”战略提出“智慧泛在”构想，将传感网列为国家重点战略之一，致力于构建个性化的物联网智能服务体系。

4. 物联网在韩国的发展概况

2006年，韩国也提出了“u-Korea”战略，重点支持泛在网的建设。“u-Korea”战略旨在布建智能型网络，为民众提供无所不在的便利生活，扶持IT产业发展新兴技术，强化产业优势和国家竞争力。

2009年10月，韩国通信委员会出台了“物联网基础设施构建基本规划”。该规划确定了构建物联网基础设施、发展物联网服务、研发物联网技术、营造物联网扩散环境四大领域。该规划确立了2012年“通过构建世界最先进的物联网基础设施，实现未来广播通信融合领域超一流信息通信技术（ICT）强国”的目标。

1.3.3 物联网在国内的发展

与国外相比，我国物联网的发展取得了重大进展，下面从应用、政策等方面进行介绍。

1. 金卡工程

2004年，我国把射频识别（RFID）作为“金卡工程”的一个重点，启动了RFID的试点。我国发展物联网，是以RFID的广泛应用作为形成全国物联网发展基础的。中华人民共和国工业和信息化部（以下简称工信部）介绍：RFID是物联网的基础，先抓RFID的标准、产业和应用，把这些做好了，就自然而然地会从闭环应用到开环应用，形成我国的物联网。

2004年以后，我国每年都推出新的RFID应用试点，项目涉及身份识别、电子票证、动物和食品追踪、药品安全监管、煤矿安全管理、电子通关与路桥收费、智能交通与车辆管理、供应链与现代物流管理、危险品与军用物资管理、贵重物品防伪、票务及城市重大活动管理、图书及重要文档管理、数字化景区及旅游等。

2. RFID行业应用

2008年底，我国铁路RFID应用已基本涵盖了铁路运输的全部业务，成为我国应用RFID最成功的案例。铁路车号自动识别系统（ATIS）是我国最早应用RFID的系统，也是应用RFID范围最广的系统，并且拥有自主知识产权。采用RFID技术以后，铁路车辆管理系统实现了统计的自动化，降低了管理成本，可实时、准确、无误地采集机车车辆的运行数据，如机车车次、车号、状态、位置、去向、到发时间等信息。

2010 年，上海世博会召开，为提高世博会信息化水平，上海市在世博会上大量采用了 RFID 系统。世博会使用了嵌入 RFID 技术的门票，用于对主办者、参展者、参观者、志愿者等各类人群的信息服务，包括人流疏导、交通管理、信息查询等。上海世博会期间，相关水域的船舶也安装了船舶自动识别系统（AIS），相当于给来往船只设置了一个“电子身份证”，没有安装“电子身份证”的船舶将面临停航或改航。世博会在食品管理方面启用了“电子标签”，以确保食品的安全，只要扫描一下芯片，就能查到世博园区内任何一种食物的来源。事实上，RFID 在大型会展中的应用早已得到验证，在 2008 年的北京奥运会上，RFID 技术就已得到广泛应用，有效提高了北京奥运会的举办水平。

3. 我国掀起物联网高潮

2006 年，《国家中长期科学和技术发展规划纲要（2006—2020 年）》将物联网列入重点研究领域。2009 年 9 月，“传感器网络标准工作组成立大会暨‘感知中国’高峰论坛”在北京举行。2010 年 3 月，教育部办公厅下发《关于战略性新兴产业相关专业申报和审批工作的通知》，我国高校开始创办物联网工程专业。2010 年 9 月，国务院通过《关于加快培育和发展战略性新兴产业的决定》，确定物联网等新一代信息技术为我国 7 个战略性新兴产业之一。2015 年 7 月，国务院发布《关于积极推进“互联网+”行动的指导意见》，“互联网+”将在协同制造、现代农业、智慧能源、普惠金融、益民服务、高效物流、电子商务、便捷交通、绿色生态和人工智能方面开展重点行动，这将进一步加快我国物联网的发展。

1.3.4 物联网进入 2.0 时代

2017 年，物联网产业界出现了一个新名词：物联网 2.0。随着人工智能、大数据、云计算、5G（第五代移动通信）等的发展完善，“物联网”的概念从提出到发展，从实践到创新，已经悄然迈入了物联网 2.0 时代。

1. 对物联网认知的统一

物联网 2.0 时代的一个明显特征是对各种技术认知的统一：云计算、大数据、智能硬件、人工智能等领域的企业开始认可自己是物联网产业链的一个环节。

2011—2018 年，从云计算企业到智慧城市企业，从移动互联网企业到大数据企业，从智能硬件企业到人工智能企业，几乎每年都有新企业引领新技术的诞生。但是，当时这些主流企业并不认可物联网，认为自己类型的企业才是未来，并且认为物联网是过去时。2017 年，物联网产业界出现了一个新名词“物联网 2.0”，终于对物联网的认知进行了统一。

2. 物联网 2.0 的特征

（1）“物联网即服务”的落地

既然称为物联网 2.0 时代，当然是比物联网 1.0 时代有明显进步的。物联网 2.0 时代的一个明显特征就是“物联网即服务”的落地。在物联网 1.0 时代，并没有真正从服务的角度去考虑物联网，以物联网产业为例，反而把“感知”等当成了物联网产业的核心。

（2）物联网呈现局域化、功能化、行业互联化

物联网的“人连物”“物连物”都具有局域化、功能化、行业互联化，这形成了对物联网的具体需求，并逐渐行业标准化。

（3）物联网平台

物联网要通过服务的方式落地，此时承担落地职责的便是物联网平台企业。在互联网时代，平台企业就有很多，现在每年都在评选互联网百强企业。到了物联网时代，平台企业只会更多，平台的属性和规模也会各异。物联网平台原则上必须至少具备 3 种能力：设备连接能力、大数据处理能力和人工智能能力。

（4）物联网技术设备升级

物联网是建立在传感技术、通信技术和计算机技术的支撑之上的，每一个大的技术板块下都有很多细分技术领域，这些领域技术的创新带来了物联网技术设备的升级。例如，在感知层将传感器升级为“传感

器+执行器"，传感器相当于"眼"，执行器相当于"手"，使"眼和手"能够协调一致，发挥其更大的功能。又例如，物联网网络支撑技术也在充分发展、百花齐放。为物联网应用而设计的低功耗广域网（LPWAN）快速兴起，其中，技术标准NB-IOT和LoRa是两种低功耗广域网通信解决方案，克服了主流蜂窝标准中功耗高和距离限制的问题。

（5）物联网的安全性引起重视

自物联网的安全性这个概念提出以来，一直备受人们关注。今后，物联网的安全性将成为一个相对独立的研究领域，并得到足够的重视与发展。

3. 物联网2.0发展现状

（1）物联网技术标准

过去的物联网技术设备还存在很多不足，物联网的情景也不同，系统和应用的各种公司都有，还有一些联盟想制定物联网设备的通信标准，导致标准无法统一。如今，移动物联网已形成由NB-IOT（窄带物联网）、eMTC（增强型机器类通信）、5G（第五代移动通信）等共同构成的技术体系，形成了标准体系间的互联互通。我国开始了全球最大的NB-IOT网络的筹建，将在全网部署30万个NB-IOT基站。华为公司也先后发布了NB-IOT和物联网操作系统LiteOS的解决方案。

（2）物联网产业环境

在物联网1.0时代，物联网相关产业结构、链条不完整。未来几年，物联网将迎来井喷式发展，物联网的广泛应用不仅将改造、提升传统产业，促进先进制造业的发展，更将培育发展新兴产业，促进现代服务业的发展。目前，我国已初步形成涵盖芯片、模组、系统、平台在内的移动物联网产业体系，在工业自动控制、环境保护、医疗卫生、公共安全等领域设立了一系列应用试点进行示范，并取得了进展。

（3）物联网应用场景

物联网发展的关键在于应用，人们从最初"只知技术、不明用途"的探索阶段，到如今已明确这一新技术能应用到什么领域、解决什么问题。

2017年，我国开始流行共享单车，只要拿出手机扫一扫，便可打开智能锁骑行，这些智能锁使用的就是物联网技术。随着物联网技术的发展，共享单车、数字眼镜、儿童跟踪器、智能手表等都将相继出现。物联网2.0要求各行各业都能以行业应用为切入点，提出解决方案，通过人工智能、大数据、云计算、5G等技术的完善，不断提升人工智能的水平，完善语言助手技术，加强物联网的安全性与信任感，使操控方式迭代升级。这样，我们的一个动作、一个眼神、一个想法，甚至我们面无表情，物联网也可以了解。

1.4 物联网的内涵

物联网与射频识别、无线传感器网络和泛在网等有关。由于物联网是一种新兴的并正在不断发展的技术，其内涵也在不断地发展、扩充和完善。物联网内涵的扩展是对物联网应用场景的扩展，体现了对物联网未来发展的期望。

1.4.1 物联网起源于射频识别领域

物联网的概念最早是从射频识别（RFID）这个领域来的。1999年，美国麻省理工学院（MIT）的Auto-ID实验室提出为全球每个物品提供一个电子标识符，以实现对所有实体对象的唯一有效标识。这种电子的标识符就是电子产品编码（Electronic Product Code，EPC），物联网最初的构想就是建立在EPC之上的。

物联网内涵的起源是利用RFID技术标识物品，这种物联网主要是由RFID电子标签、RFID读写器和互联网组成的。RFID电子标签附着在物品上，电子标签内存储着与物品相关的编码（EPC）；RFID读写器对电子标签内的信息加以识别，这种识别由于采用无接触的射频信号完成，所以称为射频识别；RFID读写器将电子标签内的信息上传到互联网，互联网提供对物品信息的全方位服务。

MIT提出的物联网EPC系统有足够的编码容量，可以给全球所有的物品进行编码。通过对拥有全球唯一编码的物品进行 RFID 自动识别，可以实现物品信息的共享，实现开环环境下对物品的跟踪、溯源、防伪、定位、监控以及自动化管理等功能。

物联网 EPC 系统的初衷是应用于生产和流通领域，在供应链中实现对物品的实时监控。物联网使分布在世界各地的销售商可以实时获取商品的销售和使用情况，生产商可以及时调整产品的生产量和供应量。同时，生产商通过对物品相关历史信息的分析，可以做出库存管理、销售计划及生产控制的有效决策。物联网变革了商品零售、物流配送及物品跟踪的管理模式，商品生产、仓储、采购、运输、销售以及消费的全过程将发生根本性变化。

1.4.2　无线传感器网络概念的融入

在 MIT 提出的物联网 EPC 系统中，RFID 标签中的数据是人为输入的，并没有要求标签可以实时感知周围的环境。

物联网的发展很快就突破了 EPC 系统这个狭窄的物联网定义，席卷了包括无线传感器网络在内的 IT 领域，物联网所蕴含的内容在不断丰富，对物联网的认识也在不断加深。物联网正是因为代表了这种融合的趋势，蕴含着融合所带来的巨大创新空间，以及融合所带来的巨大价值，才成为我国的国家科技战略。

无线传感器网络（Wireless Sensor Network，WSN）是由若干个具有无线通信能力的传感器结点自组织构成的网络。无线传感器网络的概念最早由美国提出，起源于 1978 年美国国防部的分布式传感器网络研究项目。由于当时缺乏互联网技术、智能计算技术和多种接入网络，因此该定义局限于由结点组成的自组织网络。

无线传感器网络主要采用“传感器+近距离无线通信”的方式，不包含基础网络即互联网，所以不是物联网，无线传感器网络只是物联网包含的一部分。但是传感器是以感知为目的的，其突出特征是通过传感方式获取物理世界的各种信息。无线传感器网络可以完成对物理世界数据采集和信息处理的任务。无线传感器网络结合互联网和移动通信网等网络，可以提升对物理世界的感知能力，然后采用智能计算等技术对信息进行分析处理，来实现智能化的决策和控制。

物品识别技术的主角是 RFID，基于 RFID 技术将传感器技术融入进来，物联网不仅可以感知物理世界的翔实信息，而且可以实现人与物之间的相连、沟通和互动。例如，在箱式冷藏货车内安装温度和湿度传感器，采集温度和湿度的信息。传感器采集的温度和湿度等环境信息，与通过 RFID 采集的车辆和集装箱等商业信息相融合。上述所有信息通过车载终端发送到企业监管中心，可以构建“带传感器”的基于 RFID 的物联网。

2008 年，ITU 发布泛在传感器网络研究报告，该报告提出了泛在传感器网络（Ubiquitous Sensor Network，USN）体系架构。USN 是由智能传感器结点组成的网络，可以用“任何时间、任何地点、任何人、任何物”的形式被部署。该技术具有巨大潜力，可以在多个领域内推动新的应用和服务，能够在安全保卫、环境监测等方面增强国家的竞争力。

1.4.3　泛在网络的愿景

泛在网络（Ubiquitous Network）是指无所不在的网络。“泛在网络”以无所不在、无所不包、无所不能为基本特征，以实现在任何时间、任何地点，任何人，任何物都能顺畅地通信为目标，按需进行信息的获取、传递、存储、认知、决策、使用等服务。

泛在网络要求尽量不改变或少改变现有的技术和设备，通过异构网络之间的融合协同来实现。目前随着经济发展和社会信息化水平的日益提高，构建“泛在网络社会”，带动信息产业的整体发展，已经成为一些发达国家和城市追求的目标。

根据这样的构想，泛在网络帮助人类实现“4A”化通信，即任何时间（Anytime）、任何地点（Anywhere）、任何人（Anyone）、任何物（Anything）都能顺畅地通信。“4A”化通信能力仅是泛在网络社会的基础，更重要的是建立在泛在网络之上的各种应用。在信息技术的不断演进之下，一种能够实现人与人、人与机器、人与物甚至物与物之间直接沟通的泛在网络架构正日渐清晰，并逐步走进了人们的日常生活。泛在网络发展的焦点已经转向了具体的服务，泛在网络的建设目标也锁定在为用户提供更好的应用和更好的服务体验。

物联网通过具有一定感知、计算、执行和通信能力的设备获得物理世界的信息，然后通过网络实现信息的传输、协同和处理，从而实现人与人、人与物、物与物之间互联的网络。也就是说，物联网的几个关键环节为“感知”“传输”和“处理”。可以看出，物联网和泛在网络有很多重合的地方，都强调人与人、人与物之间的通信。但是从广度上来说，泛在网络反映了信息社会发展的远景和蓝图，具有比物联网更广泛的内涵。泛在网络可以认为是一个大而全的蓝图，物联网是该蓝图实施中的“物联”阶段，泛在网络是物联网发展的愿景。RFID 物品标识、无线传感器网络、物联网与泛在网络之间的关系如图 1.2 所示。

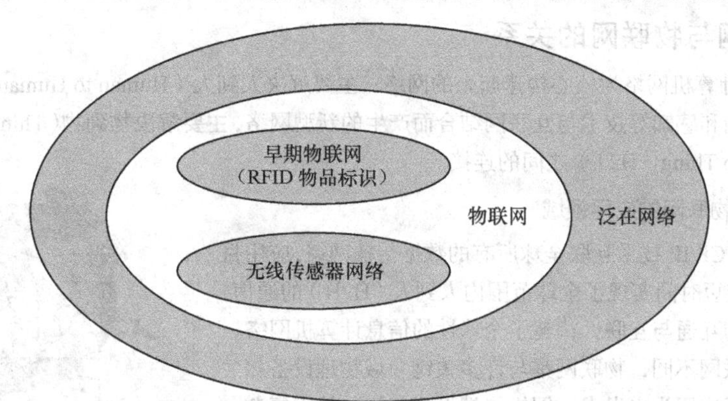

图 1.2　RFID 物品标识、无线传感器网络、物联网与泛在网络之间的关系

1.5 从互联网到物联网的演进

互联网的兴起是 20 世纪最重要的革命，互联网的出现改变了现实社会，形成了一个庞大的虚拟世界。物联网是互联网的一种延伸，物联网具备了互联网的特性，但是又进一步增强了互联网的能力，实现了虚拟世界向现实世界的进一步扩展和延伸。随着网络的不断发展，网络的泛在化已经成为发展趋势，如同互联网可以将世界上所有的人联系在一起一样，物联网也可以进一步将世界上所有的物联系在一起，从而完成从互联网到物联网的演进。

1.5.1 互联网的概念

互联网是由多个计算机网络按照一定的协议组成的国际计算机网络。互联网是由全球的计算机网络相互连接而成的，互联网提供了全球信息的互通与互联，主要用于解决人到人的通信连接。互联网如图 1.3 所示。

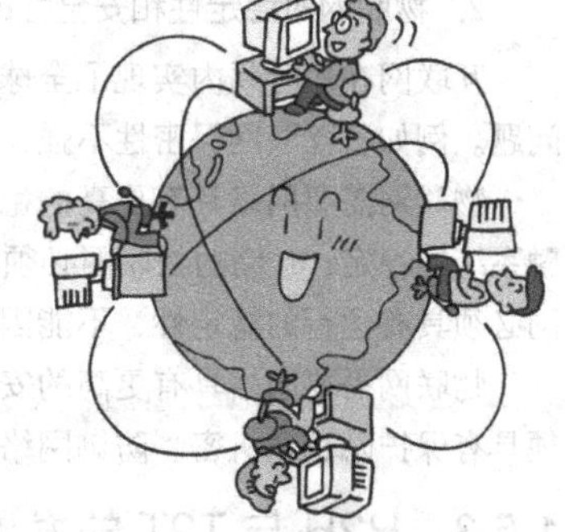

图 1.3　互联网的示意图

互联网是一个由各种不同类型与规模、独立运行与管理的计算机网络组成的世界范围的巨大计算机网络。组成互联网的计算机网络包括小规模的局域网（Local Area Network，LAN）、城市规模的城域网（Metropolitan Area Network，MAN）以及更大规模的广域网（Wide Area Network，WAN）等。这些网络通过电话线、高速率专用线路、卫星、微波、光缆等，把不同国家的大学、公司、科研部门等组织的网络连接起来。

然而，只用计算机网络来描述互联网是不恰当的。原因在于，计算机网络仅仅是传输信息的媒介，而互联网的精华是它能够提供有价值的信息和令人满意的服务，在互联网上，人们可以与远在千里之外的朋友共同娱乐、共同完成一项工作。可以说，互联网是一个世界规模的信息和服务来源，互联网不仅为人们提供了各种各样、简单而快捷的通信与信息检索手段，更重要的是为人们提供了巨大的信息资源和服务资源。通过使用互联网，全世界范围内的人们既可以互通信息、交流思想，又可以获得各个方面的知识和经验。互联网也是一个面向公众的社会性组织，世界各地数以万计的人们可以利用互联网进行信息交流和资源共享；而又有成千上万的人花费时间和精力，构造全人类所共同拥有的互联网。

互联网是人类社会有史以来第一个世界性的图书馆和第一个全球性的论坛，无论来自世界任何地方的任何人，在任何时候都可以参加，互联网永远不会关闭。在当今的世界里，唯一没有国界、没有歧视的生活模式属于互联网，通过网络信息的传播，全世界任何人不分性别、年龄和贫富，互相传送经验与知识，发表意见和见解。互联网是人类历史发展中一个伟大的里程碑，它正在对人类社会的文明悄悄地起着越来越大的作用，互联网将极大地促进人类社会的文明、进步和发展。

1.5.2　互联网与物联网的关系

互联网是以计算机网络为核心构建起来的网络，主要解决人到人（Human to Human，H2H）的连接。物联网是物品识别和感知等技术与互联网结合而产生的新型网络，主要解决物到物（Thing to Thing，T2T）、人到物（Human to Thing，H2T）之间的连接。

1. 互联网与物联网的应用领域

互联网通过 TCP/IP 技术互联全球所有的数据传输网络，应用目的单一，因此在较短时间实现了全球范围内人到人（H2H）的通信，达到了全球信息的互通与互联，构建了全球性的信息计算机网络。

物联网与互联网不同，物联网是与许多关键领域物理设备相关的网络，其以实际应用为出发点，网络终端形式多样、技术复杂，是自动化控制、遥控遥测及信息应用技术的综合展现。物联网是互联网在不同领域的具体应用，如图 1.4 所示。

图 1.4　物联网是互联网的具体应用

不同应用领域的物联网均有各自不同的属性。例如，汽车电子领域的物联网不同于医药卫生领域的物联网，医药卫生领域的物联网不同于环境监测领域的物联网，环境监测领域的物联网不同于仓储物流领域的物联网。由于不同应用领域具有完全不同的网络应用需求和服务质量要求，只有通过专业联网技术才能满足物联网的应用需求。正是因为物联网应用的特殊性，才使得物联网无法再复制互联网成功的技术模式。

2. 物联网对稳定性和安全性的要求较互联网更高

互联网在短时间内实现了全球信息的互通与互联，但也带来了难以克服的安全性和服务质量等一系列问题。例如，互联网保密性不强，电子邮件时常丢失。

物联网需要网络具有更高的稳定性。例如，银行的物联网必须有可靠性，保证不能因为误操作影响金融系统的稳定；仓储的物联网必须准确检测出入库的物品，不能有品种和数量上的差错；医疗卫生的物联网必须具有运行的稳定性，不能因为误操作威胁病人的生命。

物联网需要网络具有更高的安全性。物联网绝大多数应用都涉及个人隐私和机构秘密，因而物联网必须具有保护隐私和机密、防御网络攻击的能力，必须提供严密的安全性。

1.5.3　H2H 与 T2T 的发展路线

尽管物联网与互联网有很大的不同，但从信息化发展的角度来看，物联网的发展与互联网密不可分。从互联网、移动互联网到物联网，人类对信息的渴求成为推动信息化发展的原动力，而技术的飞跃正帮助人们不断缩小信息的未知领域，物品自身的网络与人的网络相互联通已经成为大势所趋。

1. H2H 的发展路线

互联网主要解决人到人（H2H）的连接。互联网的发展路线主要有两条：一条路线是宽带化，另一条路线是移动化。

（1）网络的宽带化

随着超巨型计算机、超大型数据库和光纤网络的不断发展，网络技术得到了很大的发展机遇，给互联网的宽带化提供了很好的基础性平台。

美国制定了宽带发展战略，将实现1亿个家庭宽带上网，美国认为宽带与航天技术一样重要。欧洲的战略是要建立更快速的互联网。在日本，电话电信株式会社（NTT）是最大的电信商，政府拥有NTT 30%的股权，政府要求NTT不管盈利与否都要光纤到户。

我国的网民人数和互联网普及率不断提高，已经超过世界平均水平，许多家庭已经是光纤入户。但我国宽带在普及率、网络速度方面还有待于进一步提高。

（2）网络的移动化

网络的移动化就是将移动通信和互联网二者结合起来，是指网络的链接和数据的传输借助于3G、4G、5G、Wi-Fi、WiMAX等技术，以摆脱传统电缆的束缚。

2009年1月，工信部颁发3G牌照，我国移动互联网开始得以发展。2013年12月，工信部颁发4G牌照，4G的网速峰值速率可达100Mbit/s，我国移动互联网发展进入了快车道。2017年3月，我国5G技术研发试验第二阶段测试在北京怀柔外场进行，标志着5G测试进入系统验证阶段，5G峰值网络速率达到10Gbit/s，将支持物联网全面实现。

移动通信和互联网是当今世界发展最快、市场潜力最大、前景最诱人的两大业务，现在出现移动通信与互联网的结合是历史的必然。移动互联网正逐渐渗透到人们生活、工作的各个领域，短信、移动音乐、手机游戏、视频应用、手机支付、位置服务等丰富多彩的移动互联网应用正在深刻地改变着信息时代的社会生活。

2. T2T的发展路线

物到物（T2T）的通信也主要沿着两条路线向前发展：一条路线是IP化，另一条路线是智能化。

T2T通信的IP化是指未来的物联网将给所有的物品都设定一个标识，实现“IP”到末梢。这样人们就可以随时随地了解物品的信息，甚至“可以给每一粒沙子都设定一个IP地址”，实现全球物品的IP化。

T2T通信的智能化是指物品更加智能，能够自主地实现信息交换，真正地实现物联网。这需要有对海量数据实时准确处理的能力，随着“大数据”“云计算”等技术的不断发展和成熟，这一难题将得到解决。

H2H的发展路线和T2T的发展路线如图1.5所示。

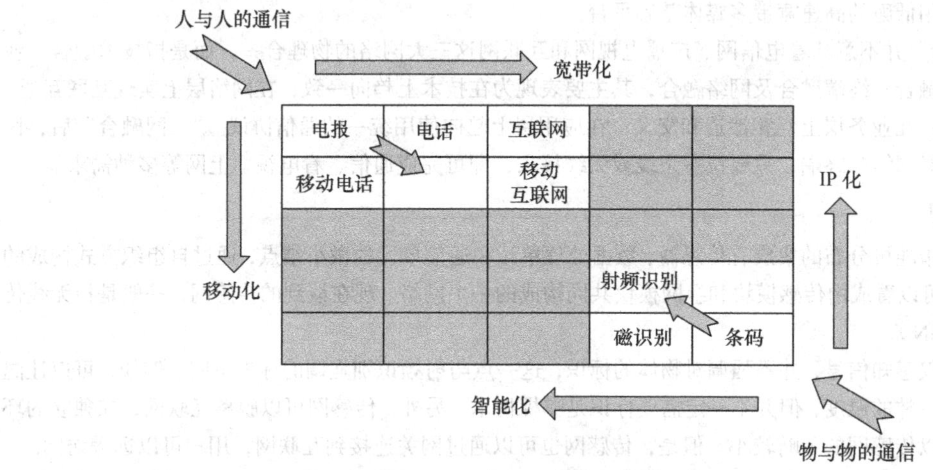

图1.5　H2H和T2T的发展路线

1.5.4 网络向泛在化演进

在未来网络的发展中，从“人的角度”和从“物的角度”对信息通信的探索将会融合，最终实现无所不在的泛在网络，这也就是终极意义上的物联网。物联网的演进不仅与互联网的演进密不可分，而且与电信网、无线传感器网络、M2M、CPS 等有千丝万缕的联系。广义而言，网络正在向泛在化演进。

1．互联网的演进

最早的互联网在 20 世纪 60 年代末诞生，70 ~ 90 年代是互联网的成长期，现在是互联网的全球普及期。互联网已经从早期的研究性网络，发展成如今的商业性网络；互联网从过去的联系平台、浏览平台，发展为现在的工作平台、娱乐平台；互联网业务从最早的传输数据，发展为现今的语音服务与视频服务；互联网从以前的有线接入，发展为现今的无线接入，并向宽带化和移动化发展。

目前互联网也发展到了下一个 IP 协议版本，互联网正在从 IPv4（Internet Protocol Version 4）发展到 IPv6（Internet Protocol Version 6）。IPv4 的最大问题是网络地址资源有限，从理论上讲，可以给约 1600 万个网络、40 亿台主机编址，也就是说 IPv4 的地址只有约 40 亿个。IPv4 地址北美占有 3/4，约 30 亿个，而人口最多的亚洲只有不到 4 亿个，IPv4 地址严重不足。在这样的环境下，IPv6 的发展和普及就十分令人期待。单从数字上来说，IPv6 拥有的地址容量约是 IPv4 容量的 8×10^{28} 倍，约为 2^{128} 个，这个地址容量可以使地球上的每一粒沙子都拥有一个 IP 地址。IPv6 不但可以解决网络地址资源数量有限的问题，同时也为计算机以外的设备联入互联网在数量限制上扫清了障碍，是物联网发展的必要前提。

互联网的演进线路，现在可以归纳为宽带化、移动化、泛在化、安全性和可信性。下一代的互联网应该是一个可信的互联网、宽带的互联网、移动的互联网、支持物联网应用的互联网和支持泛在网的互联网。

2．电信网的演进

电信网（Telecommunication Network）是构成多个用户相互通信的多个电信系统互联的通信体系，是人类实现远距离通信的重要基础设施。电信网利用电缆、无线、光纤等电磁系统，发射、传送和接收文字、图像、声音等信号。

电信网的发展主要有两大方向：一个是移动化，逐步由移动通信替代固定通信；另一个是宽带化，通信由电路交换为主转换为分组交换为主。电信网将从电报、电话到互联网，逐步实现宽带化和移动化通信。

3．三网融合

所谓“三网融合”，就是指电信网、广播电视网和互联网的相互渗透、互相兼容，并逐步整合成为统一的信息通信网络。“三网融合”是为了实现网络资源的共享，避免低水平的重复建设，形成适应性广、容易维护、费用低廉的高速宽带多媒体基础平台。

“三网融合”并不意味着电信网、广播电视网和互联网这三大网络的物理合一，而是指技术融合、业务融合、行业融合、终端融合及网络融合，其主要表现为在技术上趋向一致；在网络层上实现互联互通，形成无缝覆盖；在业务层上互相渗透和交叉；在应用层上趋向使用统一的通信协议。“三网融合”后，民众根据需要选择网络和终端，只要拉一条线或无线接入，即可完成通信、看电视、上网等多种需求。

4．传感网

传感网是指随机分布的集成有传感器、数据处理单元和通信单元的微小结点，通过自组织方式构成的网络。传感网可以看成由传感模块和组网模块共同构成的一个网络。现在谈到的传感网，一般是指无线传感器网络（WSN）。

传感器仅仅感知信号，并不强调对物体的标识，这一点与射频识别强调的标识不同。例如，可以让温度传感器感知森林的温度，但并不一定需要标识是哪棵树木。另外，传感网可以脱离互联网，在独立的环境下运行，所以传感网的范畴较小。但是，传感网也可以通过网关连接到互联网，用户可以远程访问。

传感网借助于结点中内置的传感器测量周边环境中的热、红外、声呐、雷达、地震波等信号，从而探测包括温度、湿度、噪声、光强度、压力、土壤成分、大小、速度、方向等物质的各种现象。在传感网中，结点大量部署在被感知对象的内部或附近，这些结点以自组织的方式构成网络，以协作的方式感知、采集特定区域中的信息，可以实现感知中国、感知世界。相比之下，互联网的网络功能再强大，也终究是虚拟的，很难感知到现实世界。传感网对于实现物联网是非常重要的，可以实现网络由虚拟世界向现实世界的跨越。

5. M2M

M2M 即 Machine to Machine，是一种以机器终端智能交互为核心的网络化应用与服务。目前绝大多数机器不具备本地或者远程的通信和联网能力。M2M 是一种理念，是所有增强机器设备通信和网络能力的技术总称。

M2M 通过在机器内部嵌入无线通信模块，以无线通信等为接入手段，提供综合的信息化解决方案，以满足对监控、指挥调度、数据采集和测量等方面的信息化需求。M2M 综合运用自动控制、信息通信、智能处理等技术，可以实现自动化数据采集、数据传输、数据处理、设备自动控制等多种功能。

M2M 是物联网的雏形，是现阶段物联网的一种表现形式。目前仅仅是计算机和其他一些 IT 类设备具备通信和网络能力。M2M 技术的目标就是使所有机器设备都具备联网和通信的能力，其核心理念就是“网络一切”（Network Everything）。我国已将 M2M 相关产业纳入国家重点扶持项目，目前我国的电信运营商已在全国开通了 M2M 业务。

6. CPS

信息物理系统（Cyber Physical Systems，CPS）作为计算进程和物理进程的统一体，是集计算、通信与控制于一体的智能系统。CPS 是在环境感知的基础上，深度融合计算、通信和控制能力的可控、可信、可扩展的网络化物理设备系统。CPS 通过计算进程和物理进程相互影响的反馈循环，实现深度融合和实时交互，以安全、可靠、高效和实时的方式检测或者控制一个物理实体。

CPS 中的物理设备指的是自然界中的客体，不仅包括冰冷的设备，还包括活生生的生物。互联网的边界是各种终端设备，人与互联网通过终端设备进行信息交换；而在 CPS 中，人成为 CPS 网络的“接入设备”，信息交互可能是通过芯片与人的神经系统直接互联实现的。

感知在 CPS 中十分重要。CPS 试图克服已有传感网的各个系统自成一体、计算设备单一、缺乏开放性等缺点，更注重各个系统的互通互联，并开发标准的互通互联协议，同时强调充分运用互联网。从这个意义上说，传感网也可视为 CPS 的一部分。

7. 网络的泛在化

网络总体的演进方向是泛在化，网络将无所不在、无所不包、无所不能。网络泛在化的焦点已不仅仅是“唯技术论”，而是转向了具体的服务，目标也锁定在为用户提供更好的应用和服务体验。网络的泛在化如图 1.6 所示。

图 1.6　网络的泛在化

物联网发展的终极目标是网络的泛在化。网络的泛在化有 3 个基本特征：一是联网的每一个物体都是可以找得到的；二是联网的每一个物体都是可以通信的；三是联网的每一个物体都是可以控制的。

本章小结

物联网是典型的跨学科技术，作为计算进程与物理进程发展的统一体，它已经成为信息技术发展的新趋势。物联网的英文名称为 The Internet of Things，可见物联网就是“物与物相连的互联网”。物联网的技术特征是全面感知、互通互联和智慧运行。1999 年，MIT 最早明确地提出了物联网的概念。2005 年，ITU 在峰会上提出了物联网的概念，物联网真正受到广泛关注。2009 年以来，美国、欧洲各国和我国先后将智慧地球和物联网视为国家级发展战略，物联网成为国家综合竞争力的体现。2017 年，物联网产业界出现了一个新名词：物联网 2.0。物联网的概念最早是从 RFID 这个领域来的，很快又融入了传感网的概念，目标是向泛在网络的方向发展。互联网主要解决人到人（H2H）的连接，发展路线主要为宽带化和移动化；而物联网主要解决物到物（T2T）和人到物（H2T）的连接，发展路线主要为 IP 化和智能化。在未来网络的发展中，从“人的角度”和从“物的角度”对信息通信的探索将会融合，实现无所不在的泛在网络，这也是终极意义上的物联网。

思考与练习

1.1 物联网的定义是什么？物联网的英文名称是什么？简述你对物联网的理解。

1.2 物联网的 3 个技术特征是什么？

1.3 物联网是怎么诞生的？

1.4 简述物联网在美国、欧洲各国、日本和韩国的发展概况。

1.5 简述物联网在我国的发展概况。

1.6 为什么说物联网 2.0 时代对物联网的认知进行了统一？物联网 2.0 的特征是什么？

1.7 物联网的内涵是什么？物联网与射频识别、传感网有什么关系？

1.8 什么是互联网？互联网与物联网有什么不同？

1.9 什么是网络的 H2H 与 T2T 发展路线？

1.10 互联网的演进路线是什么？电信网的演进路线是什么？什么是三网融合？

1.11 什么是传感网？什么是 M2M？什么是 CPS？为什么说网络在向泛在化演进？

第2章 物联网体系架构

物联网是一个层次化的网络。物联网大致有3层，分别为感知层、网络层和应用层。物联网的3个层次涉及的关键技术非常多，是典型的跨学科技术。物联网不是对现有技术的颠覆性革命，而是通过对现有技术的综合运用实现全新的通信模式。同时，在对现有技术的融合中，物联网提出了对现有技术的改进和提升要求，并催生出新的技术体系。

2.1 物联网的基本组成

物联网的体系结构如图2.1所示，从下到上依次可以划分为感知层、网络层和应用层。各层之间，信息不是单向传递的，也有交互或控制。在所传递的信息中，主要是物的信息，包括物的识别码、物的静态信息和物的动态信息等。

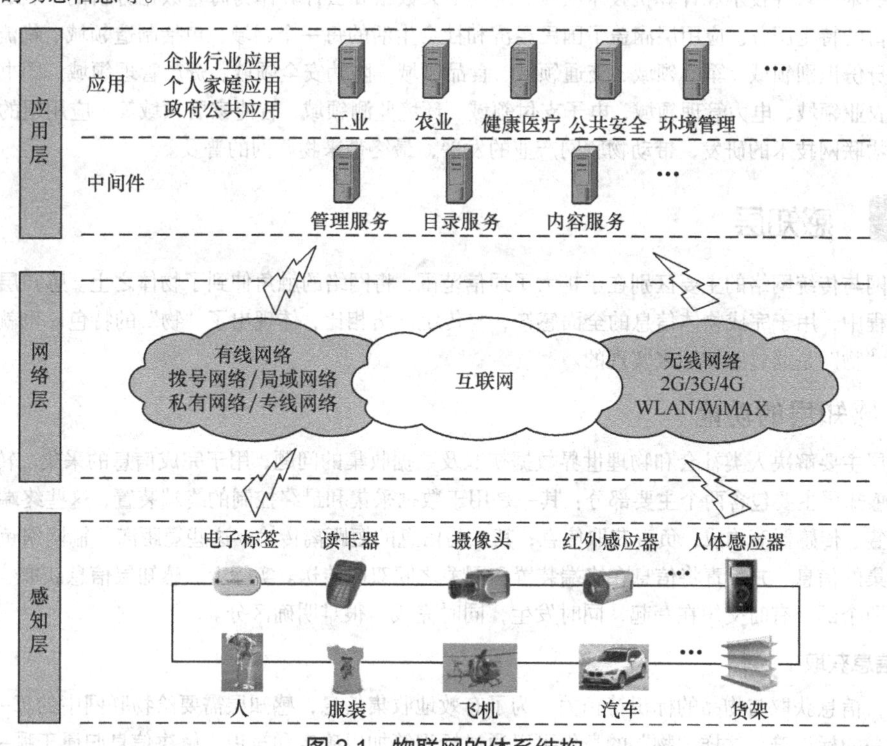

图2.1 物联网的体系结构

1. 感知层

物联网要实现物与物的通信，其中“物”的感知是非常重要的。感知层是物联网的感觉器官，用来识别物体、采集信息。

亚里士多德曾对“物”给出了解释：“物”即存在。“物”能够在空间和时间上存在和移动，可以被辨别，一般可以通过事先分配的数字、名字或地址进行编码，然后加以辨识。感知层利用最多的是射频识别（RFID）、传感器、全球定位系统等技术，感知层的目标是利用上述诸多技术形成对客观世界的全面感知。

在感知层中，物联网的终端是多样性的，现实世界中越来越多的物理实体需要实现智能感知，这就涉及众多的技术层面。在与物联网终端相关的多种技术中，核心是要解决智能化、低功耗、低成本和小型化的问题。

2. 网络层

物联网当然离不开网络。物联网的价值主要在于网，而不在于物。网络层是物联网的神经系统，负责将感知层获取的信息进行处理和传输。

网络层是一个庞大的网络体系，用于整合和运行整个物联网。网络层包括接入网与互联网的融合网络、网络管理中心、信息处理中心等。接入网有无线接入网和有线接入网，通过接入网能将信息传入互联网。网络管理中心和信息处理中心是实现以数据为中心的物联网中枢，用于存储、查询和处理感知层获取的信息。

3. 应用层

物联网建设的目标是为用户提供更好的应用和服务体验。应用层形成了物联网的“社会分工”，这类似于人类社会的分工。每行每业都需要进行各自的物联网建设，以不同的应用目的完成各自“分工”的物联网。物联网结合行业需求，与行业专业技术深度融合，可以实现所有行业的智能化，进而实现整个世界的智能化，这也是物联网的建设目的。

应用层把感知和传输来的信息进行分析，做出正确的控制和决策，解决信息处理和人机交互的问题。应用层主要基于软件技术和计算机技术实现，这其中大数据和云计算作为海量数据分析的平台，可以为用户提供丰富的特定服务。应用层涵盖了国民经济和社会生活的每一个领域，包括制造领域、物流领域、医疗领域、身份识别领域、军事领域、交通领域、食品领域、防伪安全领域、资产管理领域、图书领域、动物领域、农业领域、电力管理领域、电子支付领域、环境监测领域、智能家居领域等。应用层的不断开发将会带动物联网技术的研发，带动物联网产业的发展，最终带来物联网的普及。

2.2 感知层

物联网与传统网络的主要区别在于扩大了通信范围，将网络的触角伸到了物体之上。感知层在物联网的实现过程中，用于完成物体信息的全面感知，与传统网络相比，体现出了“物”的特色。也就是说，物联网中的“物”是通过感知层来实现的。

2.2.1 感知层的功能

感知层主要解决人类社会和物理世界数据获取及数据收集的问题，用于完成信息的采集、转换、收集和整理。感知层主要包含两个主要部分：其一是用于数据采集和最终控制的终端装置，这些终端装置主要由电子标签、传感器等构成，负责获取信息；其二是信息的短距离传输，这些短距离传输网络负责收集终端装置采集的信息，并负责将信息在终端装置和网关之间双向传送。实际上，感知层信息获取、信息短距离传输这两个部分有时交织在一起，同时发生，同时完成，很难明确区分。

1. 信息获取

首先，信息获取与物品的标识符相关。为了有效地收集信息，感知层需要给物联网中的每一个“物”都分配唯一的标识符，这样“物”的身份可以通过标识符加以确定和辨识，解决信息归属于哪一个“物”的问题。

其次，信息获取与数据采集技术相关。数据采集技术主要有自动识别技术和传感技术等。自动识别技术用于自动识别物体，其应用一定的识别装置，通过被识别物品和识别装置之间的接近活动，自动获取被识别物品的相关信息。传感技术用于感知物体，通过在物体上植入各种微型感应芯片使其智能化，这样任何物体都可以变得“有感觉、有思想”。

2. 信息短距离传输

信息短距离传输是指收集终端装置采集的信息，并负责将信息在终端装置和网关之间双向传送。这里需要强调的是，信息短距离传输与信息获取这两个过程有时同时发生，感知层很难明确区分这两个过程。

信息短距离传输与自组织网络、短距离无线通信技术、红外、工业现场总线等相关。例如，传感网属于自组织网络，蓝牙、RFID 和 ZigBee 属于短距离无线通信技术。

2.2.2 物品标识与数据采集

1. 标识符

在信息系统中给不同物体以不同的标识，对信息的收集意义重大。物联网中的标识符应该能够反映每个单独个体的特征、历史、分类、归属等信息，应该具有唯一性、一致性和长期性，不会随物体位置的改变而改变，不会随连接网络的改变而改变。另外，由于现在已经存在多种标识符，将来的技术必须支持现存的标识符，必须是现存标识符的扩展。

现在，许多领域已经开始给物体分配唯一的标识符，例如，EPC 系统的标识符。物联网起源于 EPC 系统，EPC 系统提供了一个编码体系，全球每一个物品都可以获得 EPC 系统的一个编码。正是因为 EPC 系统重视物品的编码体系，其编码容量可以满足全球任何物品的编码需求，并且 EPC 的编码体系可以支持现存的条码编码体系，EPC 系统才引起全球的关注，成为最成功的物联网商业模式之一。

物联网的标识符应该具有如下特点。

（1）有足够大的地址空间

物联网标识符的地址空间应该足够大，容量可以满足全球物品的需求。例如，早期的商品识别可以采用条码，但随着商品数量的增多，条码的容量不够，满足不了现实社会的需求，因此出现了 EPC 码。EPC 的编码容量非常大，可以给全球每一个物品进行编码。这与互联网相似，在互联网中，IPv4 网络地址资源有限，不得不向 IPv6 演进。

（2）标识符的唯一性

标识符应该具有组织保证，由各国、各管理机构、各使用者共同制定管理制度，实行全球分段管理、共同维护、统一应用，保证标识符的唯一性。

（3）标识符的永久性

一般的实体对象都有使用周期，但标识符的使用周期应该是永久的。标识符一经分配，就不应再改，应该是终身的。当此物品不存在时，其对应的标识符只能搁置起来，不得重复使用或分配给其他物品。

（4）标识符的可扩展性和兼容性

标识符应该支持现存的物品编码体系，同时留有备用的空间，具有可扩展性，从而确保标识符的系统升级和可持续发展。

（5）标识符的简单性和简洁性

标识符的编码方案应该很简单。以往的编码方案很少能被全球各国和各行业广泛采用，原因之一是编码复杂导致不适用。

标识符内嵌的信息应最小化，应尽最大可能降低标识符的成本，保证标识符的简洁性。标识符应该是一个信息的引用者，通过标识符能在网络上找到该物品的信息即可。

2. 数据采集

在现实生活中，各种各样的活动或事件都会产生这样或者那样的数据，这些数据包括人的和物体的。这些数据的采集对于生产或者生活的决策是十分重要的，如果没有实际数据的支持，决策就将缺乏现实基础。数据采集主要有两种方式：一种是利用自动识别技术进行物体信息的数据采集，另一种是利用传感器技术进行物体信息的数据采集。

（1）自动识别技术

自动识别技术就是应用一定的识别装置，通过被识别物品和识别装置之间的接近活动，自动地获取被识别物品的相关信息，并提供给后台的计算机处理系统，来完成相关后续处理的一种技术。自动识别技术是以计算机技术和通信技术为基础发展起来的综合性技术，它是信息数据自动识读、自动输入计算机网络系统的重要方法和手段。

自动识别技术近几十年在全球范围内发展迅速，形成了一个包括条码技术、磁卡技术、IC 卡技术、射频识别技术、光学字符识别技术、声音识别技术及视觉识别技术等集计算机、光、磁、无线、物理、机电、通信技术为一体的高新技术学科。自动识别技术如图 2.2 所示。

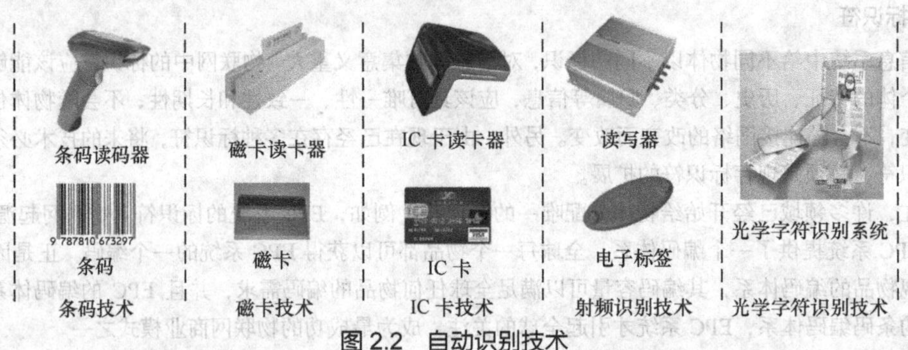

图 2.2　自动识别技术

例如，商场的条形码扫描系统就是一种典型的自动识别系统。售货员通过扫描仪扫描商品的条码（条码识别），获取商品的名称和价格，后台通过计算可以算出商品的价格，从而完成对顾客商品的结算。当然，顾客也可以采用银行卡支付（磁卡或 IC 卡）的形式，银行卡支付过程本身也是自动识别技术的一种应用形式。

在物联网中，最重要的自动识别技术是射频识别（RFID）技术，物联网 EPC 系统就采用了 RFID 技术。RFID 通过无线射频信号自动识别目标对象并获取相关数据，是一种非接触式的自动识别技术。与其他自动识别技术相比，RFID 以特有的无接触、可同时识别多个物品等优点，逐渐成为自动识别技术中最优秀和应用领域最广泛的技术。

（2）传感器技术

传感器是获取自然和生产领域准确可靠信息的主要途径与手段。传感器是一种物理装置或生物器官，能够探测、感受外界的信号、物理条件（如光、热、湿度）或化学组成（如烟雾），并将探知的信息传递给其他装置或器官。人为了从外界获取信息，必须借助于感觉器官。而单靠人自身的感觉器官来研究自然现象和生产规律，显然是远远不够的。可以说，传感器是人类感觉器官的延长，因此传感器又称为电五官。

传感器的应用在现实生活中随处可见。自动门是利用人体的红外波来开关的；温度报警器是利用热敏电阻来测量温度的；手机和数码相机的照相装置是利用光学传感器来捕获图像的；电子秤是利用力学传感器来测量物体重量的。此外，水位报警、烟雾报警、湿度报警和强光报警等也需要传感器来完成。传感器如图 2.3 所示。

目前传感器已经渗透到工业生产、宇宙开发、海洋探测、环境保护、资源调查、医学诊断和生物工程等各个领域。从茫茫的太空到浩瀚的海洋，几乎每一个现代化项目都离不开各种各样的传感器。传感器可以监视和控制生产及生活过程中的各个参数，使设备工作在正常状态或最佳状态，使人的生活达到最好的质量。

随着物联网时代的到来，世界开始进入“物”的信息时代。“物”的准确信息的获取，同样离不开传感器。传感器不仅可以单独使用，还可以由传感器、数据处理单元和通信单元构成结点，由大量结点形成传感网。借助于结点中内置的传感器，传感网可以探测速度、温度、湿度、噪声、光强度、压力、土壤成分等各种物质现象，在无人值守的情况下，结点就能自动组织起一个测量网络。传感网所感知的数据是物联网海量信息的重要来源之一。

图 2.3 传感器

2.2.3 自组织网络

自从无线网络产生后，它的发展十分迅速。目前无线网络主要有两种：第一种是基于网络基础设施的网络，例如无线局域网（WLAN）；第二种是无网络基础设施的网络，一般称为自组织网络（Ad hoc）。自组织网络在无基础设施的情况下进行通信，没有固定的路由器，所有结点的地位是平等的，网络中的结点可随意移动而保持通信。

1. 移动自组织网络

移动自组织网络是一种分布式、自治、多跳网络，整个网络没有固定的基础设施，能够在不能利用或者不便利用现有网络基础设施（如基站、无线接入点）的情况下提供终端之间的相互通信。移动自组织网络如图 2.4 所示。

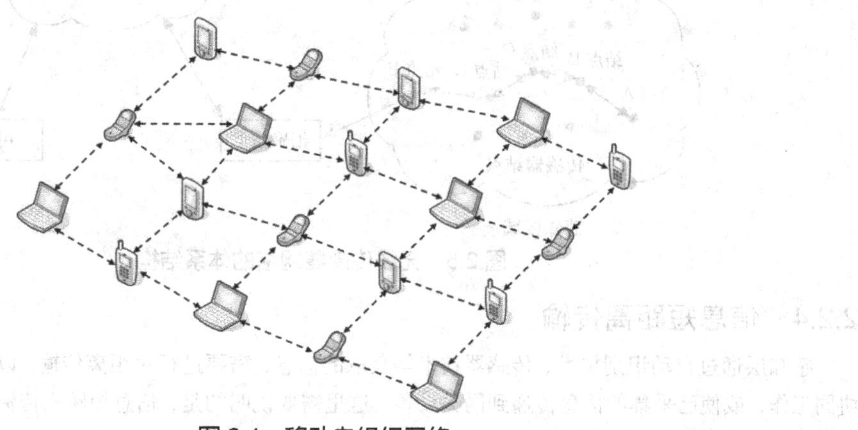

图 2.4 移动自组织网络

移动自组织网络是一种临时性的多跳自治系统，它的原型是美国在 1968 年建立的 ALOHA 网络和之后于 1973 年提出的 PR（Packet Radio）网络。ALOHA 网络需要固定的基站，网络中的每一个结点都必须和其他所有结点直接连接才能互相通信，是一种单跳网络。直到 PR 网络才出现了真正意义上的多跳网络，网络中的各个结点不需要直接连接，而是能够通过中继的方式，在两个相距很远、无法直接通信的结点之间传送信息。IEEE 在开发 802.11 标准时，提出将 PR 网络改名为 Ad hoc 网络，也即现在常说的移动自组织网络。

2. 无线传感器网络

无线传感器网络（Wireless Sensor Network，WSN）就是一种自组织网络。无线传感器网络由随机部署在监测区域内的大量传感器结点组成，通过无线通信方式形成一个多跳自组织网络。

无线传感器网络是一种全新的信息获取平台，能够实时监测和采集网络分布区域内各种目标对象的信息，具有快速展开、抗毁性强等特点。以环境监测为例，随着人们对环境问题的关注程度越来越高，需要采集的环境数据也越来越多，无线传感器网络的出现不仅为环境随机性研究数据的获取提供了便利，还可以避免传统数据收集方式给环境带来的侵入式破坏。比如，英特尔实验室的研究人员曾经将 32 个小型传感器联进互联网，读出美国缅因州“大鸭岛”上的气候，此项实验用来评价一种海燕巢的环境条件。

无线传感器网络拥有众多类型的传感器，可以探测包括地震、电磁、温度、湿度、噪声、光强度、压力、土壤成分等周边环境中的各种现象，可以应用在军事、航空、反恐、防爆、救灾、环境、医疗、保健、家居、工业、商业等众多领域。

无线传感器网络是物联网的重要组成部分，将带来信息感知的一场变革。虽然无线传感器网络还没有大规模商业应用，但是近年随着成本的下降以及微处理器体积越来越小，无线传感器网络已经开始投入使用。例如，无线传感器网络已经用于跟踪候鸟和昆虫的迁移，研究环境变化对农作物的影响，监测海洋、大气和土壤的成分等。此外，无线传感器网络也可以应用在精细农业中，用来监测农作物中的害虫、土壤的酸碱度、施肥的状况等。

3. 无线传感器网络与互联网的连接

无线传感器网络采集的信息需要上传给互联网，以实现数据的远程传输。无线传感器网络中的传感器结点检测出数据，数据沿着其他结点“逐跳”地进行传输，传输过程中可能通过多个结点处理，经过多跳后数据到达汇聚结点，最后通过互联网或其他网络，信息到达用户远程管理终端。无线传感器网络的体系结构如图 2.5 所示。

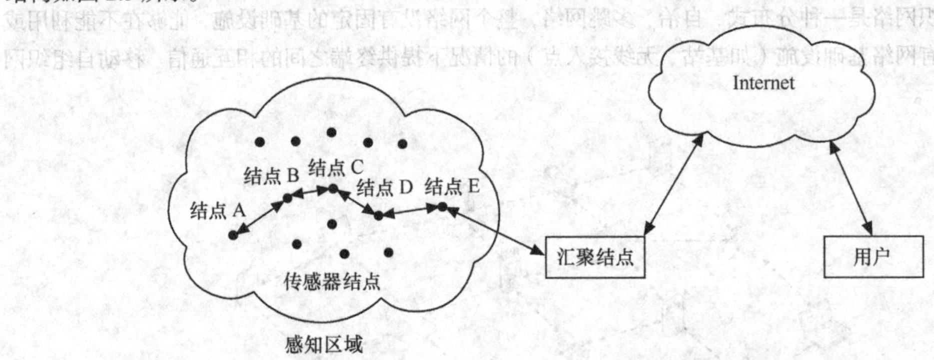

图 2.5　无线传感器网络的体系结构

2.2.4　信息短距离传输

感知层通过自动识别技术、传感器技术等获取的信息，需要进行短距离传输，以使信息采集点的装置协同工作，或使已采集的信息传递到网关设备。这里需要说明的是，信息短距离传输既可能发生在数据采集之后，也可能发生在数据采集的过程中。

信息短距离传输有多种方式，包括 ZigBee 技术、蓝牙（Bluetooth）技术、RFID（Radio Frequency IDentification）技术、IrDA（Infrared Data Association）技术、NFC（Near Field Communication）技术、UWB（Ultra Wideband）技术等。在上述信息短距离传输的方式中，IrDA 属于红外通信技术，其余都属于射频/微波无线通信技术。

ZigBee 技术是一种近距离无线组网技术，可实现 WSN，在物联网的感知层中发挥着重要作用。ZigBee 技术的特点是近距离、低复杂度、自组织、低功耗、低数据速率、低成本，可以嵌入各种设备，主要用于近距离无线连接。例如，ZigBee 技术可以实现在数千个微小的传感器之间相互协调实现通信，这些传感器只需要很少的能量，以接力的方式通过无线电波将数据从一个网络结点传到另一个结点。此外，ZigBee 技术还应用在 PC 外设（鼠标、键盘、游戏操纵杆）、家用电器（电视和 DVD 的遥控设备）、医疗监控等领域。

蓝牙是一种支持设备短距离通信（一般 10m 内）的无线技术，它抛开了传统连线的束缚，是一种电缆替代技术。在物联网感知层中，蓝牙主要用于数据的接入。蓝牙是一种无线数据与语音通信的开放性全球规范，它以低成本、近距离无线连接为基础，为固定与移动通信环境建立一个特别的连接，有效地简化了移动通信的终端设备，也简化了设备与因特网之间的通信，使数据传输变得更加迅速、高效。

RFID 通过无线电波进行数据的传递，是一种非接触式的自动识别技术。RFID 以电子标签来标志某个物体，电子标签内存储着物体的数据。电子标签通过无线电波将物体数据发送到附近的读写器，读写器对接收到的数据进行收集和处理。RFID 主要工作在高频和超高频频段，其中高频电子标签与读写器相距几厘米，超高频电子标签与读写器相距几米。

IrDA 是红外数据组织（Infrared Data Association）的简称，目前广泛采用的 IrDA 红外连接技术就是由该组织提出的。红外的频率高于微波而低于可见光，适合应用在需要短距离无线通信的场合，进行点对点的直线数据传输。红外通信有着成本低廉、连接方便、简单易用和结构紧凑的特点，在小型移动设备中获得了广泛的应用，主要使用在笔记本电脑、掌上电脑、机顶盒、游戏机、移动电话、计算器、寻呼机、仪器仪表、MP3 播放机、数码相机、打印机等设备中。尽管现在有同样是近距离无线通信的蓝牙技术，但红外通信技术以成本低廉和兼容性的优势，在短距离数据通信领域依旧扮演着重要的角色。

2.3 网络层

物联网是网络的一种形式，物联网的主要价值在于“网”，而不在于“物”。感知只是物联网的第一步，如果没有一个庞大的网络体系，感知的信息就不能得到管理和整合，物联网也就失去了意义。网络层是物联网的神经系统，物联网要实现物与物、人与物之间的全面通信，就必须在终端和网络之间开展协同，建立一个端到端的全局网络。

2.3.1 网络层的功能

物联网的网络层是在现有的网络和互联网基础上建立起来的。网络层与目前主流的移动通信网、国际互联网、企业内部网、各类专网等网络一样，主要承担着数据传输的功能。此外，当三网融合后，有线电视网也能承担数据传输的功能。

物联网的概念分广义和狭义两个方面。狭义来讲，由于广域通信网络在物联网发展早期的缺位，早期的物联网就是物品之间通过自动识别技术或传感器技术连接起来的局域网。广义来讲，物联网发展的目标是实现任何人、任何时间、任何地点与其他任何人、任何物的信息交换，未来的物联网所有终端必须接入互联网，建立端到端的全局网络。

物联网的网络层包括接入网和核心网。接入网负责用户的接入，核心网负责业务的处理。两者的划分基于功能不同：由接入网来适应用户的多样性，用户的不一致性被接入网屏蔽掉了；而核心网面对的是一致的用户。这极大地简化明晰了网络体系结构。接入网是指骨干网络到用户终端之间的所有设备，其长度一般为几百米到几千米，因而被形象地称为“最后一公里”。接入网的接入方式包括铜线接入、光纤接入、同轴电缆接入和无线接入等。核心网通常是指除接入网和用户驻地网之外的网络部分。核心网是基于 IP 的统一、高性能、可扩展的分组网络，支持移动性以及异构接入。

物联网的终端是多种多样的。随着物联网应用的不断扩大，网络层要以多种方式提供广泛的互通互联。物联网的接入应该是一个泛在化的接入、异构的接入，物体随时随地都可以上网，这就要求接入网络具有覆盖范围广、建设成本低、部署方便、具备移动性等特点，因此无线接入网将是物联网网络层的主要接入方式。

目前电信网络和互联网络长距离的基础设施在很大程度上是重合的，核心网络作为融合的基础承载网络将长期服务于物联网。核心网络应使整个网络的处理能力不断提升，使业务和应用达到一个更高的层次。

2.3.2 接入网

宽带、移动、融合、智能化、泛在化是整个信息通信网络的发展趋势，物联网要满足未来不同的信息化应用，在接入层面需要考虑多种异构网络的融合与协同。物联网中，任何结点都要实现泛在互联，在基础性网络构建的公共通信平台上实现终端的多样化、业务的多样化和接入方式的多样化，将感知层感知到的信息无障碍、高可靠性地接入网络。

1. 接入网与核心网的区别

接入网由一系列传送实体（如线路设备和传输设施）组成，对于所接入的业务提供承载能力，不限制现有的接入类型，实现业务的透明传送。

接入网与核心网的主要区别如下：接入网具有交叉连接和传输功能，但一般不具有交换功能；接入网支持多种业务，但与核心网相比业务密度低；接入网覆盖面积广；接入网组网能力强，有多重组网形式；接入网可采用多种接入技术，如铜线接入、光纤接入、光纤铜轴混合接入、无线接入等；接入网对运行条件要求不高，相对一般放在机房内的核心网设备，接入网设备通常放在户外，因此接入网对设备的性能、温度适应性和可靠性有很高的要求。

2. 无线接入技术

无线接入技术是指通过无线介质将用户终端与网络结点连接起来，以实现用户与网络间的信息传递。典型的无线接入系统主要由控制器、操作维护中心、基站、固定用户单元和移动终端等几个部分组成。其中，控制器的主要功能是处理用户的呼叫和对基站进行管理，操作维护中心负责整个无线接入系统的操作和维护。

无线接入技术能够实现多个分散用户的业务接入。无线接入技术通过无线介质将终端与网络结点连接起来，具有建设速度快、设备安装灵活、成本低、使用方便等特点。在技术方面，建设“无处不在的网络”，不仅要依靠有线网络的发展，更要积极发展无线网络。考虑到终端连接的方便性、监控目标的移动性，在物联网中，无线接入已经成为最重要的接入手段。目前常用的无线接入有无线蜂窝、Wi-Fi 和 WiMAX 等。

（1）无线蜂窝

无线蜂窝代指公众移动通信，现在的 2G、3G 和 4G 都是不同的公众移动通信技术。无线蜂窝通信可实现无线接入，车联网就是利用 3G 和 4G 来实现的。

车联网是我国最大的物联网应用模式之一，2020 年，可控车辆规模将达 2 亿，2020 年以后，我国汽车将逐渐实现“全面的互联互通”。车联网能实现在信息网络平台上对所有车辆的属性信息、静态信息和动态信息进行提取和有效利用，并根据不同的需求对所有车辆进行有效监管，从而提高汽车交通综合服务的质量。

车联网需要汽车与网络的连接，要求有一张全国性的网络，覆盖所有汽车能够到达的地方，保证 24 小时在线，实现语音、图像、数据等多种信息的传输。目前我国已经建成了覆盖全国的 3G 和 4G 基础通信网，这为车联网的建设提供了坚实的网络基础。

（2）Wi-Fi

Wi-Fi 全称为 Wireless Fidelity（无线保真技术），是一种可以将个人计算机、手持设备（如 PDA、手机）等终端以无线方式互相连接的技术。Wi-Fi 为用户提供了无线的宽带互联网访问，是在家里、办公室或旅途中上网的快速、便捷的途径。Wi-Fi 的主要特性为可靠性高、通信距离远、速度快，通信距离可达几百米，速率可达 54Mbit/s，方便与现有的有线以太网络整合，组网的成本非常低。

Wi-Fi 热点是通过在互联网连接上安装访问点来创建的。当一台支持 Wi-Fi 的设备（例如个人计算机）遇到一个 Wi-Fi 热点时，这个设备可以用无线的方式连接到那个网络。目前大部分 Wi-Fi 热点都位于供大众访问的地方，例如机场、咖啡店、旅馆、书店、校园等。此外，许多家庭、办公室和小型企业也拥有Wi-Fi 网络。Wi-Fi 的可达范围不仅可以覆盖一个办公室，而且可以覆盖小一点的整栋大楼，因此 Wi-Fi 是实现无线局域网所青睐的技术。

（3）WiMAX

WiMAX 全称为 Worldwide Interoperability for Microwave Access（全球微波互联接入），是一种宽带无线接入技术，能提供面向互联网的高速连接。WiMAX 数据传输距离最远可达 50km，并且具有质量保障、传输速率高、业务丰富等多种优点。WiMAX 的技术起点较高，采用了代表未来通信技术发展方向的各种先进技术。随着技术标准的发展，WiMAX 将逐步实现宽带业务的移动化，而蜂窝通信则实现移动业务的宽带化，未来两种网络的融合程度会越来越高。

3. 有线接入技术

（1）铜缆接入技术

要发展铜缆新技术，应充分利用双绞线。用户接入网主要由多个双绞线构成的铜缆组成，怎样发挥其效益，并尽可能满足多项新业务的需求，是用户接入网发展的主要课题。所谓铜线接入技术，是指在非加感的用户线上，采用数字处理技术提高双绞线的传输容量，向用户提供各种业务的技术。铜缆接入主要采用高比特率数字用户线（HDSL）、不对称数字用户线（ADSL）、超高速数字用户线（VDSL）等技术。

（2）光纤接入技术和同轴接入技术

光纤接入技术是一种光纤到楼、光纤到路边、以太网到用户的接入方式，它为用户提供了可靠性很高的宽带保证，可实现千兆到小区、百兆到楼单元和十兆到家庭，并随着宽带需求的进一步增长，可平滑升级为百兆到家庭而不用重新布线。

混合光纤/同轴网（Hybrid Fiber Coax，HFC）也是一种宽带接入技术，它的主干网使用光纤，分配网则采用同轴电缆系统，用于传输和分配用户信息。HFC 是将光纤逐渐推向用户的一种经济的演进策略，可实现多媒体通信和交互式业务。

（3）电力网接入技术

目前在家庭宽带接入市场上，主要由电信公司和有线电视公司所占据，但业界一直将电力网作为宽带接入的潜在竞争对手。到目前为止，由于成本较高及技术上的原因，多数电力公司对电网宽带接入业务并没有表现出强烈兴趣。如何在技术层面上进一步提高电力网接入技术，是今后需要加以解决的问题。

电力网接入技术利用电力线路为物理媒介，将遍布在住宅各个角落的信息家电连为一体，不用额外布线，就可与家中的计算机连接起来，组建家庭局域网。电力网接入技术可以为用户提供高速 Internet 访问服务、语音服务，从而为用户上网和打电话增加新的选择。

2.3.3 互联网

互联网是由多个计算机网络按照一定的协议组成的国际计算机网络。互联网可以是任何分离的实体网络的集合，是“连接网络的网络”。互联网提供全球信息的互通与互联，人们在互联网上可以共同娱乐、共同完成一项工作。

1. 互联网的定义

1995 年 10 月 24 日，联合网络委员会（The Federal Networking Council，FNC）通过了一项关于“互联网定义”的决议。下述语言反映了对“互联网”这个词的定义。

① 通过全球唯一的网络逻辑地址，在网络媒介的基础上逻辑地链接在一起。这个地址是建立在“互联网协议（IP）”或今后其他协议基础之上的。

② 可以通过“传输控制协议和互联网协议（TCP/IP）”，或者今后其他接替的协议，或与“互联网协议（IP）”兼容的协议来进行通信。

③ 让公共用户或者私人用户享受现代计算机信息技术带来的高水平、全方位的服务，这种服务是建

立在上述通信及相关的基础设施之上的。

这是 FNC 从技术的角度来定义互联网的。这个定义至少揭示了 3 个方面的内容：第一，互联网是全球性的；第二，互联网上的每一台主机都需要有“地址”；第三，这些主机必须按照共同的规则（协议）连接在一起。

2. 计算机网络的组成

互联网是由计算机网络相互连接而成的。计算机网络要完成数据处理和数据通信两大功能，因此在结构上可以分成两个部分：负责数据处理的主计算机与终端；负责数据通信处理的通信控制处理设备与通信线路。从计算机网络组成的角度来看，典型的计算机网络从逻辑上可以分为两部分：资源子网和通信子网。计算机网络的基本结构如图 2.6 所示。

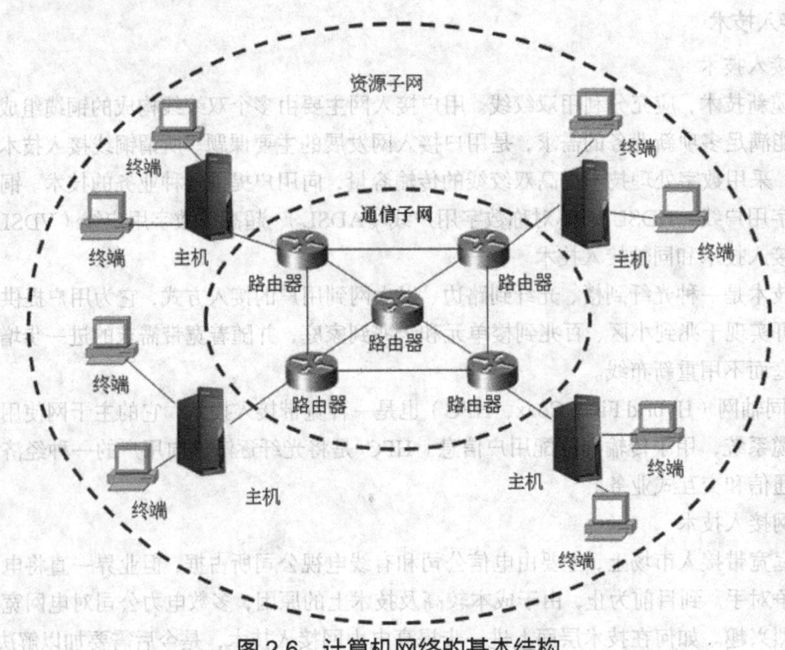

图 2.6 计算机网络的基本结构

（1）资源子网

资源子网由主计算机系统、终端、联网外部设备、各种信息资源等组成。资源子网负责全网的数据处理业务，负责向网络用户提供各种网络资源和网络服务。

主计算机系统简称为主机，它可以是大型机、中型机、小型机、工作站或微型计算机。主机是资源子网的主要组成单元，它通过高速通信线路与通信子网的控制处理机相连接。普通用户终端通过主机接入网内，主机要为本地用户访问网络上的其他主机设备与资源提供服务，同时要为网络中的远程用户共享本地资源提供服务。

（2）通信子网

通信子网由一些专用的通信控制处理机和连接它们的通信线路组成，完成网络数据传输、转发等通信处理的任务。

通信控制处理机是指交换机、路由器等通信设备，这些通信设备在网络拓扑结构中被称为网络结点，通常扮演中转站的角色。通信控制处理机一方面作为与资源子网的主机和终端连接的接口，将主机和终端连入网中；另一方面，作为通信子网的分组存储转发结点，完成分组的接收、校验、存储、转发等功能，实现将源主机报文准确发送到目的主机。

通信线路为两个通信控制处理机之间或通信控制处理机与主机之间提供通信信道。计算机网络采用多种通信线路，例如电话线、双绞线、同轴电缆、光缆、无线通信信道等。

（3）网络协议

网络协议是指通信双方通过网络进行通信和数据交换时必须遵守的规则、标准或者约定。这些网络协议用于控制主机与主机、主机与通信子网或通信子网中各结点之间的通信。

3. 互联网的基本功能

互联网数据通信能力强，网上的计算机是相对独立的，它们各自相互联系又相互独立。互联网的功能主要有3个：数据通信、资源共享和分布处理。

（1）数据通信

数据通信是计算机最基本的功能，能够实现快速传送计算机与终端、计算机与计算机之间的各种信息，包括文字信息、新闻信息、咨询信息、图片资料、报纸版面等。利用数据通信的功能，互联网可实现将分散在各地的计算机或终端用网络连接起来，进行统一的调配、控制和管理。

（2）资源共享

“资源”是指网络中所有的软件资源、硬件资源、数据资源和通信信道资源。“共享”是指网络中的用户能够部分或者全部享受这些资源，“共享”可以理解为共同享受、共同拥有。例如，某单位或部门的数据库可供局域网上的用户使用；某些网站上的应用软件可供全世界网络用户免费下载；一些外部设备，如打印机、光盘可面向所有网络用户，使不具备这些设备的计算机也能使用这些硬件设备。如果不能实现资源共享，则所有用户都需要有一套完整的软件资源、硬件资源和数据资源，这将大大增加系统的投资费用。

计算机互联网络的目的就是实现网络资源共享。除一些特殊性质的资源外，各种网络资源都不应该由某一个用户独占。对于网络的各种资源共享，可以按照资源的性质分成四大类，即软件资源共享、硬件资源共享、数据资源共享和通信信道资源共享。

软件资源共享是网络用户对网络中各种软件资源的共享，如主计算机的各种应用软件、工具软件、系统开发用的支撑软件、语言处理程序等。硬件资源共享是网络用户对网络系统中各种硬件资源的共享，如存储设备、输入/输出设备等。共享硬件资源的目的就是程序和数据都存放在由网络提供的共享硬件资源上。数据资源共享是网络用户对网络系统中各种数据资源的共享。通信信道资源共享包括固定分配信道的共享、随机分配信道的共享和排队分配信道的共享3种方式。

（3）分布处理

当某台计算机负担过重，或该计算机正在处理某个进程又接收到用户新的进程申请时，网络可将新的进程任务交给网络中空闲的计算机来完成，这样处理能均衡各计算机的负担，提高网络处理问题的实时性。

对于大型综合问题，可将问题的各部分交给不同的计算机并行处理，这样可以充分利用网络的资源，提高计算机的综合处理能力，增强实用性。对解决复杂问题来讲，多台计算机联合使用可以构成高性能的计算机体系，这种协同工作、并行处理，比单独购置一台高性能的大型计算机要便宜得多。

4. 计算机网络的体系结构

计算机网络通信是一个十分复杂的过程，涉及太多的技术问题。如果把计算机网络看成一个整体来研究，那么理解它的处理过程会感到非常困难。为了将庞大而复杂的问题转化为易于研究和处理的局部问题，计算机网络研究采用了层次结构，把整个通信网络划分为一系列的层，各层及其规范的集合就构成了网络体系结构。计算机网络的每个分层只与它的上下层进行联系，而每一层只负责网络通信的一个特定部分，完成相对独立的功能。

（1）OSI参考模型

为了解决不同网络之间互不兼容和不能相互通信的问题，国际标准化组织（International Organization for Standardization，ISO）成立了计算机与信息处理标准化技术委员会。经过多年的努力，ISO正式制定了开放系统互联（Open System Interconnection，OSI）参考模型。

ISO推出的OSI参考模型采用了7层结构，每一层都规定了功能、要求和技术特性等，但没有规定具体实现方法。该体系结构在 7 层框架下详细规定了每一层的功能，以实现开放系统环境中的互联性（Interconnection）、互操作性（Interoperation）和应用的可移植性（Portability）。虽然没有哪个产品完全实现了 OSI 参考模型，但是该模型是目前帮助人们认识和理解计算机网络通信过程的最好工具。OSI 参考模型如图 2.7 所示。

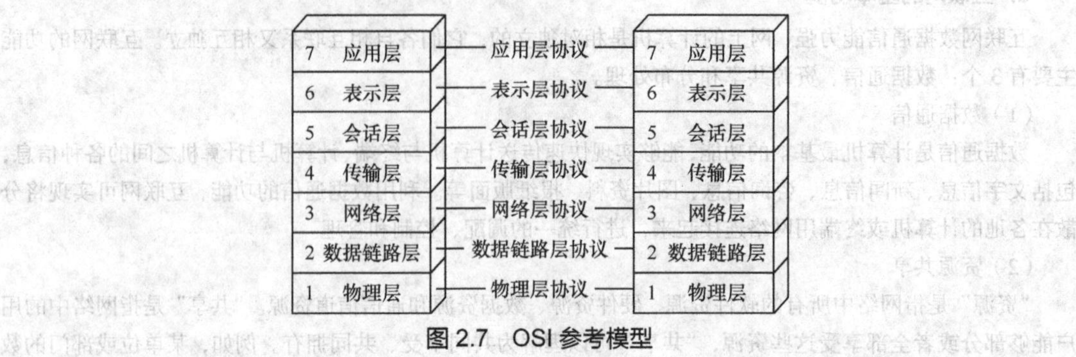

图 2.7 OSI 参考模型

（2）TCP/IP

在 ISO/OSI 参考模式的制定过程中，TCP/IP 已经成熟并开始应用。ARPANET（阿帕网）是 Internet（因特网或互联网）的前身。早在 ARPANET 的实验性阶段，研究人员就开始了 TCP/IP 雏形的研究。TCP/IP 的成功促进了 Internet 的发展，Internet 的发展又进一步扩大了 TCP/IP 的影响，TCP/IP 已经成为建立 Internet 架构的技术基础。TCP/IP 因简洁、实用而得到了广泛的应用，已成为事实上的工业标准和国际标准。

TCP/IP 是一种异构网络环境的网络互联协议，其目的在于实现各种异构网络之间的互联通信。TCP/IP 是一组通信协议的代名词，是一组由通信协议组成的协议集。TCP/IP 参考模型也采用分层通信结构，所有 TCP/IP 网络协议被归类为 4 个层次，分别是应用层（Application Layer）、传输层（Transport Layer）、网际层（Internet Layer）和网络接口层（Network Interface Layer）。图 2.8 所示是 TCP/IP 参考模型与 OSI 参考模型的比较。

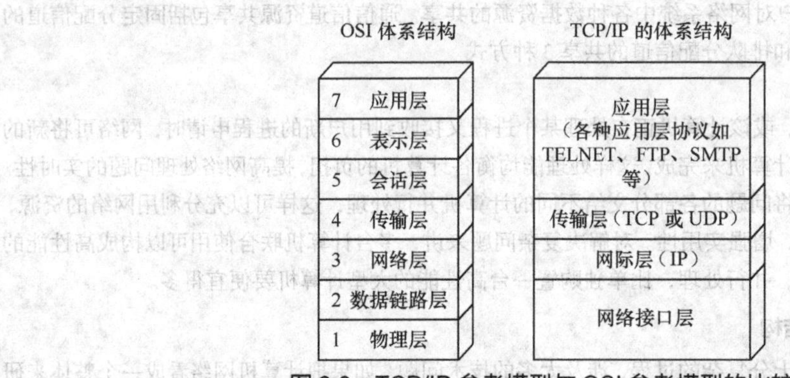

图 2.8 TCP/IP 参考模型与 OSI 参考模型的比较

5. 基于 Web 技术的互联网应用

Web（World Wide Web）即全球广域网，也称为万维网。Web 是建立在 Internet 上的一种网络服务，是全球性的、动态交互的、跨平台的信息系统，为浏览者在 Internet 上查找和浏览信息提供了图形化的、易于访问的直观界面。

Web 是一种典型的分布式应用结构，主要表现为 3 种形式，即超文本（Hypertext）、超媒体（Hypermedia）、超文本传输协议（HTTP）。Web 应用中的每一次信息交换都要涉及客户端和服务端。关于客户端与服务器的通信问题，一个完美的解决方法是使用 HTTP 协议，这是因为任何运行 Web 浏览器的机器都在使用 HTTP。

Web服务是Internet使用最方便、最受用户欢迎的服务方式，已广泛应用于电子商务、远程教育、远程医疗等领域。作为运行在Web上的应用软件，搜索引擎和电子邮件是Web的两大应用。Web使用网页浏览器浏览网页，物联网的信息发布服务也使用Web服务。

Web 1.0开始于1994年，其主要特征是大量使用静态的HTML网页来发布信息，并开始使用浏览器来获取信息，这个时候主要是单向的信息传递。Web 1.0只解决了人对信息搜索、聚合的需求，而没有解决人与人之间沟通、互动和参与的需求。目前是Web 2.0时代，在Web 2.0中，软件被当成一种服务，Internet从一系列网站演化成一个成熟的、为最终用户提供网络应用的服务平台，强调用户的参与、在线的网络协作、数据储存的网络化、社会关系网络以及文件的共享等。Web 2.0注重交互性，不仅用户在发布内容过程中实现了与网络服务器之间的交互，也实现了同一网站不同用户之间的交互，以及不同网站之间信息的交互。未来将是Web 3.0时代，Web 3.0目前还主要停留在一个概念的阶段，主要是指"大互联"的发展，即将一切事物进行"互联"，让网络"能思考""有智能"。

2.4 应用层

应用是物联网发展的目的。现在有观点甚至认为，从技术特征来看，物联网本身就是一种应用。物联网最终的目的，就是要把"感知层感知到的信息"和"网络层传输来的信息"更好地加以利用，在各行各业全面应用物联网。应用层主要基于软件技术和计算机技术来实现，用于完成数据的管理和数据的处理。这些数据与各行各业的应用相结合，将实现所有行业的智能化，进而实现整个地球的智能化，这也就是所期望的"智慧地球"。

2.4.1 应用层的功能

物联网应用层解决的是信息处理和人机交互的问题，网络层传输而来的数据在这一层进入各种类型的信息处理系统，并通过各种设备与人进行交互。在应用层中，各种各样的物联网应用场景通过物联网中间件接入网络层，如图2.9所示。

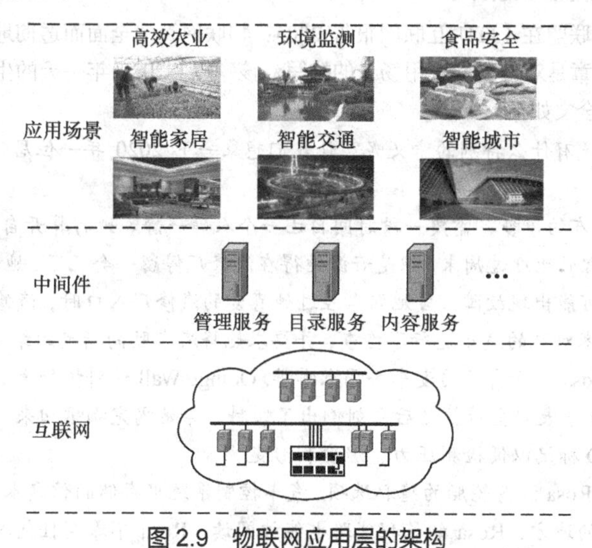

图2.9 物联网应用层的架构

物联网中间件是一种软件，用于进行各种数据的处理。物联网中间件包括一组服务，以便于运行在一台或多台机器上的多个软件通过网络进行交互。物联网中间件能够管理计算机资源和网络通信，相互连接的系统即使具有不同的接口，通过中间件仍能交换信息。

物联网应用场景是指物联网的各种应用系统，物联网最终将面向工业、农业、医疗、个人服务等各种应用场景，实现各行各业的应用。物联网的应用系统提供人机接口，不过这里的人机界面已经远远超过了人与计算机交互的概念，而是泛指与应用程序相连的各种设备与人的交互。物联网虽然是“物物相连的网络”，但最终还是要以人为本，提供人机接口，实现“人”对“机”的操作与控制。

应用层主要基于软件技术和智能终端来实现，这其中云计算和大数据是不可或缺的重要组成部分。从技术上看，大数据与云计算就像一枚硬币的正反面一样密不可分。云计算作为虚拟化硬件、软件的分布式解决方案，可以为物联网提供无所不在的信息处理能力，用户通过云计算可以获得订购的应用服务。物联网将产生大量数据，大量的数据必然无法用单台的计算机进行处理，需要采用分布式架构，对海量数据进行分布式数据挖掘。

2.4.2 物联网中间件

中间件是一种独立的系统软件，处于操作系统与应用程序之间，总的作用是为处于上层的应用软件提供运行和开发的环境，屏蔽底层操作系统的复杂性，使程序设计者面对简单而统一的开发环境，减轻应用软件开发者的负担。

在物联网应用的早期，用户往往结合自己应用系统的要求，找系统集成商单独开发软件，以满足本系统基本的“管理”和“能力”需求。由于各个用户需要实现的功能各不相同，软件开发也各不相同，开发周期往往较长，需求满足的程度难以保障，后续服务取决于系统集成商的服务能力，服务质量得不到保证。

在理想模式下，物联网中间件应该成为一个公共的服务资源系统。物联网中间件应该是物联网的基础设施之一，它通过标准的接口提供服务，并由专业机构提供运营维护和服务保障。用户基于物联网中间件，不但能够获得标准化的服务，而且系统集成和部署的时间短，后续服务能够保证。

目前 IBM、Microsoft、BEA、Reva 等公司都提供物联网中间件产品，这些中间件对建立物联网的应用体系进行了尝试，为物联网将来的大规模应用提供了支撑。

2.4.3 物联网应用场景

1．ITU 对物联网应用场景的描写

2005 年，国际电信联盟在《ITU 互联网报告 2005：物联网》中全面而透彻地分析了物联网。报告共分 7 个章节，其中第六章是对物联网应用场景的描写，该章以“2020 年一天的生活”为题，描写了物联网的美好前景。第六章全文如下。

物联网对未来的居民有什么特别的意义呢？让我们想象一下 2020 年一位居住在西班牙的 23 岁学生 Rosa 一天的生活吧。

Rosa 刚刚结束和男友的争吵，需要一段时间自己一个人静一静。她打算开自己的智能 Toyota 汽车到法国 Alps，并在一个滑雪胜地度过周末。但是好像她得在汽修厂停留一会儿了，她的爱车依法安装的 RFID 发出告警，警告她轮胎可能出现故障。当她驾车经过她喜爱的汽修厂入口时，汽修厂的诊断工具使用无线传感技术和无线传输技术对她的汽车进行了检查，并要求她将汽车驶向指定的维修台。这个维修台是由全自动的机器臂装备的。Rosa 离开自己的爱车去喝点咖啡。Orange Wall 饮料机知道 Rosa 对加冰咖啡的喜好，当她利用自己的 Internet 手表安全付款之后立刻倒出了饮料。等她喝完咖啡回来，一对新的轮胎已经安装完毕，并且集成了 RFID 标记以便检测压力、温度和形变。

这时机器向导要求 Rosa 注意轮胎的隐私选项。汽车控制系统里存储的信息本来是为汽车维护准备的，但是在有 RFID 读写器的地方，Rosa 的旅程线路也能被阅读。Rosa 不希望任何人（尤其是男友）知道自己的去向，去向这样的信息太敏感了，Rosa 必须保护。所以 Rosa 选择隐私保护选项，以防止未授权的追踪。

然后 Rosa 去了最近的购物中心购物，她想买一款新的嵌入媒体播放器和具有气温校正功能的滑雪衫。那个滑雪胜地使用了无线传感器网络来监控雪崩的可能性，这样 Rosa 就能保证滑雪时的舒适与安全。在法国—西班牙边境，Rosa 没有停车，因为她的汽车里包含了她的驾照信息和护照信息，这些信息已经自动传送到边检的相关系统了。

瞧，即使是在这样一个充斥着智能互联系统的世界，人类的情感依然还是主宰。

2. 物联网的应用领域

物联网的应用领域十分广泛，并将逐渐普及到所有领域。随着技术的不断进步，物联网将会成为日常生活的一部分。物联网的主要应用领域如图 2.10 所示。

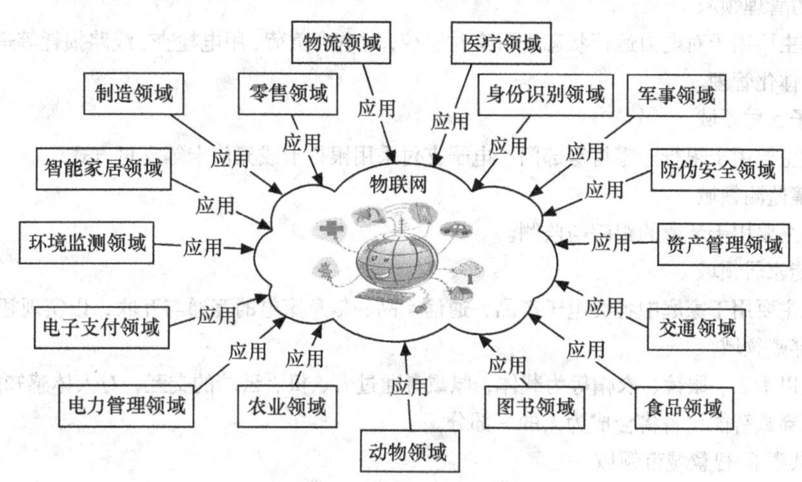

图 2.10 物联网的主要应用领域

（1）制造领域

在该领域主要用于生产数据的实时监控、质量追踪和自动化生产等，形成智能制造。

（2）零售领域

在该领域主要用于商品的销售数据实时统计、补货和防盗等。

（3）物流领域

在该领域主要用于物流过程中的货物追踪、信息自动采集、仓储应用、港口应用、邮政快递等。

（4）医疗领域

在该领域主要用于医疗器械管理、病人身份识别、婴儿防盗等。

（5）身份识别领域

在该领域主要用于电子护照、身份证、学生证等各种电子证件。

（6）军事领域

在该领域主要用于弹药管理、枪支管理、物资管理、人员管理、车辆识别与追踪等。

（7）防伪安全领域

在该领域主要用于贵重物品（烟、酒、药品）防伪、票证防伪、汽车防盗、汽车定位等。

（8）资产管理领域

在该领域主要用于贵重的、危险性大的、数量大且相似性高的各类资产管理。

（9）交通领域

在该领域主要用于车联网、不停车缴费、出租车管理、公交车枢纽管理、铁路机车识别、航空交通管制、旅客机票识别、行李包裹追踪等。

（10）食品领域

在该领域食品领域主要用于水果、蔬菜和生鲜食品保鲜期的监控等。

（11）图书领域

在该领域主要用于书店、图书馆和出版社的书籍资料管理等。

（12）动物领域

在该领域主要用于驯养动物、宠物识别管理等。

（13）农业领域

在该领域主要用于畜牧牲口和农产品生长的监控等，确保绿色农业，确保农产品的安全。

（14）电力管理领域

在该领域主要用于对电力运行状态进行实时监控，对电力负荷、用电检查、线路损耗等进行实时监控，以实现高效一体化管理。

（15）电子支付领域

在该领域主要用于银行、零售等部门。电子支付采用银行卡或充值卡等支付方式。

（16）环境监测领域

在该领域主要用于环境的跟踪与监测。

（17）智能家居领域

在该领域主要用于家庭中各类电子产品、通信产品、信息家电的互通与互联，以实现智能家居。

（18）可穿戴领域

在该领域以手表、眼镜、衣帽等为载体，佩戴者通过人、机、云端的交互，对人体感知能力进一步补充和延伸。可穿戴智能设备将会成为人的一部分。

（19）公共事业/智慧城市领域

公共事业/智慧城市领域是指运用新一代信息技术促进城市规划、建设、管理和服务智慧化的新理念和新模式。

2.4.4 物联网应用所需的环境

物联网将创造一个由数以亿计、使用无线标识的“物”组成的动态网络，并赋予“物”完全的通信和计算能力，这需要一个普适计算的环境。当前云计算、大数据等热点技术可以提高社会的信息化水平，提升处理复杂问题的能力，并提供智能化的技术环境。物联网通过与热点技术的结合，可以实现真实世界与虚拟世界的融合。

1. 普适计算

普适计算是由 IBM 提出的概念。所谓普适计算（Ubiquitous Computing），就是指无所不在的、随时随地可以进行计算的一种方式，无论何时何地，只要需要，就可以通过某种设备访问到所需的信息。

普适计算的含义十分广泛，所涉及的技术包括移动通信技术、小型计算设备制造技术、小型计算设备上的操作系统技术及软件技术等。普适计算技术在软件技术中将占据越来越重要的位置，普适计算可以降低设备使用的复杂程度，使人们的生活更轻松、更有效率。实际上，普适计算是网络计算的自然延伸，它使得个人计算机及其他小巧的智能设备可以连接到网络中去，从而方便人们即时地获得信息并采取行动。

间断连接与轻量计算（即计算资源相对有限）是普适计算最重要的两个特征。实现普适计算的基本条件是计算设备越来越小，方便人们随时随地佩戴和使用。在计算设备无时不在、无所不在的条件下，普适计算才有可能实现。

2. 云计算

云计算（Cloud Computing）是网格计算（Grid Computing）、分布式计算（Distributed Computing）、并行计算（Parallel Computing）、效用计算（Utility Computing）、网络存储（Network Storage Technologies）、虚拟化（Virtualization）、负载均衡（Load Balance）等传统计算机技术和网络技术发展融合的产物。狭义的云计算是指 IT 基础设施的交付和使用模式，是指通过网络以按需、易扩展的方式获得所需的资源；广义的云计算是指服务的交付和使用模式，是指通过网络以按需、易扩展的方式获得所需的服务。

云计算的核心思想是将大量用网络连接的计算资源进行统一的管理和调度，构成一个计算资源池，向用户按需提供服务。提供资源的网络被称为“云”，“云”中的资源在使用者看来是可以无限扩展的，并且可以随时获取，按需使用，随时扩展，按使用付费。云计算被视为“革命性的计算模型”，企业与个人用户无须再投入昂贵的硬件购置成本，只需要通过互联网来购买、租赁计算能力即可，它意味着计算能力也可以作为一种商品进行购买，就像煤气、水电一样。云计算可以轻松实现不同设备间的数据共享，将 IT 资源、数据和应用作为服务通过网络提供给用户。

对于物联网来说，本身需要进行大量而快速的运算，云计算的运算模式正好可以为物联网提供良好的应用基础。建设物联网需要高效的、动态的、可以大规模扩展的计算资源处理能力，这个能力正是云计算所擅长的。

3. 大数据技术

目前的数据量增加之快，大致可以这样描述：近几年全球生成的数据量，相当于此前一切时代人类所生产的数据量的总和。大数据是一种规模大到在获取、存储、管理和分析方面大大超出了传统数据的数据集合。目前各种类型的技术装置延伸了人类感官的感知能力，把 Volume（大量）、Velocity（高速）、Variety（多样）的数据呈现给人类，成为人类认识的来源，这就是现在的大数据时代。

大数据技术与云计算、物联网密切相关。大数据不是抽样数据，而是全部的数据，所以大数据必须依赖云计算，不可能是局域网。物联网的目标是把所有物体都连接到互联网，并把物体的数据上传，自然就是大数据了。大数据、云计算都是物联网的基础设施。

人对外部世界的认识是通过数据获得的。大数据包括了人类认知世界的所有方面，对世界的认识已转变为对数据的解读。大数据技术就包含数据挖掘，总体来说，数据挖掘使用一系列的技术手段，完成对数据潜在价值的发现和展示。当我们寻求世界的本质时，就是寻找数据之间的关联，数据已经成为认知的源泉。

2.4.5 物联网应用面临的挑战

1. 标准化体系的建立

标准是对社会生活和经济技术活动的统一规定，标准的制定是以最新的科学技术和实践成果为基础的，它为技术的进一步发展创建了一个稳固的平台。制定标准是各国经济建设不可缺少的基础工作，它可以促进贸易发展、提高产业竞争力、规范市场秩序、推动技术进步。如果说一个专利影响的仅仅是一个企业，那么一个技术标准则会影响一个产业，一个标准体系甚至会影响一个国家的竞争力。

目前还没有全球统一的物联网标准体系，物联网处于全球多个标准体系共存的阶段。物联网在我国的发展还处于初级阶段，我国面临着物联网标准体系的建设问题。标准体系的建立将成为发展我国物联网产业的先决条件。通过物联网标准体系的建设，可以促进产品的互相兼容，促进产业分工，促进贸易发展，促进科技进步，促进新技术普及。

标准体系的实质就是知识产权，是打包出售知识产权的高级方式。物联网标准体系包含大量的技术专利，关系着国家安全、战略实施和产业发展的根本利益。

2. 核心技术的突破

核心技术是物联网可持续发展的根本动力，作为我国战略性新兴产业，不掌握物联网核心技术，就不能形成核心竞争力。物联网感知层、网络层和应用层这 3 个层次涉及的核心技术非常多，掌握具有自主知识产权的核心技术是物联网发展的重中之重。

3. 行业主管部门的协调

物联网应用领域十分广泛，许多行业应用具有很大的交叉性，这些行业分属于不同的行政部门，因此必须加强行业主管部门的协调，才能有效保证物联网产业的顺利发展。

4. 安全挑战

物联网的安全问题是制约物联网全面发展的重要因素。由于物联网应用场景中的实体均具有一定的感知、计算和执行能力，广泛存在的这些感知设备将会对国家、社会和个人信息安全构成新的威胁。一方面，由于物联网具有网络种类上的兼容和业务范围上的无限扩展等特点，因此当大到国家电网数据、小到个人病例都接入物联网时，可能导致公众信息和个人信息被非法获取；另一方面，随着国家重要的基础行业和社会关键服务领域（如电力、医疗等）都依赖于物联网和感知业务，国家基础领域的动态信息可能被窃取。所有的这些问题使得物联网安全问题上升到国家层面，成为影响国家发展和社会稳定的重要因素。

5. 隐私挑战

不久的未来，物联网将全面“植入”人们的生活，衣服、手机、包、眼镜等一些随身携带的东西都嵌入了电子芯片，它们非常细小，甚至肉眼看不见，但是它们又是电子传感器，时时刻刻暴露了人们的一举一动。这就是物联网技术的隐私危机。

可能将来，我们随身携带的东西里面都有感知芯片，从有利的方面来看，这会让罪犯无处遁形，但同时也会让普通人变得透明化。这就有个问题需要解决：人们的隐私怎么保护。

6. 成本挑战

物联网普及的障碍除技术因素以外，还有价格因素。物联网得以推广，低成本是很重要的推动力。只有低成本，物联网才具备复制的价值。

以 RFID 为例，RFID 电子标签的成本目前大约为 20 美分。这样的价格对于汽车、冰箱、电视、手机等商品可能不值得一提，但对于灯泡、牙膏等低价商品来说，依旧是太高了。RFID 电子标签生产商美国 Alien 科技公司表示，年生产量超过 100 亿个电子标签，电子标签的成本才能降到 10 美分以下。现在人们的目标是将 RFID 电子标签的价格降到 5 美分，这样物联网将得到极大的普及。

2.4.6 物联网应用前景展望

IBM 前首席执行官郭士纳曾提出一个观点，认为世界的计算模式每隔 15 年发生一次变革。1965 年前后发生的变革以大型机为标志，1980 年前后发生的变革以个人计算机为标志，1995 年前后发生的变革以互联网为标志，这次则将是物联网变革。物联网作为互联网的下一站，在广度和深度上都有可能超过互联网对人类社会的影响，因此世界各国都把物联网提升为国家战略，物联网已经成为国家综合竞争力的体现。

1. 经济效益和社会效益

物联网可以提高生产力，并对生产方式产生深刻影响。随着社会生产方式和生活方式的提升，人们的思想观念和思维方式也将发生深刻变化。

物联网蕴含着巨大的创新空间，将带来对环境的深刻感知、信息量的巨大增长、通信系统的不断融合、行业应用的升级整合、贴近大众的便利服务。

物联网的发展不仅能使生产确保质量、流通实现有序高效、资源配置更加合理、消费安全指数大大提高，而且将催生新兴产业、新的就业岗位、新的职业门类。

2. 市场前景

有投资人士认为，实现单个行业内的物联网应用至少需要三年时间，普及物联网的使用则需要更长的时间，要实现物联网的全行业运用至少需要十年时间。

我国有关研究机构预测，未来十年，物联网重点应用领域的投资可以达到 4 万亿，产出可以达到 8 万亿，形成就业岗位 2500 万个，与物联网相关的嵌入芯片、传感器、无线射频的“智能装置”数目可能超过 1 万亿个。

在物联网普及以后，用于动物、植物、机器和基础设施的传感器、电子标签以及配套接口装置的数量，将大大超过人类使用手机的数量。物联网的推广将成为推进经济发展的又一个驱动器。物联网将是下一个万亿级的通信业务，其发展前景巨大，将成为经济发展新的动力源之一。

本章小结

物联网从下到上大致有 3 层，分别为感知层、网络层和应用层。感知层用于解决人类社会和物理世界数据获取和数据收集的问题。感知层主要包含两个主要部分：一是信息获取，这与物品的标识符、自动识别技术、传感技术等相关；二是信息的短距离传输，这与自组织网络、短距离无线通信、红外通信等相关。网络层与通信网、互联网和各类专网一样，主要负责数据传输。接入网承载所有接入业务，主要由无线接入和有线接入实现，宽带、移动、融合、泛在化是其发展趋势。互联网是由多个计算机网络按照一定的协议组成的国际计算机网络，可进行数据处理和数据通信，主要有数据通信、资源共享和分布处理的功能，其体系结构有 OSI 参考模型和 TCP/IP。应用层主要解决人机交互的问题，目的是在各行各业全面应用物联网，并基于软件技术和计算机技术来实现。应用层主要包括物联网中间件和物联网应用场景，物联网应用需要普适计算的环境，当前云计算、大数据等热点技术正好可以为物联网提供良好的应用基础。

思考与练习

2.1 物联网从下到上依次可以划分为哪 3 层？

2.2 感知层的功能是什么？

2.3 物联网的标识符应该具有哪些特点？物联网数据采集主要有哪两种方式？

2.4 什么是自组织网络？信息短距离传输主要有哪几种方式？

2.5 网络层的功能是什么？

2.6 接入网与核心网的区别是什么？无线接入技术和有线接入技术主要有哪几类？

2.7 简述互联网的定义、基本功能。简述计算机网络的组成和体系结构的参考模式。

2.8 应用层的功能是什么？

2.9 什么是物联网中间件？

2.10 举例说明物联网的应用场景和应用领域。

2.11 物联网应用为什么需要普适计算的环境？什么是云计算？什么是大数据技术？

2.12 物联网面临的挑战有哪些？物联网的应用前景是什么？

第3章 射频识别（RFID）系统

在信息处理系统中，数据的获取是信息系统的基础。为了解决数据获取的问题，人们研究了各种各样的自动识别系统。自动识别可以对物品自动标识和识别，提高了数据获取的实时性和准确性，为决策的正确制定提供了依据。在物联网中，射频识别（RFID）系统是最重要的一种自动识别系统，物联网来源于RFID领域。RFID系统是全球物品信息实时共享的重要组成部分，是物联网的基石。

3.1 自动识别概述

在信息系统出现的早期，数据的处理都是通过手工完成的，不仅劳动强度大、数据误码率高，而且也不能实时完成。为了解决这些问题，人们研究了各种各样的自动识别系统。

3.1.1 自动识别技术的概述

1. 自动识别技术的定义

自动识别（Auto Identification）通常与数据采集（Data Collection）联系在一起，形成自动识别技术（Auto Identification and Data Capture，AIDC）。

自动识别技术是应用一定的识别装置，通过被识别物品和识别装置之间的接近活动，自动获取、自动识读被识别物品的相关信息，并提供给后台的计算机处理系统来完成后续相关处理的一种技术。自动识别技术是一种高度自动化的信息或数据采集技术，是用机器识别对象的众多技术的总称。

自动识别技术能够对字符、影像、条码、声音、信号等记录数据的载体用机器进行自动识别，并自动地获取被识别物品的相关信息。在后台的计算机信息处理系统中，这些数据通过信息系统的分析和过滤，最终成为影响决策的信息。

2. 物品识别的发展历程

信息识别和管理过去多以单据、凭证和传票为载体，通过手工记录、电话沟通、人工计算、邮寄或传真等方法，对信息进行采集、记录、处理、传递和反馈。这些方法不仅极易出现差错、信息滞后，也使管理者对各个环节难以统筹协调，不能系统控制，更无法实现系统优化和实时监控，从而造成效率低下和人力、运力、资金、场地的大量浪费。

近几十年来，自动识别技术在全球范围内得到了迅猛发展，将人们从繁重、重复的手工劳动中解放出来。自动识别技术是现代生产自动化、销售自动化、流通自动化、管理自动化等所必备的技术，它极大地提高了数据采集和信息处理的速度，改善了人们的工作和生活环境，并提高了信息的实时性和准确性。

3. 自动识别技术是物联网的基石

在物联网的数据采集层面，最重要的手段就是自动识别技术和传感技术。由于传感技术仅能够感知环境，无法对物体进行标识，要实现对特定物体的准确标识，更多地要通过自动识别技术。

自动识别技术是物联网的基础，同时物联网也为自动识别技术提供了前所未有的发展机遇，促使自动识别技术由较为低级的方式（如条码识别）向较为高级的方式（如射频识别）发展。在物联网时代，自动识别技术扮演的是一个信息载体和载体认识的角色，它的成熟与发展决定着互联网与物联网能否有机融合，因此自动识别技术是物联网的基石。

3.1.2 自动识别系统的组成

自动识别系统因应用不同，其组成会有所不同，但基本都是由标签、读写器和计算机网络这三大部分组成的。自动识别系统的基本组成如图 3.1 所示。

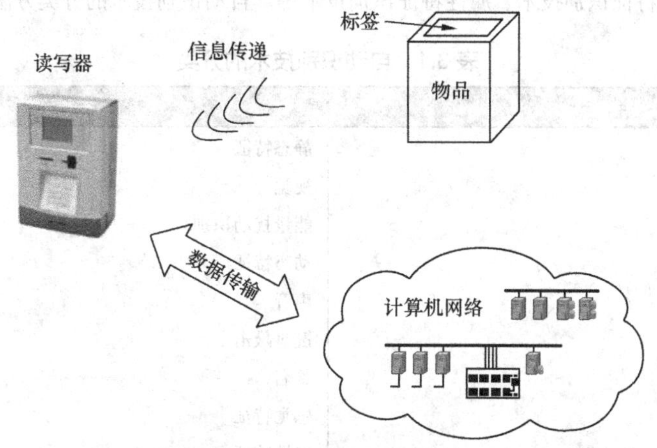

图 3.1 自动识别系统的基本组成

1. 标签

标签的形式很多，例如可以是条码或电子标签。标签附着在物体上，用于标志目标对象。每个标签都具有编码，编码中存储着被识别物体的相关信息。

2. 读写器

读写器是读写标签信息的设备。自动识别系统工作时，一般首先由读写器发射一个特定的询问信号。当标签接收到这个信号后，就会给出应答信号，应答信号中含有标签携带的数据信息。读写器接收这个应答信号，并对其进行处理，然后将处理后的应答信号传递给外部计算机，进行后续的相应操作。

3. 计算机网络

最简单的自动识别系统只有一个读写器，它一次只对一个标签进行操作。例如公交车上的票务系统，公交车上的读写器每次只对一个乘客的充值卡进行刷卡识读。

复杂的自动识别系统会有多个读写器和大量标签，并要实时处理数据信息，这就需要计算机处理问题。读写器可以通过标准接口与计算机网络进行连接，计算机网络完成数据的处理、传输、通信和管理。

在物联网中，标签与读写器构成了识别系统。标签是物品编码的物理载体，附着在可跟踪的物品上，可全球流通，并可识别和读写。读写器与计算机网络相连，是读取标签内物品编码并将编码提供给网络的设备。读写器与计算机网络连接后，在互联网上可以发布大量的物品信息，并可以实时更新物品的数据信息，一个全新的物联网就建立起来了。

3.2 自动识别技术分类

自动识别技术近年来在全球范围内得到了迅猛发展，形成了一个包括条码技术、磁条磁卡技术、IC 卡技术、射频识别技术、光学字符识别技术、声音识别技术及视觉识别技术等集计算机、光、磁、物理、机电、通信技术为一体的高新技术学科。

3.2.1 分类方法

自动识别技术的分类方法很多，可以按照国际自动识别技术的分类标准进行分类，也可以按照具体应用的分类标准进行分类。

1. 按照国际标准进行分类

按照国际自动识别技术的分类标准，自动识别技术可以分为数据采集技术和特征提取技术两大类。其中，数据采集技术分为光识别技术、磁识别技术、电识别技术、无线识别技术等，特征提取技术分为静态特征识别技术、动态特征识别技术、属性特征识别技术等。自动识别技术的分类方法见表 3.1。

表 3.1 自动识别技术的分类

数据采集技术	特征提取技术
光存储器	静态特征
条码	视觉
光学字符识别	能量扰动识别
磁存储器	动态特征
磁条	声音
非接触磁卡	键盘敲击
磁光存储	签名
微波	感觉特征
电存储器	属性特征
接触式存储	化学感觉特征
RFID 射频识别	物理感觉特征
智能卡（接触式和非接触式）	联合感觉特征

2. 按照具体应用进行分类

按照具体应用进行分类，自动识别技术可以分为条码识别技术、磁卡识别技术、IC 卡识别技术、光学字符识别技术、生物特征识别技术、射频识别技术等。其中，条码识别技术可以应用在商业领域，例如大型超市中都使用条码进行价格的结算；磁卡识别技术可以应用在银行领域，例如许多银行卡都是磁卡；IC 卡识别技术可以应用在医疗领域，例如医疗 IC 卡既有支付功能又可以存储病例；光学字符识别技术可以应用在出版领域，例如文本资料可以用光学字符识别技术进行处理；生物特征识别技术可以应用在安全领域，例如门禁系统可以采用指纹识别技术；射频识别技术可以应用在物流领域，例如货物贴上电子标签后，在全球的物流领域就可以全面使用射频识别技术。

3.2.2 条码识别

条码是由宽度不同、反射率不同的条（黑色）和空（白色）按照一定的编码规则编制而成，用于表达一组数字或字母符号信息的图形标识符。图 3.2 所示为一维条码和二维条码的样图。条码可以标出物品的生产国、制造厂家、商品名称、商品类别、图书分类号、包裹起止地点等许多信息，因而在工业生产、商品流通、仓储管理、银行系统、信息服务、图书管理、邮政管理等许多领域都得到了广泛的应用。

（a）一维条码

（b）二维条码

图 3.2 条码的样图

1. 条码的识别原理

要将条码转换成有意义的信息，需要经历扫描和译码两个过程。

（1）扫描

物体的颜色能决定反射光，白色物体能反射各种波长的可见光，黑色物体则吸收各种波长的可见光。所以，当条码扫描器光源发出的光在条码上反射后，反射光照射到条码扫描器内部的光电转换器上，光电转换器根据强弱不同的反射光信号，将光信号转换成相应的电信号。电信号输出到条码扫描器的放大电路后，信号得到增强，之后再送到整形电路将模拟信号转换成数字信号。

（2）译码

白条、黑条的宽度不同，相应的电信号持续的时间长短也不同。译码器通过测量数字信号 0、1 的数目，来判别条和空的数目，并通过测量 0、1 信号持续的时间，来判别条和空的宽度。此时所得到的数据仍是杂乱无章的，还需要根据对应的编码规则，将条码符号转换成相应的数字、字符信息。最后，计算机系统进行数据的处理与管理，物品的信息便被识别了。

2. 条码识别系统

下面以物流领域为例，说明条码识别系统的构成。条码打印机用于打印条码；条码附着在物品上，条码采集器可以识别条码的信息；条码采集器将采集到的信息输入计算机，并通过计算机网络传送到服务器；采购部门通过服务器中的数据给出订单，财务部门通过服务器中的数据进行财务对账。条码识别系统如图 3.3 所示。

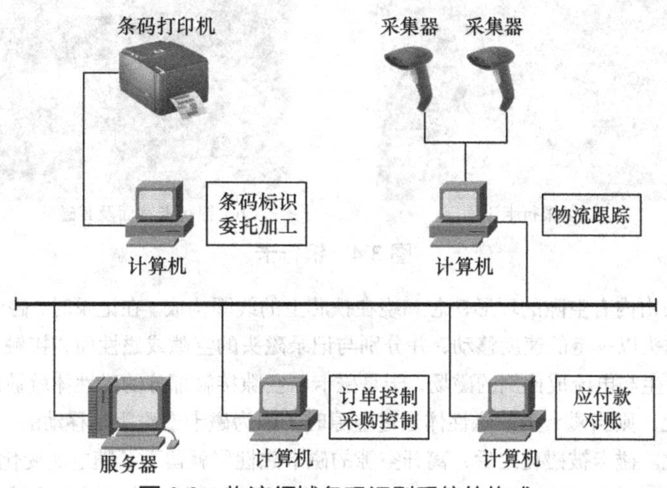

图 3.3 物流领域条码识别系统的构成

3. 条码识别的优点

条码识别具有准确率高、速度快、可靠性强、寿命长、成本低廉等特点，是最为经济、实用的一种自动识别技术。

（1）准确率高

条码的读取准确率远远超过人工记录，平均每 15000 个字符才会出现一个错误。

（2）速度快

条码的读取速度很快，每秒可读取 40 个字符。

（3）构造简单、成本低

条码识别设备的构造简单，使用方便。条码的编写很简单，制作也仅仅需要印刷，被称为“可印刷的计算机语言”。与其他自动识别技术相比，条码技术仅仅需要一小张贴纸和相对构造简单的光学扫描仪，成本相当低廉。

（4）灵活实用

条码符号可以用手工键盘输入，也可以和有关设备组成识别系统实现自动化识别，还可以和其他控制设备联系起来实现整个系统的自动化管理。

3.2.3　磁卡识别

磁卡利用磁性载体记录英文与数字信息，是用来标识身份、记载数据的卡片。磁卡最早出现在 20 世纪 60 年代，当时伦敦交通局将地铁票背面全涂上磁介质，这样地铁票就可以预先存钱。后来由于改进了系统，缩小了面积，磁介质改成了现在的磁条。磁条从本质意义上讲与计算机用的磁带或磁盘是一样的，它可以记载字母、字符及数字信息，通过黏合、热合与塑料或纸牢固地整合在一起，形成磁卡。

1．磁卡的识别原理

磁卡是由一定材料的片基和均匀涂覆在片基上的微粒磁性材料制成的，采用的是磁识别技术。磁卡是一种磁记录卡片，磁条记录信息的方法是变化磁的极性，一部解码器可以识读到磁性的变换，并将它们转换成字母或数字的形式。磁卡上的磁条有两种形式，一种是普通信用卡式磁条，另一种是强磁式磁条，强磁式磁条由于降低了信息被涂抹或被损坏的机会而提高了可靠性，大多数卡片和系统的供应商同时支持这两种类型的磁条。磁卡技术能够在小范围内存储较多的信息，同时磁条上的信息可以被重写或更改。图 3.4 给出了一种银行卡，该银行卡通过背面的磁条可以读写数据。

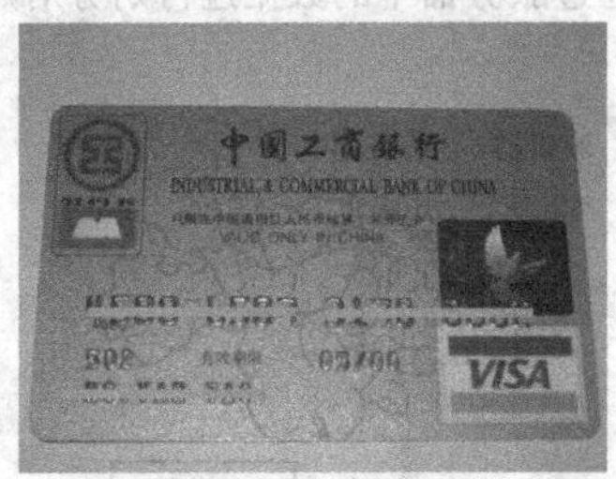

（a）银行卡正面

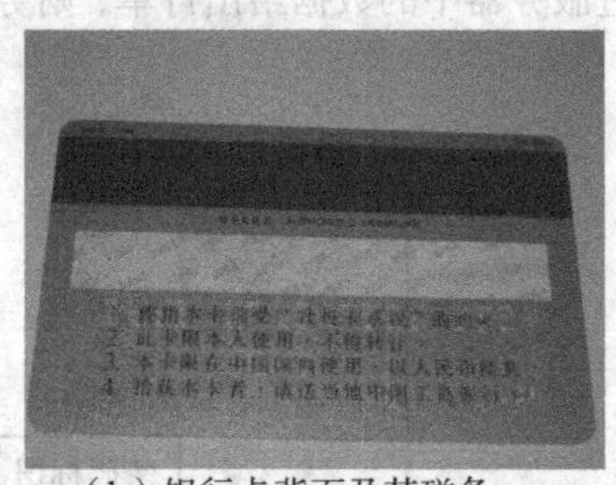

（b）银行卡背面及其磁条

图 3.4　银行卡

磁卡的记录磁头由内有空隙的环形铁芯和绕在铁芯上的线圈构成。在记录时，磁卡的磁性面以一定的速度移动，或记录磁头以一定的速度移动，并分别与记录磁头的空隙或磁性面相接触。磁头的线圈一旦通上电流，空隙处就产生与电流成比例的磁场，于是磁卡与空隙接触部分的磁性体就被磁化。如果记录信号的电流随时间而变化，则当磁卡上的磁性体通过空隙时（因为磁卡或磁头是移动的），便随着电流的变化而不同程度地被磁化。磁卡被磁化之后，离开空隙的磁卡磁性层就留下了随电流变化的剩磁。

如果电流信号（或者说磁场强度）按正弦规律变化，那么磁卡上的剩磁也同样按正弦规律变化。当电流为正时，就引起一个从左到右（从 N 到 S）的磁极性；当电流反向时，磁极性也跟着反向。其最后结果可以看作磁卡上从 N 到 S 再返回到 N 的一个波长，即剩磁是按正弦变化的。记录信号就以正弦变化的剩磁形式记录，存储在磁卡上。图 3.5 给出了一种磁卡识读装置。

2．磁卡的制作标准

磁卡制作的国际标准有 ISO 7811、ISO 7816 等。磁卡制作的具体标准如下。

（1）卡基尺寸标准

卡基长度范围为 85.47 ~ 85.72mm。

卡基宽度范围为 53.92 ~ 54.03mm。

ISO 标准的磁卡厚度为 0.76mm（不含磁条厚度），制作误差为±0.03mm。

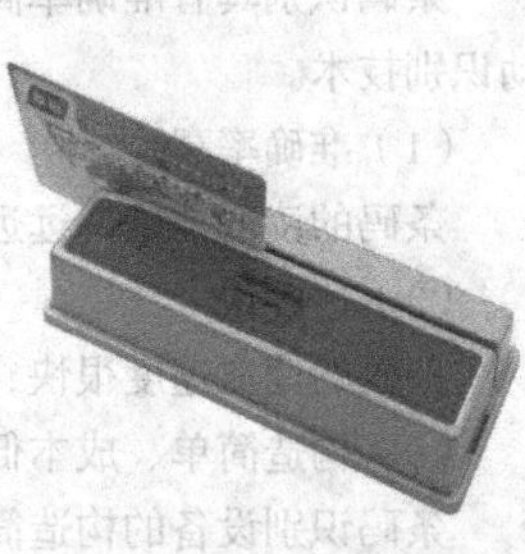

图 3.5　磁卡识读装置

（2）印刷工艺

根据用户需求的不同，有胶印、丝印、打印等多种印刷方式，同时根据需求还可以在卡片上增加烫金、烫银等特殊工艺专版，以达到用户所需的质量及视觉需求。

3. 磁卡的应用

磁卡的特点是数据可读写，即具有现场改变数据的能力，这个优点使得磁卡的应用领域十分广泛。磁卡使用方便，造价便宜，在许多场合都会用到。磁卡的主要应用如下。

（1）银行卡、证券、保险方面

在该方面，主要有信用卡、借记卡、贷记卡、ATM 卡、社会保险卡、证券交易卡等。

（2）零售服务方面

在该方面，主要有购物卡、现金卡、会员卡、礼品卡、订购卡、折扣卡、积分卡等。

（3）交通旅游方面

在该方面，主要有汽车保险卡、旅游卡、房卡、护照卡、停车卡、公路付费卡、检查卡等。

（4）医疗方面

在该方面，主要有门诊卡、健康检查卡、捐血卡、诊断图卡、血型卡、妇产卡、病历卡、药方卡等。

（5）教育方面

在该方面，主要有图书卡、学生证、报告卡、辅导卡、成绩卡等。

（6）娱乐方面

在该方面，主要有电玩卡、卡拉 OK 卡、娱乐卡、戏院卡等。

4. 磁卡的安全性及应用存在的问题

磁卡的安全性和保密性较差。由于磁条上的信息比较容易读出，非法修改磁条上的内容也比较容易，所以将来的发展趋势是智能卡将取代磁卡。

近几十年来，由于磁卡得到了很多世界知名公司和各国政府部门的支持，使得磁卡的应用非常普及。以美国为例，美国平均每个成年人拥有的各类磁卡多达 4 张，磁卡的应用系统非常完善。如果将已有的这些磁卡应用系统全部换成日益成熟的智能卡系统，那么每年的投入至少需要上千亿美元，这将严重影响国民的生活习惯以及应用系统的正常运转。相比之下，智能卡的安全保密性虽比磁卡好，但是非常完善的磁卡应用系统弥补了磁卡在安全保密方面所存在的不足。因此，在未来很长的一段时间内，磁卡应用系统将同智能卡应用系统以互补的方式共同存在。

3.2.4 IC 卡识别

IC 卡，英文名称为 Integrated Circuit，有些国家和地区称为灵巧卡（Smart Card）、芯片卡（Chip Card）或智能卡（Intelligent Card）。IC 卡将一个微电子芯片嵌入到塑料的卡基中，做成卡片形式，是一种电子式数据自动识别卡。IC 卡包含了微电子技术和计算机技术，作为一种成熟的高技术产品，是继磁卡之后出现的又一种信息识别工具。

1. IC 卡的识别原理

IC 卡分接触式 IC 卡和非接触式 IC 卡，这里介绍的是接触式 IC 卡。IC 卡是集成电路卡，它通过卡片表面的 8 个金属触点与读卡器进行物理连接。IC 卡如图 3.6 所示。

IC 卡技术主要包括硬件技术和软件技术。其中，硬件技术一般包含半导体技术、基板技术、封装技术、终端技术等，软件技术一般包括应用软件技术、安全技术及系统控制技术等。IC 卡是通过嵌入卡中的电擦除式可编程只读存储器（EEPROM）来存储数据信息的，存储容量大，可以存储上百万个字符。IC 卡安全保密性好，卡上信息的读取、修改、擦除都可以设定密码。IC 卡具有数据处理能力，在与读卡器进行数据交换时，可对数据进行加密、解密，以确保数据交换的准确可靠。

IC 卡读卡器是 IC 卡与应用系统之间的桥梁。IC 卡读卡器通过一个接口电路与 IC 卡相连并进行通信，根据实际应用系统的不同，可选择并行通信、半双工串行通信等。IC 卡读卡器如图 3.7 所示。

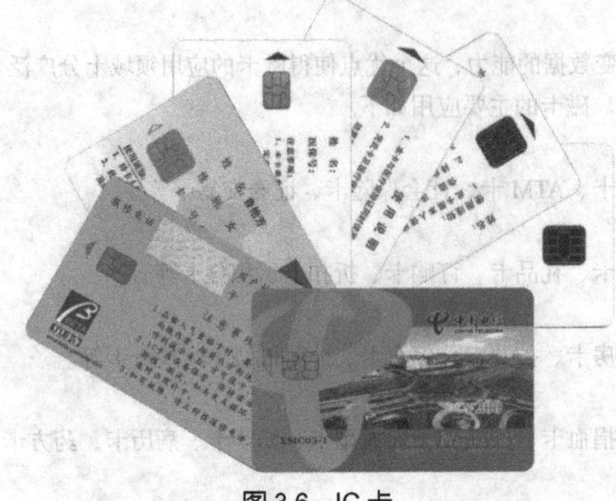

图 3.6　IC 卡

图 3.7　IC 卡读卡器

2. IC 卡的分类

IC 卡可分为一般存储卡、加密存储卡、CPU 卡和超级智能卡。目前，在全球 IC 卡产业竞争十分激烈的情况下，IC 卡将向更高层次的方向发展，诸如从接触型 IC 卡向非接触型 IC 卡转移，从低存储容量 IC 卡向高存储容量 IC 卡发展，从单功能 IC 卡向多功能 IC 卡转化等。

（1）存储卡

存储卡仅包含存储芯片而无微处理器，一般的电话卡即属于此类 IC 卡。存储卡的内嵌芯片相当于普通的串行 EEPROM，这类卡信息存储方便、使用简单、价格低廉，很多场合可以替代磁卡。由于这种卡本身不具备信息保密的功能，因此只能用于保密性要求不高的应用场合。

（2）加密存储器卡

加密存储器卡的内嵌芯片在存储区外增加了控制逻辑，在访问存储区之前需要核对密码，只有密码正确才能进行存取操作。这类卡的信息保密性较好，使用方法与普通存储器卡类似。

（3）CPU 卡

CPU 卡的内嵌芯片相当于一个特殊类型的单片机，内部除了带有控制器、存储器、时序控制逻辑等外，还带有算法单元和操作系统。由于 CPU 卡具有存储容量大、处理能力强、信息存储安全等特性，现已广泛用于信息安全性要求特别高的场合。

（4）超级智能卡

超级智能卡上具有 MPU 和存储器，并装有键盘、液晶显示器和电源，有的还具有指纹识别装置等。

3. IC 卡与磁卡的比较

IC 卡的外形与磁卡相似，它与磁卡的区别在于数据存储的媒体不同。磁卡是通过卡上磁条的磁场变化来存储信息的，而 IC 卡是通过 EEPROM 来存储数据信息的。与磁卡相比较，IC 卡具有以下优点。

（1）存储容量大

磁卡的存储容量大约在 200 个数字字符；IC 卡的存储容量根据型号不同，小的几百个字符，大的上百万个字符。

（2）安全保密性好

IC 卡上的信息能够随意读取、修改和擦除，但都需要密码；磁卡的安全性和保密性较差，磁条上的信息比较容易读出，非法修改磁条上的内容也比较容易。

（3）具有数据处理能力

IC 卡与读卡器进行数据交换时，可对数据进行加密、解密，以确保交换数据的准确可靠；而磁卡则无此功能。

（4）使用寿命长

作为数据或程序的存储空间，EEPROM 的数据至少可以保存 10 年的时间，擦写次数可达 10 万次以上。磁卡数据存储的时间受磁性粒子极性耐久性的限制。另外，如果磁卡不小心接触到磁性物质，也可能造成数据的丢失或混乱。

3.2.5　射频识别

射频识别（RFID）技术通过无线电波进行数据的传递，是一种非接触式的自动识别技术。RFID 利用射频信号自动识别目标对象，具有无接触、可同时识别多个物体等优点，是自动识别领域中最优秀和应用最广泛的自动识别技术。图 3.8 所示为几种 RFID 电子标签。

（a）用于动物脚环的电子标签

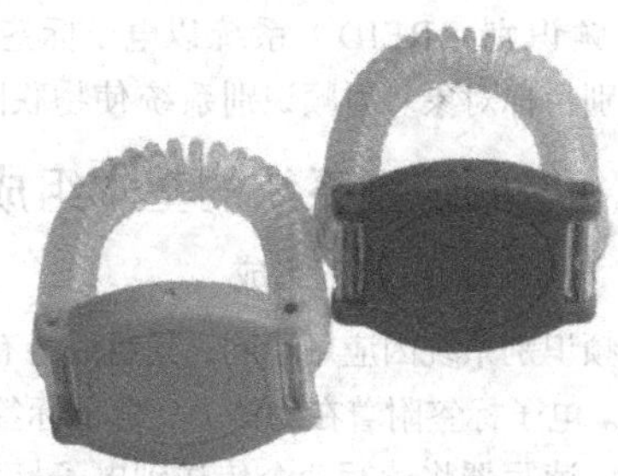

（b）医用腕带式电子标签

（c）用于商业系统的电子标签

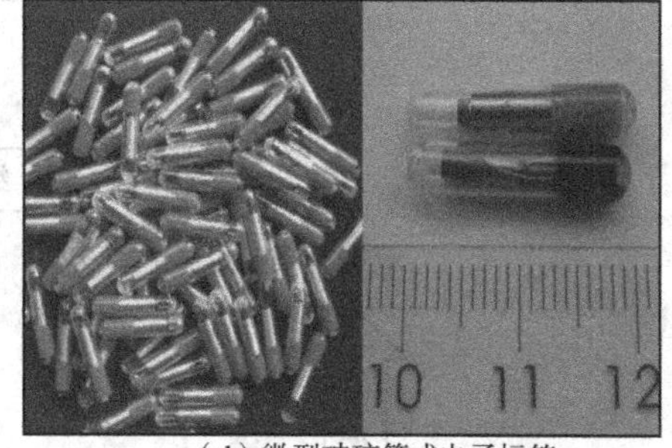

（d）微型玻璃管式电子标签

图 3.8　RFID 电子标签

RFID 技术与传统的条码识别技术相比具有很多优点，其优点表现如下。

1. RFID 电子标签抗污损能力强

传统的条码载体是纸张，它附在塑料袋或外包装箱上，特别容易受到折损。条码采用的是光识别技术，如果条码的载体受到污染或折损，将会影响物体信息的正确识别。RFID 采用电子标签存储物体的信息，电子标签可以免受外部环境的污损。

2. RFID 电子标签安全性高

条码由平行排列的宽窄不同的线条和间隔组成，制作容易，操作简单，但同时也具有仿造容易、信息保密性差等缺点。RFID 电子标签采用电子芯片存储信息，其数据可以通过编码实现密码保护，内容不易被伪造和更改。

3. RFID 电子标签容量大

一维条码的容量有限；二维条码的容量虽然比一维条码的容量增加了很多，但二维条码的最大容量也只有 3000 个字符。RFID 电子标签的容量可以做到二维条码容量的几十倍，随着记忆载体的发展，数据的容量会越来越大，可真正实现“一物一码”，能够满足信息流量不断增大和信息处理速度不断提高的需要。

4．RFID可远距离同时识别多个电子标签

现今的条码一次只能有一个条码接受扫描，而且扫描时条码与读写器的距离较近。RFID采用无线电波交换数据，读写器能够远距离同时识别多个电子标签。

5．RFID是物联网的基石

条码印刷上去就无法更改。RFID采用电子标签存储信息，可以随时记录物体的信息，可以很方便地新增、更改和删除物体的信息，并通过计算机网络可以实现物体信息的互联。因此，RFID能够实现对物体的透明化管理，是物联网的基石。

3.3 射频识别

射频识别（RFID）系统以电子标签来标识某个物体，以读写器作为识别装置，通过射频无线信号自动识别目标对象。射频识别系统使物联网的触角伸到了物体之上。

3.3.1 射频识别系统的基本组成

1．射频识别系统的组成

射频识别系统因应用不同，其组成会有所不同，但基本都是由电子标签、读写器和计算机网络这三部分组成。电子标签附着在物体上，电子标签内存储着物体的信息；电子标签通过无线电波与读写器进行数据交换，读写器将读写命令传送到电子标签，再把电子标签返回的数据传送到计算机网络；计算机网络中的数据交换与管理系统负责完成电子标签数据信息的存储、管理和控制。射频识别系统的组成如图3.9所示。

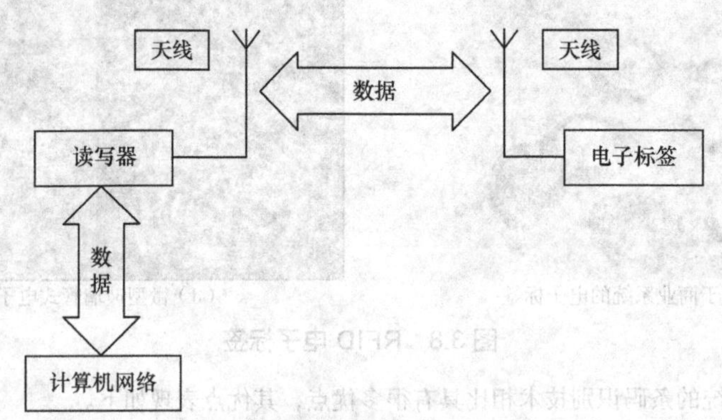

图3.9　射频识别系统的组成

射频识别系统的组成如下。

（1）电子标签

电子标签由芯片及天线组成，附着在物体上来标识目标对象。每个电子标签具有唯一的电子编码，编码中存储着被识别物体的相关信息。

（2）读写器

射频识别系统工作时，一般首先由读写器的天线发射一个特定的询问信号。当电子标签的天线感应到这个询问信号后，就会给出应答信号，应答信号中包含电子标签携带的物体数据信息。读写器接收应答信号并对其进行处理，然后传送给计算机网络。

（3）计算机网络

射频识别系统会有多个读写器，每个读写器要同时对多个电子标签进行操作，并要实时处理数据信息，这就需要计算机来处理问题。读写器通过标准接口与计算机网络连接，在计算机网络中完成数据处理、传输和通信。

2. 射频识别系统的工作流程

射频识别系统有基本的工作流程，由工作流程可以看出其工作方式。射频识别系统的一般工作流程如下。

- 读写器通过天线发射一定频率的射频信号。
- 当电子标签进入读写器天线的工作区时，电子标签通过天线获得能量，从而被激活。
- 电子标签将自身信息通过天线发送出去。
- 读写器天线接收到从电子标签发送来的载波信号。
- 读写器天线将载波信号传送到读写器。
- 读写器对接收信号进行解调和解码，然后送到计算机网络进行后续处理。
- 数据处理系统根据逻辑运算判断该电子标签的合法性。
- 计算机网络针对不同的设定做出相应的处理，发出指令控制执行的动作。

根据上述射频识别系统的工作流程，电子标签一般由天线、射频模块、控制模块和存储模块构成，读写器一般由天线、射频模块、读写模块、时钟和电源构成。由电子标签、读写器和计算机网络构成的射频识别系统的结构框图如图 3.10 所示。

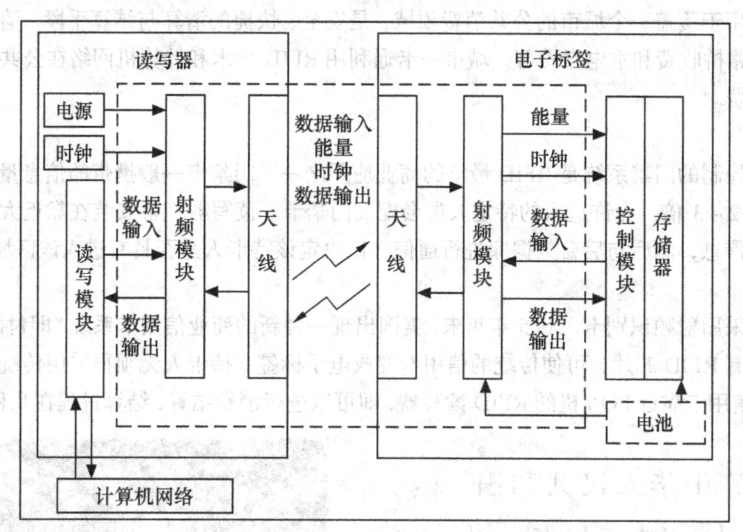

图 3.10 射频识别系统的结构框图

3. 电子标签的结构形式

为了满足不同的应用需求，电子标签的结构形式多种多样，有卡片形、环形、纽扣形、条形、盘形、钥匙扣形、手表形等。电子标签既可能是独立的标签形式，也可能会与诸如汽车钥匙等集成在一起。电子标签的外形会受到天线结构的影响，是否需要电池也会影响到电子标签的设计。电子标签可以封装成不同的形式，各种形式的电子标签如图 3.11 所示。

下面介绍几种典型结构的电子标签。

（1）卡片型电子标签

如果将电子标签的芯片和天线封装成卡片形，就构成卡片形电子标签，这类电子标签也常称为射频卡。卡片形电子标签如图 3.12 所示。

1）我国第二代身份证

我国第二代身份证内含有 RFID 芯片，也就是说，我国第二代身份证相当于一个电子标签。第二代身份证电子标签的工作频率为 13.56MHz，通过身份证读卡器，第二代身份证芯片内所存储的姓名、地址和照片等信息将在读卡器上一一显示出来。

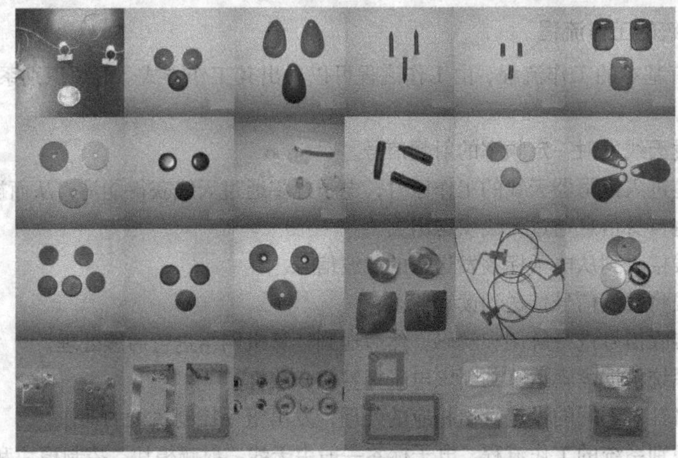

图 3.11　各种形式的电子标签

2）城市一卡通

城市一卡通用于覆盖一个城市的公共消费领域，是安全、快捷的清算与结算手段，消费领域包括公交汽车、出租车、路桥收费和水电缴费等。城市一卡通利用 RFID 技术和计算机网络在公共平台上实现消费领域的电子化收费。

3）门禁卡

近距离卡片控制的门禁系统是 RFID 最早的商业应用之一。门禁卡一般携带的信息量较少，厚度是标准信用卡厚度的 2 ~ 3 倍，允许进入的特定人员会配发门禁卡。读写器经常安装在靠近大门的位置，读写器获取持卡人的信息，然后与后台数据库进行通信，以决定该持卡人是否具有进入该区域的权限。

4）银行卡

银行卡可以采用射频识别卡。2005 年年末，美国出现一种新的商业信用卡系统“即付即走”（paypass），这种信用卡内置有 RFID 芯片，可使传统的信用卡变成电子标签。持卡人无须再采用传统的方式进行磁条刷卡，而只需将信用卡靠近 POS 机的 RFID 读写器，即可以进行消费结算，结算过程在几秒之内即可完成。

（a）我国第二代身份证

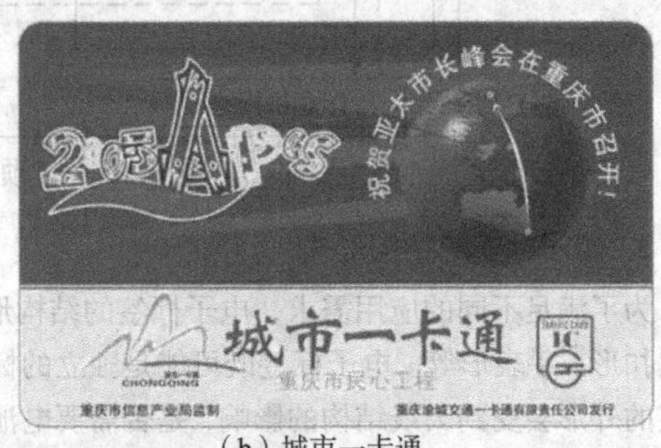

（b）城市一卡通

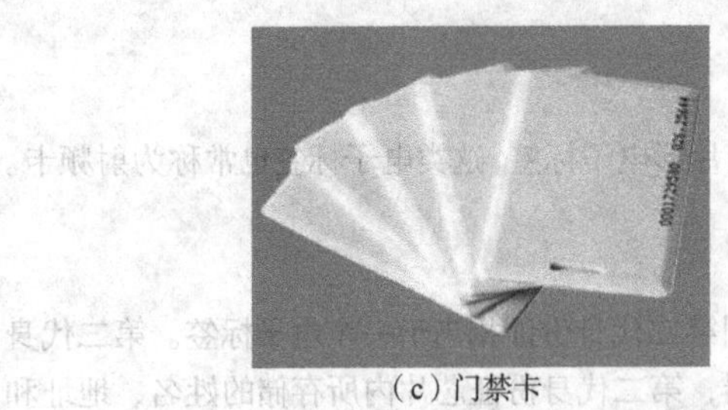

（c）门禁卡

（d）银行 paypass 卡

图 3.12　卡片形电子标签

（2）标签类电子标签

标签类电子标签的形状多样，有条形、盘形、钥匙扣形、手表形等，可以用于物品识别和电子计费等领域。标签类电子标签如图 3.13 所示。

1）具有粘贴功能的电子标签

电子标签通常具有自动粘贴的功能，可以在生产线上由贴标机粘贴在箱、瓶等物品上，也可以手工粘贴在车窗和证件上。这种电子标签芯片放在一张薄纸模或塑料模内，薄膜经常和一层纸胶合在一起，背面涂上粘胶剂，使标签很容易粘贴到被识别的物体上。

2）钥匙扣形电子标签

钥匙扣也是经常使用的电子标签形式，这种电子标签被设计成胶囊状或其他形状，用来挂在钥匙环上。美国埃克森石油公司的“速结卡”就采用这种形式。该电子标签封装为圆柱形，长 3.81cm、直径 0.95cm，内置电子标签（包括芯片和天线）的玻璃容器长 2.22cm、直径 0.39cm，消费时电子标签与油泵前的读写器距离不小于 2.54cm。

3）车辆自动收费电子标签

装有 RFID 电子标签的汽车在经过收费站时无须减速停车，当收费站的读写器识别车辆后，自动从汽车的账户上扣费，这可消除收费站的交通堵塞。美国的易通卡（EZPASS）就采用了这种 RFID 车辆自动收费系统。EZPASS 电子标签为 3.81cm 宽、7.62cm 高和 1.59cm 厚，安装在汽车风挡玻璃后面。读写器天线安装在距离交费车辆 1.5 ~ 2.5m 的收费亭处，也有安装在道路上方 5m 的龙门上的。当汽车进入收费区时，车载电子标签将数据传到读写器，读写器再将数据传送到 EZPASS 数据库，通行费自动从电子标签账户的预付费中扣除。

（a）粘贴式

（b）钥匙扣式

（c）易通卡（EZPASS）

图 3.13　标签类电子标签

4. 读写器的结构形式

读写器没有一个确定的形式，根据数据管理系统的功能、读写器的使用环境和设备制造商的生产习惯，读写器具有各种各样的结构和外观形式。根据天线与读写模块是否分离，读写器可以分为集成式读写器和分离式读写器；根据外形和应用场合，读写器可以分为固定式读写器、OEM 模块式读写器、手持便携式读写器、工业读写器、读卡器等。

（1）固定式读写器

对于固定式读写器，天线与读写器分离，读写器和天线可以分别安装在不同位置，读写器可以有多个天线接口和多种 I/O 接口。固定式读写器将射频模块和控制处理模块封装在一个固定的外壳里，可以完成射频识别功能。图 3.14 所示为两种固定式读写器。

固定式读写器的主要技术参数如下。

1）供电方式

供电可以为 220V 交流电、110V 交流电或 12V 直流电，电源接口通常为交流三针圆形或直流同轴插口。

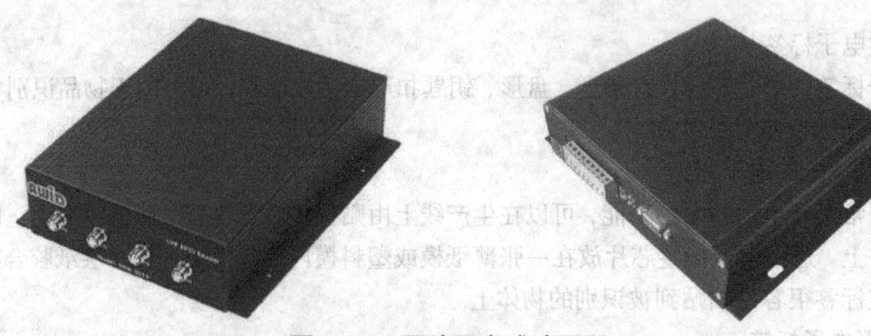

图 3.14　两种固定式读写器

2）天线及天线接口

天线可以采用单天线、双天线或多天线形式。天线接口可以为 BNC 或 SMA 射频接口。天线与读写器的连接方式可以为螺钉连接或焊点连接。

3）通信接口

通信接口可以采用 RS-232 接口、RS-485 接口或无线 WLAN802.11 接口等。

（2）OEM 模块式读写器

在很多应用中，读写器并不需要封装外壳，只需要将读写器模块组装成产品，就构成了 OEM 模块式读写器。OEM 模块式读写器的典型技术参数与固定式读写器相同。

（3）手持便携式读写器

手持便携式读写器将读写器模块、天线和主控机集成在一起，一般采用充电电池供电，通过通信接口与服务器进行通信，是适合用户手持使用的电子标签读写设备。其工作原理与固定式读写器基本相同。手持便携式读写器一般带有液晶显示屏，并配有输入数据的键盘，常用在付款扫描、巡查、动物识别、测试等场合。与固定式读写器不同的是，手持便携式读写器可能会对系统本身的数据存储量有要求，并要求防水、防尘等。图 3.15 所示为两种手持便携式读写器。

图 3.15　手持便携式读写器

（4）工业读写器

工业读写器是指应用于矿井或自动化生产等领域的读写器，一般有现场总线接口，很容易集成到现有的设备中。工业读写器一般需要与传感设备组合在一起，例如，矿井读写器应具有防爆装置。与传感设备集成在一起的工业读写器将可能成为应用最广的形式。

（5）读卡器

读卡器也称为发卡器，主要用于对电子标签具体内容的操作，包括建立档案、消费纠错、挂失、补卡、信息修正等。读卡器经常与计算机、读卡管理软件结合起来应用。读卡器实际上是小型电子标签读写装置，具有发射功率小、读写距离近等特点。

3.3.2　射频识别的发展历史

RFID 在 20 世纪 40 年代产生，最初单纯用于军事领域。从 20 世纪 40 年代起，RFID 经历了产生、探索阶段、成为现实阶段、推广阶段和普及阶段。现在 RFID 已经应用于制造、物流、安全、医疗、家居、环境、农业、动物、食品、图书、交通、防伪等多个领域。随着物联网概念的产生，RFID 的应用将在全球得到普及。任何新技术的产生和发展都源于实际应用的需要，RFID 也不例外，其发展历程如图 3.16 所示。

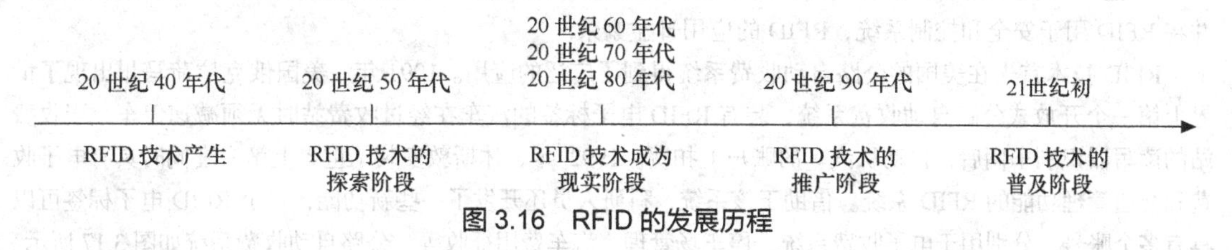

图 3.16　RFID 的发展历程

1. RFID 技术的产生

20 世纪 40 年代，由于雷达技术的改进和应用，产生了 RFID 技术。RFID 诞生于第二次世界大战期间，英国空军首先在飞机上使用 RFID，其功能是用来分辨敌方飞机和我方飞机，这是有记录的第一个 RFID 系统，也是 RFID 的第一次实际应用。这个技术在 20 世纪 50 年代末成为世界空中交通管制系统的基础，至今还用于商业和私人航空控制系统。

2. RFID 技术的探索阶段

1948 年，Harry Stockman 发表的论文“用能量反射的方法进行通信”，是 RFID 理论发展的里程碑。该论文发表在《无线电工程师协会论文集》中，该论文集是 IEEE 的前身。在论文中，Harry Stockman 预言：“显然，在能量反射通信中的其他基本问题得到解决之前，在开辟它的实际应用领域之前，我们还要做相当多的研究和发展工作。”事实正如 Harry Stockman 所预言的那样，人类花了大约三十年的时间，才解决了他所说的所有问题。

20 世纪 50 年代是 RFID 技术的探索阶段。远距离信号转发器的发明，扩大了敌我识别系统的识别范围；D. B. Harris 的论文“使用可模式化被动反应器的无线电波传送系统”，提出了信号模式化理论和被动标签的概念。在这个探索阶段，RFID 技术主要是在实验室进行研究的，RFID 技术的使用成本高，设备体积大。

3. RFID 技术成为现实阶段

20 世纪 60—80 年代，RFID 变成了现实。在理论与技术方面，无线理论以及其他电子技术如集成电路和微处理器的发展，为 RFID 技术的商业化奠定了基础。在应用方面，20 世纪 60 年代，欧洲出现了商品电子监视器，这是 RFID 技术第一个商业应用系统，此后 RFID 逐步进入商业应用阶段，RFID 技术成为现实。

（1）20 世纪 60 年代

20 世纪 60 年代是 RFID 技术应用的初始期，科研人员开始尝试一些应用，一些公司引入 RFID 技术来开发电子监控设备来保护财产。早期的 RFID 系统是只有一位的电子标签系统，电子标签不需要电池，简单地附在物品上，一旦靠近识别装置（读写器）就会报警。识别装置通常放在门口，用于探测电子标签的存在。

（2）20 世纪 70 年代

20 世纪 70 年代是 RFID 技术应用的发展期。由于微电子技术的发展，科技人员开发了基于集成电路芯片的 RFID 系统，并且有了可写内存，读取速度更快，识别范围更远，降低了 RFID 技术的应用成本，减小了 RFID 设备的体积。RFID 技术成为人们研究的热门课题，各种机构都开始致力于 RFID 技术的开发，RFID 测试技术也得到快速发展，出现了一系列 RFID 技术的研究成果，产品研发处于一个快速发展时期。

（3）20 世纪 80 年代

20 世纪 80 年代是 RFID 技术应用的成熟期，RFID 技术及产品进入商业应用阶段，西方发达国家都在不同的应用领域安装和使用了 RFID 系统。挪威使用了 RFID 电子收费系统，纽约港务局使用了 RFID 汽车管理系统，美国铁路用 RFID 系统识别车辆，欧洲用 RFID 电子标签跟踪野生动物来对野生动物进行研究。

4. RFID 技术的推广阶段

20 世纪 90 年代是 RFID 技术的推广阶段，主要表现在发达国家配置了大量的 RFID 电子收费系统，并将 RFID 用于安全和控制系统，RFID 的应用日益繁荣。

RFID 技术首先在美国的公路自动收费系统得到了广泛的应用。1991 年，美国俄克拉荷马州出现了世界上第一个开放式公路自动收费系统，装有 RFID 电子标签的汽车在经过收费站时无须减速停车，当收费站的读写器识别车辆后，自动从汽车的账户上扣费。1992 年，休斯敦安装了世界上第一套同时具有电子收费和交通管理功能的 RFID 系统。借助于该系统，科研人员还开发了一些新功能，一个 RFID 电子标签可以具有多个账号，分别用于电子收费系统、停车场管理、汽车费用征收等。公路自动收费系统如图 3.17 所示。

图 3.17　公路自动收费系统

20 世纪 90 年代，门禁控制系统开始使用 RFID 系统，射频识别在安全管理、人事考勤等工作中发挥了作用。RFID 门禁系统如图 3.18 所示。

图 3.18　RFID 门禁系统

5. RFID 技术的普及阶段

从 21 世纪初开始，RFID 技术逐渐普及。这个时期，RFID 产品种类更加丰富，标准化问题日趋为人们所重视，电子标签成本不断降低，规模应用行业不断扩大，一些国家的零售商和政府机构都开始推荐 RFID 技术，RFID 比想象的更接近现实。

（1）RFID 技术在沃尔玛公司的应用

2005 年，世界最大的连锁超市沃尔玛公司要求 100 个主要供应商使用 RFID 系统，沃尔玛还提出在 2006 年这一要求将扩展到其他供应商。沃尔玛的这一决定，在全球范围内极大地推动了 RFID 技术的普及。沃尔玛的高级供应商每年要把 80 亿～100 亿箱货物运送到零售商店，一旦这些货箱贴上电子标签，就需要安装相关的 RFID 设施，从而使 RFID 技术在各行业的应用迅速扩展。沃尔玛使用 RFID 系统如图 3.19 所示。

图 3.19　沃尔玛使用 RFID 系统

想象一下未来你步入沃尔玛购物的情景。当从货架上取下想要的东西时，一个无线电信号将提醒超市的雇员补充货架上的货品，并告诉雇员到仓库的哪个地方去寻找。如果雇员错误地把取来的货品放到另一个货架上，就会有“砰”的一声警告他。与此同时，你也不需要再排队通过结账出口，一台电子读写器会自动扫描你购物车中的物品，并在你的银行借记卡上自动收费。这一切听起来似乎不可思议，但未来将会如此。

（2）RFID 技术在美国国防部的应用

对军队来说，后勤物资的调动是打赢战争最为重要的保障，但如何把这样庞大而繁复的工作进行得迅速准确，却是一大难题。1991 年海湾战争中，美国向中东运送了约 4 万个集装箱，但由于标识不清，其中 2 万多个集装箱不得不重新打开、登记、封装并再次投入运输系统。当战争结束后，还有 8000 多个打开的集装箱未能加以利用。

目前，美国国防部已经在内部使用了 RFID 系统，跟踪大约 40 万件物品，RFID 已经给美军后勤领域的管理带来了极大的方便。美国国防部使用 RFID 系统如图 3.20 所示。

图 3.20　美国国防部使用 RFID 系统

（3）RFID 技术在我国的应用

截至 2008 年底，我国铁道部 RFID 应用已基本涵盖了铁路运输的全部业务，成为我国应用 RFID 最成功的案例。采用 RFID 技术以后，铁路车辆管理系统实现了统计的自动化，可实时、准确地采集机车的运行数据，如机车车次、状态、位置、去向、到发时间等信息。

2010 年的上海世博会和 2008 年的北京奥运会都采用了 RFID 技术。世博会和奥运会使用了嵌入 RFID 技术的门票，用于对主办者、参展者、参观者、志愿者等各类人群的信息服务，包括持门票进入、人流疏导、交通管理、信息查询等。

我国已经在安全和防伪领域应用 RFID 技术。我国第二代身份证就是一个电子标签，可以采用读卡器验证身份证的真伪。目前，第二代身份证是我国 RFID 安全防伪的最大应用。

3.3.3 射频识别系统的分类

RFID 系统的分类方法很多。RFID 系统的分类方法体现出了 RFID 技术和应用的特点。RFID 系统常用的分类方式如下。

1. 按照频率分类

RFID 通过射频无线信号自动识别目标对象，因此首先讨论 RFID 的工作频率。RFID 通常使用的工作频率是 0 ~ 135kHz、6.78MHz、13.56MHz、800/900MHz、2.45GHz 及 5.8GHz。通常情况下，读写器发送的频率称为系统的工作频率或载波频率。根据工作频率的不同，射频识别系统通常可以分为低频系统、高频系统和微波系统。

（1）低频系统

低频系统的工作频率为 30 ~ 300kHz。RFID 常用的低频工作频率有 125kHz 和 135kHz。低频系统的特点是电子标签内保存的数据量较少，阅读距离较短，电子标签外形多样，阅读天线方向性不强。目前低频 RFID 比较成熟，并有相应的国际标准。

（2）高频系统

高频系统的工作频率范围为 3 ~ 30MHz。RFID 常用的高频工作频率是 6.75MHz 和 13.56MHz。高频系统的特点是标签存储的数据量较大，阅读距离较短。这是目前应用比较成熟、使用范围较广的 RFID 系统。目前高频 RFID 也有相应的国际标准。

（3）微波系统

微波系统的工作频率大于 300MHz，RFID 常用的微波工作频率是 800/900MHz、2.45GHz 和 5.8GHz，其中 800/900MHz 也常称为超高频（UHF）频段。微波系统主要应用于同时对多个电子标签进行操作、需要较长的读写距离和高读写速度的场合，系统价格较高。微波系统是目前 RFID 研发的核心，是物联网的关键技术。

2. 按照供电方式分类

电子标签按照供电方式分为无源电子标签、有源电子标签和半有源电子标签，对应的 RFID 系统称为无源供电系统、有源供电系统和半有源供电系统。

（1）无源供电系统

无源供电系统的电子标签内没有电池，电子标签利用读写器发出的波束供电，电子标签将接收到的部分射频能量转换成直流来供电。无源电子标签的作用距离相对较短，但寿命长且对工作环境要求不高，在不同的无线电规则限制下，可以满足大部分实际应用的需要。

（2）有源供电系统

有源供电系统是指电子标签内有电池，电池可以为电子标签提供全部能量。有源电子标签电能充足，工作可靠性高，信号传送的距离较远，读写器需要的射频功率较小。但有源电子标签的寿命有限，寿命只有 3 ~ 10 年，缺点是体积较大、成本较高、不适合恶劣环境。

（3）半有源供电系统

半有源电子标签内有电池，但电池仅对维持数据的电路及维持芯片工作电压的电路提供支持。电子标签未进入工作状态前，一直处于休眠状态，相当于无源标签，标签内的电池能量消耗很少，因而电池可以维持几年，甚至可以长达 10 年。电子标签进入读写器的工作区域后，受到读写器发出射频信号的激励，标签进入工作状态。电子标签的能量主要来源于读写器的射频能量，标签内部的电池主要用于弥补标签所处位置射频场强的不足。

3. 按照耦合方式分类

电子标签与读写器之间根据耦合方式、工作频率和作用距离的不同，无线信号传输分为电感耦合方式和电磁反向散射方式。

（1）电感耦合方式

在电感耦合方式中，读写器与电子标签之间的射频信号传递为变压器模型，电磁能量通过空间交变磁场实现耦合。RFID一般采用低频频率和高频频率。有如下两种系统。

1）密耦合系统

读写器与电子标签的作用距离较近，典型的范围为0～1cm。电子标签需要插入到读写器中，或将电子标签放在读写器表面，读写器给电子标签提供较大的能量，安全性较高。

2）遥耦合系统

读写器与电子标签的作用距离为0.15～1m，耦合供给电子标签的能量较小，一般只适用于只读电子标签。

（2）电磁反向散射方式

在电磁反向散射方式中，读写器与电子标签之间的信号传递为雷达模型。电子标签处于读写器的远区，读写器发射的电磁波碰到电子标签后，电磁波被反射，同时携带回电子标签的信息。电磁反向散射方式适用于微波系统，典型的作用距离为1～10m，甚至更远。

4. 按照技术方式分类

按照读写器读取电子标签数据的技术实现方式，RFID可以分为主动广播式、被动倍频式和被动反射调制式。

（1）主动广播式

主动广播式是指电子标签主动向外发射信息，读写器相当于只收不发的接收机。在这种方式中，电子标签是有源的，电子标签用自身的能量主动发送数据。该方式的优点是电能充足、可靠性高、信号传送距离远，缺点是使用寿命受限、易产生电磁污染、保密性差。

（2）被动倍频式

被动式电子标签不带电池，要靠外界提供能量才能正常工作，具有长久的使用期。该方式由读写器发射查询信号，电子标签被动接收，常用于标签信息需要频繁读写的地方，并且支持长时间数据传输和永久性数据存储。被动倍频式是指电子标签返回读写器的频率是读写器发射频率的两倍，读写器发射和接收载波占用两个频点。

（3）被动反射调制式

该方式依旧是读写器发射查询信号，电子标签被动接收，但此时电子标签返回读写器的频率与读写器发射频率相同。

在有障碍物时，用被动技术方式，读写器的能量必须来回穿过障碍物两次，而主动方式信号仅穿过障碍物一次，因此在主动工作方式中，读写器与电子标签的距离可以更远。

5. 按照存储信息方式分类

电子标签保存信息的方式有只读式和读写式两种，具体分为如下4种形式。

（1）只读电子标签

这是一种最简单的电子标签，电子标签内部只有只读存储器（Read Only Memory，ROM）。在集成电路生产时，电子标签内的信息以只读内存工艺模式注入，此后信息不能更改。

（2）一次写入只读电子标签

内部只有ROM和随机存储器（Random Access Memory，RAM）。ROM用于存储操作系统程序和安全性要求较高的数据等，它与内部的处理器或逻辑处理单元完成操作控制功能。这种电子标签与只读电子标签相比，可以写入一次数据，标签的标识信息可以在标签制造过程中由制造商写入，也可以由用户自己写入，但是一旦写入就不能更改了。

（3）现场有线可改写式标签

这种电子标签的应用比较灵活，用户可以通过访问电子标签的存储器进行读写操作。电子标签一般将需要保存的信息写入其内部存储区，改写时需要采用编程器或写入器，改写过程中必须为电子标签供电。

（4）现场无线可改写式标签

这种电子标签类似于一个小的发射接收系统，电子标签保存的信息在存储区。电子标签一般为有源类型，通过特定的改写指令用无线方式改写信息。一般情况下，改写电子标签数据所需的时间为秒级，读取电子标签数据所需的时间为毫秒级。

6. 按照系统档次分类

按照工作原理、存储能力、读取速度、读取距离、供电方式、密码功能等的不同，RFID 系统分为低档系统、中档系统和高档系统。

（1）低档系统

对于低档系统，一般电子标签存储的数据量较小，电子标签内的信息只能读取、不能更改。

1）一位系统

一位系统的数据量为一位。该系统的读写器只能发出两种状态，这两种状态分别是“在读写器工作区有电子标签”和“在读写器工作区没有电子标签”。一位系统电子标签不需要芯片，利用物理效应制作电子标签。

2）只读电子标签

只读电子标签适合于只需读出一个确定数字的情况，只要将只读电子标签放入读写器的工作范围内，电子标签就开始连续发送自身的序列号，并且只有电子标签到读写器的单向数据流。在只读系统中，读写器的工作范围内只能有一个电子标签，如果多个电子标签同时存在，就会发生数据碰撞。只读电子标签的功能简单，芯片面积小，功耗小，成本较低。

（2）中档系统

中档系统的数据存储容量较大，数据可以读取也可以写入，是带有可写数据存储器的 RFID 系统。

（3）高档系统

高档系统一般带有密码功能，电子标签带有微处理器，微处理器可以实现密码的复杂验证，而且密码验证可以在合理的时间内完成。

7. 按照工作方式分类

射频识别系统的基本工作方式有 3 种，分为全双工工作方式、半双工工作方式以及时序工作方式。

（1）全双工和半双工工作方式

全双工表示电子标签与读写器之间可以在同一时刻互相传送信息；半双工表示电子标签与读写器之间可以双向传送信息，但在同一时刻只能向一个方向传送信息。

在全双工和半双工系统中，电子标签的响应是在读写器发出电磁场或电磁波的情况下发送出去的。因为与读写器本身的信号相比，电子标签的信号在接收天线上是很弱的，所以必须采用合适的传输方法，以便把电子标签的信号与读写器的信号区别开来。在实际中，从电子标签到读写器的数据传输一般采用负载反射调制技术，将电子标签数据加载到反射回波上（尤其是针对无源电子标签系统）。

（2）时序工作方式

在时序工作方式中，读写器辐射的电磁场短时间周期性地断开，这些间隔被电子标签识别出来，用于从电子标签到读写器的数据传输。该方式的缺点是，在读写器发送间歇时，电子标签的能量供应中断，这就必须通过足够大的辅助电容器或辅助电池进行补偿。

3.3.4 射频识别的工作原理

读写器与电子标签之间射频信号的传输主要有两种方式。在低频和高频频段，读写器和电子标签之间采用电感耦合的工作方式；在微波频段，读写器和电子标签之间采用电磁反向散射的工作方式。

1. 读写器和电子标签之间信号的传输方式

（1）电感耦合的方式

在电感耦合方式中，RFID 电子标签的工作能量通过电感耦合的方式获得。电感耦合方式的 RFID 一般采用低频和高频频率，典型的频率为125kHz、135kHz、6.78MHz、13.56MHz。电感耦合的工作方式如图3.21所示，电子标签在读写器天线的近区，读写器与电子标签线圈形式的天线都相当于电感，电感线圈产生交变磁场，使读写器与电子标签之间相互耦合，电感耦合符合法拉第电磁感应定律，构成了电感耦合方式的能量和数据传输。

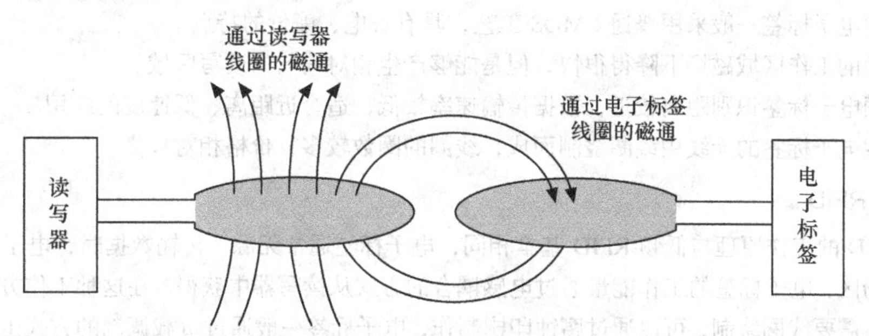

图3.21 读写器线圈和电子标签线圈之间的电感耦合方式

（2）电磁反向散射的方式

电磁反向散射的RFID系统采用雷达原理模型，发射出去的电磁波碰到目标后反射，同时携带回来目标的信息。该方式适合于微波频段，典型的工作频率有800/900MHz、2.45GHz和5.8GHz。电磁反向散射的工作方式如图3.22所示，电子标签在读写器天线的远区。

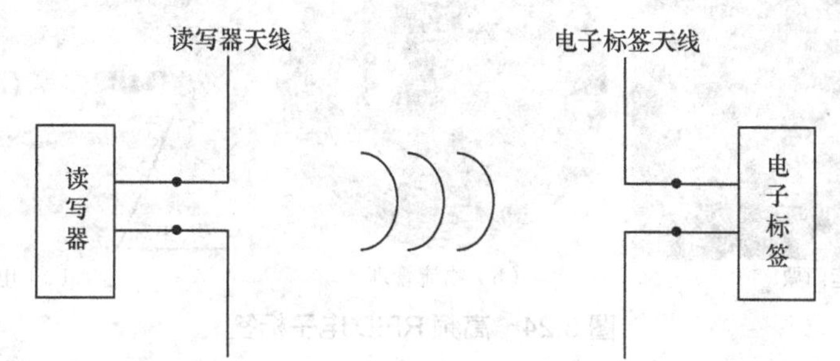

图3.22 读写器天线和电子标签天线之间的电磁反向散射方式

2. 低频RFID

低频RFID电子标签一般为无源标签，电子标签与读写器传输数据时，电子标签需要位于读写器天线的近场区，电子标签的工作能量通过电感耦合的方式从读写器中获得。在这种工作方式中，读写器与电子标签间存在着变压器耦合作用，电子标签天线中感应的电压被整流，用作供电电压。低频电子标签可以应用于动物识别、工具识别、汽车电子防盗、酒店门锁管理、门禁安全管理等方面。低频RFID电子标签可以采用图3.23所示的形式。

（a）动物耳标　（b）工具识别卡　（c）门禁卡

图3.23 低频RFID电子标签

低频RFID的工作特点如下。

- 低频频率使用不需要许可，工作频率不受无线电管理局的约束，在全球没有许可限制。
- 低频电波穿透力强，可以穿透弱导电性物质，能在水、木材、有机物质等环境中应用。除了金属材料外，低频一般能够穿过任意材料的物体而不缩短读取距离。
- 低频电子标签一般采用普通CMOS工艺，具有省电、廉价的特点。
- 低频的工作区域磁场下降得很快，但是能够产生相对均匀的读写区域。
- 低频电子标签识别距离较近，数据传输速率较低，适合近距离、低速度的应用。
- 低频电子标签的天线用线圈绕制而成，线圈的圈数较多，价格相对较高。

3. 高频RFID

高频RFID的工作原理与低频RFID基本相同，电子标签通常无源，传输数据时，电子标签位于读写器天线的近场区，电子标签的工作能量通过电感耦合的方式从读写器中获得。在这种工作方式中，电子标签的天线不再需要线圈绕制，可以通过腐蚀印刷制作，电子标签一般通过负载调制的方式工作。高频电子标签常做成卡片形状，典型的应用有我国第二代身份证、电子车票、物流管理等。高频电子标签可以采用图3.24所示的形式。

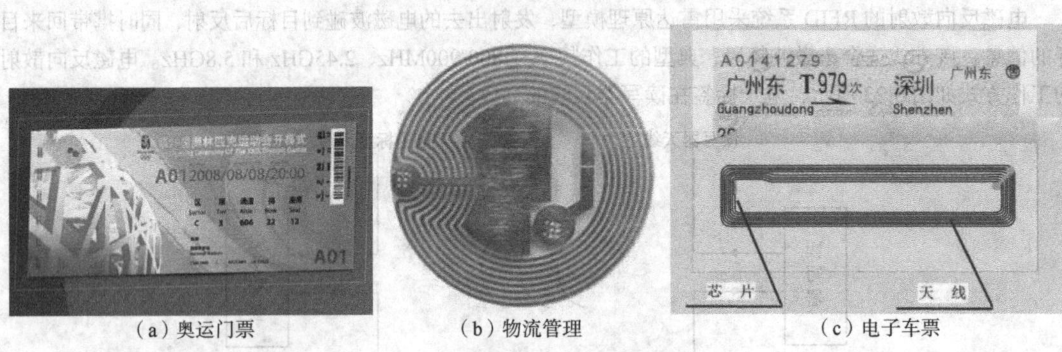

（a）奥运门票　　（b）物流管理　　（c）电子车票

图3.24　高频RFID电子标签

高频RFID的工作特点如下。

- 与低频电子标签相比，高频电子标签存储的数据量增大。
- 由于频率的提高，高频电子标签可以用更高的传输速率传送信息。
- 电子标签天线不再需要线圈绕制，可通过腐蚀或印刷来制作，制作更为简单。
- 虽然高频的工作区域磁场下降得很快，但是能够产生相对均匀的读写区域。
- 该系统具有防碰撞特性，可以同时读取多个电子标签。
- 该频段的13.56MHz在全球都得到认可，没有特殊的限制。
- 除了金属材料外，该频率的波可以穿过大多数材料，但是会缩短读取距离。
- 电子标签一般为无源，识别距离近。

4. 微波RFID

微波RFID电子标签可以为有源电子标签或无源电子标签，电子标签与读写器传输数据时，电子标签位于读写器天线的远场区，读写器天线的辐射场为无源电子标签提供射频能量，或将有源电子标签唤醒。微波RFID电子标签的典型参数为是否无源、无线读写距离以及电子标签的数据存储容量等。微波电子标签的数据存储容量一般在2kbit以内，比较成功的产品相对集中在902～928MHz工作频段。2.45GHz和5.8GHz的RFID系统多以半无源微波电子标签的形式面世，半无源电子标签一般采用纽扣电池供电，具有较远的阅读距离。微波RFID电子标签可以采用图3.25所示的形式。

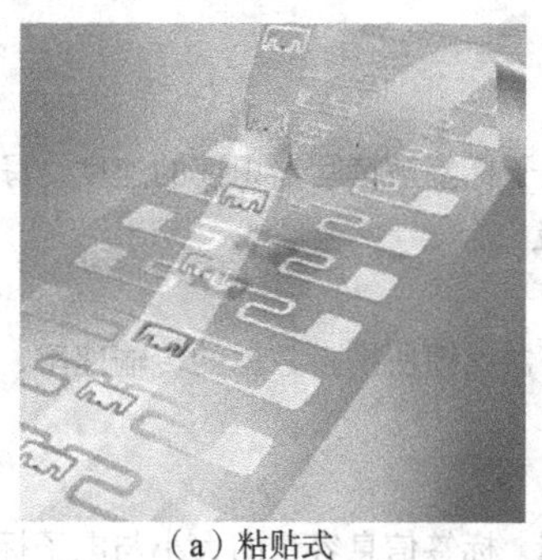
（a）粘贴式

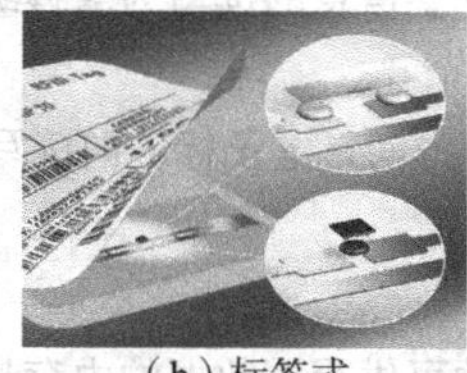
（b）标签式

（c）批量生产的标签

图 3.25 微波 RFID 电子标签

微波 RFID 的工作特点如下。

- 无源电子标签与读写器的工作距离较远，典型的为 4 ~ 7m，最大可达 10m 以上。
- 有很高的数据传输速率，在很短的时间内可以读取大量的数据。
- 可以读取高速运动物体的数据。
- 微波不能穿透金属，电子标签需要和金属分开。
- 微波穿透力弱，水、木材、牲畜和有机物质对电波传播有影响，会缩短读取距离。
- 微波读写器可以同时读取多个电子标签的信息，这已经发展为一种潮流。多标签同时识读已成为先进 RFID 的重要标志。

3.3.5 电子标签与读写器

电子标签（Tag）又称为射频标签、应答器或射频卡，电子标签是 RFID 真正的数据载体。读写器（Reader and Writer）又称为阅读器（Reader）或询问器，是读取和写入电子标签信息的设备。

RFID 包括电子标签和读写器。从技术角度来说，RFID 的核心是电子标签，读写器是根据电子标签的性能而设计的。电子标签的价格远比读写器低，但电子标签的应用场合多样。读写器与电子标签进行无线通信，来实现对电子标签数据的读出或写入。读写器又与计算机网络进行连接，计算机网络完成数据信息的存储、管理和控制。

1. 电子标签的技术参数

一般情况下，电子标签由标签天线和标签专用芯片组成，芯片用来存储物品的数据，天线用来收发无线电波。电子标签的芯片很小，厚度一般不超过 0.35mm；天线的尺寸要比芯片大许多。封装后的电子标签尺寸可以小到 2mm，也可以像身份证那么大。电子标签可以看成一个特殊的收发信机，电子标签中的天线和芯片如图 3.26 所示。

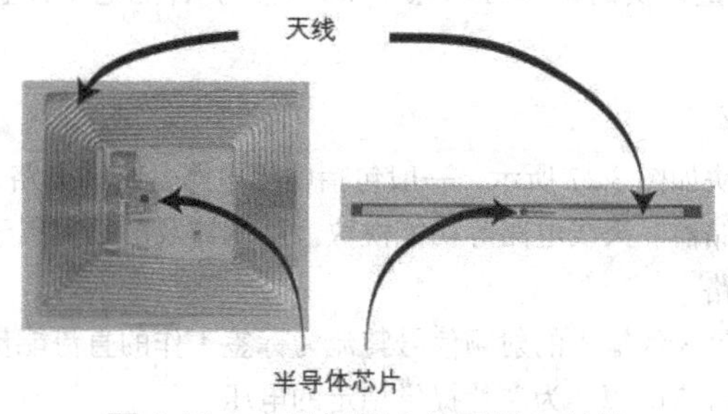

图 3.26 电子标签中的天线和芯片

（1）标签激活的能量要求

当电子标签进入读写器的工作区域后，受到读写器发出射频信号的激励，进入工作状态。标签的激活能量是指激活电子标签芯片电路所需的能量。

（2）标签信息的读写速度

标签的读写速度包括读出速度和写入速度。读出速度是指电子标签被读写器识读的速度，写入速度是指电子标签信息写入的速度，一般要求标签信息的读写为毫秒级。

（3）标签信息的传输速率

标签信息的传输速率包括两方面，一方面是电子标签向读写器反馈所携带数据的传输速率，另一方面是来自读写器写入数据的传输速率。

（4）标签信息的容量

标签信息的容量是指电子标签携带的可供写入数据的内存量。标签信息容量的大小与电子标签是“前台”式还是“后台”式有关。

1）“后台”式电子标签

“后台”式电子标签采集到数据后，可以借助网络与数据库联系起来。因此，一般来说，只要电子标签的内存有 200 多位（bit），就能够容纳物品的编码了。如果需要物品更详尽的信息，这种电子标签需要通过后台数据库来提供。

2）“前台”式电子标签

在实际使用中，现场有时不易与数据库联机，这必须加大电子标签的内存量，如加大到几千位到几十千位，这样电子标签可以不联网使用，不必再查数据库信息。这种电子标签称为“前台”式电子标签。

（5）标签的封装尺寸

标签的封装尺寸主要取决于天线的尺寸和供电情况，此外，在不同场合对封装尺寸也有不同的要求。标签封装后尺寸小的为毫米级，大的为分米级。

（6）标签的读写距离

标签的读写距离是指标签与读写器的工作距离。标签的读写距离近的在毫米级，远的可达 10m 以上。读取距离和写入距离是不同的，写入距离是读取距离的 40%～80%。

（7）标签的可靠性

标签的可靠性与标签的工作环境、大小、材料、质量、标签与读写器的距离等相关。例如在传送带上时，当标签暴露在外，并且是单个读取时，读取的准确度接近 100%。标签周围的环境越复杂，同时读取的标签越多，标签的移动速度越快，越有可能误读或漏读。

某项调查表明，使用 10000 个电子标签时，一年中 60 个电子标签受到损坏，受损坏的比例低于 0.1%。为了防止电子标签的损坏，条码与电子标签共同使用是一种有效的补救办法，另外一个物品上放两个电子标签也是一种方法。

（8）标签的价格

目前，某些电子标签大量订货的价格可以低于 30 美分。智能电子标签的价格较高，一般在 1 美元以上。

2. 电子标签的基本构成

电子标签的基本功能模块如图 3.27 所示，一般包括电源电路、时钟电路、解调器、解码器、编码器、控制器、负载调制电路、存储器、天线电路等功能模块。解调器及解码器属于输入和输出模块。

（1）电子标签的电源电路

电源电路的功能是将标签天线输入的射频信号整流为标签工作的直流能量。电子标签天线产生交变电压，整流稳压后作为芯片的直流电源，为芯片提供稳定的电压。

（2）电子标签的时钟电路

时钟电路提供时钟信号。电子标签天线获取载波信号，频率经过分频后可以作为电子标签编解码器、存储器和控制器的时钟信号。

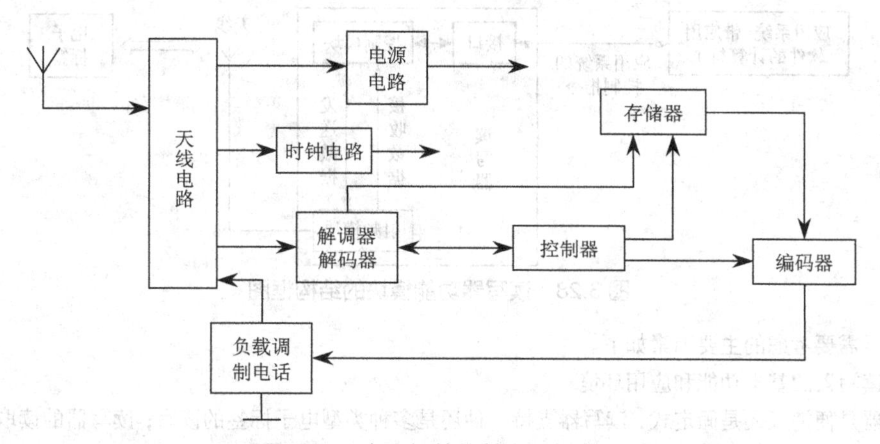

图 3.27 电子标签的基本功能模块

（3）电子标签数据输入和输出模块

读写器传送到电子标签的信息包括命令和数据，命令通过解调器、解码器送至控制器，控制器实现命令所规定的操作，数据经解调、解码后在控制器管理下写入标签的存储器。电子标签到读写器的数据在控制器的管理下从存储器输出，经编码器、负载调制电路输出。

（4）电子标签的存储器

电子标签的存储器主要分为只读存储器、一次写入只读存储器、可读写标签存储器。

3. 读写器的技术参数

读写器与电子标签建立通信联系，同时在应用软件的控制下，与计算机网络进行通信，以实现读写器在系统网络中的运行。读写器的主要技术参数如下。

（1）工作频率

RFID 工作频率由读写器的工作频率决定。读写器的工作频率也要与电子标签的工作频率保持一致。读写器经常工作在几个频段，可以识别不同工作频率的电子标签。

（2）输出功率

读写器的输出功率不仅要满足应用的需要，还要符合国家和地区对无线发射功率的许可。

（3）输出接口

读写器的接口形式很多，包括 RS-232、RS-485、USB、Wi-Fi、3G 和 4G 等多种接口。

（4）读写器的识别能力

读写器不仅能识别静止的单个电子标签，而且能同时识别多个移动的电子标签。读写器可以完成多个电子标签信息的同时存取，具备读取多个电子标签信息的防碰撞能力。

（5）读写器的适应性

读写器兼容最通用的通信协议，单一的读写器能够与多种电子标签进行通信。读写器在现有的网络结构中非常容易安装，并能够被远程维护。

（6）应用软件的控制作用

读写器的所有行为可以由应用软件来控制，应用软件作为主动方对读写器发出读写指令，读写器作为从动方对读写指令进行响应。

4. 读写器的基本构成

读写器一般由天线、射频模块、控制模块和接口组成。控制模块是读写器的核心，控制模块处理的信号通过射频模块传送给读写器天线。控制模块与应用软件之间的数据交换主要通过读写器的接口来完成。读写器功能模块的结构框图如图 3.28 所示。

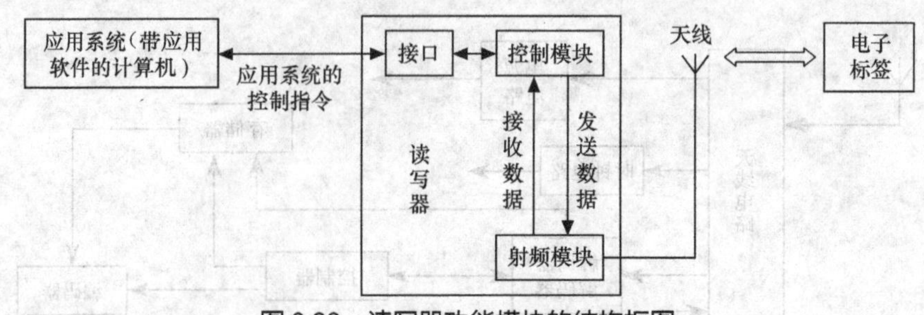

图 3.28　读写器功能模块的结构框图

读写器需要考虑的主要因素如下。

（1）读写器的基本功能和应用环境

读写器是便携式还是固定式；读写器支持一种还是多种类型电子标签的读写；读写器的读取距离和写入距离；读写器和电子标签周边的环境，如电磁环境、温度、湿度和安全等。

（2）读写器的电气性能

空中接口的方式；防碰撞算法的实现方法；加密的需求；供电方式与节约能耗的措施；电磁兼容（EMC）性能。

（3）读写器的电路设计

选用现有的读写器集成芯片或是自行进行电路模块设计；天线的形式与匹配的方法；收、发通道信号的调制方式与带宽；若自行设计电路模块，还应设计编码与解码、防碰撞处理、加密和解密等电路。

3.3.6　射频识别标准体系

RFID 是涉及诸多学科、涵盖众多技术和面向多领域应用的一个体系。为防止技术壁垒，促进技术合作，扩大产品和技术的通用性，RFID 需要建立标准体系。射频识别标准体系是指制定、发布和实施 RFID 标准，解决编码、数据通信、空中接口等共享问题，以促进 RFID 在全球跨地区、跨行业和跨平台的应用。

1. RFID 标准体系的构成

RFID 标准体系主要由 4 部分组成，分别为技术标准、数据内容标准、性能标准和应用标准。射频识别标准体系的构成如图 3.29 所示。

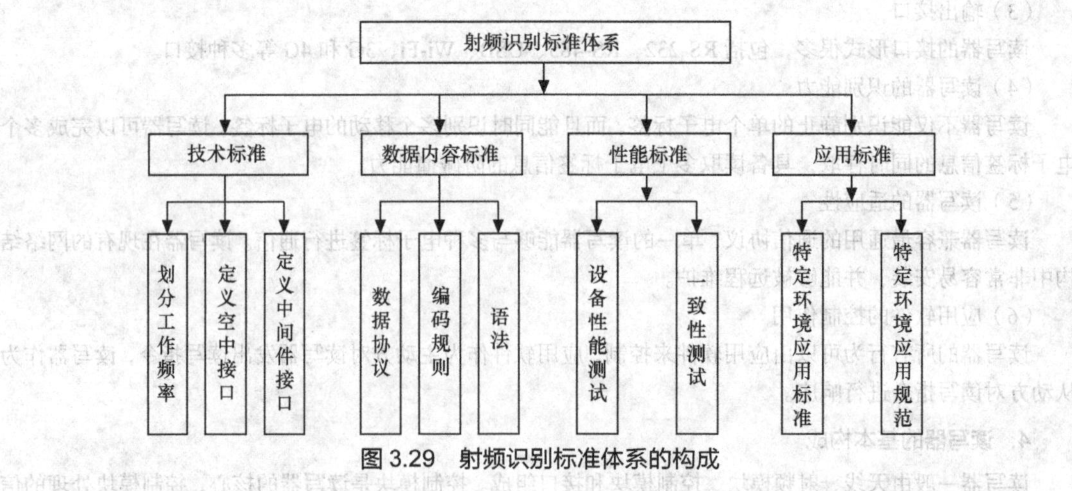

图 3.29　射频识别标准体系的构成

（1）技术标准

技术标准划分了不同的工作频率，工作频率有低频、高频、超高频和微波。技术标准定义了不同频段的空中接口及相关参数，包括基本术语、物理参数、通信协议等。技术标准也定义了中间件的应用接口。

（2）数据内容标准

数据内容标准涉及数据协议、数据编码规则及语法，主要包括编码格式、语法标准、数据对象、数据结构、数据安全等。

（3）性能标准

性能标准主要涉及设备性能标准和一致性测试标准，主要包括设计工艺、测试规范和试验流程等。

（4）应用标准

应用标准用于设计特定应用环境 RFID 的构架规则，包括 RFID 在工业制造、物流配送、仓储管理、交通运输、信息管理、动物识别等领域的应用标准和应用规范。

2. RFID 的标准化组织

目前全球有五大标准化组织制定了 RFID 标准，分别代表国际上不同团体或国家的利益。这五大组织分别为 ISO/IEC、EPC global、UID、AIM global 和 IP-X，如图 3.30 所示。

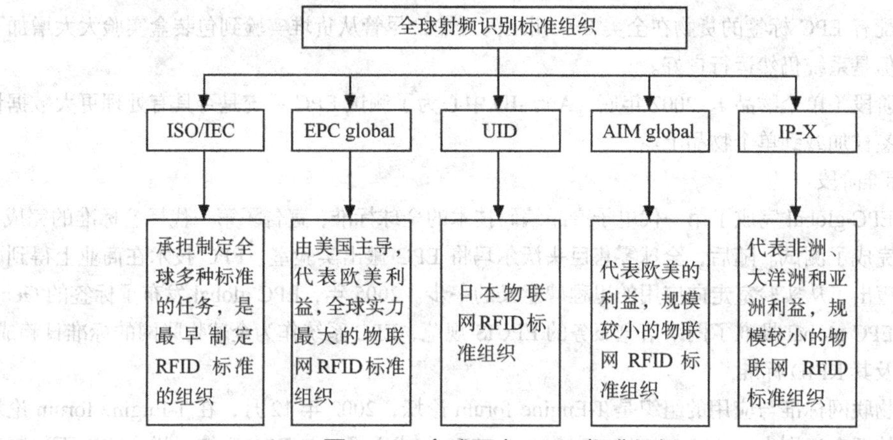

图 3.30 全球五大 RFID 标准组织

（1）ISO/IEC 及其 RFID 标准

国际标准化组织（International Organization for Standardization，ISO）是一个全球性的非政府性组织，是世界上涉及领域最多的国际标准制定组织。我国是 ISO 的正式成员，参加 ISO 的国家机构是中国国家标准化管理委员会。

国际电工委员会（International Electrotechnical Commission，IEC）是非政府性国际组织和联合国社会经济理事会的甲级咨询机构，成立于 1906 年，是世界上成立最早的国际标准化机构，我国参加 IEC 的国家机构是国家技术监督局。

ISO 和 IEC 都是非政府性机构，它们制定的标准实质上是自愿加入的，这就意味着这些标准必须是优秀的标准，它们会给工业和服务业带来收益。

ISO/IEC 也负责制定 RFID 标准，是制定 RFID 标准最早的组织。ISO/IEC 有多个分技术委员会从事 RFID 标准的研究，目前全球大部分 RFID 标准都是由 ISO/IEC 制定的。ISO/IEC 早期制定的 RFID 标准只在行业或企业内部使用，并没有构筑物联网的背景。随着物联网概念的提出，两个后起之秀 EPC global 和 UID 相继提出了物联网 RFID 标准，于是 ISO/IEC 又制定了新的 RFID 标准。现在 ISO/IEC 的 RFID 标准大量涵盖了 EPC 和 UID 标准体系。ISO/IEC 历史悠久，有着天然的公信力，在 RFID 的每个频段都发布了标准。

ISO/IEC 的 RFID 标准包含 ISO/IEC 概述、ISO/IEC 技术标准、ISO/IEC 数据结构、ISO/IEC 性能标准、

ISO/IEC 应用标准。其中，ISO/IEC 技术标准主要包括 ISO/IEC 18000（空中接口参数）、ISO/IEC 10536（非接触密耦合集成电路卡）、ISO/IEC 15693（非接触疏耦合集成电路卡）和 ISO/IEC 14443（非接触近耦合集成电路卡）等。

（2）EPC 及其 RFID 标准

1999 年，麻省理工学院的 Auto-ID 中心提出了物联网 EPC 系统。EPC 以创建物联网为使命，与众多成员共同制定了 RFID 标准。EPC 制定的 RFID 标准规范包括电子产品代码（EPC 码）、电子标签规范和互操作性、读写器—电子标签通信协议、中间件系统接口、PML 数据库服务器接口、对象名称服务、PML 产品数据规范等。EPC 在全球有上百家成员，得到了世界 500 强企业沃尔玛、强生、宝洁等公司的支持，同时由 IBM、微软、飞利浦、Auto-ID Lab 等提供技术支持，已经完成了示范实验和全球标准的工作。

1）示范实验阶段

自 1999 年提出 EPC 的构想到 2003 年，Auto-ID 中心完成了 3 个阶段的示范实验。

- 第 1 阶段（货堆）。2001 年 9 月，Auto-ID 中心成功地读取了保洁公司位于密苏里州 Cape Giradeau 工厂货堆上的 EPC 代码。
- 第 2 阶段（货箱）。2002 年 2 月，联合利华、保洁、卡夫、可口可乐、吉列、沃尔玛、强生等公司将包装盒上配有 EPC 标签的货物在全美 8 个州之间运输，尽管从货堆实验到包装盒实验大大增加了传输的数据量，但是系统仍然运行良好。
- 第 3 阶段（单个物品）。2002 年底，Auto-ID 中心为了测试 EPC 系统是否具有处理更大数据量的能力，电子标签被加载到单个物品上。

2）全球标准阶段

2004 年，EPC global 完成了第一代电子产品编码技术的全球标准，宣告了第一代标签标准的完成，并在部分应用中完成了测试。随后，全球零售巨头沃尔玛将 EPC 搬出实验室，EPC 技术在商业上得到了实际应用，从而迈出了从实验室走向应用的里程碑意义的一步。2005 年，EPC global 发布了标签的 Gen2 标准，2007 年，EPC global 批准了网络信息服务的 EPCIS 规范，EPC 系统作为全球物联网的标准日趋成熟。

（3）UID 及其 RFID 标准

主导日本物联网标准与应用的组织是 T-Engine forum 论坛，2002 年 12 月，在 T-Engine forum 论坛的组织下，日本的泛在识别中心（Ubiquitous ID Center，UID）成立了。与 EPC 系统一样，UID 不仅制定了 RFID 标准，而且发布了一系列的物联网标准规范。UID 既得到了 NEC、索尼、日立、东芝等日本公司的支持，也得到了微软、三星、LG 等国际公司的支持，已经成为成熟的物联网 RFID 标准体系。

UID 的 RFID 系统包括 UID 标签和 UID 读写器，该系统强调电子标签与读写器的功能，强调信息的获取和分析，强调前端的微型化与集成。UID 标签主要分为 9 类，UID 标签内存储着 Ucode 识别码，Ucode 识别码采用 128 位编码记录信息。目前，UID 的标准体系主要在日本使用，UID 的标准体系见表 3.2。

表 3.2　UID 标准体系的构成

标准体系的构成	标准内容	注　释
UID 编码标准体系	Ucode 识别码	物品编码的标准
UID 射频识别标准体系	UID 标签	标签的标准
	UID 读写器	读写器的标准
UID 信息网络标准体系	信息系统服务器、Ucode 解析服务器	信息发布、信息服务网址查询服务

日本和欧美的 RFID 标准在使用的无线频段、信息位数、应用领域等方面有许多不同。日本的 UID 标准主要采用的频段为 2.45GHz 和 13.56MHz，欧美的 EPC 标准主要采用的频段为 860/960MHz。日本的 UID 标准信息位数为 128 位，欧美的 EPC 标准信息位数为 96 位。日本的 UID 标准强调电子标签与读写器的功能，信息传输的网络则多种多样；欧美的 EPC 标准强调组网，强调依赖互联网。

（4）AIM global 及其 RFID 标准

全球自动识别和移动技术行业协会（Automatic Identification Manufacturers，AIM）也是一个 RFID 的标准化组织，但这个组织相对较小。AIM global 是由 AIDC（Automatic Identification and Data Collection）发展而来的，AIDC 原先是制定条码标准的一个全球组织。1999 年，AIDC 成立了 AIM global。目前，AIM global 在全球几十个国家与地区都有分支机构，全球的会员已经达到一千多个。AIM global 有技术符号委员会、北美及全球标准咨询集团、RFID 专家组等组织机构，并开发了 RFID 标准，是 RFID 技术、系统和服务的提供者。

（5）IP-X 及其 RFID 标准

IP-X 是较小的 RFID 标准化组织。IP-X 标准主要在非洲、大洋洲和亚洲推广。目前南非、澳大利亚和瑞士等国家采用了 IP-X 标准，我国也在青岛对 IP-X 技术进行了试点。

3.3.7 射频识别的发展趋势

1. 电子标签的发展趋势

电子标签有多种发展趋势，以适应不同的应用需求。总的来说，电子标签具有以下发展趋势。

（1）体积更小

由于实际应用的限制，一般要求电子标签的体积比标记的物品小。这样，体积非常小的物品以及其他一些特殊的应用场合，就对标签提出了更小、更易于使用的要求。现在带有内置天线的最小 RFID 芯片，其芯片厚度仅有 0.1mm 左右，可以嵌入纸币。

（2）成本更低

从长远来看，电子标签（特别是超高频远距离电子标签）的市场在未来几年将逐渐成熟，成为继手机、身份证、公交卡之后又一个具有广阔前景和巨大容量的市场。在商业上应用电子标签，当使用数量以 10 亿计时，很多公司希望每个电子标签的价格低于 5 美分。

（3）作用距离更远

由于无源 RFID 的工作距离主要限制在标签的能量供电上，随着低功耗设计技术的发展，电子标签的工作电压将进一步降低，所需功耗可以降低到 5μW 甚至更低。这就使得无源系统的作用距离进一步加大，可以达到几十米以上的作用距离。

（4）无源可读写性能更加完善

不同的应用系统对电子标签的读写性能和作用距离有着不同的要求。为了适应多次改写标签数据的场合，电子标签应完善读写性能，使误码率和抗干扰性能达到可接受的程度。

（5）适合高速移动物体的识别

针对高速移动的场合，如火车和高速公路上行驶的汽车，电子标签与读写器之间的通信应适用于高速移动的物体，使高速物体可以准确快速地识别。

（6）多标签的读/写功能

在物流领域中，由于大量物品需要同时识别，因此必须采用适合这种应用的通信协议，以实现快速、多标签的读/写功能。

（7）电磁场下的自我保护功能

电子标签处于读写器发射的电磁辐射中，电子标签有可能处于非常强的能量场中。如果电子标签接收的电磁能量很强，会在标签上产生很高的电压。为了保护标签芯片不受损害，必须加强电子标签在强磁场下的自保护功能。

（8）智能性更强、加密性更完善

在某些对安全性要求较高的应用领域中，需要对标签的数据进行严格的加密，并对通信过程进行加密。这样就需要智能性更强、加密特性更完善的电子标签，使电子标签在“敌人”出现的时候能够更好地隐藏自己而不被发现，并且数据不会未经授权就被获取。

（9）带有其他附属功能的标签

在某些应用领域，需要准确寻找某一个标签，这时需要标签有某些附属功能，如带有蜂鸣器或指示灯。另外，如新型的防损、防窃标签，可以在生成过程中隐藏或嵌入在物品中，以解决超市中物品的防窃问题。

（10）具有杀死功能的标签

为了保护隐私，在标签的设计寿命到期或者需要终止标签的使用时，读写器发出杀死命令或者标签自行销毁。

（11）新的生产工艺

为了降低标签天线的生产成本，人们开始研究新的天线印制技术，可以将 RFID 天线以接近于零的成本印制到产品包装上。通过导电墨水在产品的包装盒上印制 RFID 天线，比传统的金属天线成本低，印制速度快、节省空间，并有利于环保。

（12）带有传感器功能

将电子标签与传感器相连，将大大扩展电子标签的功能和应用领域。物联网的基本特征之一是全面感知，全面感知不仅要求标识物体，而且要求感知物体（如温度、湿度）。

2. 读写器的发展趋势

随着 RFID 应用的日益普及，读写器的结构和性能不断更新，价格也不断降低。从技术角度来说，读写器的发展趋势体现在以下几个方面。

（1）兼容性

现在 RFID 的应用频段较多，采用的技术标准也不一致，因此希望读写器可以多频段兼容、多制式兼容，实现读写器对不同标准和不同频段的电子标签兼容读写。

（2）多功能

为了适应对 RFID 多样性和多功能的要求，读写器将集成更多的功能。读写器将具有更多的智能性和一定的数据处理能力，并可以将应用程序下载到读写器中来脱机工作。

（3）小型化、便携式、模块化和标准化

随着 RFID 应用的不断增多，小型化和便携式是读写器发展的一个必然趋势。目前读写器射频模块和基带信号处理模块的标准化和模块化日益完善，读写器的设计将更简单。

（4）多种接口

读写器要与计算机网络进行连接，应该能够提供多种不同形式的接口，如 RS-232、RS-485、USB、红外接口、以太网口、无线网络接口以及其他各种自定义的接口。

读写器还应该具有多种天线接口，智能地打开和关闭不同的天线，使系统能够感知不同天线覆盖区域内的电子标签，增大系统的覆盖范围。

（5）采用新技术

- 为了适应目前频谱资源紧张的情况，将会采用智能信道分配技术。
- 采用智能天线，使 RFID 具有空间感应能力。
- 采用新的防碰撞算法，使防碰撞的能力更强，使多标签读写更有效、更快捷。
- 采用读写器管理技术，包括读写器的配置、控制、认证和协调的技术。由多个读写器组成的读写器网络越来越多，这些读写器的处理能力、通信协议、网络接口及数据接口均可能不同，读写器从传统的单一读写器模式发展为多读写器模式。

3.4 射频识别系统举例——EPC 系统

EPC 系统是物联网的起源，EPC 系统也是物联网实际运行的一个范例。EPC 系统利用 RFID 技术识别物品，然后将物品的信息发布到互联网上，其目标是在全球范围内构建所有物品的信息网络。本节将以 EPC 系统为基础介绍物联网 RFID 体系架构。

3.4.1 EPC 系统——物联网的起源

EPC 系统开启了面向物联网的 RFID 应用。物联网最初的构想是建立在 EPC 之上的，基于 RFID 的 EPC 系统也被称为物联网的起源。

EPC 系统主要包括 5 个基本组成部分，分别为电子产品编码（EPC 码）、射频识别（RFID）、中间件（Middleware）、名称解析服务（ONS）和信息发布服务（EPCIS）。EPC 系统构建了基于物联网的 RFID 体系架构。物联网 RFID 系统的运行方式如下。

- 在物联网中，每个物品都将被赋予一个 EPC 码，EPC 码对物品进行唯一标志。
- EPC 码存储在物品的电子标签中，读写器对电子标签进行读写并获取 EPC 码，电子标签与读写器构成一个 RFID 系统。
- 读写器获取电子标签的 EPC 码后，将 EPC 码发送给 Middleware。
- Middleware 通过互联网向 ONS 发出查询指令，ONS 根据规则查得存储物品信息的 IP 地址，同时根据 IP 地址引导 Middleware 访问 EPCIS。
- EPCIS 中存储着该物品的详细信息，在收到查询要求后，将该物品的详细信息以网页的形式发送回 Middleware，以供查询。

在物联网 EPC 系统的运行中，当 EPC 码与 EPCIS 建立起联系后，可以获得大量的物品信息，并可以实时更新物品的信息，一个全新的、以 RFID 技术为基础的、物品标识的物联网就建立起来了。EPC 系统的组成见表 3.3。

表 3.3 EPC 系统的组成

系统构成	标准内容	注　释
EPC 编码体系	EPC 码	给全球物品编码
EPC 射频识别	EPC 标签	贴在物品之上或内嵌在物品之中
	EPC 读写器	读写 EPC 标签
EPC 信息网络系统	EPC 中间件（Middleware）	EPC 系统软件和网络的支持系统
	对象名称解析服务（ONS）	
	信息发布服务（EPCIS）	

3.4.2 全球物品编码

1. 物品编码概述

物品编码是物品的“身份证”，解决物品识别的最好方法就是首先给全球每一个物品都提供唯一的编码。现在物品主要有条码编码体系和 EPC 编码体系。其中，条码编码体系属于早期建立的物品编码体系，EPC 编码体系是基于物联网的物品编码体系。

（1）美国统一编码委员会（UCC）

1970 年，美国超级市场委员会制定了通用商品代码（Universal Production Code，UPC）。UPC 是一种条码，也是最早大规模使用的条码。1973 年，美国统一编码委员会（Universal Code Council，UCC）成立。UCC 是标准化组织，UPC 条码由 UCC 管理。

（2）欧洲物品编码协会（EAN）

1977 年，欧洲物品编码协会（European Article Number，EAN）成立，开发出与 UPC 兼容的 EAN 条码。1981 年，EAN 更名为国际物品编码协会（International Article Numbering Association，IAN）。EAN 会员遍及 130 多个国家和地区，1991 年我国加入 EAN。

（3）全球电子产品编码中心（EPC global）

条码的编码容量较小，于是电子产品编码（Electronic Product Code，EPC）就产生了。EPC global 组织由 EAN 和 UCC 两大标准化组织联合成立。EPC 码统一了全球物品编码方法，主要在 RFID 中使用，其容量可以为全球每一个物品编码。

2. 条码的形式

条码主要有 6 种代码形式，分别为全球贸易项目代码（GTIN）、系列货运包装箱代码（SSCC）、全球位置标识代码（GLN）、全球可回收资产标识代码（GRAI）、全球单个资产标识代码（GIAI）、全球服务标识代码（GSRN），如图 3.31 所示。其中，GTIN 和 SSCC 为两种常用的条码。

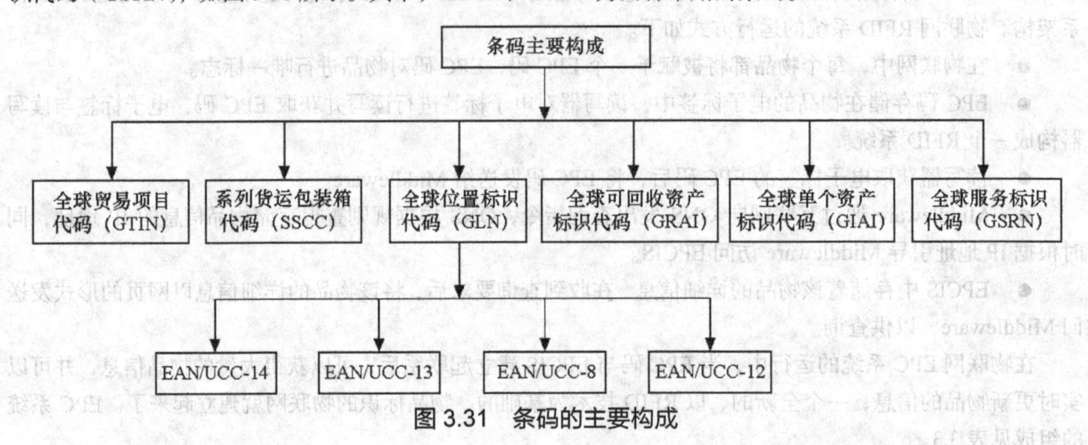

图 3.31 条码的主要构成

（1）GTIN

GTIN 有 4 种不同的编码结构，分别为 EAN/UCC-14、EAN/UCC-13、EAN/UCC-8 和 EAN/UCC-12，其中，后 3 种编码结构通过补 0 可以表示成 14 位数字的编码结构。

EAN-13 码是最常用的一维条码。图 3.32 所示为 EAN-13 码的样图和构成，其中，前缀码 690 表示为分配给中国的条码。

（a）样图　　（b）构成

图 3.32 EAN-13 码

例 3.1 对于 EAN-13 条码，进行如下计算：

① 当前缀码为“690”时的厂商代码容量；

② 当前缀码为“690”时的商品项目容量；

③ EAN-13 条码的最大编码容量；

④ 用比特描述条码的容量。

解：由图 3.32 可知，当前缀码为“690”时，第 4～7 位数字为厂商代码，第 8～12 位数字为商品项目代码，第 13 位数字为校验码。

① 厂商代码容量为 10000 个厂商。

② 每个厂商的商品项目容量为 100000 个商品项目，总计有 10000×100000=1000000000 个商品项目的编码容量。

③ EAN-13 条码的第 1～3 位为国家前缀码，全球有 1000 个国家前缀码容量。因此，EAN-13 条码的最大编码容量为 1000×1000000000=1000000000000。

④ bit 中文名称是位，音译“比特”，是用于描述计算机数据量的最小单位。在二进制数中，每个 0 或 1 就是一个位（bit）。二进制数的一位所包含的信息是 1bit，如二进制数 0101 就是 4bit。由于 2^{40}=1099511627776，约等于条码容量 1000000000000，因此条码容量约为 40bit。

（2）SSCC

SSCC是为了便于运输和仓储而建立的临时性组合包装代码。SSCC的长度为18位，码的位分配方法见表3.4。例如，006141410009997778为18位的SSCC代码，其中扩展位为0、国家代码为061、厂商代码为4141、商品项目代码为000999777、校验位为8。

表3.4　SSCC的位分配方法

扩展位	国家代码	厂商代码	商品项目代码	校验位
第1位	第2～4位	第5～8位	第9～17位	第18位

3. EPC码的编码方案

EPC码的通用结构是一个二进制比特串，该比特串由几段数字字段组成，数字字段分别由版本号、域名管理、对象分类和序列号组成。其中，版本号用于标识EPC码的版本，它使得EPC码随后的数字字段有不同的长度；域名管理描述EPC码的组织机构的信息，例如可口可乐公司；对象分类记录产品精确类型的信息，例如330ml罐装减肥可乐（可口可乐的一种产品）；序列号标识单个货品，它会精确地指明EPC码标识的是哪一罐330ml罐装减肥可乐。目前EPC的编码标准有3种，见表3.5。

表3.5　EPC码64位、96位和256位的编码结构

编码结构	类型	版本号	域名管理者代码	对象分类代码	序列号
EPC-64	TYPE Ⅰ	2	21	17	24
	TYPE Ⅱ	2	15	13	34
	TYPE Ⅲ	2	26	13	23
EPC-96	TYPE Ⅰ	8	28	24	36
EPC-256	TYPE Ⅰ	8	32	56	160
	TYPE Ⅱ	8	64	56	128
	TYPE Ⅲ	8	128	56	64

（1）EPC-64码

EPC测试使用的编码标准是64位的编码结构。64位的EPC码是容量最小的EPC码，目前有TYPE Ⅰ、TYPE Ⅱ和TYPE Ⅲ共3种类型的64位EPC码。

（2）EPC-96码

EPC目前实际使用的编码标准是96位的编码结构。为了保证全球所有物品都有一个EPC码，EPC global建议采用EPC-96位的数据结构。在EPC-96位的数据结构下，每个EPC码包括4个独立的部分，即版本号加上另外3段数据。EPC-96码的版本号具有8位大小，另外3段数据包括28位的域名管理者代码（General Manager Number）、24位的对象分类代码（Object Class）、36位的序列号（Serial Number）。

（3）EPC-256码

EPC-256码是为了满足未来使用EPC码的应用需求而设计的。由于未来应用的具体要求目前还无法准确获知，因而256位的EPC版本必须具备可扩展性，以便未来的实际应用不受限制。目前256位的EPC码有TYPE Ⅰ型、TYPE Ⅱ型和TYPE Ⅲ型3个版本。

例3.2　对于EPC-96位结构，进行如下计算：①域名管理者代码的编码容量；②对象分类代码的编码容量；③物品数目的编码容量；④EPC码的编码容量。

解：

① EPC-96位结构的域名管理者代码的编码容量为2^{28}=268435455。

② 每一个域名管理者拥有的对象分类代码的编码容量为2^{24}=16777215。

③ 每一个对象分类拥有的物品数目的编码容量为2^{36}=68719476735。

④ EPC-96位结构的EPC码的编码容量为：

268435455×16777215×68719476735=309484990217175959785701375

EPC-96 位结构的 EPC 码的编码容量见表 3.6。

表 3.6　EPC-96 位结构的 EPC 码的编码容量

	位　数	允许的最大容量
版本号	8	—
域名管理者	28	268435455
对象分类代码	24	16777215
序列号	36	68719476735
物品的总数	—	309484990217175959785701375

4．EPC 码的标识类型

EPC 码是新一代的与 EAN·UCC 码兼容的编码标准。因此，EPC 码既有新的通用标识（GID）的类型，也有基于 EAN·UCC 标识的类型，是由现行的条码标准逐渐过渡到 EPC 标准的。EPC 码的标识类型如图 3.33 所示，其中基于 GID 标识的类型有 GID-96，这类标识是 96 位代码；基于 EAN·UCC 标识的类型有 SGTIN、SSCC、SGLN、GRAI、GIAI，这类标识分为 96 位代码和 64 位代码两种形式。

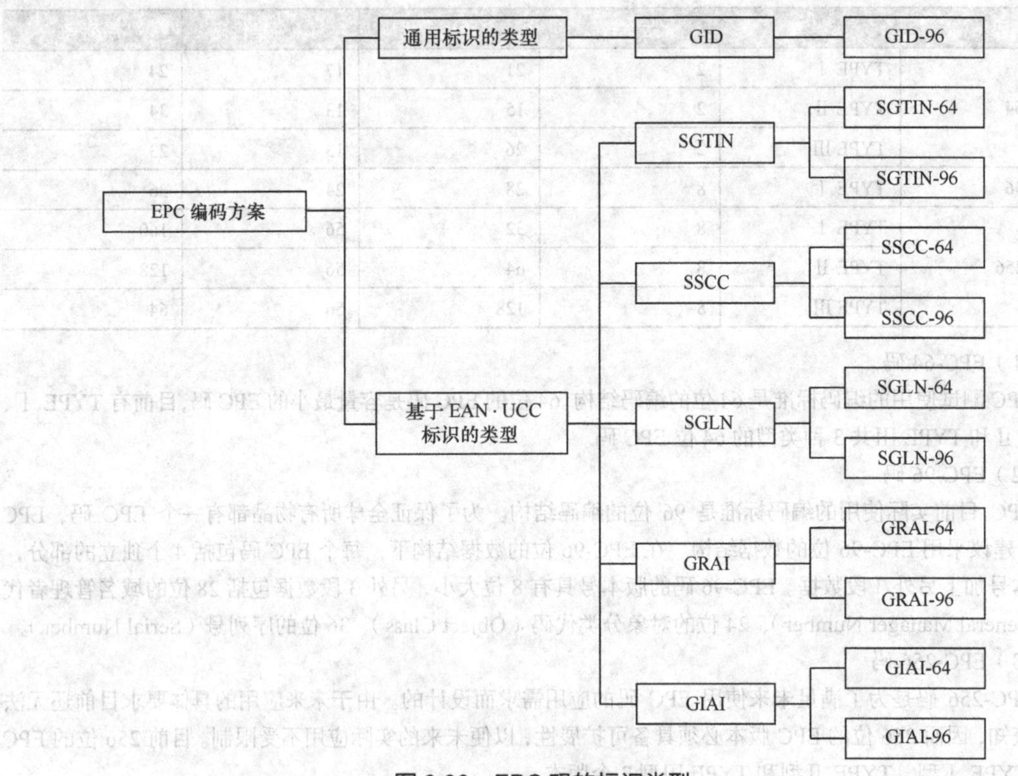

图 3.33　EPC 码的标识类型

（1）标头

每一种标识类型的 EPC 码都由一个标头以及一系列数字字段组成，码的总长、结构和功能由标头决定。标头代表版本，具有可变的长度，如 2 位和 8 位，见表 3.7。

（2）基于 GID 标识的类型

EPC 定义了通用标识符 GID-96，8 位的标头为 00110101。GID-96 不依赖任何现有的规范或标识方案，是 EPC 系统的一种全新标识方案，见表 3.8。

表 3.7 标头及 EPC 码的结构

标头值（二进制）	编码长度/位	EPC 编码方案
01	64	64 位保留方案
10	64	SGTIN-64
11	64	64 位保留方案
00000001	na	1 个保留方案
0000001x	na	2 个保留方案
000001xx	na	4 个保留方案
00001000	64	SSCC-64
00001001	64	SGLN-64
00001010	64	GRAI-64
00001011	64	GIAI-64
00001100 … 00001111	64	4 个 64 位保留方案
00010000 … 00101111	na	32 个保留方案
00110000	96	SGTIN-96
00110001	96	SSCC-96
00110010	96	GLN-96
00110011	96	GRAI-96
00110100	96	GIAI-96
00110101	96	GID-96
00110110 … 00111111	96	10 个 96 位保留方案
00000000…	—	为未来标头长度大于 8 位保留

表 3.8 通用标识符（GID-96）

标头	通用管理者代码	对象分类代码	序列代码
8	28	24	36
00110101 （二进制值）	268435456 （十进制容量）	16777216 （十进制容量）	68719476736 （十进制容量）

（3）基于 EAN · UCC 标识的类型

1）SGTIN 码

SGTIN（Serial Global Trade Identification Number）是基于 EAN·UCC 通用规范中的 GTIN 产生的。GTIN 码的容量有限，不能标识单个对象。因此，在 GTIN 码的基础上增加了一个序列代码。GTIN 码和序列代码的结合称为序列化 GTIN 码，也即 SGTIN 码。

下面以 SGTIN-96 码为例，说明 SGTIN 码的位分配方法。SGTIN-96 码由标头、滤值、分区、厂商识别代码、贸易项代码以及序列代码 6 个字段组成，位的分配见表 3.9。其中，滤值给出包装类型，见表 3.10；

分区值用于指示其后的 44 位厂商识别代码和贸易项代码的分配状况，见表 3.11。

表 3.9　SGTIN-96 码的位分配方法

	标头	滤值	分区	厂商识别代码	贸易项代码	序列代码
SGTIN-96	8 位	3 位	3 位	20～40 位	24～4 位	38 位
	0011 0000（二进制）	8（十进制容量）	8（十进制容量）	999999～999999999999（十进制容量）	9999999～9（十进制容量）	274877906943（十进制容量）

表 3.10　SGTIN 码的滤值

包装类型	其 他	项 目	内包装	包装箱	托 盘
滤 值	0（000）	1（001）	2（010）	3（011）	4（100）

表 3.11　SGTIN-96 码的分区值

分区值	厂商识别代码		贸易项代码	
	二进制位	十进制位	二进制位	十进制位
0（000）	40	12	4	1
1（001）	37	11	7	2
2（010）	34	10	10	3
3（011）	30	9	14	4
4（100）	27	8	17	5
5（101）	24	7	20	6
6（110）	20	6	24	7

2）SSCC 码

下面以 SSCC-96 码为例，说明位分配方法。SSCC-96 码的位分配方法见表 3.12。SSCC-96 的标头为 00110001；第 9～11 位为滤值，其含义与 SGTIN 滤值的含义相同；第 12～14 位为分区值，分区值用于指示其后的 58 位的厂商识别代码和贸易项代码的分配状况；第 73～96 位为未分配位，未分配位一般为序列号。

表 3.12　SSCC-96 码的位分配方法

标头	滤值	分区值	厂商识别代码+贸易项代码+扩展位	未分配位
第 1～8 位	第 9～11 位	第 12～14 位	第 15～72 位	第 73～96 位

5. 条形码与 EPC 码的相互转换

条形码与 EPC 码可以相互转换，图 3.34 描述了几种条形码和 EPC 码的转换关系。

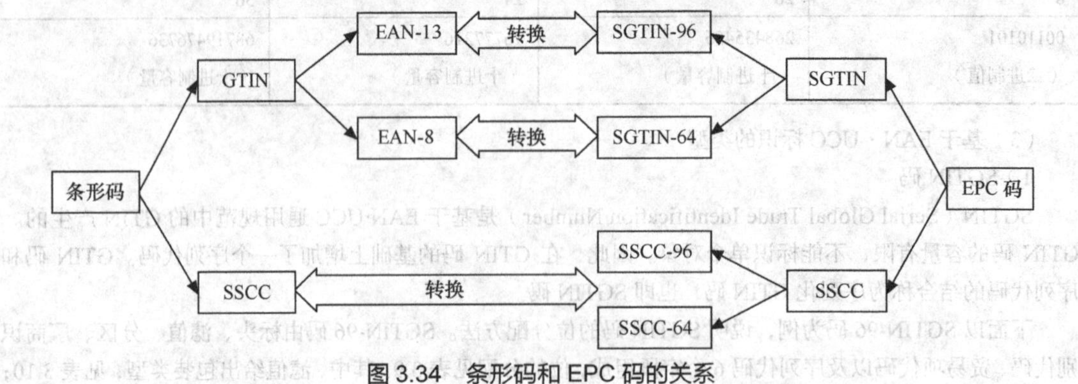

图 3.34　条形码和 EPC 码的关系

（1）条形码到 EPC 码的转换

条形码到 EPC 码的转换主要有以下几个步骤。

- 将条形码分类（EAN-13、SSCC 等），不同条形码转换为 EPC 码的方法不同。
- 将条形码分段和赋值。依照不同条形码的编码规则，将条形码的扩展位、国家代码、厂商代码、产品代码、校验位等分离出来。同时，条形码中没有 EPC 码所要求的标头、滤值和分值区，这些数值要从条形码中计算出来。
- 将条形码转换为 EPC 码是逐段转换的。需要注意的是，所得的二进制位数不一定与 EPC 码的位数相同，所以要在前面补 0。将逐段转换后的码组合起来，构成 EPC 码。

例 3.3　将条形码“6901010101098”转换为 96 位的 EPC 码。

解：条形码“6901010101098”是 EAN-13 码。其中，“690”为国家代码，“1010”为厂商代码，对应的 EPC 码的厂商识别代码就是“6901010”；产品代码为“10109”；校验位为“8”。根据表 3.9 ~ 表 3.11 将条形码“6901010101098”转换为 SGTIN-96，转换步骤如下。

① 根据表 3.7，SGTIN-96 的标头为 00110000。

② 这里假设包装类型为包装箱，对应的滤值为 011。

③ 厂商的识别码为 7 位（这里为 6901010），则目标码的分区值为 5（101）。所以，厂商识别码“6901010”在 EPC 码中应为 24 位。转换结果不足 24 位，在前面补 0，结果为“011010010100110100010010”；产品代码“010109”在 EPC 码中应为 20 位。转换结果不足 20 位，在前面加上补 0，结果为“00000010011101111101”。

④ 假设序列代码为“1234567”。序列代码在 EPC 码中应为 38 位。转换结果不足 38 位，在前面加上补 0，转换为“00000000000000000100101101011010000111”。

⑤ 最后按 EPC 码的组合顺序连接起来，条形码“6901010101098”加上包装类型和序列号，转换为二进制 96 位的 EPC 码的结果如下：

001100000111010110100101001101000100100000001001110111110100000000000000000001001011010110
10000111

⑥ 为了方便起见，将二进制 96 位的 EPC 码转换为 24 位的十六进制数，转换的结果为 3075A5344809DF400012D687。

（2）EPC 码到条形码的转换过程

EPC 码转换为条形码的过程，就是条形码转换为 EPC 码的逆过程。转换步骤与前面相同。

3.4.3　EPC 标签与读写器

RFID 系统通过 EPC 标签内的 EPC 码实现对物品的追踪。EPC 标签是 EPC 码的物理载体。EPC 读写器是读取标签中的 EPC 码，并将 EPC 码输入物联网的设备。

1. EPC 标签

根据基本功能和版本号的不同，EPC 标签有类（Class）和代（Gen）的概念，Class 描述的是 EPC 标签的分类，Gen 是指 EPC 标签的规范版本号。

（1）EPC 标签分类

EPC 标签芯片的面积不足 1mm^2，可实现二进制信息存储。根据功能级别的不同，EPC 标签可以分为 Class 0、Class 1、Class 2、Class 3 和 Class 4。

1）Class 0

该类 EPC 标签一般能满足供应链和物流管理的需要，可以在超市付款、超市货品扫描、集装箱货物识别、仓库管理等领域应用。Class 0 标签主要具有以下特征：包含 EPC 代码、24 位自毁代码和 CRC 码；可以被读写器读取，但不可以由读写器写入；可以自毁。

2）Class 1

该类 EPC 标签又称为身份标签，是一种无源、后向散射式电子标签。该类 EPC 标签除了具备 Class 0

标签的所有特征外，还具有以下特征：具有一个电子产品代码标识符和一个标签标识符；具有可选的密码保护功能；具有可选的用户存储空间。

3）Class 2

该类EPC标签也是一种无源、后向散射式电子标签，它是性能更高的电子标签，除了具备Class 1标签的所有特征外，还具有以下特征：具有扩展的标签标识符；具有扩展的用户内存、选择性识读功能；访问控制中加入了身份认证机制。

4）Class 3

该类EPC标签是一种半有源、后向散射式标签，它除了具备Class 2标签的所有特征外，还具有以下特征：标签带有电池，有完整的电源系统，片上电源用来为标签芯片提供部分逻辑功能；有综合的传感电路，具有传感功能。

5）Class 4

该类EPC标签是一种有源、主动式标签，它除了具备Class 3标签的所有特征外，还具有以下特征：标签到标签的通信功能；主动式通信功能；特别组网功能。

（2）EPC标签代（Gen）的概念

1）EPC Gen1

EPC Gen1是EPC系统第一代标准。EPC Gen1标准是EPC系统RFID技术的基础，EPC Gen1主要是为了测试EPC技术的可行性。

2）EPC Gen2

EPC Gen2是EPC系统第二代标准。EPC Gen2标准满足现实的需求。EPC Gen2可以制定EPC系统统一的标准，识读准确率更高；EPC Gen2标签提高了RFID标签的质量，追踪物品的效果更好，同时提高了信息的安全保密性；EPC Gen2标签减少了读卡器与附近物体的干扰，并且可以通过加密的方式防止黑客的入侵。2006年6月，沃尔玛EPC Gen1标签停止使用。2006年7月，沃尔玛要求供应商采用EPC Gen2标签。

EPC Gen2标签不能用于单品。首先是因为标签面积较大（主要是标签的天线尺寸大），大约超过了$13cm^2$；其次是因为Gen2标签相互干扰。EPC Gen2技术主要面向货物托盘和货箱级别的应用，在不确定的环境下，EPC Gen2标签传输同一信号，任何读写器都可以接收，这对于托盘和货箱来说是很适合的。

（3）EPC标签标准

EPC原来有4个不同的标签制造标准，分别为英国大不列颠科技集团（BTG）的ISO-180006A标准、美国Intermec科技公司的ISO-180006B标准、美国Matrics公司（现在已经被美国讯宝科技公司以2.3亿美元收购）的Class 0标准和Alien Technology公司的Class 1标准。上述每家公司都拥有自己标签产品的知识产权和技术专利，EPC Gen2标准是在整合上述4个标签制作标准的前提下产生的，同时EPC Gen2标准扩展了上述4个标签制作标准。EPC Gen2标签的特点如图3.35所示。

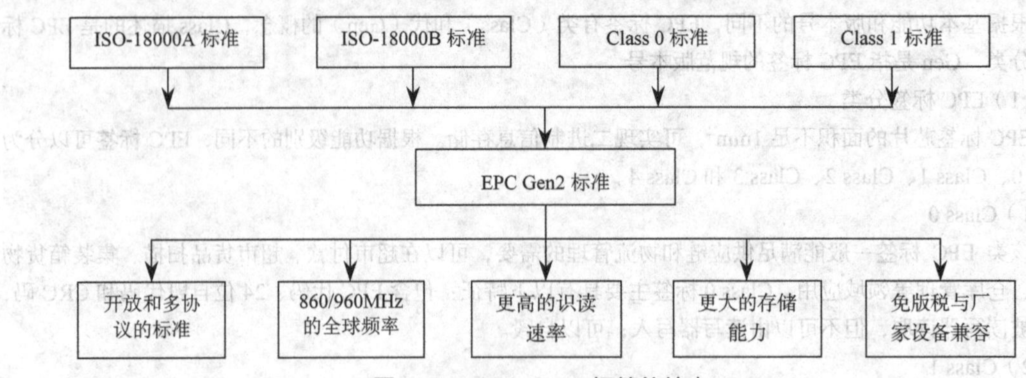

图3.35　EPC Gen2标签的特点

2. EPC读写器

EPC读写器的基本任务就是与EPC标签建立通信联系，并且在EPC标签与应用软件之间传递数据。EPC读写器提供了网络连接功能，EPC读写器的软件可以进行Web设置、TCP/IP读写器界面设置、动态更新等。EPC读写器和标签与普通读写器和标签的区别在于：EPC标签必须按照EPC标准编码，并遵循EPC读写器与EPC标签之间的空中接口协议。

（1）EPC读写器的构成

EPC读写器一般由天线、空中接口电路、控制器、网络接口、存储器、时钟、电源等构成。EPC读写器的构成如图3.36所示。空中接口电路是EPC读写器与EPC标签信息交换的桥梁，它包括收、发两个通道，主要具有编码、调制、解调、解码等功能。控制器可以采用微控制器（MCU）或数字信号处理器（DSP）。DSP是一种特殊结构的微处理器，可以替代微处理器或单片机作为系统的控制内核。由于DSP提供了强大的数字信号处理功能和接口控制功能，所以DSP是EPC读写器的首选控制器件。

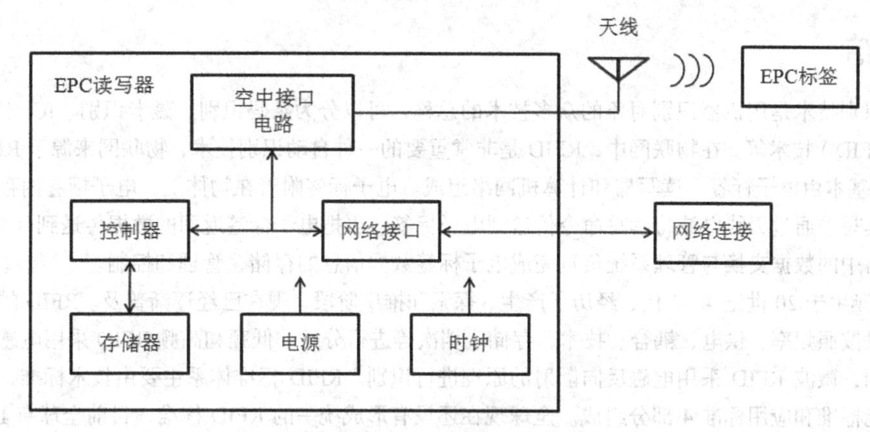

图3.36 EPC读写器的构成

（2）EPC读写器的特点

1）空中接口功能

为读取EPC标签的数据，EPC读写器需要与对应的EPC标签有相同的空中接口协议。如果一个EPC读写器需要读取多种EPC标签的数据，该EPC读写器还需要与多种EPC标签有相同的空中接口协议，这就要求一个读写器支持多种空中接口协议。

2）读写器防碰撞

EPC系统需要多个读写器，相邻EPC读写器之间会产生干扰，这种干扰称为读写器碰撞。读写器碰撞会产生读写的盲区、读写的重复或读写的错误，因此需要采取防碰撞措施，以消除或减小读写器碰撞的影响。

3）与计算机网络直接相连

EPC读写器应具有与计算机网络相连的功能，不需要以另一台计算机为中介。EPC读写器应该像服务器、路由器等一样，成为网络的一个端点，能够支持Internet、局域网或无线网等标准和协议，直接与网络相连。

3.4.4 EPC中间件

EPC系统的中间件（Middleware）处于读写器与后台网络的中间，扮演RFID硬件和应用程序之间的中介角色，是RFID硬件和应用之间的通用服务。这些服务具有标准的程序接口和协议，能够实现网络与RFID读写器的无缝连接。中间件可以被视为RFID运作的中枢，它解决了应用系统与硬件接口连接的问题，即使RFID标签数据增加、数据库软件由其他软件取代或读写器种类增加，应用端不需要修改也能处理数据。中间件解决了多对多连接的各种复杂问题，筛除了冗余数据，将真正有用的数据传送到后端网络，是 RFID 应用的一项重要技术。

3.4.5 EPC 的网络服务

电子标签 EPC 码的容量虽然很大，能够给全球每个物品进行编码，但 EPC 码主要是给全球物品提供识别 ID 号的，EPC 码本身存储的物品信息十分有限。物品原材料、生产、加工、仓储、运输等大量信息不能用 EPC 码标识出来，有关物品的大量信息需要存储在物联网的网络中，这就需要物联网的网络服务。

物联网的网络是建立在互联网之上的，通过 EPC 码可以在互联网上找到物品的详细信息。在互联网上，物品的信息服务器非常多，EPC 系统的名称解析服务（Object Name Service，ONS）负责将电子标签的 EPC 码解析成对应的网络资源地址，EPC 系统的信息发布服务（EPC Information Service，EPCIS）负责对物联网中的物品信息进行处理和发布。

本章小结

自动识别技术是用机器识别对象的众多技术的总称，可以分为条码识别、磁卡识别、IC 卡识别、射频识别（RFID）技术等。在物联网中，RFID 是非常重要的一种自动识别技术，物联网来源于 RFID 领域。RFID 系统基本由电子标签、读写器和计算机网络组成。电子标签附着在物体上，电子标签内存储着物体的信息；读写器通过无线电波将读写命令传送到电子标签，再把电子标签返回的数据传送到计算机网络；计算机网络中的数据交换与管理系统负责完成电子标签数据信息的存储、管理和控制。

RFID 诞生于 20 世纪 40 年代，经历了产生、探索和推广阶段，现在已经逐渐普及。RFID 的分类方法很多，可以按照频率、供电、耦合、技术、存储、档次等进行分类。低频和高频 RFID 采用电感耦合的原理进行识别，微波 RFID 采用电磁反向散射的原理进行识别。RFID 标准体系主要由技术标准、数据内容标准、性能标准和应用标准 4 部分组成。全球现在还没有形成统一的 RFID 标准，目前全球有 ISO/IEC、EPC global、UID、AIM global 和 IP-X 五大标准化组织制定了 RFID 标准。EPC 系统是物联网的起源，也是物联网实际运行的一个范例。EPC 系统主要包括 EPC 码、RFID、中间件、名称解析服务（ONS）和信息发布服务（EPCIS）5 个基本组成部分。EPC 系统利用 RFID 技术识别物品，并在全球范围内构建了物品的信息网络。

思考与练习

3.1 什么是自动识别？自动识别系统由哪几部分构成？简述自动识别技术的分类方法。

3.2 说明条码识别的工作原理。说明磁卡识别的工作原理、应用领域和存在问题。对 IC 卡与磁卡进行比较，说明 IC 卡的优点。

3.3 射频识别系统的基本组成是什么？电子标签与读写器分别可以采用什么结构形式？

3.4 简述射频识别的发展历史。

3.5 简述射频识别系统的分类方法。

3.6 射频识别的主要工作频率是什么？不同频率的 RFID 分别采用哪种原理进行识别？

3.7 电子标签的主要技术参数和基本功能模块是什么？读写器的主要技术参数和基本功能模块是什么？

3.8 RFID 标准体系主要由哪 4 部分组成？目前的全球五大 RFID 标准化组织是什么？

3.9 简述电子标签和读写器的发展趋势。

3.10 EPC 系统主要包括哪 5 个基本组成部分？为什么说 EPC 系统是目前正在实际运行的一种物联网 RFID 实现模式？

3.11 对于EPC-64 TYPE Ⅰ编码结构，进行如下计算：

① 域名管理者代码的编码容量；

② 对象分类代码的编码容量；

③ 物品数目的编码容量；

④ EPC码的编码容量。

3.12 简述EPC码的标识类型，以及通用标识符（GID）和SGTIN-96码的编码方案。

3.13 EPC标签中，Class和Gen的含义是什么？EPC标签分几类，有多少代？ EPC读写器的构成和特点是什么？

3.14 EPC系统为什么需要中间件？

3.15 EPC系统为什么需要网络服务？ONS和EPCIS的含义分别是什么？

第 4 章 传感器与无线传感网

人们为了从外界获取信息，必须借助于感觉器官。而单靠人自身的感觉器官来研究自然现象和生产规律，显然是远远不够的。为了获取更多的信息，必须借助于传感器。传感器是人类感觉器官的延长，能够感受到待测的物理量、化学量或生物量等信息。

在物联网中，传感器主要用于感知物体，通过在物体上植入各种微型的传感装置，使物体智能化，这样任何物体都可以变得“有感觉、有思想”。传感器还可以组成无线传感网。无线传感网能够实时采集网络分布区域内目标对象的各种信息，是一种全新的信息获取平台。传感器与无线传感网是物联网感知层的重要组成部分，将带来信息感知的一场变革。

4.1 传感器概述

在物联网的感知层中，信息的获取与数据的采集主要采用自动识别技术和传感器技术。自动识别技术与传感器技术完全不同。自动识别技术首先在物体上放置标签，通过识别装置与标签的接近活动，读取标签中的信息，从而自动获取被识别物体的相关信息。传感器是一种能把物理量、化学量或生物量转换成便于利用的电信号等的器件，可以感知周围的温度、速度、电磁辐射或气体成分等，主要用来采集传感器周围的各种信息。

4.1.1 传感器的概念

1. 传感器的定义

国际电工委员会（IEC）对传感器（Sensor/Transducer）的定义为：传感器是测量系统中的一种前置部件，它将输入变量转换成可供测量的信号。传感器是一种以一定的精确度把“被测量”转换为与之有确定对应关系的、便于应用的某种物理量的测量装置，能完成检测任务；它的输入量是某一“被测量”，可能是物理量，也可能是化学量、生物量等；它的输出量是某种物理量，这种量要便于传输、转换、处理、显示等，可以是气、光、电量，但主要是电量；输入与输出的转换规律已知，转换精度要满足测控系统的应用要求。

根据传感器应用场合或应用领域的不同，叫法也不同。例如，传感器在过程控制中被称为变送器，在射线检测中被称为发送器、接收器或探头。

2. 传感器的组成

根据我国国家标准 GB/T 7665-2005，传感器是能感受规定的被测量并按照一定的规律转换成可用输出信号的器件或装置，通常由敏感元件和转换元件组成。其中，敏感元件直接感受“被测量”，并输出与“被测量”有确定关系的物理量；转换元件将敏感元件的输出作为它的输入，将输入物理量转换为电路参量；由于转换元件输出的信号（一般为电信号）都很微弱，传感器一般还需配以转换电路，最后以电量的方式输出。这样，传感器就完成了从感知“被测量”到输出电量的全过程。传感器的基本组成如图 4.1 所示。

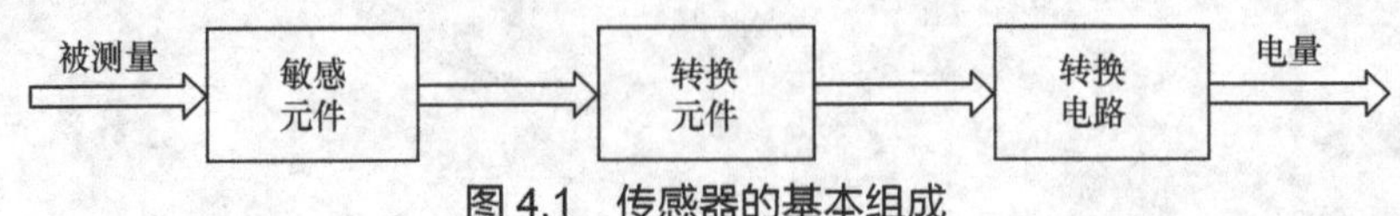

图 4.1 传感器的基本组成

例如，应变式压力传感器是由弹性膜片和电阻应变片组成的，其中弹性膜片是敏感元件，将压力转换为弹性膜片的应变；电阻应变片是转换元件，弹性膜片的应变施加在电阻应变片上，电阻应变片将其转换成电阻的变化量。这里需要说明的是，图 4.1 所示的传感器只是一般形式。例如，由半导体材料组成的传感器基本是将敏感元件和转换元件合二为一的，如压电传感器、光电池、热敏电阻等，这些传感器直接将被测量转换为电量输出。

4.1.2 传感器的作用

传感器又称为电五官，传感器的作用可以通过与人类感觉器官的比较给出。传感器与人类五大感觉器官的比较见表 4.1。

表 4.1 传感器与人类五大感觉器官的比较

传 感 器	人的感觉器官
光敏传感器	人的视觉
声敏传感器	人的听觉
气敏传感器	人的嗅觉
化学传感器	人的味觉
压敏、温敏、流体传感器	人的触觉

4.1.3 传感器的分类

传感器的品种丰富，原理各异，检测对象门类繁杂，因此分类方法非常多。至今为止，传感器没有统一的分类方法，人们通常是站在不同的角度，突出某一侧面对传感器进行分类。下面是几种常见的传感器分类方法。

1. 按工作原理分类

按不同学科的原理、规律、效应等分类，传感器一般可以分为物理型、化学型、生物型等。以物理效应为例，诸如压电效应、磁致伸缩效应、极化效应、热电效应、光电效应、磁电效应等，都可以作为传感器的分类依据。以化学效应为例，诸如化学吸附、电化学反应等，都可以作为传感器的分类依据。以生物效应为例，诸如酶、抗体、激素等分子的识别功能，都可以作为传感器的分类依据。传感器按工作原理分类的举例见表 4.2，表中给出了变换原理和传感器举例。

表 4.2 传感器按工作原理分类举例

变换原理	传感器举例
变换电阻	电位器式、应变式、压阻式、光敏式、热敏式
变换磁阻	电感式、差动变压器式、涡流式
变换电容	电容式、湿敏式
变换谐振频率	振动膜式
变换电荷	压电式
变换电势	霍尔式、感应式、热电耦式

2. 按用途分类

按用途分类，传感器可以分为方位传感器、水位传感器、能耗传感器、速度传感器、加速度传感器、烟雾传感器、温度传感器、湿度传感器、射线辐射传感器等。

3. 按敏感材料分类

在外界因素的作用下，所有材料都会做出相应的、具有特征性的反应，那些对外界作用最敏感的材料，被用来制作成传感器的敏感元件。按敏感材料分类，可分为金属传感器、半导体传感器、陶瓷传感器、磁性材料传感器、多晶传感器等。

4.1.4 传感器的一般特性

传感器要感受“被测量”的变化，并将其不失真地变换成相应的电量，这取决于传感器的特性。传感器的一般特性是指传感器系统的输出—输入关系特性。

1．传感器特性的分析方法

传感器是一个系统，传感器的一般特性是指这个系统的输出—输入关系特性。传感器系统可以看成两端口网络，传感器的一般特性可以用两端口网络的输出—输入特性来表示，即系统输出量 y 与输入量 x（被测量）之间的关系，如图 4.2 所示。

传感器的一般特性分为静态特性和动态特性。如果输入量不随时间变化，称为传感器的静态特性；如果输入量随时间变化，称为传感器的动态特性。传感器可以建立数学模型（静态模型和动态模型），在数学模型的基础上再讨论传感器的一般特性（静态特性和动态特性）。

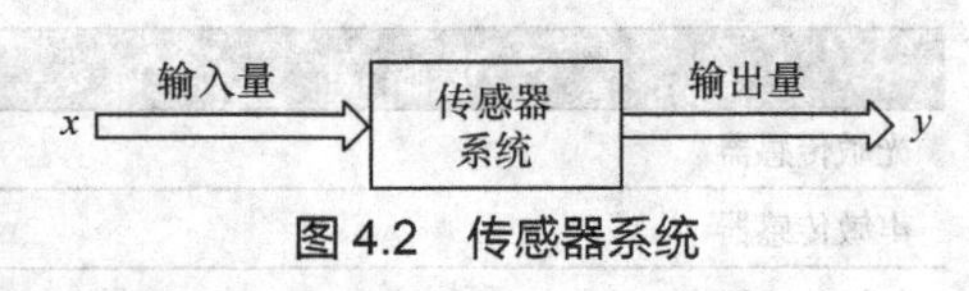

图 4.2 传感器系统

2．传感器的静态模型

静态模型是指在输入静态信号（输入信号不随时间变化）的情况下，传感器输出量 y 与输入量 x 之间的数学关系。这时输入量和输出量都与时间无关，传感器的静态特性可以用一个不含时间变量的方程来表示。如果不考虑迟滞和蠕变效应，静态模型可以由下面的方程式表示。

$$y = a_0 + a_1x + a_2x^2 + \cdots + a_nx^n \tag{4.1}$$

式（4.1）中，a_0 为零位输出；a_1 为传感器的线性灵敏度，常用 K 或 S 表示；a_2，a_3，…，a_n 为传感器的非线性项的待定常数。

3．传感器的静态特性

传感器的静态特性是指当被测量处于稳定状态（$x(t)$=常量）时，传感器输出量与输入量之间的相互关系。也常把输入量作为横坐标、把输出量作为纵坐标来绘制曲线描述传感器的静态特性。衡量传感器静态特性的技术指标主要有线性度、灵敏度、迟滞、重复性、精度、分辨力、漂移、测量范围、量程等。

（1）线性度

传感器输出量与输入量的关系可以分为线性关系和非线性关系，线性度是指传感器输出量与输入量之间的线性程度。从传感器的性能来看，人们希望是线性关系。但实际的传感器大多为非线性关系，常用一条拟合直线近似地代表实际的特性曲线。为使仪表具有均匀刻度的读数，拟合直线有多种方法，图 4.3 给出了 4 种直线拟合的方法。

（2）灵敏度

灵敏度是输出—输入关系特性曲线的斜率。灵敏度是传感器在稳态下输出量的增量 Δy 与输入量的增量 Δx 的比值，这里用 K 表示，其表达式为

$$K = \frac{\Delta y}{\Delta x} \tag{4.2}$$

例 4.1 某位移传感器在位移变化 1mm 时，输出电压变化为 200mV，求该位移传感器的灵敏度。

解：由式（4.2）计算。由于 $\Delta y = 200\text{mV}$、$\Delta x = 1\text{mm}$，传感器的灵敏度为

$$K = \frac{\Delta y}{\Delta x} = \frac{200\text{mV}}{1\text{mm}} = 200\text{mV/mm}$$

（3）迟滞

传感器在输入量由小到大（正行程）及输入量由大到小（反行程）变化期间，其输入—输出关系特性

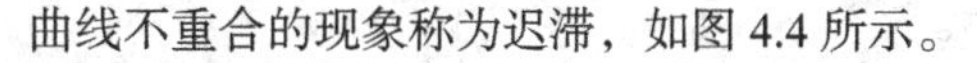

曲线不重合的现象称为迟滞，如图 4.4 所示。

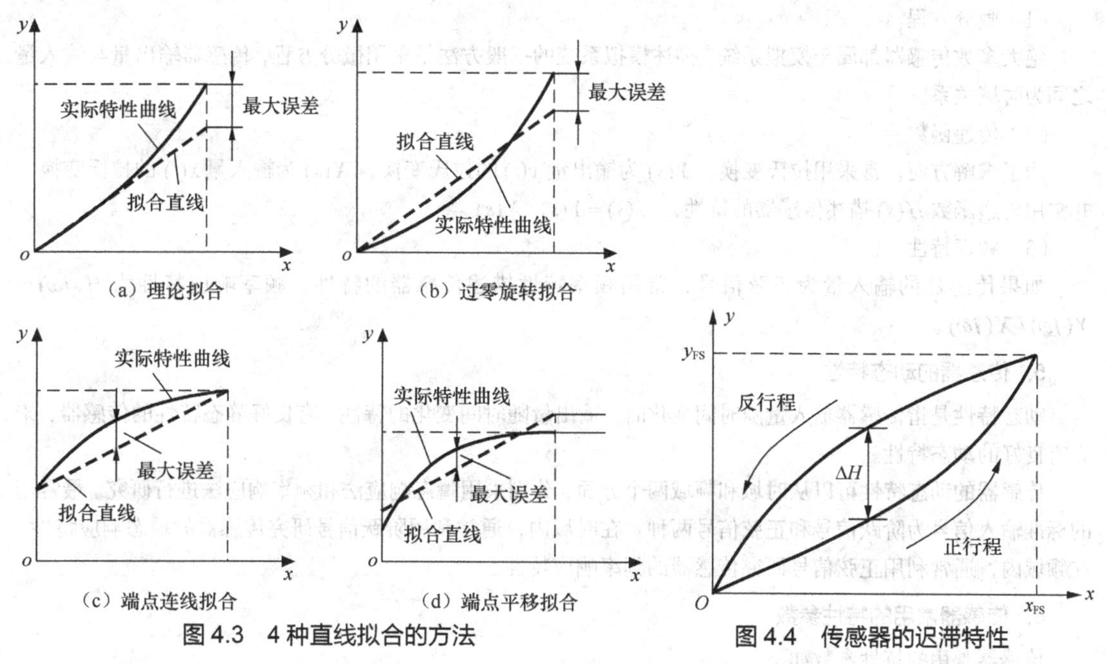

图 4.3 4 种直线拟合的方法

图 4.4 传感器的迟滞特性

（4）重复性

重复性是指传感器在输入量上按同一方向做全程连续多次变化时，所得特性曲线不一致的程度。重复性为传感器在相同测量方法、相同测量仪器、相同使用条件、相同地点等的条件下，对同一被测量进行多次连续测量所得结果之间的符合程度。

（5）精度

精度是指测量结果的可靠程度。误差越小，精度越高。传感器的精度是量程内最大基本误差与满量程的百分比，为

$$\delta = \frac{\Delta_{max}}{y_{FS}} \times 100\% \tag{4.3}$$

式（4.3）中，Δ_{max} 为最大基本误差。在工程中，常引入精度等级的概念。精度等级以一系列标准百分比数值分档表示，如 0.05、0.1、0.2、0.5、1.0、1.5、2.5 等。

例 4.2 某温度传感器的量程范围为 600℃ ~ 1200℃，校验时最大绝对误差为 3℃，求该温度传感器的精度等级。

解：由式（4.3）计算。

$$y_{FS} = 1200 - 600 = 600℃$$

$$\delta = \frac{\Delta max}{y_{FS}} \times 100\% = \frac{3℃}{1200℃ - 600℃} \times 100\% = 0.5\%$$

该温度传感器的精度等级为 0.5 级。

（6）漂移

如果传感器所传送的信号发生了改变，即产生了漂移。漂移主要包括零点漂移和灵敏度漂移。零点漂移或灵敏度漂移又分为时间漂移和温度漂移。当传感器的输入和环境温度不变时，输出量随时间变化的现象称为时间漂移，又称“时漂”。由外界温度变化引起的输出量变化的现象称为温度漂移，又称“温漂”。

4. 传感器的动态模型

动态模型是指在动态信号（输入信号随时间变化）作用下，传感器输出量 $y(t)$ 与输入量 $x(t)$ 之间的数

学关系。动态模型常用微分方程、传递函数和频率特性表示。

（1）微分方程

绝大多数传感器都属于模拟系统，描述模拟系统的一般方法是采用微分方程，传感器输出量与输入量之间为时域关系。

（2）传递函数

为了求解方便，常采用拉氏变换，$Y(s)$ 为输出量 $y(t)$ 的拉氏变换，$X(s)$ 为输入量 $x(t)$ 的拉氏变换，并常用传递函数 $H(s)$ 描述传感器的特性，$H(s)=Y(s)/X(s)$。

（3）频率特性

如果传感器的输入量为正弦信号，常用频率特性描述传感器的特性。频率响应特性为 $H(j\omega)=Y(j\omega)/X(j\omega)$。

5. 传感器的动态特性

动态特性是指传感器输入量随时间变化时，输出量随时间变化的特性。有良好静态特性的传感器，未必有良好的动态特性。

传感器的动态特性可以从时域和频域两个方面，分别采用瞬态响应法和频率响应法进行研究。最常用的标准输入信号为阶跃信号和正弦信号两种。在时域内，通常利用阶跃信号研究传感器的瞬态响应特性。在频域内，通常利用正弦信号研究传感器的频率响应特性。

6. 传感器常用的特性参数

传感器常用的特性参数如下。

1）测量范围：在允许误差内的“被测量”的取值范围。

2）量程：测量范围上限值与下限值的代数差。

3）精度：“被测量”的测量结果与真值间的一致程度。

4）重复性：对同一“被测量”进行多次连续测量所得结果之间的符合程度。

5）蠕变：当“被测量”的环境条件保持恒定时，在规定时间内输出量的变化。

6）阈值：能使传感器输出端产生可测变化量的被测量的最小量。

7）零位：使输出的绝对值为最小的状态，例如平衡状态。

8）激励：为使传感器正常工作而施加的外部能量（如电压或电流）。

9）最大激励：在市内条件下，能够施加到传感器上的激励电压或激励电流的最大值。

10）输入阻抗：传感器输入端口所呈现的阻抗，是指一个电路输入端的等效阻抗。

11）输出阻抗：传感器输出端口所呈现的阻抗，是指一个电路输出端的等效阻抗。

12）零点输出：在室内条件下，所加“被测量”为零时传感器的输出。

13）迟滞：在规定的范围内，当被测量的值增加或减少时，输出中出现的最大差值。

14）滞后：输出信号变化相对于输入信号变化的时间延迟。

15）漂移：在一定的时间间隔内，传感器输出中有与“被测量”无关的、不需要的变化量。

16）零点漂移：在规定的时间间隔及室内条件下零点输出的变化。

17）灵敏度：传感器输出量的增量与相应的输入量的增量之比。

18）灵敏度漂移：由于灵敏度的变化而引起的校准曲线斜率的变化。

19）时间漂移：在规定的条件下，零点或灵敏度随时间推移而发生的缓慢变化。

20）温度漂移：由于周围温度变化而引起的零点或灵敏度的漂移。

21）线性度：校准曲线与某一规定直线一致的程度。

22）非线性度：校准曲线与某一规定直线偏离的程度。

23）长期稳定性：传感器在规定的时间内保持不超过允许误差的能力。

24）固有频率：在无阻力时，传感器的自由（不加外力）振荡频率。

25）响应：输出时被测量变化的特性。

26）补偿温度范围：使传感器保持量程和规定极限内的零平衡所补偿的温度范围。

27）分辨率：是指传感器可感受到的被测量最小变化的能力。当输入变化值未超过某一数值时，传感器的输出不会发生变化，即传感器对此输入量的变化是分辨不出来的。

4.1.5 传感器的技术特点

传感器技术涉及传感器的机理研究与分析、设计与研制、性能与应用等。传感器技术有如下特点。

1. 内容离散，涉及多个学科

传感器的内容离散，涉及物理学、化学、生物学等多个学科。物理型传感器是利用物理性质制成的传感器，例如，“热电偶”是利用金属的温差电动势和接触电动势效应制成的温度传感器；压力传感器是利用压电晶体的正压电效应实现对压力的测量。化学型传感器是利用电化学反应原理制成的传感器，例如，离子敏传感器是利用电极对溶液中离子的选择性反应，测量溶液的pH酸碱度；电化学气体传感器是利用被测气体在特定电场下的电离测量气体的浓度。生物型传感器是利用生物效应制成的传感器，例如，第一个生物传感器将葡萄糖氧化酶固化并固定在隔膜氧电极上，制成了葡萄糖传感器；第二代生物传感器是微生物、免疫、酶免疫和细胞器传感器。

2. 种类繁多，彼此相互独立

传感器的种类繁多，被测参数彼此之间相互独立。被测参数包括热工量（温度、压力、流量、物位等）、电工量（电压、电流、功率、频率等）、机械量（力、力矩、位移、速度、加速度、转角、角速度、振动等）、化学量（氧、氢、一氧化碳、二氧化碳、二氧化硫、瓦斯等）、物理量（光、磁、声、射线等）、生物量（血压、血液成分、心音、激素、肌肉张力、气道阻力等）、状态量（开关、二维图形、三维图形等）等。

3. 技术复杂，工艺要求高

传感器的制造涉及了许多高新技术，如集成技术、薄膜技术、超导技术、微细或纳米加工技术、黏合技术、高密封技术、特种加工技术、多功能化和智能化技术等，比较复杂。传感器的制造工艺难度大、要求高，例如微型传感器的尺寸小于1mm；半导体硅片的厚度有时小于1μm；温度传感器的测量范围为−196℃～1800℃。

4. 应用广泛，应用要求千差万别

传感器应用广泛，航天、航空、兵器、船舶、交通、冶金、机械、电子、化工、轻工、能源、环保、医疗卫生、生物工程等领域，甚至人们日常生活的各个方面，几乎无处不使用传感器。例如，阿波罗10运载火箭部分使用了2077个传感器，宇宙飞船部分使用了1218个传感器；汽车上有100多个传感器，分别使用在发动机、底盘、车身、灯光电气上，用于测量温度、压力、流量、位置、气体浓度、速度、光亮度、干湿度、距离等。

5. 生命力强，不会轻易退出历史舞台

相对于信息技术的其他领域，传感器生命力强，某种传感器一旦成熟，不会轻易退出历史舞台。例如，应变式传感器已有70多年的历史，目前仍然在重量测量、压力测量、微位移测量等领域占有重要地位；硅压阻式传感器也已有40多年的历史，目前仍然在气流模型试验、爆炸压力测试、发动机动态测量等领域占有重要地位。

6. 品种多样，一种“被测量”可采用多种传感器

传感器品种多样，一种“被测量”往往可以采用多种传感器检测。例如，线位移传感器的品种有20种之多，包括电位器式位移传感器、磁致伸缩位移传感器、电感式位移传感器、电容式位移传感器、光电式位移传感器、超声波式位移传感器、霍尔式位移传感器等。

4.1.6 传感器的发展趋势

传感器在国外的发展已有近200年的历史。到了20世纪80年代，由于计算机技术的发展，出现了“信息处理能力过剩、信息获取能力不足”的问题。为了解决这一问题，世界各国在同一时期掀起了一股传感器热潮，美国也将20世纪80年代视为传感器技术的年代。这些年来，传感器的发展非常迅速，目前全球传感器的种类已超过2万余种。现在传感器正朝着探索新理论、开发新材料、实现智能化和网络化的方向发展，传感器技术的发展水平已经成为判断一个国家现代化程度和综合国力的重要标志。

1. 传感器新原理、新材料、新工艺的发展趋势

传感器的工作原理是基于各种物理的、化学的、生物的效应和现象，发现新原理、开发新材料、采用新工艺是新型传感器问世的重要基础。

（1）发现新原理

超导材料的约瑟夫逊效应发现不久，以该效应为原理的超导量子干涉仪（SQUID）传感器就问世了。SQUID是进行超导、纳米、磁性、半导体等材料磁性研究的基本仪器设备。

（2）开发新材料

在传感器领域开发的新材料包括半导体硅材料、石英晶体材料、功能陶瓷材料、光导纤维材料、高分子聚合物材料等。

（3）采用新工艺

微细加工是传感器采用的新工艺。以集成电路制造技术发展起来的微机械加工工艺，可使被加工的敏感结构尺寸达到微米、亚微米级，并可以批量生产，从而制造出微型化、价格低的传感器。例如，利用半导体工艺，可制造压阻式传感器；利用晶体外延生长工艺，可制造硅—蓝宝石压力传感器；利用薄膜工艺，可制造快速响应气敏传感器。

2. 传感器微型化、多功能、集成化的发展趋势

微细加工技术的发展使传感器制造技术有了突飞猛进的发展，多功能、集成化传感器成为方向发展，使得既具有敏感功能、又具有控制执行能力的传感器微系统成为可能。

（1）传感器微型化

传感器微型化是指传感器体积小、重量轻，敏感元件的尺寸为微米级，体积、重量仅为传统传感器的几十分之一甚至几百分之一。微米/纳米技术的问世，微机械加工技术的出现，使三维工艺日趋完善，这为微型传感器的研制铺平了道路。

（2）传感器多功能

传感器多功能是指传感器能检测两种以上不同的“被测量”。例如，使用特殊陶瓷将温度和湿度敏感元件集成在一起，构成温湿度传感器；利用厚膜制造工艺将6种不同的敏感材料［ZnO、SnO_2、WO_3、WO_3（Pt）、SnO_2（Pd）、ZnO（Pt）］制作在同一基板上，构成同时测量4种气体（H_2S、C_8H_{18}、$C_{10}H_{20}O$、NH_3）的传感器。

（3）传感器集成化

传感器集成化包含传感器与集成电路（IC）的集成制造技术，以及多参量传感器的集成制造技术。美国Honeywell公司研制的智能压力传感器，在3mm×4mm×0.2mm的一块基片上，采用半导体工艺，将静压、差压、温度3种敏感元件与CPU、EPROM集成，工作温度为−40℃～110℃、压力量程为0～2.1×10^7Pa，具有精度高、自诊断等功能。

3. 传感器智能化、多融合、网络化的发展趋势

近年来具有感知能力、计算能力、通信能力、协同能力的传感器应用日趋广泛，作为信息技术源头的传感器技术正朝着物联网的方向发展。

（1）传感器智能化

智能传感器（Intelligent Sensor/Smart Sensor）就是将传感器获取信息的基本功能，与微处理器信息分析和处理的功能紧密结合在一起，对传感器采集的数据进行处理，并对它的内部进行调节，使其采集的数据最佳。智能传感器由多个模块组成，其中包括微传感器、微处理器、微执行器、接口电路等。它们构成一个闭环微系统，通过数字接口与更高一级的计算机控制相连，利用在专家系统中得到的算法，对微传感器提供更好的校正和补偿。

（2）多传感器融合

多传感器融合是指多个传感器集成与融合的技术。单个传感器不可避免地存在不确定性或偶然不确定性，缺乏全面性和健状性，多个传感器融合正是解决这些问题的良方。多个传感器集成与融合最早用于美国的军事领域，如今已扩展到自动目标识别、自主车辆导航、遥感、生产过程监控、机器人、医疗等方面，已经成为新一代智能信息技术的核心基础之一。

（3）传感器网络化

传感器网络化是由传感器技术、计算机技术和通信技术相结合而发展起来的。传感器网络是由众多随机分布的、同类或异类传感器结点与网关结点构成的无线网络，具有微型化、智能化和集群化的特点，可实现目标数据和环境信息的采集和处理，可在结点与结点之间、结点与外界之间进行通信。每个传感器结点都集成了传感、处理和通信的功能，根据需要密布于目标对象的监测部位，进行分散式巡视、测量和集中管理。

当代科学技术发展的一个显著特征是，各个学科在其前沿边缘上相互渗透、相互融合，从而催生出新兴的学科或新的技术。传感器也不例外，它正在不断与其他学科的高技术相融合，孕育出新的技术，并推动着各个领域技术的进步。传感器网络化必将为信息技术的发展带来新的动力和活力，终极目标是实现物联网。

4.2 传感器的工作原理与应用

传感器在原理和结构上千差万别。传感器的工作原理不同，传感器的功能和应用领域也就不同。本节介绍典型传感器的工作原理与应用。

4.2.1 应变式传感器

应变式传感器具有悠久的历史，是应用最广泛的传感器之一。这里介绍的是金属电阻应变式传感器，这是一种电阻式传感器。金属电阻应变式传感器的基本原理是，将“被测量”的变化转换成电阻值的变化，再将电阻值的变化转变成电压的变化，就可以反映出“被测量”。基于电阻变化的传感器十分常见，这是因为许多物理量（如力、力矩、位移、形变、速度、加速度等）都会对材料的电阻产生影响。金属电阻应变式传感器的结构简单、性能稳定、灵敏度高、使用方便、测量速度快，适合于静态测量和动态测量。

1. 应变式传感器的工作原理

应变式传感器的核心元件是金属应变片，这种传感器将金属应变片粘在各种弹性敏感元件上，当弹性敏感元件在外界载荷的作用下变形时，金属应变片的电阻值将发生变化，这样就构成了金属电阻应变式传感器。金属应变片的基本构造如图4.5所示，一般由敏感栅、基片、引线、覆盖层等组成。敏感栅为金属栅，实际上是一个电阻元件，黏合在基片上，由直径为0.01～0.05mm、高电阻系数的细丝弯曲而成栅状，是感受应变的敏感部分。基片的作用是保证将构件上的应变准确地传递到敏感栅上，因此它必须很薄，一般为0.03～0.06mm。基片应有

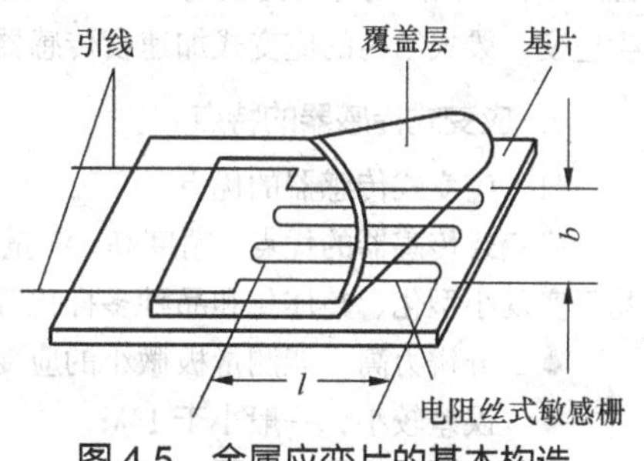

图4.5 金属应变片的基本构造

良好的绝缘性能、抗潮性能和耐热性能，基片的材料有纸、胶膜、玻璃纤维布等。覆盖层要保持敏感栅、引线的形状和相对位置。引线的作用是将敏感栅电阻元件与测量电路相连接，一般由直径为 0.1~0.2mm 的低阻镀锡铜丝制成。

在测试时，将金属应变片粘在被测试件的表面上，如图 4.6 所示。随着试件受力变形，应变片的敏感栅也获得同样的变形，使应变片敏感栅的电阻随之发生变化。再通过一定的测量电路，将电阻变化转换为电压的变化，即可测试应变量的大小。

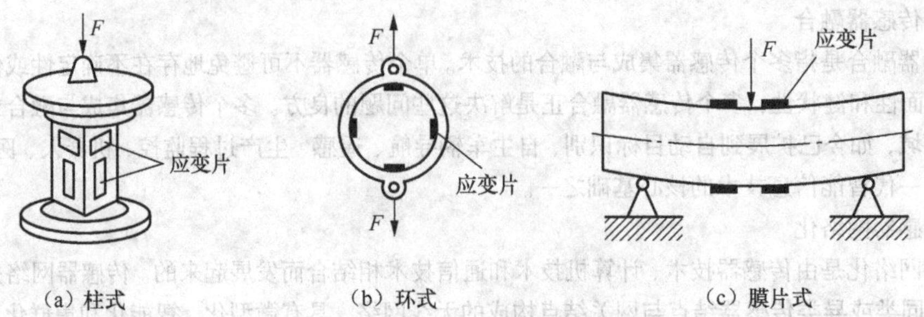

图 4.6　测量电路中的金属应变片

2. 典型的应变式传感器

常用的应变式传感器有应变式测力传感器、应变式压力传感器、应变式扭矩传感器、应变式位移传感器、应变式加速度传感器、应变式测温传感器等。下面举例说明典型的应变式传感器。

（1）应变式压力传感器

应变式压力传感器是将被测压力转换为相应电阻值变化的传感器。应变式压力传感器体积小，商品化的应变片有多种规格可供选择，而且可以灵活设计弹性敏感元件的形状，能适应各种应用场合。3 种应变式压力传感器如图 4.7 所示。

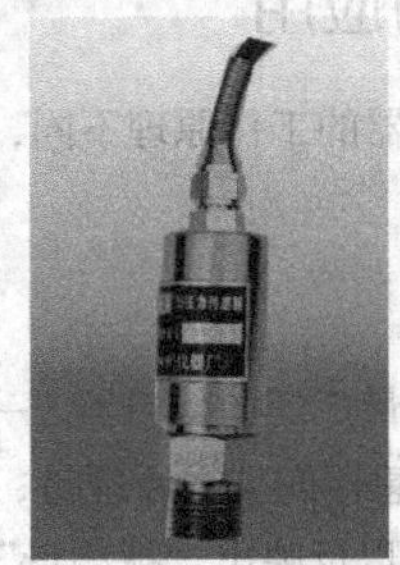
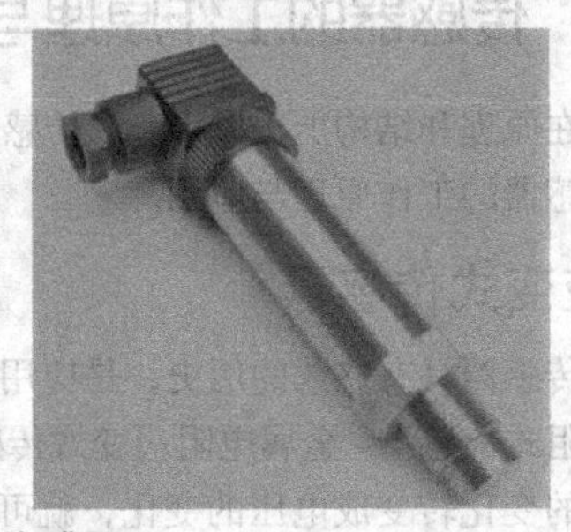

图 4.7　3 种应变式压力传感器

（2）应变式加速度传感器

物体运动的加速度与作用在它上面的力成正比，与物体的质量成反比。测量时，将传感器与被测物刚性连接，当被测物加速运动时，传感器受到一个与加速度方向相反的惯性力作用，传感器上的应变片就产生应变。梁式结构的应变式加速度传感器及其应用如图 4.8 所示。

3. 应变式传感器的特点

（1）应变式传感器的优点

应变式传感器的优点：精度高，测量范围广，寿命长，结构简单，频响特性好，能在恶劣条件下工作，易于实现小型化、整体化和品种多样化等。具体如下。

- 分辨力高，能测量极微小的应变；
- 误差较小，一般小于 1%；
- 测量范围大，从弹性变形一直可测至塑性变形；

- 既可测静态应变力，也可测快速交变应力；
- 能在各种严酷环境中工作（例如，从宇宙真空至数千个大气压的环境，从接近绝对零度低温至近1000℃高温的环境，离心加速度可达数十万个“g”的环境，在振动、磁场、放射性环境下）；
- 尺寸小，重量轻，价格低廉，品种多样，便于选择和大量使用。

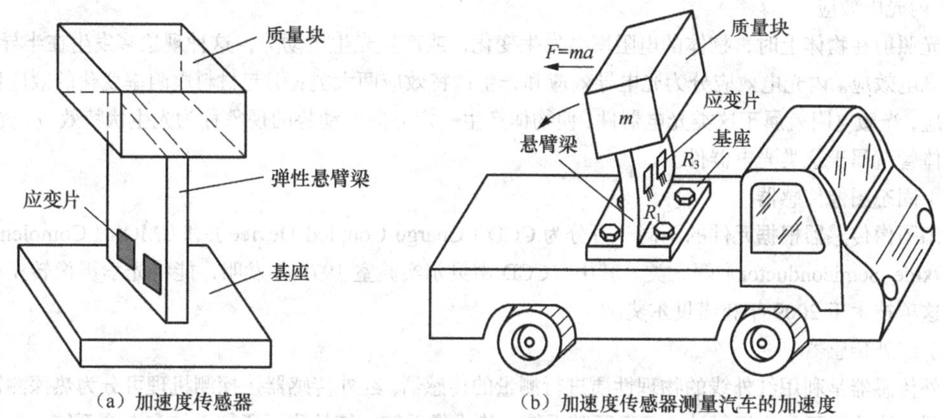

图 4.8　梁式结构的应变式加速度传感器及其应用

（2）应变式传感器的缺点

缺点：大应变有较大的非线性、输出信号较弱，这时需要采取一定的补偿措施。

4.2.2 光电式传感器

光电式传感器是以光为测量媒介、以光电器件为转换元件的传感器。近年来，各种新型光电器件不断涌现，光电式传感器已经成为传感器领域的重要角色，在非接触测量领域更是占据绝对的统治地位。由于光电测量方法灵活多样，可测参数众多，具有非接触、高精度、高可靠性、反应快等特点，使得光电式传感器在检测和控制领域获得了广泛的应用。

1. 光电式传感器的组成

光电式传感器首先把“被测量”的变化转换成光信号的变化，然后借助光电元件进一步将光信号转换成电信号。光电式传感器一般由光源、光通路、光电元件和测量电路组成，如图 4.9 所示。“被测量”引起光变化的方式和途径有两种：一种是被测量（x_1）直接引起光源的变化，引起了光源的强弱或有无；另一种是被测量（x_2）对光通路产生作用，影响了到达光电元件的光的强弱或有无。光电元件是光电式传感器的最主要部件，负责将光信号转换成电信号。测量电路主要用来对光电元件输出的电信号进行处理和放大。

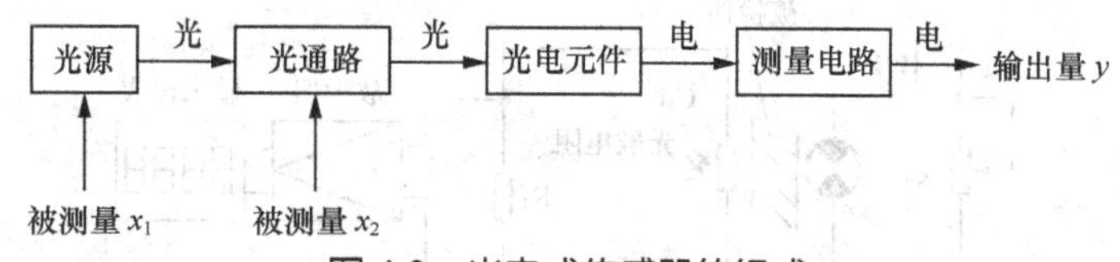

图 4.9　光电式传感器的组成

2. 光电式传感器的分类

有什么样的光电元件，就有什么样的光电式传感器，因此光电式传感器的种类繁多。

（1）光电效应传感器

光电效应是指物体吸收光能后，转换为该物体中某些电子的能量而产生的电效应。最早的光电转换元件主要是利用光电效应制成的。光电效应分为外光电效应和内光电效应，光电器件也随之分为外光电元件和内光电元件。基于光电效应的传感器称为光电效应传感器。

1）外光电效应

在光线作用下，能使电子逸出物体表面的现象称为外光电效应。著名的爱因斯坦光电效应方程描述了这一物理现象，现在的光电管、光电倍增管就属于这类光电器件。

2）内光电效应

当光照射在物体上时，物体的电阻率会发生变化，或产生光生电动势，这种现象多发生在半导体内，称为内光电效应。内光电效应分为光电导效应和光生伏特效应两大类：引起材料电阻率变化的效应称为光电导效应，光敏电阻就属于这类光电器件；使物体产生一定方向电动势的现象称为光生伏特效应，光电池、光敏晶体管就属于这类光电器件。

（2）固态图像传感器

固态图像传感器根据元件的不同，可分为 CCD（Charge Coupled Device）和 CMOS（Complementary Metal-Oxide Semiconductor）两大类。其中，CCD 由贝尔实验室 1970 年发明，能将光学影像转换成数字信号，这项技术于 2009 年获诺贝尔奖。

（3）红外传感器

红外传感器是利用红外线的物理性质进行测量的传感器。红外传感器按探测机理可分为热探测器和光子探测器；按功能可分为辐射计、搜索跟踪系统、热成像系统、红外测距通信系统和混合系统。红外传感器广泛用于现代科技、国防、工农业等领域。

（4）光纤传感器

光纤的最初研究是为了通信，光纤传感技术是伴随着光通信技术的发展而逐步形成的。光纤传感器利用“被测量”的变化调制光纤中光波的偏振、光强、相位、频率或波长，然后经过光探测器及解调，便可获得所需检测的信息。光纤传感器测量对象广泛，环境适应性好，便于成网，结构简单，成本低，灵敏度高，应用潜力和发展前景非常广阔。

3．典型的光电式传感器

光电式传感器可用于检测直接引起光量变化的非电量，如光强、光照度、辐射测温等。光电式传感器也可以用来检测能转换成光量变化的其他非电量，如零件直径、表面粗糙度、应变、位移、速度、加速度、物体形状等。下面举例说明典型的光电式传感器。

（1）光敏电阻

为了消除工业烟尘污染，首先要知道烟尘排放量，因此必须对烟尘源进行监测、自动显示和超标报警。烟道里的烟尘浊度可以通过烟道里传输的光的变化来检测，如果烟道浊度增加，光源发出的光被烟尘颗粒吸收及折射增加，到达光检测器的光就会减少，由此可以对烟尘浊度进行监测。烟尘浊度监测的工作原理如图 4.10 所示。

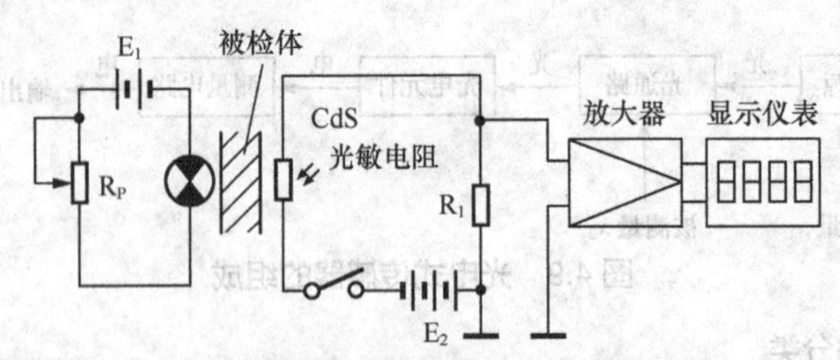

图 4.10　烟尘浊度监测的工作原理

在图 4.10 中，烟尘浊度监测采用了光敏电阻。光敏电阻是利用半导体材料的光电效应制成的，阻值随入射光线的强弱变化而变化。在黑暗条件下，阻值可达 10MΩ，在强光条件下，阻值仅有几百至数千欧姆。设计光控电路时，都用白炽灯泡光线或自然光线作为控制光源，设计十分简便。光敏电阻如图 4.11 所示。

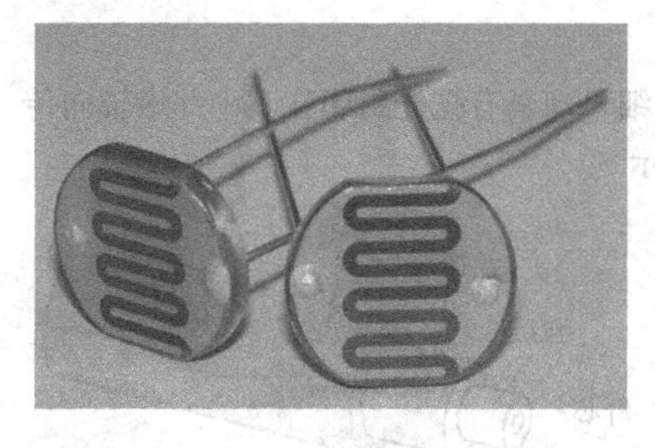

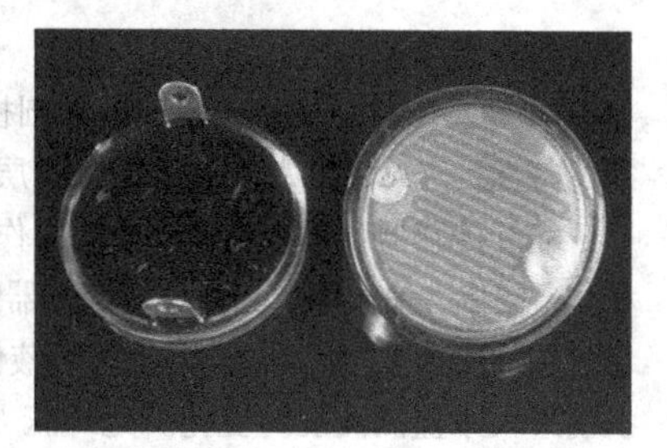

图 4.11 光敏电阻

（2）CCD 图像传感器

电荷耦合元件（Charge Coupled Device）可以称为 CCD 图像传感器，目前这项技术广泛应用在摄像机、数码相机、扫描仪、光学遥测技术、天文学等领域。CCD 是一种半导体器件，能够把光学影像转换为数字信号。CCD 上植入的微小光敏物质称作像素，一块 CCD 上包含的像素数越多，其提供的画面分辨率也就越高。CCD 图像传感器可以实现图像的获取、存储、传输、处理和复现，其显著特点是体积小、重量轻、功耗小、抗冲击、寿命长、灵敏度高、噪声低、动态范围大、响应速度快，可应用于超大规模集成电路工艺技术生产，商品化生产成本低。CCD 图像传感器如图 4.12 所示。

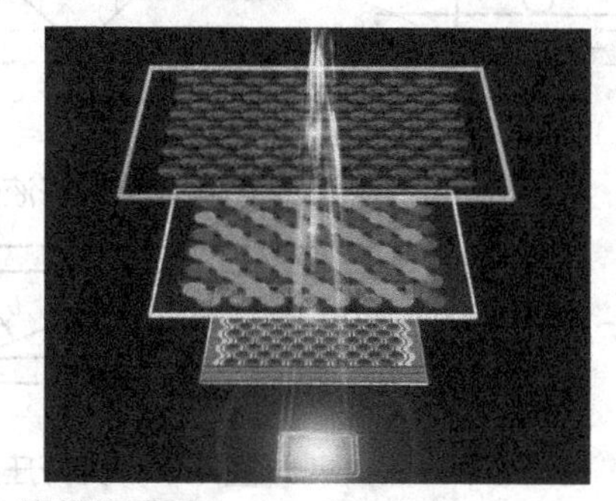

图 4.12 CCD 图像传感器

（3）红外探测器

红外光具有热效应，基于热效应的探测机理可以构成红外探测器。红外探测器可用于辐射计、搜索跟踪系统、热成像系统等。红外辐射计用于辐射和光谱的测量，可测量火焰的温度，可通过探测人体发出的红外线自动报警，可通过对红外线的选择性吸收进行气体浓度分析。红外搜索跟踪系统的典型应用是响尾蛇导弹，美国的响尾蛇导弹是全世界第一种空对空导弹。红外热成像系统可探测目标物体的红外辐射，利用目标和背景之间的红外辐射差，可以得到不同的红外图像，如图 4.13 所示。

（a）配备红外热成像传感器的枪

（b）房子的热图像和可见光图像

图 4.13 红外探测器的应用

（4）光纤传感器

光纤是工作在光波波段的一种圆柱形结构，虽然比头发丝还细，却具有把光封闭在其中并沿轴向传播的特性。光纤由纤芯、包层、涂覆层和护套构成，如图 4.14 所示。

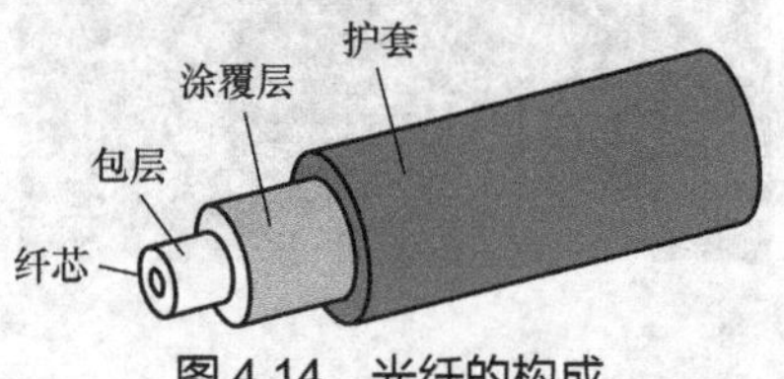

图 4.14　光纤的构成

光纤传感器利用光纤在外界因素作用下的光学特性（光强、相位、频率、偏振等）变化实现传感器的功能。光纤液位传感器示意图如图 4.15 所示，当光纤接触液体时，利用液体比空气的折射率大来监测液位的变化。光纤压力传感器示意图如图 4.16 所示，当光纤弯曲时，在纤芯中传输的光有一部分散射到包层中，以此实现对力、位移、压强等的测量。

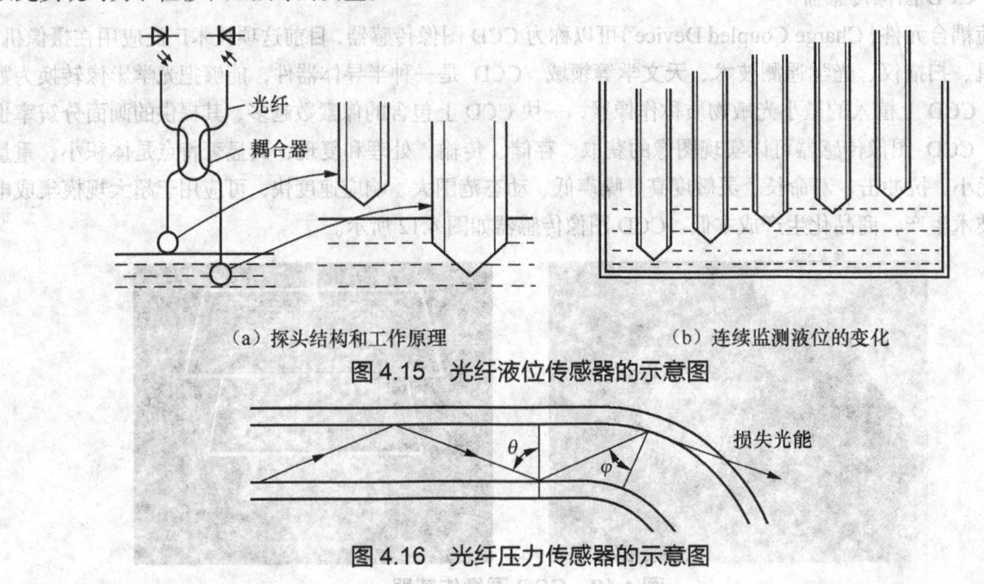

（a）探头结构和工作原理　　（b）连续监测液位的变化

图 4.15　光纤液位传感器的示意图

图 4.16　光纤压力传感器的示意图

4．光电式传感器的优点

（1）可实现非接触的检测

无须机械性地接触，即可以实现物体的检测，不会对被检测的物体和传感器造成损伤。检测距离可以达到 10m 以上，这是其他传感器不易达到的。

（2）对检测物体的限制少

由于以检测物体引起的遮光和反射为检测原理，所以可对玻璃、塑料、木材、液体、金属等几乎所有物体进行检测。

（3）响应时间短

光传输为高速传输，并且传感器的电路都是由电子器件构成的，响应时间非常短。

（4）分辨率高

通过设计能使投光光束集中在一个小光点，或通过构成特殊的受光光学系统来实现高分辨率，可以进行微小物体的检测和高精度的位置检测。

（5）可实现颜色判别

根据被投光的光线波长和被检测物体的颜色组合的不同，光的反射率和吸收率有所差异。利用这种性质，可以检测物体的颜色。

（6）便于调整

在光的投射类型中，投光光束是眼睛可见的，便于对检测物体的位置进行调整。

4.2.3 超声波传感器

超声波是一种振动频率高于声波的机械波，具有频率高、波长短、绕射现象小、方向性好、能够定向传播等特点。超声波传感器是利用超声波的特性研制而成的传感器，对液体、固体的穿透本领很大，在不透明的固体中尤其适用，可穿透几十米。超声波碰到杂质或分界面会产生显著的反射，碰到活动物体能产生多普勒效应，因此超声波传感器广泛应用在工业、国防、生物医学等多个领域。

1. 超声波传感器的工作原理

声音是由物体振动产生的。人们能听到的声音频率在20Hz ~ 20kHz范围内，超过20kHz称为超声波，低于20Hz称为次声波。常用的超声波频率为几十kHz至几十MHz。

超声波是一种在弹性介质中的机械振荡，有横向振荡（横波）及纵向振荡（纵波）两种形式，在工业应用中主要采用纵向振荡。超声波可以在气体、液体及固体中传播，传播中也有折射和反射现象，并在传播过程中有衰减。超声波在空气中衰减较快，而在液体及固体中的衰减较小、传播较远。利用超声波的上述特性，可以做成各种超声传感器，超声波传感器的工作原理如图4.17所示。

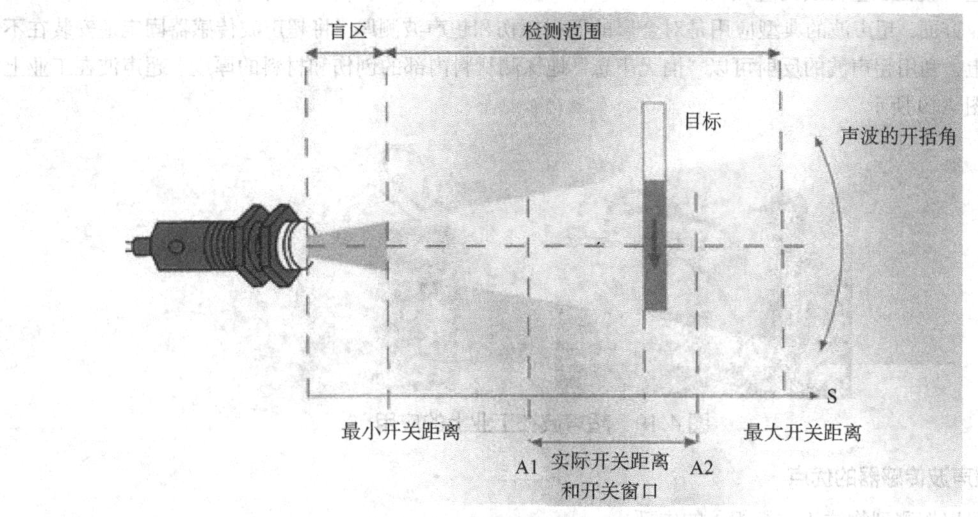

图4.17 超声波传感器的工作原理

超声波传感器由发送传感器、接收传感器、控制部分和电源部分组成。发送传感器由发送器及换能器组成，其中换能器的作用是将陶瓷振子的电振动能量转换成超声波能量向空中辐射。接收传感器由换能器与放大电路组成，其中换能器接收超声波的机械振动，并将其变换成电能量。控制部分主要对发送器发出的脉冲频率、占空比、稀疏调制、计数及探测距离等进行控制。超声波传感器的电源一般可用DC12V或DC24V等。

2. 典型的超声波传感器

超声波应用有3种基本类型：透射型主要应用于遥控器、防盗报警器、自动门等方面；分离式反射型主要用于测距、测液位等方面；反射型主要用于材料探伤、测厚等方面。超声波传感器现已广泛应用于工业、国防、生物医学等多个领域。

（1）超声波在医学上的应用

超声波传感技术在医学方面的应用是其最主要的应用之一。超声波在医学上的应用主要是诊断疾病，它已经成为临床医学中不可缺少的诊断方法。超声波诊断最有代表性的方法是利用超声波的反射，当超声波在人体组织中遇到两层不同的介质界面时，就会产生反射回声。每遇到一个反射面时，就会在示波器的屏幕上显示出回声，这些部位就可能产生了病变。超声波在医学上的应用如图 4.18 所示。超声波诊断的优点是显像清晰，诊断准确率高，受检者无痛苦、无损害。

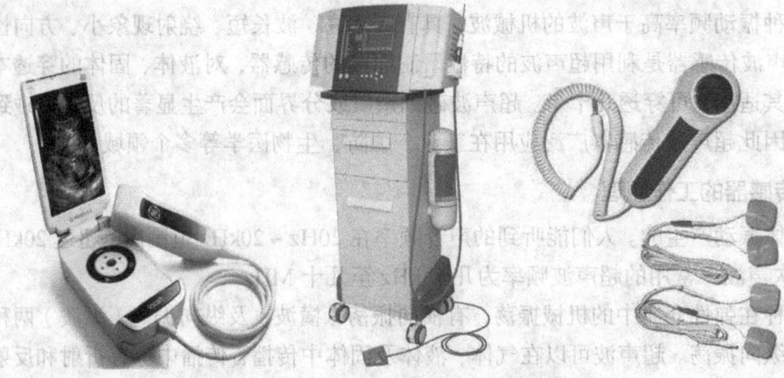

图 4.18　超声波在医学上的应用

（2）超声波在工业方面的应用

在工业方面，超声波的典型应用是对金属的无损探伤和超声波测厚。将超声波传感器固定地安装在不同的装置上，利用超声波的反射可以“悄无声息”地探测材料内部的创伤和材料的厚度。超声波在工业上的应用如图 4.19 所示。

图 4.19　超声波在工业上的应用

3. 超声波传感器的优点

（1）可以探测到物体（或组织）的内部

过去许多技术因为无法探测到物体或组织的内部而使应用受阻，超声波传感技术的出现改变了这种状况。以医疗为例，超声波可以检查人体的健康情况，对受检者无任何伤害。

（2）探测深度大

超声波对液体、固体的穿透本领很大，尤其是在固体中，可穿透达几十米。

（3）探测范围广

超声波传感器对透明或有色物体，金属或非金属物体，固体、液体、粉状物质均能检测。

（4）能工作在各种环境

超声波传感器的检测性能几乎不受任何环境条件的影响。超声波传感器不怕电磁干扰，不怕烟尘环境和雨天，不怕酸碱等强腐蚀性液体，性能稳定、可靠性高、寿命长。

（5）无接触探测

超声波传感器利用声波介质对被检测物进行探测，是非接触式无磨损的检测。

（6）测量速度快

超声波传感器的响应时间短，可以方便地实现无滞后的实时测量。

4.2.4　半导体传感器

半导体传感器（Semiconductor Transducer）是利用半导体材料的各种特性制成的传感器。半导体传感器利用了近百种效应和材料特性，种类繁多。半导体传感器所采用的半导体材料多数是硅以及化合物，优点是灵敏度高、响应速度快、体积小、重量轻，便于集成化、智能化，能使检测与转换一体化。

1. 半导体传感器的工作原理

半导体传感器按输入信息分为物理敏感半导体传感器、化学敏感半导体传感器和生物敏感半导体传感器。物理敏感半导体传感器是将物理量转换成电信号的器件，按敏感对象分为光敏、热敏、力敏、磁敏等不同的类型。化学敏感半导体传感器是将化学量转换成电信号的器件，按敏感对象分为对气体、湿度、离子等敏感的类型，利用的化学效应有氧化还原反应、光化学反应、离子交换反应、催化反应、电化学反应等。生物敏感半导体传感器是将生物量转换成电信号的器件，其往往利用了膜的选择作用、酶的生化反应和免疫反应，通过测量反应生成物或消耗物的数量达到检测的目的。

2. 典型的半导体传感器

（1）半导体压力传感器

对半导体材料施加一定的载荷而产生应力时，它的电阻率会发生变化，这种物理现象称为半导体的压阻效应。压阻式传感器是基于半导体材料的压阻效应而构成的。半导体材料的压阻效应显著，半导体应变片比金属应变片的灵敏系数大得多。半导体应变片如图 4.20 所示。半导体压力传感器如图 4.21 所示。

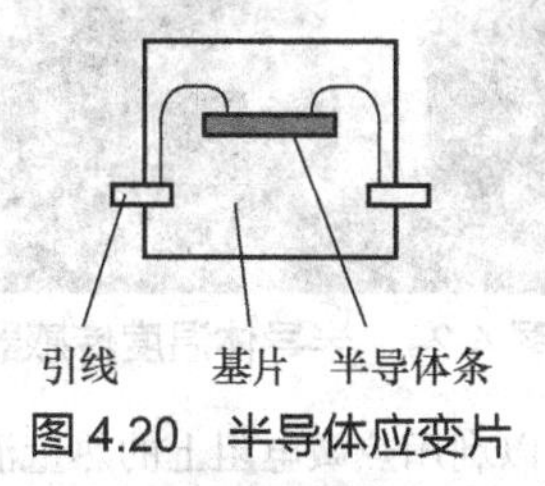

图 4.20 半导体应变片

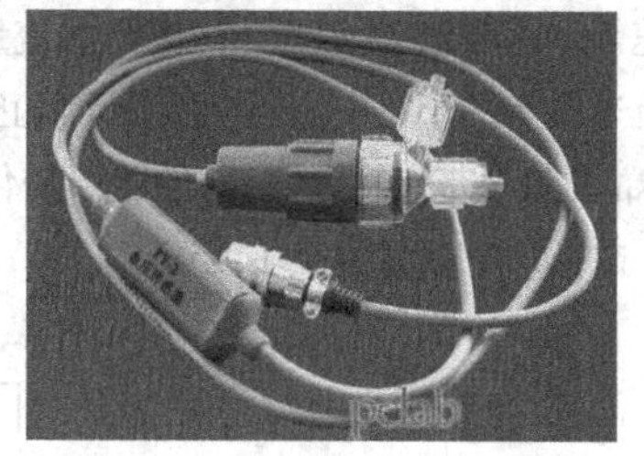

图 4.21 半导体压力传感器

压阻式压力传感器广泛应用于流体压力、差压、液位的测量，如图 4.22 所示，在半导体应变片的上部是低压腔（通常与大气相通），下部是与被测系统相连的高压腔，在被测压力 p_2 的作用下，半导体应变片产生应力和应变，半导体应变片的电阻值也发生相应的变化。压阻式压力传感器还可以微型化，已有直径为 0.8mm 的压力传感器，在生物医学上可以测量血管内压、颅内压等。

（2）半导体温度传感器

半导体温度传感器是用来测量环境温度的传感器。半导体温度传感器分为接触型和非接触型两大类，其中接触型又分为热敏电阻与 PN 结型温度传感器。半导体载流子的浓度与温度有关，当温度变化时，半导体感温器件的电阻会发生较大的变化，这种器件称为热敏电阻，最常见的热敏电阻是由金属氧化物半导体材料制成的。PN 结型温度传感器是一种利用半导体二极管、三极管的特性与温度的依赖关系制成的温度传感器。非接触型温度传感器可检出被测物体发射的电磁波能量。

热敏电阻是一种用半导体材料制成的感温元件，其灵敏度比金属热电阻高得多，而且体积可以做得很小，特别适于−100℃～300℃之间测温。热敏电阻主要由电阻体、壳体和引线构成，如图 4.23 所示。半导体温度传感器如图 4.24 所示。

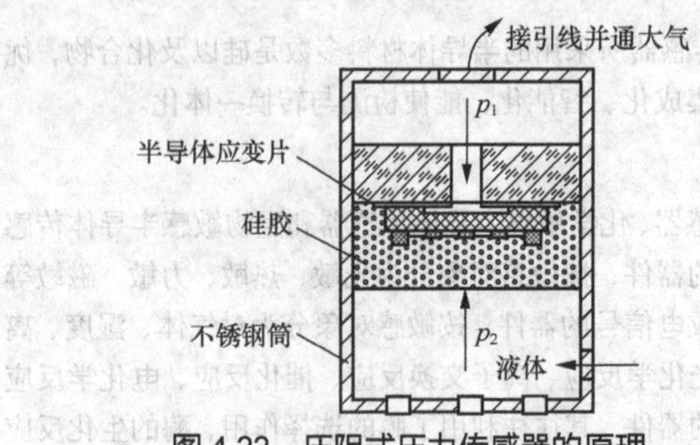

图 4.22　压阻式压力传感器的原理

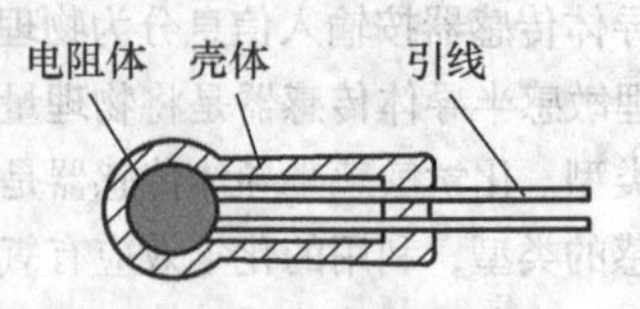

图 4.23　热敏电阻

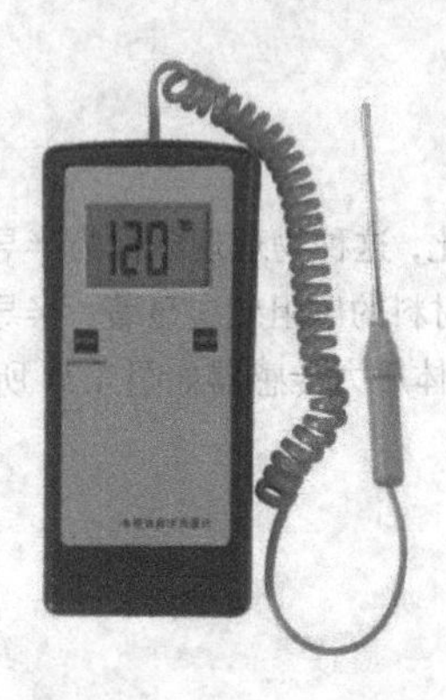
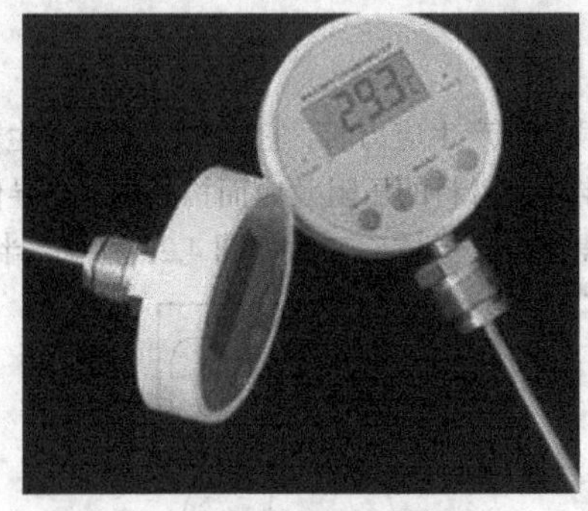

图 4.24　半导体温度传感器

热敏电阻不仅可以测量温度，还可以利用热敏电阻上的热量消耗和介质流速的关系测量流量、流速、风速等。图 4.25 所示为热敏电阻式流量计的电路原理图，热敏电阻 R_{t1} 和 R_{t2} 分别置于管道中央和不受介质流速影响的小室中。当介质处于静止状态时，R_{t1} 和 R_{t2} 的电阻值相等，电桥输出为 0；当介质流动时，将 R_{t1} 的热量带走，致使 R_{t1} 的阻值变化，电桥有输出。介质从 R_{t1} 上带走的热量与介质的流量（流速）有关，故可用它测量流量（流速）。

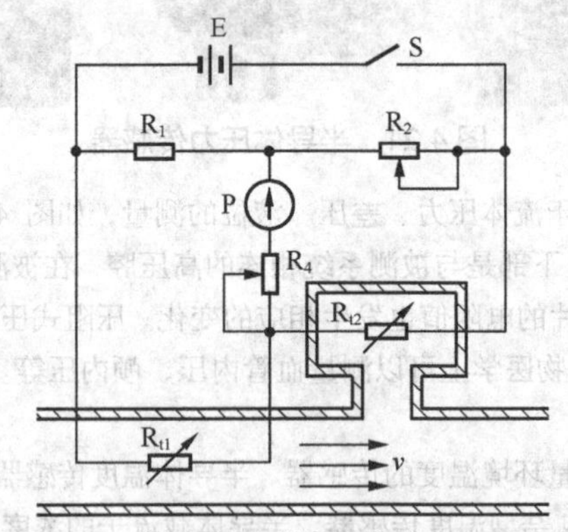

图 4.25　热敏电阻式流量计的电路原理图

（3）半导体气敏传感器

气敏传感器涉及化学物质的检测原理，即涉及敏感材料和被检测气体的相互作用。半导体气敏传感器是用来测量气体的类别、浓度和成分的传感器，主要用于可燃气体防爆报警器、有毒气体监测器、气体浓度定量监测器等，在防灾、环境保护、节能、工程管理、自动控制等方面有广泛的应用。

半导体气敏传感器分为电阻式与非电阻式两种类型。电阻式采用金属氧化物材料制备，有多孔烧结件、厚膜、薄膜等形式，其中薄膜型气敏器件的结构如图 4.26 所示。这类传感器利用气体在半导体表面的氧化还原反应，可检测甲烷、丙烷、氢、一氧化碳等还原性气体以及氧、二氧化氮等氧化性气体。非电阻式气体传感器利用气体吸附和反应时引起的功函数变化检测气体，可分为 MOS 二极管型传感器和 MOS FET 型传感器等。半导体气敏传感器如图 4.27 所示。

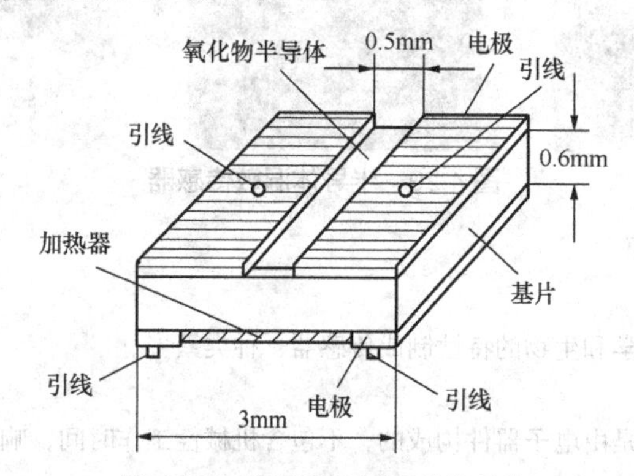

图 4.26　薄膜型气敏器件的结构

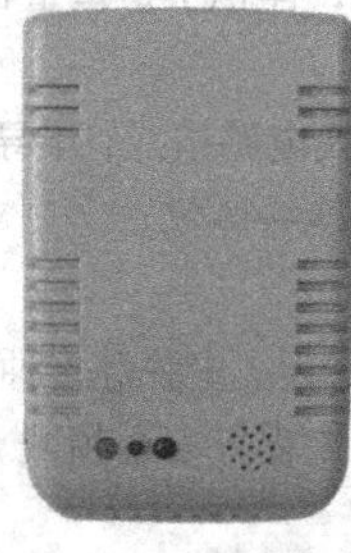
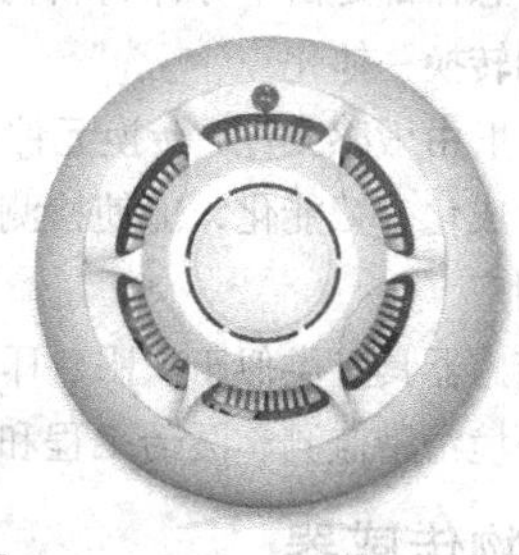

图 4.27　半导体气敏传感器

（4）半导体湿敏传感器

湿度是指大气中水蒸气的含量，通常采用绝对湿度和相对湿度两种方法来表示。利用水分子易于吸附在固体表面并渗透到固体内部的特性，可以制成湿敏传感器。

半导体陶瓷湿敏传感器通常是用两种以上的金属氧化物半导体材料混合烧结而成的多孔陶瓷，其电阻率随湿度的变化而变化，能连续、稳定地测量湿度。由铬酸镁—二氧化钛（$MgCr_2O_4$-TiO_2）组成的多孔性半导体陶瓷是性能较好的湿敏材料，其结构如图 4.28 所示。半导体湿敏传感器如图 4.29 所示。

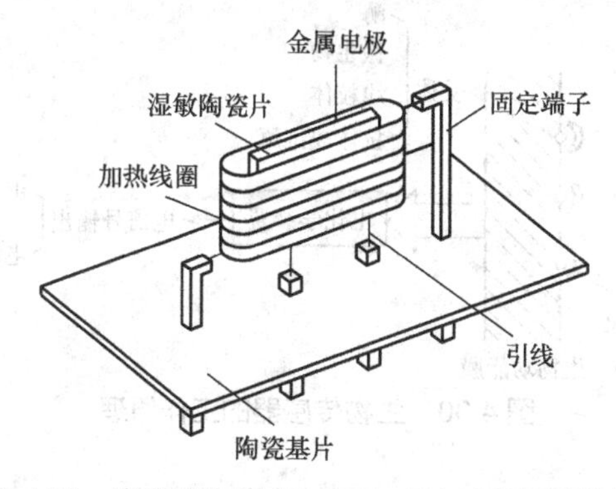

图 4.28　半导体陶瓷 $MgCr_2O_4$-TiO_2 湿敏元件结构

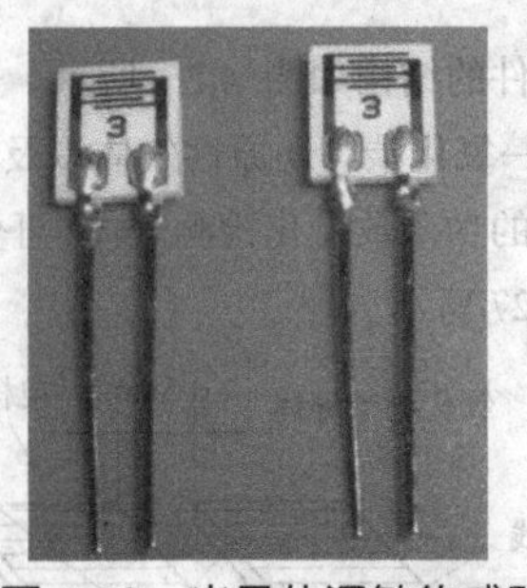

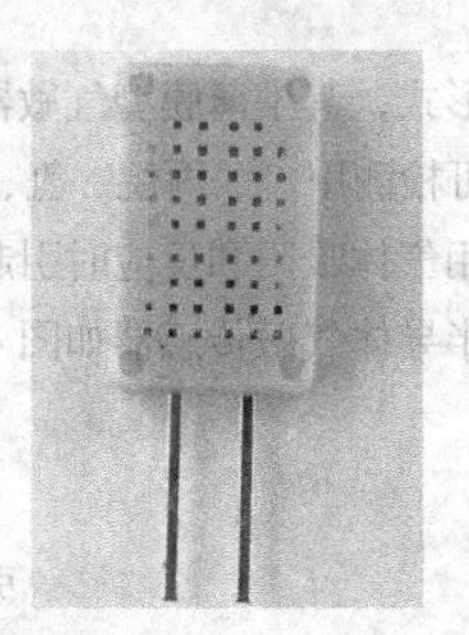

图 4.29　半导体湿敏传感器

3．半导体传感器的优点

（1）种类繁多

可以利用各种物理、化学和生物的特性制成传感器，种类繁多。

（2）响应时间短

半导体传感器的电路都是由电子器件构成的，不包含机械性工作时间，响应时间非常短。

（3）体积小、重量轻

半导体传感器都是由半导体材料构成的，体积小、重量轻。

（4）检测转换一体化

传感器一般由敏感元件、转换元件和转换电路组成，半导体传感器基本是将敏感元件和转换元件合二为一，便于集成化、智能化，能使检测、转换一体化。

（5）应用广

半导体传感器具有类似于人眼、耳、鼻、舌、皮肤等多种感觉的功能，广泛应用于工业自动化、遥测、家用电器、环境污染监测、医药工程和生物工程等多个领域。

4.2.5　生物传感器

用固定化生物成分或生物体作为敏感元件的传感器称为生物传感器（Biosensor），生物传感器对酶、抗体、抗原、微生物、细胞、组织、核酸等敏感。

1．生物传感器的工作原理

生物传感器的工作原理如图 4.30 所示，在生物功能膜上（或膜中）附着有生物传感器的敏感物质。被测量溶液中待测定的物质经扩散进入生物敏感膜层，有选择地吸附于敏感物质上，形成复合体，产生分子识别或生物学反应。这种变化所产生的信息可通过相应的化学或物理原理转换成电信号输出。

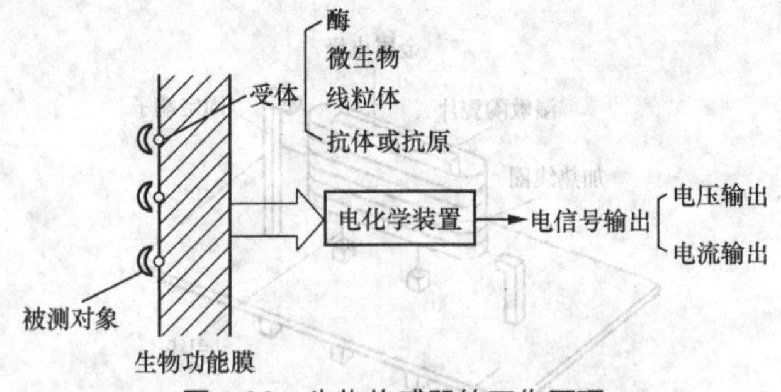

图 4.30　生物传感器的工作原理

2．典型的生物传感器

生物传感器由分子识别部分（敏感物质）和转换部分（换能器）构成。分子识别部分是生物传感器选择性测定的基础，在生物体中能够分辨特定物质的有酶、抗体、组织、细胞等。换能器把生物活性表达的信号转换为电信号。人们应根据敏感元件所引起的化学变化或物理变化选择换能器。生物传感器根据换能器可分为生物电极传感器、半导体生物传感器、光生物传感器、热生物传感器、压电晶体生物传感器等。生物传感器如图 4.31 所示。

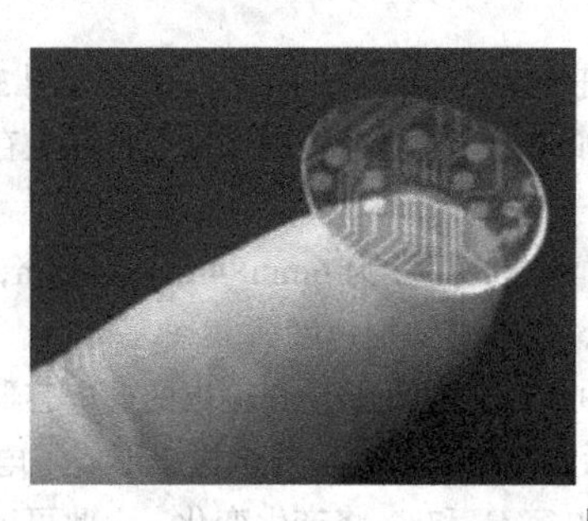
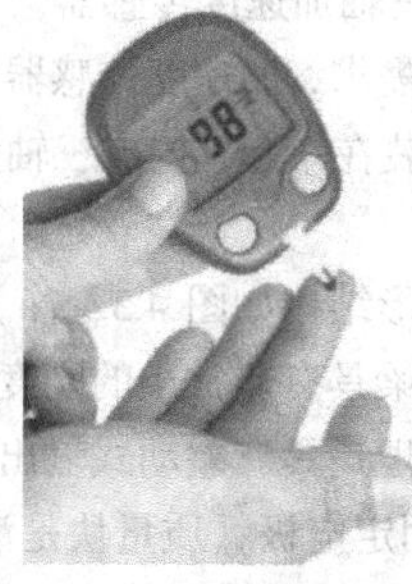

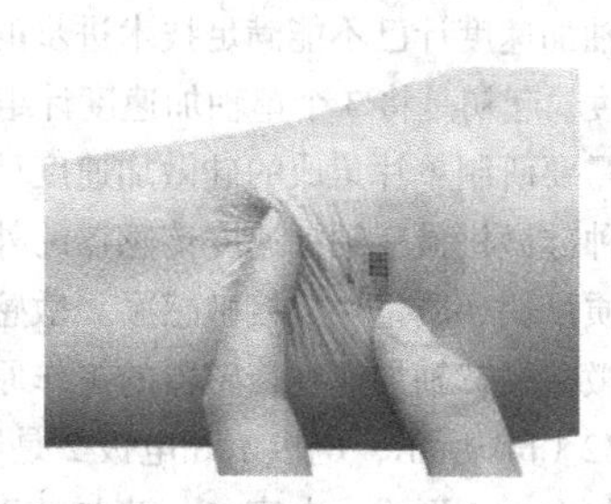

图 4.31 生物传感器

1967 年，S.J.乌普迪克等研制出了第一个生物传感器——葡萄糖传感器。到目前为止，生物传感器大约经历了 3 个发展阶段。在第一个阶段，生物传感器是由固定了生物成分的非活性基质膜和电化学电极组成，如葡萄糖氧化酶固定化膜和氧电极组装在一起构成的葡萄糖传感器。在第二个阶段，生物传感器是将生物成分直接吸附到转换器表面，无须非活性的基质膜。在第三个阶段，生物传感器是将生物成分直接固定在电子元件上，把生物感知和信号转换处理结合在一起。生物传感器目前仍处于开发阶段，现实生活中对生物传感器的需求十分迫切。

3. 生物传感器的特点

生物传感器是由生物、化学、物理、医学、电子技术等多种学科互相渗透成长起来的高新技术，因其具有选择性好、灵敏度高、分析速度快、成本低、可在复杂的体系中在线连续监测等特点，在近几十年获得蓬勃而迅速的发展。

生物传感器在制药、临床检验、生物医学、食品、化工、环境监测等方面有广泛的应用前景。生物传感器具有微型化与集成化的特点，特别是分子生物学与微电子学、光电子学、微细加工技术及纳米技术等新学科、新技术结合，正改变着传统医学、环境科学、动植物学的面貌，其研究开发已成为世界科技发展的新热点。

4.2.6 传感器集成化、智能化和网络化

传感器技术一个里程碑式的发展是 20 世纪 60 年代出现的硅传感器技术。硅传感器结合了硅材料优良的机械性能和电学性能，其制造工艺与微电子集成工艺相容，使传感器技术开始向微型化、集成化、智能化和网络化的方向迅速发展。

1. 传感器集成化

以硅传感器为主的微机电系统（Micro-Electro-Mechanical Systems，MEMS）近 20 年来的发展非常迅速。MEMS 是由微传感器、微执行器、信号处理和控制电路、通信接口和电源等部件组成的一体化的微型器件系统。由 MEMS 技术制作的微传感器采用与集成电路类似的生成技术，尺寸非常小，典型尺寸在μm级。MEMS 涉及微电子、材料、力学、化学、机械学、光学、医学、生物工程等诸多学科，是典型的多学科交叉的研究领域。

（1）微传感器的材料

微传感器敏感结构采用的材料首先是硅。硅是用来制造集成电路的主要材料，在电子工业中已经有许多“硅制造极小结构”的经验，同时硅也是传感器使用的主要敏感材料。微传感器采用的硅材料包括单晶硅、多晶硅、非晶硅、硅-蓝宝石、碳化硅等。

（2）微传感器的加工工艺

微传感器的微细加工尺寸一般在μm 以下，传统的机械加工将无能为力。微传感器微细加工技术的核

心是制成层与层之间差别较大的微小的三维敏感结构。微传感器的加工工艺是在硅集成电路工艺基础上发展起来的，加工工艺主要有光刻技术、蚀刻技术、薄膜技术、键合技术、半导体掺杂和 LIGA（光刻、电铸和注塑）技术等，能批量生产微型传感器。

（3）集成传感器实例 1——硅微机械三轴加速度传感器

单轴加速度计已不能满足技术进步的需求，加速度传感器正朝着多轴的方向发展，用来检测 3 个方向的加速度。起初是将 3 个单轴加速度计组装在一起，构成三轴加速度计，但组装的结构在性能上存在许多缺陷，需要研制单片集成的硅微加速度计。

一种硅微机械三轴加速度传感器的外形结构如图 4.32（a）所示，尺寸为 6mm×4mm×1.4mm，它有 4 个敏感质量块，质量块连接敏感梁。敏感梁具有非常小的刚度，能够感知加速度。

硅微机械三轴加速度传感器的工作原理是具有差动式输出的硅电容器。差动式输出的硅电容器原理图如图 4.32（b）所示，电极 1 和电极 2 是固定电极，质量块是活动电极。质量块与电极 1 形成了电容 C_1，质量块与电极 2 形成了电容 C_2。当加速度使质量块产生位移，电容 C_1 和 C_2 将产生变化，由此可以解算出被测加速度。将质量块、检测电路制作在一块硅片上，就构成了差动式硅电容式集成电容传感器。

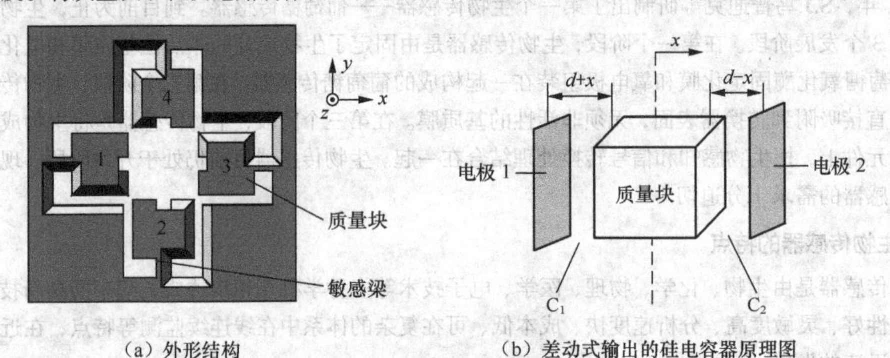

（a）外形结构　　（b）差动式输出的硅电容器原理图

图 4.32　硅微机械三轴加速度传感器外形结构及原理图

（4）集成传感器实例 2——硅电容式微机械陀螺

陀螺是一种测量角度或角速度的仪器。传统的陀螺体积大、价格高；以 MEMS 技术为基础的微机械陀螺体积小、价格低、易于批量生产，越来越受到人们的重视。

一种硅电容式微机械陀螺的结构示意图如图 4.33 所示，它的平面外轮廓尺寸为 1mm×1mm，厚度为 2μm。它利用一种对称结构将敏感质量块（Proof Mass）支撑在连接梁上，通过支撑梁与驱动电极（Drive）和敏感电极（Sense）连接在一起。

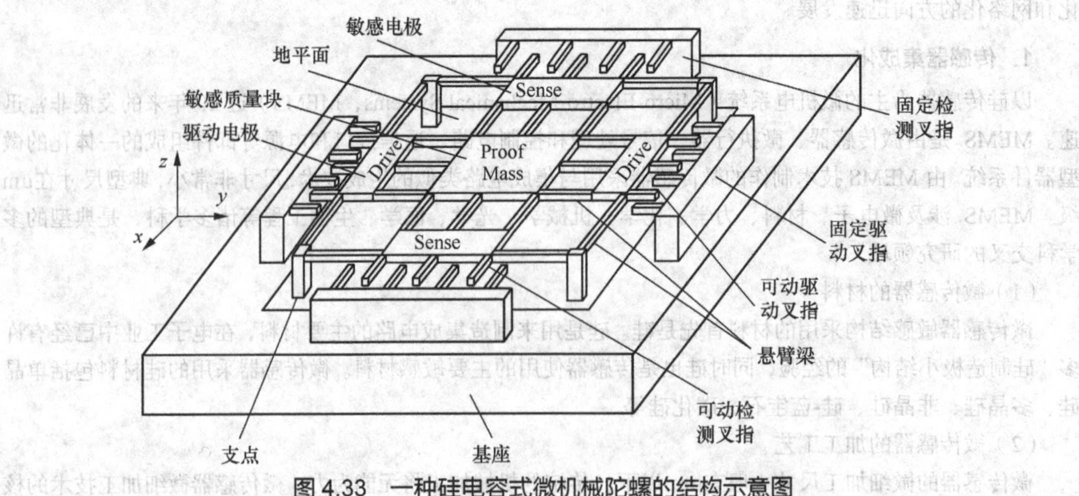

图 4.33　一种硅电容式微机械陀螺的结构示意图

微机械陀螺的工作原理基于柯氏效应，利用柯氏力进行能量的传递，将谐振器的一种振动模式激励到另一种振动模式，后一种振动模式的振幅与输入角速度的大小成正比，通过测量后，一种振动的振幅可实现对角速度的测量。工作时，在敏感质量块上施加直流偏置电压，在可动检测叉指和固定驱动叉指之间施加适当的交流激励电压，从而使敏感质量块产生沿 y 轴方向的固有振动。当陀螺感受到绕 z 轴的角速度时，由于柯氏效应，敏感质量块将产生沿 x 轴方向的附加振动，敏感电极通过测量附加振动的幅值，就可以得到被测的角速度。

2. 传感器智能化

智能传感器（Intelligent Sensor 或 Smart Sensor）不仅仅是一个简单的传感器，它带有微处理器，具有采集、处理和交换信息的能力，是集成化传感器与微处理器相结合的产物。

（1）智能传感器的功能

- 具有复合敏感功能，能够较全面地反映物质运动的规律。例如，美国加利福尼亚大学研制的复合液体传感器，可同时测量介质的温度、流速、压力和密度。
- 能够完成信号探测、变换处理、逻辑判断、功能计算和双向通信。
- 内部可实现自检、自校、自补偿、自诊断等部分功能或全部功能。

（2）智能传感器的特点

- 集成化。大规模集成电路的发展，使敏感元件、信号处理器和微控制器都集成到同一芯片上，成为集成智能传感器。
- 微机械加工技术。智能传感器的制造基础是微机械加工技术，再采用不同的封装技术，近几年又发展了一种 LIGA 工艺用于制造传感器。
- 软件。智能传感器对硬件性能的苛刻要求有所减轻，而靠软件大幅度提高性能。智能传感器一般具有很强的实时性，动态测量可在几微秒内完成数据的采集、计算、处理和输出。智能传感器的一系列功能都是在程序支持下进行的，这些软件包括标度换算、数字调零、非线性补偿、温度补偿、数字滤波技术等。
- 人工智能材料的应用。人工智能材料是继天然材料、人造材料和精细材料之后的第四代功能材料，它有 3 个基本特征：能感知条件环境的变化（传感器功能）；进行自我判断（处理器功能）；发出指令或自行采取行动（执行器功能）。生物体是典型的人工智能材料。

（3）智能传感器的构成

智能传感器是一个典型的以微处理器为核心的检测系统，如图 4.34 所示。集成化智能传感器是采用微机械加工技术和大规模集成电路工艺，利用硅作为基本材料制作敏感元件、信号调理电路和微处理器单元，并将它们集成在一块芯片上。

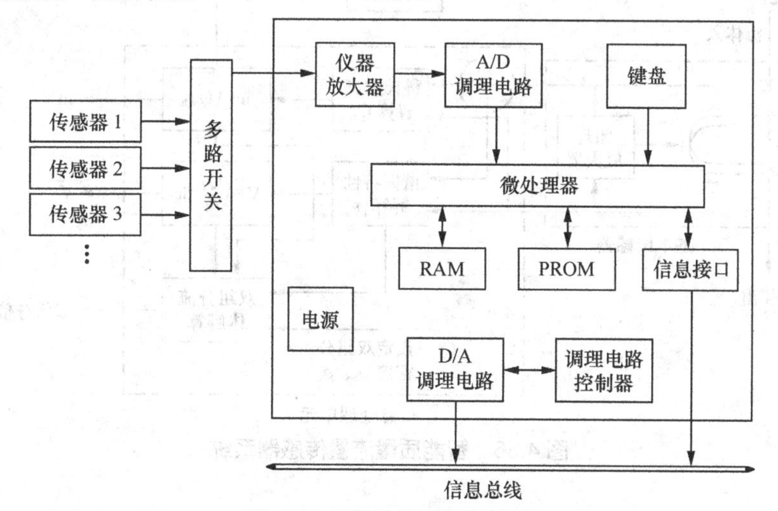

图 4.34　智能传感器的构成

（4）智能传感器实例——微机械柯氏质量流量传感器及其智能系统

一种基于柯氏效应的微机械质量流量传感器如图 4.35 所示，其中图 4.35（a）所示为三维视图，图 4.35（b）所示为 AA′ 的横截面图。该传感器的基本结构包括一个 U 形微管和玻璃基片，U 形微管的根部与玻璃基片键合在一起。当 U 形微管内流过质量流量时，由于柯氏效应，U 形微管产生关于中心对称轴的一阶扭转“副振动”，该“副振动”与流过的质量流量（kg/s）成比例，通过检测 U 形微管的“合成振动”，就可以得到流体的质量流量。

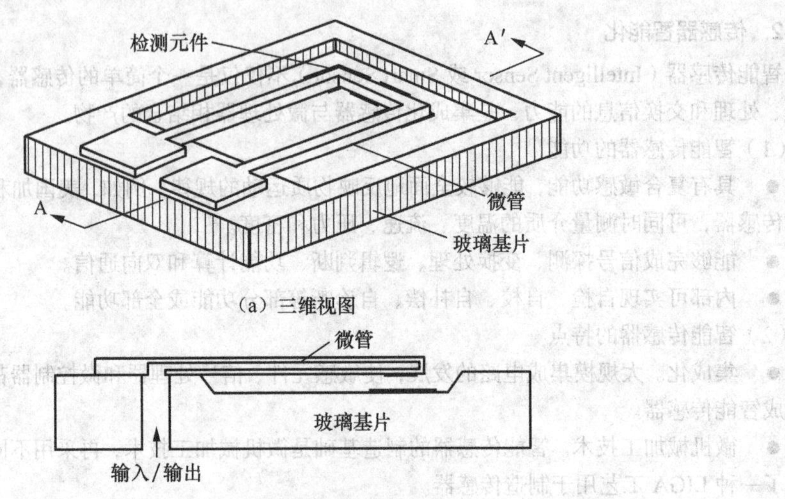

图 4.35　基于柯氏效应的微机械质量流量传感器

智能质量流量传感器系统如图 4.36 所示。在流体的测量过程中，实时性要求越来越高，智能质量流量传感器系统以一定的解算模型对测量过程进行动态校正，从而提高了测量过程的实时性。在图 4.36 中，基于系统同时直接测得的流体的质量流量和密度，就可以实现对流体体积流量的同步解算；基于系统同时直接测得的流体的质量流量和体积流量，就可以实现对流体质量数和体积数的累计计算，从而实现批量控制罐装的功能；基于直接测得的流体的密度，就可以实现对两组分流体（如油和水）各自质量流量、体积流量的测量，这在原油生产中有十分重要的价值。

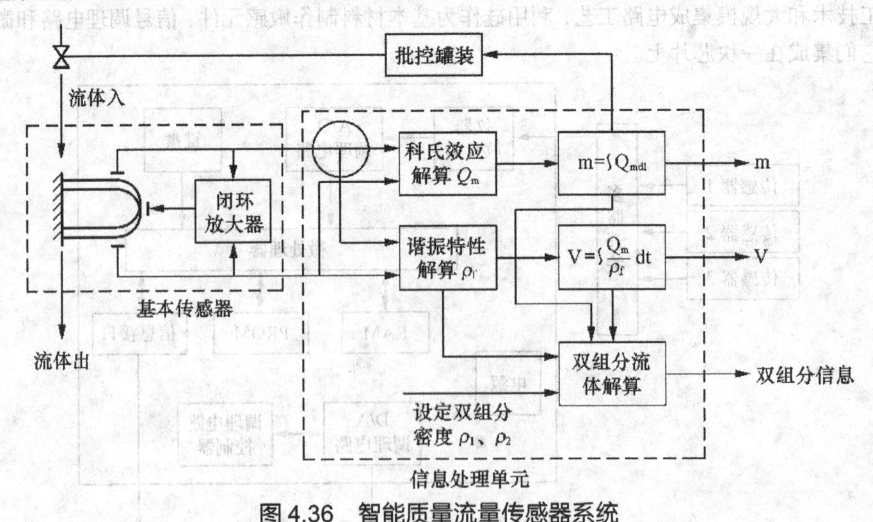

图 4.36　智能质量流量传感器系统

3. 传感器网络化

单独的传感器数据采集已经不能适应现代技术的发展，取而代之的是由分布式数据采集系统组成的传感器网络。传感器网络是由一组传感器以一定方式构成的网络，其目的是协作地感知、采集和处理网络覆盖区域中感知对象的信息。现在信息技术正朝着物联网的方向发展，传感器网络化是传感器发展的必由之路，也是网络向物体信息延伸的必由之路。

（1）传感器网络的发展历史

网络传感器的发展方向是从有线形式发展到无线形式；从现场总线形式发展到无线传感器网络形式；最终融入互联网，形成物联网。

- 第一代传感器网络是由传统的传感器组成的测控系统。其出现在20世纪70年代，采用点对点传输的接口规范。这种系统曾经在测控领域广泛应用，现在已逐渐淡出市场。
- 第二代传感器网络是基于智能传感器的测控网络。到20世纪80年代，微处理器的发展与传感器的结合，使传感器具有了计算能力，同时数据通信标准RS-232、RS-422、RS-485等也开始采用。但是，智能传感器与控制设备之间仍然采用传统的模拟电压或电流信号进行通信，没有从根本上解决布线复杂和抗干扰差的问题。
- 第三代传感器网络是基于现场总线的智能传感器网络。20世纪80年代末到90年代初，现场总线技术推出，将智能传感器的通信技术提升到一个新的阶段。现场总线利用数字通信代替了传统的模拟信号，是连接智能化现场设备和主控系统的全数字、开放式、双向通信网络。现场总线的种类较多，比较成功的例子有CAN、Lonworks、Profibus、HART、FF等，它们各有特点、各有不同领域的应用价值。但是，现场总线控制系统可认为是一个局部控制网络，只实现了某种现场总线的通信协议，还没有实现真正意义上的网络通信协议，也即还没有让智能传感器直接与计算机网络进行数据通信。
- 第四代传感器网络是无线传感器网络。无线传感器网络的基本组成单位是结点，这些结点集成了传感器、微处理器、无线接口和电源，以自组织和多跳的方式构成无线网络。无线传感器网络作为一种新型的网络技术，可以在任何时间和地点获取信息。

（2）智能微尘

智能微尘（Smart Dust）能构成无线传感器网络。在微机电加工技术、自组织网络技术、低功耗通信技术和低功耗集成传感器技术的共同支持下，具有微型化和网络化的传感器——智能微尘出现了。

智能微尘是以无线方式传递信息的传感器，具有低功率（手机功率的1/1000）、小尺寸（小到1mm以下）的特征，可以探测周围诸多的环境参数，具有智能计算机功能。集成有传感器、计算电路、双向无线通信和供电模块的智能微尘已经缩小到沙粒般大小，但它却包含了从信息收集、信息处理到信息发送所必需的全部部件。智能微尘的外观和大小如图4.37所示。

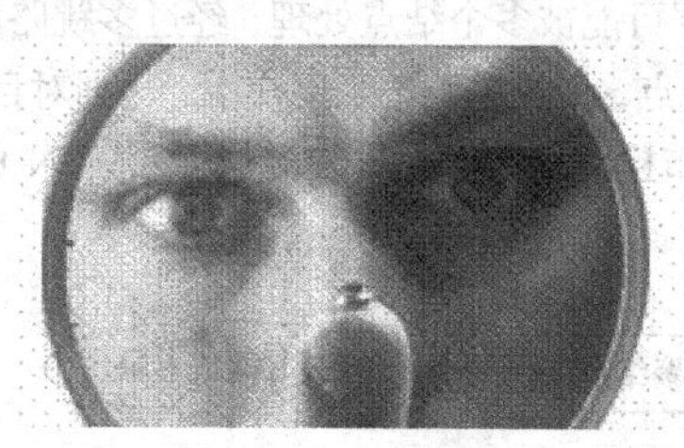
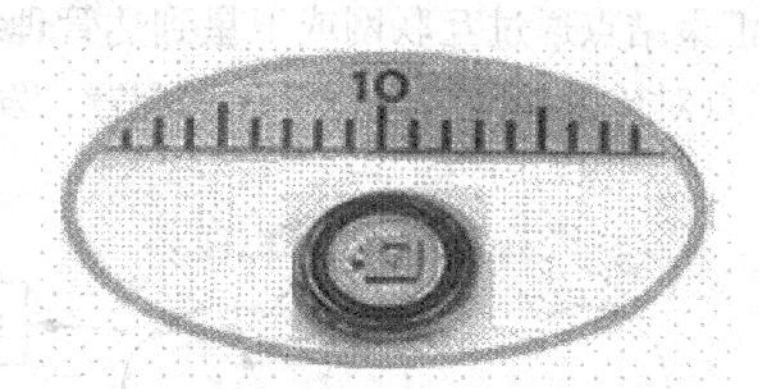

图4.37 智能微尘的外观和大小

每一粒智能微尘都是由电池、传感器、微处理器、双向无线电接收装置和软件组成的。目前绝大多数智能微尘为MEMS，智能微尘的最终目标是把无线部件、网络部件、传感器部件和处理器部件都集成在单块芯片上。

智能微尘的应用价值非常大。智能微尘可以部署在战场上，具有可获取多方位信息、隐蔽性强、与探测目标近距离接触等优势，能跟踪敌方的军事行动，形成严密的监视网络。智能微尘可以监测病人或老年人的生活，例如，嵌在手镯内的微尘会实时发送病人或老人的血压情况，衣服里的微尘将传送体温的变化，地毯下的压力微尘将显示老人的行动及体重变化，门框上的微尘将了解老人在各房间之间走动的情况。智能微尘可以监视重型油轮内机器的振动，感应工业设备的非正常振动，检测杂货店冷冻仓库的效率信息，监测超市的商品消耗量，监测城市的交通流量，监测动物的种群迁徙，监测各种家用电器的用电情况等。

4.3 无线传感器网络

无线传感器网络（Wireless Sensor Network，WSN）是由在空间上相互离散的众多传感器相互协作组成的传感器网络系统，使得分布于不同场所的数量庞大的传感器之间能够实现更加有效、可靠的通信。WSN 涉及多个学科的研究领域，综合了传感器技术、嵌入式计算技术、网络与通信技术、分布式信息处理技术等，体现了多个学科的相互融合。WSN 作为一项新兴的技术，被认为是 21 世纪最有影响的技术之一，WSN 的发展将帮助物联网实现信息感知能力的全面提升，从而使人类全面置身于信息时代。

4.3.1 无线传感器网络的概念

WSN 的定义：由大量的、静止的或移动的传感器结点以自组织和多跳的方式构成的无线网络，目的是以协作的方式感知、采集、处理和传输网络覆盖区域内被感知对象的信息，并把这些信息发送给用户。

传感器结点具有感知物理环境、处理数据和通信的能力，但它的处理能力、存储能力和通信能力都相对较弱。传感器结点一般由电源、感知部件、处理部件、无线通信收发部件和软件构成，电源为传感器提供正常工作所必需的能源；感知部件用于感知、获取外界的信息，并将其转换为数字信号；处理部件负责对感知部件获取的信息进行必要的处理和保存，控制感知部件和电源的工作模式，协调各结点之间的工作；无线通信收发部件负责传感器结点之间、传感器结点与用户之间的通信；软件为传感器结点提供必要的软件支持，包括嵌入式操作系统或嵌入式数据库系统等，通过编程来实现各种不同的功能。

WSN 以低功耗、低成本、分布式和自组织为特点。WSN 部署的区域内，传感器结点数量很大、体积微小，通过无线通信方式形成一个多跳的自组织网络。WSN 综合了传感器技术、计算技术与通信网络技术，目标是实现物理世界、计算机世界和人类社会的连通。

4.3.2 无线传感器网络的组成

WSN 通常包括传感器结点（Sensor Node）、汇聚结点（Sink Node）和管理结点。大量传感器结点随机部署在检测区域（Sensor Field）内部或者附近，利用传感器结点监测结点周围的环境，收集相关数据。传感器结点通过自组织的方式构成网络。传感器结点检测到的数据通过无线收发装置，采用多跳的方式，沿着其他结点逐跳地进行传输，在传输过程中检测数据可能被多个结点处理，经过多跳路由后到达汇聚结点。最后，再由汇聚结点通过互联网或卫星到达管理结点，将数据传送到用户端，达到对目标区域的监测。用户通过管理结点对传感器网络进行管理和配置，发布检测任务，收集检测数据。WSN 的结构如图 4.38 所示。

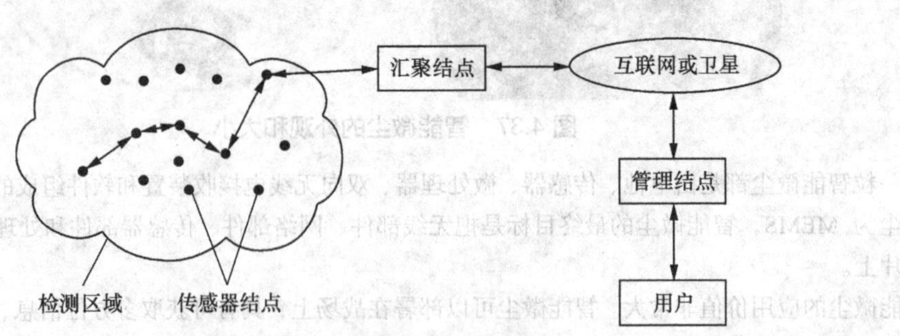

图 4.38 无线传感器网络的结构

每个传感器结点既具有传统网络结点的终端功能，也具有路由器的功能，除了进行本地信息收集和数据处理外，还要对其他结点转发来的数据进行存储、管理和融合，同时与其他结点协作完成一些特定任务。各个传感器结点的地位相同，通过自组织的方式构成网络。传感器结点的处理能力、存储能力和通信能力相对较弱，通过携带能量有限的电池供电。

汇聚结点的处理能力、存储能力和通信能力相对较强，它既连接无线传感器网络，又与Internet等外部网络连接，能够实现两种通信协议栈之间的通信协议转换，能够发布管理结点的检测任务，并能够把收集的数据转发到外部网络，是基站管理设备和传感器网络之间的通信员。汇聚结点既可以是一个具有增强功能的传感器结点，有足够的电源能量供给、更多的内存与计算资源；也可以是没有检测功能、仅带有无线通信接口的特殊网关设备。

管理结点一般为普通的计算机系统，充当无线传感器网络服务器的角色。管理结点通过互联网或卫星与汇聚结点相连。用户通过管理结点对传感器网络进行管理和配置，发布检测任务，收集检测数据，监控整个网络的数据和状态。

4.3.3 无线传感器网络的特点

WSN就是由大量廉价微型的传感器结点，通过无线通信方式形成的一个特殊的Ad hoc网络。WSN随机分布的微小结点通过自组织方式构成网络，借助结点中内置的形式多样的传感器，可以协作地测量所在周边的环境信息。WSN将这些信息发送到网关结点，以实现指定范围内目标的检测与跟踪，具有快速展开、抗毁性强等特点。

1. Ad hoc网络

Ad hoc源于拉丁语，意思是for this，引申为for this purpose only，即Ad hoc网络是为某种目的设置的、有特殊用途的网络。IEEE 802.11标准委员会采用了“Ad hoc网络”一词来描述这种特殊的自组织对等式多跳移动通信网络，Ad hoc网络的概念就此诞生。

Ad hoc是一种多跳的临时性自治系统，网络中所有结点的地位平等，无须设置任何中心控制结点。相比之下，我们经常提及的移动通信网络一般都是有中心的，要基于预设的网络设施才能运行。例如，蜂窝移动通信系统要有基站的支持；无线局域网一般也工作在有AP接入点和有线骨干网的模式下。但对于有些特殊场合来说，有中心的移动网络并不容易建立。比如，战场上部队快速展开、推进地震或水灾后的营救等，这些场合的通信不能依赖预设的网络设施，而需要能够临时快速自动组网的移动网络。Ad hoc的特点如下。

（1）自组织无中心网络

网络没有严格的控制中心，所有结点的地位是平等的，是一种对等式网络。结点能够随时加入和离开网络，任何结点的故障都不会影响整个网络的运行，具有很强的抗毁性。

（2）多跳网络

由于移动终端的发射功率和覆盖范围有限，当终端要与覆盖范围之外的终端进行通信时，需要利用中间结点进行转发。值得注意的是，多跳路由是由普通结点共同协作完成的，而不是由专门的路由设备完成的。

（3）无线传输带宽有限

无线信道本身的物理特性决定了该网络的带宽比有线信道的带宽要低很多，而竞争共享无线信道产生的碰撞、信号衰减、噪声干扰及信道干扰等因素使移动终端的实际带宽远远小于理论值。

2. 无线传感器网络

WSN是一种全新的信息获取平台，能够实时采集和监测网络分布区域内各种检测对象的信息，以实现指定范围内目标的检测与跟踪。WSN的特点如下。

（1）动态性网络

WSN具有很强的网络动态性。由于能量、环境等问题，会使传感器结点死亡，或者由于结点的移动性，又会有新的结点加入到网络中，从而使整个网络的拓扑结构发生动态变化。这就要求WSN要能够适应这种变化，使网络具有可调性和重构性。

（2）硬件资源有限

结点由于受到价格、体积和功耗的限制，在通信能力、计算能力、内存空间等方面比普通计算机要弱很多。通常结点的通信距离在几十米到几百米范围内，因此结点只能与它相邻的结点直接通信。如果希望与其射频覆盖范围之外的结点进行通信，则需要通过中间结点进行路由，这样每个结点既可以是信息的发起者，也可以是信息的转发者。另外，由于结点的计算能力受限，传统Internet上成熟的协议和算法对WSN而言开销太大，因此必须重新设计简单有效的协议。

（3）能量受限

网络结点由电池供电，电池的容量一般不是很大。由于应用领域的特殊性，不能经常给电池充电或更换电池，一旦电池能量用完，这个结点也就失去了作用（死亡）。因此在WSN的设计中，技术和协议的使用都要以节能为前提。如何在网络的工作过程中节省能源，最大化网络的生命周期，是WSN重要的研究课题之一。

（4）大规模网络

为了对一个区域执行高密度的监测、感知任务，WSN往往将成千上万甚至更多的传感器结点投放到这个区域，规模较移动通信网络成数量级地提高，甚至无法为单个结点分配统一的物理地址。WSN的结点分布非常密集，只有这样才能减少监测盲区，提高监测的精确性，但这也要求中心结点必须提高数据的融合能力。因此，WSN主要不是依靠单个设备来提升能力的，而是通过大规模、冗余的嵌入式设备的协同工作，来提高系统的可靠性和工作质量的。

（5）以数据为中心

在WSN中，人们主要关心某个区域的某些观测指标，而不是关心具体某个结点的观测数据，这就是WSN以数据为中心的特点。相比之下，传统网络传送的数据是和结点的物理地址联系起来的。以数据为中心的特点要求WSN能够脱离传统网络的寻址过程，快速有效地组织起各个结点的感知信息，并融合提取出有用信息，直接传送给用户。

（6）广播式通信

由于WSN中的结点数目庞大，使得其在组网和通信时不可能如Ad hoc网络那样采用点对点的通信，而要采用广播方式，以扩大信息传播的范围，提高信息传播的速度，并可以节省电力。

（7）无人值守

传感器的应用与物理世界紧密联系，传感器结点往往密集发布于急需监控的物理环境中。由于规模巨大，不可能人工“照顾”每个结点，网络系统往往在无人值守的状态下工作。

（8）易受物理环境影响

WSN与其所在的物理环境密切相关，并随着环境的变化而不断变化。例如，低能耗的无线通信易受环境因素的影响；外界变化导致网络负载和运行规模的动态变化。这些时变因素严重影响了系统的性能，因此要求WSN具有动态环境变化的适应性。

4.3.4 无线传感器网络的核心技术

WSN是多学科交叉的研究领域，因而包含了众多的研究方向。WSN具有应用的相关性，利用通用平台构建的系统都无法达到最优的效果。WSN要求网络中的结点设备能够在有限能量的供给下实现对目标的长时间监控，因此网络运行的能量效率是一切技术元素的优化目标。下面介绍WSN的核心技术。

1. 组网模式

在确定采用WSN技术进行应用系统的设计后，首先面临的问题是采用哪种组网模式。是否有基础设施的支持，是否有移动终端的参与，汇报频度与延迟等应用需求如何，都直接决定了组网模式。WSN可以采用下面的组网模式。

（1）扁平组网模式

所有结点的角色相同，通过相互协作完成数据的交流和汇聚。最经典的定向扩散路由（Direct Diffusion）研究的就是这种网络结构。

（2）基于分簇的层次型组网模式

结点分为普通传感结点和用于数据汇聚的簇头结点，传感结点将数据先发送到簇头结点，然后由簇头结点汇聚到后台。簇头结点需要完成更多的工作、消耗更多的能量。如果使用相同的结点实现分簇，则要按需更换簇头，避免簇头结点过度消耗能量而死亡。

（3）网状网模式

网状网（Mesh）模式是在传感器结点形成的网络上增加一层固定无线网络，用来收集结点的数据，实现结点之间的信息通信，以及实现网内的融合处理。

（4）移动汇聚模式

移动汇聚模式是指使用移动终端收集目标区域的传感数据，并转发到后端服务器。移动汇聚可以提高网络的容量，但数据的传递延迟与移动汇聚结点的轨迹相关。如何控制移动终端的轨迹和速率，是该模式研究的重要目标。

2. 拓扑控制

组网模式决定了网络的总体拓扑结构，但为了实现 WSN 的低能耗运行，还需要对结点连接关系的时变规律进行细粒度控制。目前主要的拓扑控制技术分为时间控制、空间控制和逻辑控制 3 种。时间控制通过控制每个结点睡眠、工作的占空比，结点间睡眠起始时间的调度，让结点交替工作，网络拓扑在有限的拓扑结构间切换；空间控制通过控制结点发送功率，改变结点的联通区域，使网络呈现不同的联通形态，从而获得控制能耗、提高网络容量的效果；逻辑控制则是通过邻居表将不“理想的”结点排除在外，从而形成更稳固、可靠和强健的拓扑。在 WSN 技术中，拓扑控制的目的在于实现网络联通（实时联通或者机会联通）的同时保证信息的能量高效、可靠地传输。

3. 媒体访问控制和链路控制

媒体访问控制和链路控制可以解决无线网络中普遍存在的冲突和丢失问题，能够根据网络中数据流的状态控制临近结点乃至网络中所有结点的信道访问方式和顺序，从而达到高效利用网络容量、降低能耗的目的。

要实现拓扑控制中的时间和空间控制，WSN 的媒体访问控制需要配合完成睡眠机制、时分信道分配、空分复用等功能。媒体访问控制是 WSN 最为活跃的研究热点，因为媒体访问控制的运行效率直接反映了整个网络的能量效率。

复杂环境的短距离无线链路特性与长距离链路特性完全不同，短距离无线射频在其覆盖范围内过渡临界区的宽度与通信距离的比值较大，因而更多链路呈现出复杂的不稳定特性。

4. 路由、数据转发及跨层设计

WSN 中的数据流向与 Internet 相反。在 Internet 中，终端设备主要从网络上获取信息；而在 WSN 中，终端设备向网络提供信息。因此，WSN 网络层协议的设计有独特要求。由于 WSN 对能量效率有苛刻的要求，研究人员通常利用媒体访问控制的跨层服务来选择转发结点和数据流向。另外，网络在任务发布过程中一般要将任务信息传送给所有的结点，因此设计能量高效的数据分发协议也是网络层研究的重点。网络编码技术也是提高网络数据转发效率的一项技术，在分布式存储网络架构中，一份数据往往有不同的代理对其感兴趣，网络编码技术通过有效减少网络中数据包的转发次数，来提高网络的容量和效率。

5. QoS 保障和可靠性设计

服务质量（Quality of Service，QoS）是传感器网络走向可用的关键技术之一。QoS 保障技术包括通信层控制和服务层控制。传感器网络大量的结点如果没有质量控制，将很难完成实时监测环境变化的任务。QoS 可靠性设计技术的目的则是保证结点和网络在恶劣工作条件下能够长时间工作。结点计算和通信模块的失效会直接导致结点脱离网络，而传感模块的失效则可能导致数据出现畸变，造成网络的误警。

4.3.5 无线传感器网络协议

WSN 的数据链路层和网络层都有反映自身特点的协议。在 WSN 中，数据链路层用于构建底层的基础网络结构，控制无线信道的合理使用，确保点到点或点到多点的可靠连接；网络层则负责路由的查找和数据包的传送。

1. MAC 协议

多址接入技术的一个核心问题是，对于一个共享信道，当信道的使用产生竞争时，如何采取有效的协调机制或服务准则来分配信道的使用权，这就是媒体访问控制（Medium Access Control，MAC）技术。

MAC 协议处于数据链路层，是无线传感器网络协议的底层部分，主要为数据的传输建立连接，以及在各结点之间合理有效地共享通信资源。MAC 协议对无线传感器网络的性能有较大的影响，是保证网络高效通信的关键协议之一。

（1）MAC 协议的设计原则

根据 WSN 的特点，MAC 协议需要考虑很多方面的因素，包括节省能源、可扩展性、网络的公平性、实时性、网络的吞吐量、带宽的利用率，以及上述因素的平衡问题等，其中节省能源成为最主要的考虑因素。这些考虑因素与传统网络的 MAC 协议不同，当前主流的无线网络技术，如蜂窝电话网络、Ad hoc、蓝牙技术等，它们各自的 MAC 协议都不适合 WSN。WSN 的 MAC 协议主要设计原则如下。

1）节省能量

每个传感器结点都由电池供电，结点的电池能量通常难以进行补充。MAC 协议直接控制结点的节能问题，即让传感器结点尽可能处于休眠状态，以减少能耗。

2）可扩展性

WSN 中的结点在数目、分布密度、分布位置等方面很容易发生变化，结点能量耗尽、新结点的加入也能引起网络拓扑结构的变化。因此，MAC 协议应具有可扩展性，以适应拓扑结构的动态性。

（2）MAC 协议的分类

目前针对不同的传感器网络，研究人员从不同的方面提出了多种 MAC 协议，但目前对 WSN 的 MAC 协议还缺乏一个统一的分类方式。这里根据结点访问信道的方式，将 WSN 的 MAC 协议分为以下 3 类。

1）基于竞争的 MAC 协议

多数分布式 MAC 协议采用载波侦听或冲突避免机制，并采用附加的信令控制消息来处理隐藏和暴露结点的问题。基于竞争随机访问的 MAC 协议是结点需要发送数据时通过竞争的方式使用无线信道的。

IEEE 802.11 MAC 协议采用带冲突避免的载波侦听多路访问（Carrier Sensor Multiple Access with Collision Avoidance，CSMA / CA），是典型的基于竞争的 MAC 协议。在 IEEE 802.11 MAC 协议的基础上，研究人员提出了多种用于传感器网络的基于竞争的 MAC 协议，例如 S-MAC 协议、T-MAC 协议、ARC-MAC 协议、Sift-MAC 协议、Wise-MAC 协议等。

2）基于调度算法的 MAC 协议

为了解决竞争的 MAC 协议带来的冲突，出现了基于调度算法的 MAC 协议。该类协议指出，在传感器结点发送数据前，根据某种调度算法把信道事先划分。这样，多个传感器结点就可以同时、没有冲突地在无线信道中发送数据，这也解决了隐藏终端的问题。

在这类协议中，主要的调度算法是时分复用 TDMA。时分复用 TDMA 是实现信道分配的简单成熟的机制，即将时间分成多个时隙，几个时隙组成一个帧，在每一帧中分配给传感器结点至少一个时隙来发送数据。这类协议的典型代表有 DMAC 协议、SMACS 协议、DE-MAC 协议、EMACS 协议等。

3）免碰撞的 MAC 协议

以数据为中心的 WSN 的一个重要评价标准就是实时性。基于调度的 MAC 协议由于无法完全避免冲突，网络中端到端的延时无法预测，因而无法保证实时性。非碰撞的 MAC 协议由于在理论上完全避免了碰撞的产生，从而可以保证实时性。

非碰撞的 MAC 协议通过消除碰撞来节能。好的非碰撞协议能够潜在地提高吞吐量，减少时延。非碰撞的协议主要有 TRAMA 和 IP-MAC 等。

2. 路由协议

在 WSN 中，路由协议主要负责路由的选择和数据包的转发。传统无线通信网络路由协议的研究重点是无线通信的服务质量。相对传统无线通信网络而言，WSN 路由协议的研究重点是如何提高能量效率、如何可靠地传输数据。

（1）路由协议的设计原则

在 WSN 中，路由协议不仅关心单个结点的能量消耗，更关心整个网络能量的均衡消耗，这样才能延长整个网络的生存期。同时，WSN 是以数据为中心的，这在路由协议中表现得最为突出，每个结点没有必要采用全网统一的编址，选择路径可以不用根据结点的编址，更多的是根据感兴趣的数据建立数据源到汇聚结点的转发路径。路由协议的主要设计原则如下。

1）能量优先

由于 WSN 结点采用电池一类的可耗尽能源，因此能量受限是 WSN 的主要特点。WSN 的路由协议以节能为目标，主要考虑结点的能量消耗和网络能量的均衡使用问题。

2）以数据为中心

传统的路由协议通常以地址作为结点的标识和路由的依靠；而 WSN 中大量的结点是随机部署的，WSN 所关注的是监测区域的感知数据，而不是信息是由哪个结点获取的。以数据为中心的路由协议要求采用基于属性的命名机制，传感器结点通过命名机制来描述数据。WSN 中的数据流通常由多个传感器结点向少数汇集结点传输，按照对感知数据的需求、数据的通信模式和流向等，形成以数据为中心的信息转发路径。

3）基于局部拓扑信息

WSN 采用多跳的通信模式，但由于结点有限的通信资源和计算资源，使得结点不能储存大量的路由信息，不能进行太复杂的路由计算。在结点只能获取局部拓扑信息的情况下，WSN 需要实现简单、高效的路由机制。

（2）路由协议的分类

到目前为止，仍缺乏一个完整和清晰的路由协议分类方法。WSN 的路由协议可以从不同的角度进行分类，这里介绍 3 类路由协议：以数据为中心的路由协议、分层次的路由协议、基于地理位置的路由协议。

1）以数据为中心的路由协议

这类协议与传统的基于地址的路由协议不同，是建立在对目标数据的命名和查询上的，并通过数据聚合减少重复的数据传输。以数据为中心的路由协议主要有 SPIN 协议、DD 协议、Rumor 协议、Routing 协议等。

2）分层次的路由协议

层次路由也称为以分簇为基础的路由，用于满足传感器结点的低能耗和高效率通信。在层次路由中，高能量结点可用于数据转发、数据查询、数据融合、远程通信和全局路由维护等高耗能应用场合；低能量结点用于事件检测、目标定位、局部路由维护等低耗能应用场合。这样按照结点的能力进行分配，能使结点充分发挥各自的优势，以应付大规模网络的情况，并有效提高整个网络的生存时间。分层次的路由协议主要有 LEACH 协议、TEEN 协议、PEGASIS 协议等。

3）基于地理位置的路由协议

在 WSN 实际应用中，尤其是在军事应用中，往往需要实现对传感器结点的定位，以获取监测区域的地理位置信息，因此位置信息也被考虑到 WSN 路由协议的设计中。

基于地理位置的路由协议利用位置信息指导路由的发现、维护和数据转发，能够实现信息的定向传输，避免信息在整个网络的洪泛，减少路由协议的控制开销，优化路径选择，通过结点的位置信息构建网络拓扑图，易于进行网络管理，实现网络的全局优化。基于地理位置的路由协议主要有 GPSR 协议和 GEM 协议等。

4.3.6 无线传感器网络应用

1996 年，美国加州大学向美国国防部先进研究项目局（Defense Advanced Research Projects Agency，DARPA）提交的"低能耗无线集成微型传感器"报告，揭开了现代 WSN 网络的序幕。1998 年，加州大学从网络研究的角度重新阐释了 WSN 的科学意义。在其后的 20 年里，WSN 得到学术界、工业界乃至政府的广泛关注，成为在国防军事、环境监测、健康护理、智能家居、复杂机械监控、城市交通、空间探索、仓库管理、安全监测等众多领域中最有竞争力的应用技术。

（1）军事通信

在现代化的战场上，由于没有基站等基础设施可以利用，可以借助 WSN 进行信息交换。WSN 具有密集型、随机分布等特点，非常适合应用在恶劣的战场环境，能够监测敌军区域内的兵力、装备等情况，能够定位目标、监测核攻击和生物化学攻击等。

（2）精细农业

在精细农业方面，WSN 有良好的应用前景。2002 年，英特尔公司率先在美国俄勒冈州建立了世界上第一个无线葡萄园，这是一个典型的精准农业、智能耕种的实例。该平台利用 WSN 实现了对农田温度、湿度、露点、光照等环境信息的监测。

（3）安全监测

在安全监测方面，英国的一家博物馆利用 WSN 设计了一个报警系统。这家博物馆将传感器结点放在珍贵文物或艺术品的底部或背面，通过侦测灯光的亮度改变和振动情况，来判断展览品的安全状态。

（4）健康护理

在健康护理方面，英特尔公司研制了家庭护理的 WSN 系统。作为美国"应对老龄化社会技术项目"的一项重要内容，WSN 通过在鞋、家具、家用电器等设备中嵌入传感器，可以使老龄人、阿尔茨海默氏病患者、残障人士接受护理，这可以减轻护理人员的负担。

（5）工业监控

在工业监控方面，英特尔公司为俄勒冈的一家芯片制造厂安装了 200 台无线传感器，用来监控部分工厂设备的振动情况，并在测量结果超出规定时提供监测报告。

（6）智能交通

在智能交通方面，美国交通部提出了"国家智能交通系统项目规划"，预计到 2025 年全面投入使用。该系统综合运用大量传感器网络，配合 GPS 系统、区域网络系统等资源，实现对交通车辆的优化调度，并为个体交通推荐实时的、最佳的行车路线服务。

（7）动物监测

在动物监测方面，英特尔的研究小组、加州大学伯克利分校和巴港大西洋大学的科学家将 WSN 技术用于监视大鸭岛海鸟的栖息情况，澳大利亚的科学家将 WSN 技术用于探测北澳大利亚蟾蜍的分布情况。

本章小结

在物联网中，传感器与无线传感器网络是物联网感知层的重要组成部分。传感器又称为"电五官"，主要用来采集周围的各种信息，可以感知传感器周围的温度、速度或气体成分等。传感器主要由敏感元件和转换元件组成，一般还配以转换电路，采集的信息主要以电量的方式输出，这样传感器就完成了从感知

“被测量”到输出电量的全过程。传感器是一个系统，可以看成两端口网络，其特性可以用两端口网络的输出—输入关系特性来表示，传感器的一般特性分为静态特性和动态特性。传感器原理各异，检测对象门类繁杂，涉及传感器的机理研究与分析、设计与研制、性能与应用等。现在传感器正朝着探索新理论、开发新材料、采用新工艺，实现微型化、集成化、智能化和网络化的方向发展。

传感器在原理和结构上千差万别，传感器的功能和应用领域也就不同，本章介绍了典型传感器的工作原理与应用，包括应变式传感器、光电式传感器、超声波传感器、半导体传感器、生物传感器，以及传感器微型化、集成化、智能化和网络化的实例。目前单独的传感器已经不能适应现代技术的发展，无线传感器网络（WSN）是一种新型的网络技术，WSN是由在空间上相互离散的众多传感器相互协作组成的传感器网络系统，其目的是协作地感知、采集和处理网络覆盖区域中感知对象的信息。WSN通常包括传感器结点（Sensor Node）、汇聚结点（Sink Node）和管理结点。WSN的特点是自组织、多跳性、动态性、硬件资源有限、能量受限、大规模、以数据为中心、广播式、无人值守、易受环境影响。WSN的核心技术包括组网模式、拓扑结构、媒体访问控制（MAC）、路由设计、QoS保障和可靠性设计。WSN的网络协议有MAC协议、路由协议等。WSN可在军事通信、精细农业、安全监测、健康护理、工业监控、智能交通、动物监测等领域应用。

思考与练习

4.1 什么是传感器？传感器是由哪几部分构成的？

4.2 传感器的作用是什么？简述传感器的分类方法。

4.3 什么是传感器的一般特性？说明什么是传感器的灵敏度、迟滞、精度、线性度、重复性和漂移。

4.4 某位移传感器在位移变化8mm时，输出电压变化为100mV，求该位移传感器的灵敏度。

4.5 某温度传感器的量程范围为-80℃～300℃，校验时最大绝对误差为0.76℃，求该温度传感器的精度等级。

4.6 简述传感器的技术特点和发展趋势。

4.7 简述金属电阻应变式传感器的工作原理和特点，给出一个应变式传感器的应用实例。

4.8 什么是光电式传感器？光电效应传感器、CCD图像传感器、红外探测器、光纤传感器的工作原理有什么不同？给出两个光电式传感器的应用实例。

4.9 简述超声波传感器的工作原理和特点，给出一个超声波传感器的应用实例。

4.10 利用半导体材料的什么特性可以分别制成压力传感器、温度传感器、气敏传感器、湿敏传感器？给出两个半导体传感器的应用实例。

4.11 什么是生物传感器？生物传感器的敏感物质有哪些？简述生物传感器的工作原理。

4.12 什么是MEMS？分别给出一个传感器集成化、智能化和网络化的实例。

4.13 无线传感器网络的定义是什么？其基本组成是什么？

4.14 无线传感器网络的特点是什么？核心技术有哪些？

4.15 无线传感器网络的MAC协议和路由协议的设计原则分别是什么？

4.16 无线传感器网络可以在哪些领域应用？举两例说明。

第5章 物联网通信

从整个电信网的角度，可以将全网划分为公用电信网和用户驻地网，其中用户驻地网属用户所有，故电信网通常是指公用电信网部分。公用电信网又可划分为3个部分，即长途网（长途局以上的部分）、中继网（长途局与市话端局之间、市话端局与市话端局之间的部分）和接入网（端局与用户之间的部分）。目前，国际上倾向于将长途网和中继网合在一起称为核心网，相对于核心网的部分就是接入网。接入网是公用电信网中最大和最重要的部分，主要用于完成将用户接入到核心网的任务。

物联网通信是将感知获得的大量信息进行交换和共享，将物理世界产生的数据接入公用电信网。通信是物联网的主要功能，物联网通信构成了物与物、物与人互联的基础。物联网通信几乎包含了现在所有的通信技术，形成了大规模的信息化网络。本章首先介绍无线通信网络，包括无线接入网和移动通信网；然后介绍有线通信网络，包括有线接入网和光网络；最后对量子通信做简要介绍。

5.1 无线通信网络概述

1. 无线通信网络

迄今为止，没有任何一种单一的无线通信网络能够满足所有的场合和应用需要，因而技术的多元性是无线网络的一个基本特征。依通信覆盖范围的不同，无线网络从小到大依次为无线个域网（Wireless Personal Area Network，WPAN）、无线局域网（Wireless Local Area Networks，WLAN）、无线城域网（Wireless Metropolitan Area Networks，WMAN）和无线广域网（Wireless Wide Area Network，WWAN）。其中，WPAN覆盖的范围最小，紫蜂（ZigBee）、蓝牙、超宽带（UWB）和60GHz等都属于WPAN的范畴；WLAN覆盖的范围比WPAN大，Wi-Fi属于WLAN的范畴；WMAN覆盖的范围比WLAN大，全球微波互联接入（WiMAX）属于WMAN的范畴；WWAN覆盖的范围最大，移动通信2G、3G、4G和5G都属于其范畴。无线网络覆盖的范围如图5.1所示。

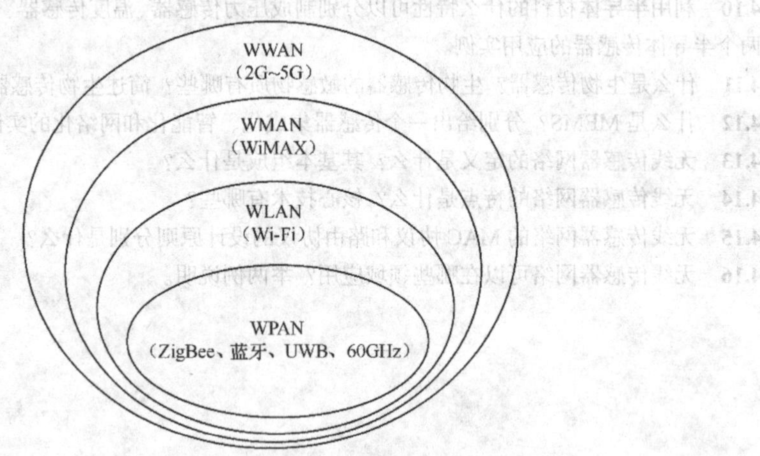

图5.1　无线网络覆盖的范围

（1）WPAN

在网络构成上，无线个域网（WPAN）位于整个网络链的末端。WPAN主要用于实现同一地点终端与终端之间的无线连接，是活动半径较小、业务类型丰富、面向特定群体、无线无缝的无线通信技术。WPAN覆盖的范围一般在10m半径以内，能够有效解决“最后几米电缆”的问题，设备具有价格低、体积小、易操作、功耗低等优点。现在，WPAN已经成为物联网通信到末梢的一种短距离无线通信方式。

随着ZigBee、蓝牙、RFID、UWB、60GHz等各种WPAN技术的竞相提出，短距离无线通信技术得到了飞速发展。在当今的短距离无线通信领域，每种WPAN技术又各有优势，例如，ZigBee适合应用在感测和控制场合，蓝牙拥有QoS（服务质量），UWB和60GHz具备高速传输速率，RFID则在物品识别领域有广阔的天地。各种短距离无线通信满足了随时随地交互信息的愿望，与物联网中“通信无处不在”的特点正好契合。因此，WPAN是物联网通信的神经末梢，铺平了物联网的普及之路。

目前多个组织都致力于WPAN标准的研究，其中WPAN最主要的规范标准集中在IEEE 802.15系列。1998年，IEEE 802.15工作组成立，专门从事WPAN的标准化工作。现在IEEE 802.15 WPAN共有4个任务组，几年来分别制定了适合不同应用的标准。IEEE 802.15 WPAN任务组制定的标准见表5.1。

表5.1 IEEE 802.15 WPAN任务组制定的标准

任务组	标准	描述
TG1（task group 1）	IEEE 802.15.1	蓝牙的标准化版本。这是一个中等速率、近距离的WPAN网络标准，通常用于手机、掌上电脑等手持移动设备的短距离通信
TG1（task group 2）	IEEE 802.15.2	主要研究IEEE 802.15.2与无线局域网IEEE 802.11的共存问题
TG1（task group 3）	IEEE 802.15.3	研究高速率无线个人区域的网络标准，该标准主要考虑无线个人区域网络在多媒体方面的应用，UWB和60GHz均属于该研究的范畴
TG1（task group 4）	IEEE 802.15.4	研究低速率无线个人区域的网络标准，该标准以低能量消耗、低传输速率、低复杂度、低成本为研究目标，ZigBee属于该研究的范畴

（2）WLAN

无线局域网（WLAN）就是在局部区域内以无线方式进行通信的网络。所谓局部区域，就是距离受限的区域，WLAN是一种能在几十米到几百米范围内进行通信的无线网络。WLAN主要在办公区域内、校园内、小范围公共场合或家庭内使用，用于解决用户终端的无线数据接入业务。

IEEE 802.11是无线局域网的标准。为了促进IEEE 802.11的应用，1999年，工业界成立了Wi-Fi联盟，现在IEEE 802.11这个标准已被统称为Wi-Fi。

（3）WMAN

无线城域网（WMAN）的推出是为了满足日益增长的宽带无线接入需求。虽然多年来WLAN的IEEE 802.11技术一直被用于宽带无线接入，并获得了很大成功，但是WLAN的总体设计及其特点并不能很好地适用于室外，WLAN在带宽、用户数量和通信距离方面受到了限制。于是，IEEE制定了一种能解决室外环境和QoS两方面问题的IEEE 802.16标准，能满足几千米到几十千米的无线接入问题。

IEEE 802.16是无线城域网的标准之一。为了促进IEEE 802.16的应用，2003年工业界成立了WiMAX论坛，现在IEEE 802.16这个标准已被统称为WiMAX。

（4）WWAN

无线广域网（WWAN）是采用无线网络把物理距离极为分散的局域网（LAN）连接起来的通信方式。WWAN连接的地理范围较大，常常是一个国家或一个洲，它的结构分为末端系统（两端的用户集合）和通信系统（中间链路）两部分。

IEEE也制定了WWAN标准（IEEE 802.20）。IEEE 802.20是2002年3月提出的，是指移动宽带无线接入标准，可解决高速移动环境下的高速率数据传输。移动通信和卫星通信都属于WWAN的范畴，并有多个版本的标准。

2. 频谱的划分

（1）频谱划分的原则

无线通信需要占用频谱资源。频率的分配主要是根据电磁波传播的特性和各种设备通信业务的要求而确定的。因为电磁波是在全球存在的，需要有国际协议来分配频谱，目前分配频率的国际组织有国际电信联盟（ITU）、国际无线电咨询委员会（CCIR）、国际频率登记局（IFRB）等。在国际上对频率的划分确定后，各国还可以在此基础上给予具体的分配。我国进行频率分配的组织是工业和信息化部的无线电管理局。

（2）频谱划分的方式

由于应用领域众多，对频谱的划分有多种方式。较为通用的 IEEE 频谱分段法见表 5.2。

表 5.2　IEEE 频谱分段法

频　段	频　率	波　长	备　注
ELF（极低频）	30～300Hz	10000～1000km	
VF（音频）	300～3 000Hz	1000～100km	
VLF（甚低频）	3～30kHz	100～10km	
LF（低频）	30～300kHz	10～1km	长波波段
MF（中频）	300～3 000kHz	1～0.1km	中波波段
HF（高频）	3～30MHz	100～10m	短波波段
VHF（甚高频）	30～300MHz	10～1m	超短波波段
UHF（超高频）	300～3 000MHz	100～10cm	微波波段
SHF（特高频）	3～30GHz	10～1cm	微波波段
EHF（极高频）	30～300GHz	1～0.1cm	微波波段
亚毫米波	300～3 000GHz	1～0.1mm	微波波段
P 波段	0.23～1GHz	130～30cm	
L 波段	1～2GHz	30～15cm	
S 波段	2～4GHz	15～7.5cm	
C 波段	4～8GHz	7.5～3.75cm	
X 波段	8～12.5GHz	3.75～2.4cm	
Ku 波段	12.5～18GHz	2.4～1.67cm	
K 波段	18～26.5GHz	1.67～1.13cm	
Ka 波段	26.5～40GHz	1.13m～0.75cm	

（3）ISM 频段

ISM（Industrial Scientific Medical Band）频段是工业、科学和医用频段，主要是开放给工业、科学和医用 3 个主要机构使用。ISM 频段属于无许可（Free License）频段，没有使用授权的限制。ISM 频段允许任何人随意地传输数据，但是对功率进行限制，使得发射与接收之间只能是很短的距离，不同使用者之间不会相互干扰。

在物联网中，短距离无线通信不能对其他服务造成干扰，因而通常使用 ISM 频段。ZigBee、蓝牙、RFID、60GHz、Wi-Fi 等就主要使用 ISM 频段。

ISM 频段使用的频率主要为 6.78MHz（6.765 ~ 6.795MHz）、13.56MHz（13.553 ~ 13.567MHz）、27.125MHz（26.957 ~ 27.283MHz）、40.680MHz（40.660 ~ 40.700MHz）、433.920MHz（430.050 ~ 434.790MHz）、869.0MHz（868 ~ 870MHz）、915.0MHz（902 ~ 928MHz）、2.4GHz（2.400 ~ 2.4835GHz）、5.8GHz（5.725 ~ 5.875GHz）、24.125GHz（24.00 ~ 24.25GHz）、60GHz（我国为 59 ~ 64GHz）等。

5.2 无线接入网

在物联网中，最能体现物联网通信特征的是无线接入网。无线接入网是以无线通信为技术手段，在局端到用户端进行连接的通信网。ZigBee、蓝牙、RFID、UWB、60GHz、Wi-Fi 和 WiMAX 都属于无线接入网。

5.2.1 ZigBee

ZigBee 这一名称来源于蜜蜂的八字舞。蜜蜂（Bee）靠飞翔和嗡嗡（Zig）地抖动翅膀与同伴传递花粉的方位信息，也就是说，蜜蜂依靠这样的方式构成了群体中的通信网络。借助于蜜蜂的通信方式，人们用 ZigBee 来称呼这种近距离、低功耗、低复杂度、低速率的无线通信技术。ZigBee 的中文译名通常称为“紫蜂”。

1. ZigBee 的起源

长期以来，低价格、低传输速率、短距离、低功率的无线通信市场一直存在着。在这个无线通信市场中，首先出现的是蓝牙技术，但是人们发现蓝牙技术尽管有许多优点，但仍存在着许多缺陷。对自动化控制和遥测遥控领域而言，蓝牙技术显得太复杂，并且有功耗大、距离近、组网规模小等弊端。与蓝牙相比，ZigBee 是一种新兴的短距离无线技术。

ZigBee 的前身是 1998 年由 Intel 和 IBM 等公司发起的、面向家庭网络的通信协议 Home RF Lite。2002 年，ZigBee 联盟（ZigBee Alliance）成立。ZigBee 基于 IEEE 802.15.4 标准，目前超过 150 多家成员公司还在积极进行 ZigBee 规格的制定工作。

2. ZigBee 的技术特点

（1）低功耗

ZigBee 主要通过降低传输的数据量、降低收发信机的忙闲比、降低帧开销、实行严格的功率管理机制（例如关机及睡眠模式）等方式降低设备功耗。在相同电池条件下，ZigBee 可支持一个结点工作 6 ~ 24 个月，而蓝牙只能工作几周、Wi-Fi 只能工作几小时。

（2）低成本

通过大幅简化协议，降低了设备的成本。ZigBee 应用于主机端的芯片成本远低于蓝牙。而且，ZigBee 还免除了协议专利费。

（3）低速率

ZigBee 工作在 20 ~ 250kbit/s 的较低速率，在 2.4GHz、915MHz 和 868MHz 分别提供 250kbit/s、40kbit/s 和 20kbit/s 的原始数据吞吐率，能满足低速率传输数据的应用需求。

（4）有效范围大

ZigBee 相邻结点间的传输距离一般介于 10 ~ 100m 之间。如果通过路由和结点间通信的接力，传输距离将可以更远。

（5）短时延

ZigBee 的响应速度较快，一般从睡眠转入工作状态只需 15ms，结点连接进入网络只需 30ms。而蓝牙的响应需要 3 ~ 10s，Wi-Fi 的响应需要 3s。

（6）高容量

ZigBee 可采用多种网络结构，一个主结点管理若干子结点。一个主结点最多可管理 254 个子结点，主结点还可由上一层网络结点管理，最多可组成 65000 个结点的大网。

（7）高安全

ZigBee 提供了三级安全模式，包括安全设定、使用接入控制清单防止非法获取数据、采用高级加密标准的对称密码，以灵活确定其安全属性。

（8）工作频段灵活

采用 ISM 频段，工作频段可以为 2.4GHz（全球）、915MHz（美国）和 868MHz（欧洲）。

3．ZigBee 的网络特点

（1）网络拓扑结构

ZigBee 支持 3 种拓扑结构：星形、网状和簇状树形结构，如图 5.2 所示。其中，全功能设备（FFD）通常有 3 种状态（主协调器、协调器、终端设备），由于 FFD 是路由器，可以同时与多个 RFD 或多个 FFD 通信；精简功能设备（RFD）是终端，只能与 FFD 通信。网络由一个网络协调器（Coordinator）控制。在星形拓扑结构中，结点只能与 Coordinator 结点进行通信，两个结点之间的通信必须通过 Coordinator 转发。在簇状树形拓扑结构中，Coordinator 连接一系列的 FFD 和 RFD，子结点的 FFD 也可以连接一系列的 FFD 和 RFD，这样可以重复多个层级。网状拓扑结构具有更加灵活的信息路由，路由结点之间可以直接通信，而且当一个路由路径出现了问题时，信息可以自动沿着其他路由传输。

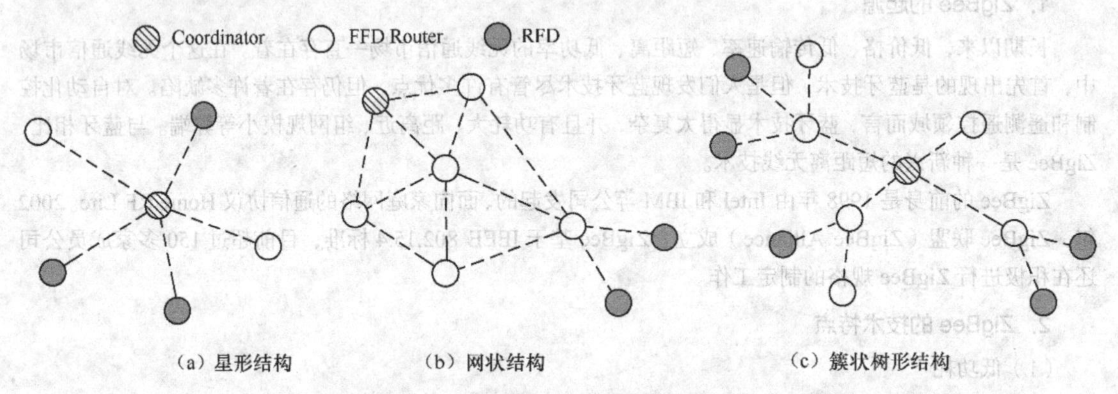

图 5.2 ZigBee 的 3 种拓扑结构

（2）网络特点

ZigBee 是一种高可靠、低功耗的无线数据传输网络。在可靠性方面，ZigBee 在物理层采用了扩频技术，在 MAC 应用层有应答重传功能。在低功耗方面，结点休眠时间占总运行时间的大部分，结点只需很少的能量。

ZigBee 采用自组织网络。ZigBee 在网络模块的通信范围内，通过彼此自动寻找，很快就可以形成一个互联互通的 ZigBee 网络。由于成员的移动，ZigBee 彼此间的联络还会发生变化，ZigBee 网络模块可以通过重新寻找通信对象，对原有网络进行刷新。

ZigBee 是一个最多可由 65000 个结点组成的无线数据传输网络平台。每一个 ZigBee 结点类似一个移动通信网络的基站，结点的通信距离可以从标准的 75m 到几百米，整个 ZigBee 网络还可以与其他网络连接。与移动通信网络不同的是，ZigBee 网络主要是为传感和控制（Sensor and Control）中的数据传输而建立的自组织网络，ZigBee 结点可以作为监控点，还可以自动中转数据，此外也有不承担网络信息中转任务的孤立子结点。

4．ZigBee 协议

ZigBee 网络结点要进行相互的数据交流，就要有相应的无线网络协议。ZigBee 协议的基础是 IEEE 802.15.4，但 ZigBee 联盟扩展了上述协议的范围，对 ZigBee 的网络层（NWK）协议和应用程序编程接口（API）进行了标准化。

（1）ZigBee 的协议架构

ZigBee 采用了 IEEE 802.15.4 制定的物理层和 MAC 层，ZigBee 联盟在此基础上又建立了网络层和应用层框架。ZigBee 的协议架构如图 5.3 所示。

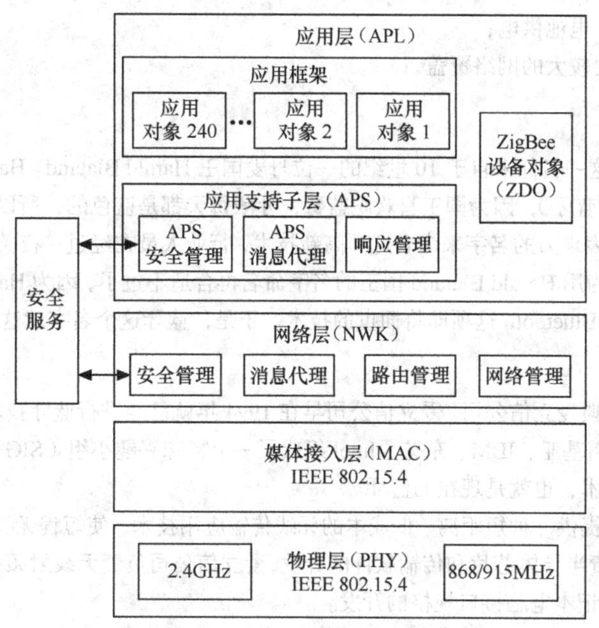

图 5.3 ZigBee 的协议架构

（2）IEEE 802.15.4 的物理层

IEEE 802.15.4 的物理层提供两类服务：物理层数据服务和物理层管理服务。物理层的主要功能包括无线收发信机的开启和关闭、能量检测（ED）、链路质量指示（LQI）、信道评估（CCA）和通过物理媒体收发数据包。

IEEE 802.15.4 定义了两种物理层。一种物理层工作频段为 868/915MHz，系统采用直接序列扩频、双相移相键控（BPSK）和差分编码技术，868MHz 频段支持 1 个信道，915MHz 频段支持 10 个信道。另一种物理层工作频段为 2.4GHz，在每个符号周期，被发送的 4 个信息比特转换为一个 32 位的伪随机（PN）序列，共有 16 个 PN 码对应这 4 个比特的 16 种变化，这 16 个 PN 码进行正交，随后系统对 PN 码进行 O-QPSK 调制，支持 16 个信道。

（3）IEEE 802.15.4 的 MAC 层

IEEE 802.15.4 的 MAC 层提供两类服务：MAC 层数据服务和 MAC 层管理服务。MAC 层的主要功能包括 CSMA/CA 信道访问控制、信标帧发送、同步服务和提供 MAC 层可靠传输机制。

（4）ZigBee 的上层协议

ZigBee 联盟负责制定 ZigBee 的上层协议，包括应用层、网络层和安全服务。应用层包括 3 个组成部分：应用支持子层（APS）、应用框架（所定义的应用对象）和 ZigBee 设备对象（ZDO）。ZigBee 的网络层主要实现结点加入或离开网络、接收或抛弃其他结点、路由查找及传送数据等功能。在安全服务方面，ZigBee 引入了信任中心概念，负责分配安全密钥。ZigBee 定义了网络密钥、链路密钥和主密钥 3 种密钥。

5. ZigBee 的应用场景

（1）无线传感器网络

无线传感器网络采用的就是 ZigBee 技术。

（2）其他应用

通常，符合如下条件之一的应用，就可以考虑采用 ZigBee 技术：

① 需要数据采集或监控的网点多；

② 要求传输的数据量不大，而要求设备成本低；

③ 要求数据传输的可靠性高，安全性高；

④ 设备体积很小，电池供电；

⑤ 地形复杂，需要较大的网络覆盖。

5.2.2 蓝牙

蓝牙（Bluetooth）这一名称来自于 10 世纪的一位丹麦国王 Harald Blatand。Harald Blatand 英文的意思可以解释为 Bluetooth（蓝牙），因为国王喜欢吃蓝莓，牙龈每天都是蓝色的，所以叫蓝牙。在行业协会筹备阶段，需要一个极具表现力的名字来命名这项高新技术，行业人员在经过一夜关于欧洲历史和未来无线技术发展的讨论后，认为用 Harald Blatand 国王的名字命名再合适不过了，因为 Harald Blatand 国王口齿伶俐，善于交际，就如同 Bluetooth 这项即将面世的技术。于是，蓝牙这个名字就这么确定下来了。

1. 蓝牙的起源

蓝牙的创始人是瑞典爱立信公司，爱立信公司早在 1994 年就已经进行蓝牙技术的研发。1998 年 2 月，5 个跨国公司爱立信、诺基亚、IBM、东芝、Intel 组成了一个特殊兴趣小组（SIG），目标是建立一个全球性的小范围无线通信技术，也就是现在的蓝牙。

蓝牙技术的宗旨是提供一种短距离、低成本的无线传输应用技术，使短程无线通信技术标准化。在蓝牙技术中，Intel 公司负责半导体芯片和传输软件的开发，爱立信公司负责无线射频和移动电话软件的开发，IBM 和东芝公司负责笔记本电脑接口规格的开发。

1999 年下半年，微软、摩托罗拉、朗讯及蓝牙特别小组的 5 家公司共同发起成立了蓝牙技术推广组织。全球业界开发了一大批蓝牙技术的应用产品，使蓝牙技术在当时呈现出极其广阔的市场前景，并预示着 21 世纪初将迎来蓝牙技术的无线通信全球浪潮。

2. 蓝牙的技术优势

（1）全球可用

蓝牙技术在 2.4GHz 运行，该波段在全球是无须许可的 ISM 波段，使用蓝牙不需要支付任何费用。蓝牙技术是支持最广泛、功能最丰富、比较安全的无线标准。自 1999 年发布蓝牙规格以来，超过 4000 家公司成为蓝牙的成员，安装的基站在 2005 年底已经达到 5 亿个。

（2）设备广泛

蓝牙技术得到了广泛的应用，集成了该技术的产品有手机、笔记本电脑、汽车、医疗设备等。该技术的用户既有普通消费者，也有各种企业。

（3）易于使用

蓝牙技术是一项即时技术，不要求固定的基础设施，易于安装和设置。蓝牙新用户只需检查可用的配置文件，即可连接至使用同一配置的另一个蓝牙设备。设备可以随身携带，甚至可以与其他网络连接。

（4）数据传输与语音通信

蓝牙技术既可以传输数据，也可以进行语音通信，是一种无线数据与语音通信的开放性全球规范，可实现无缝连接。无缝连接是指在掌握系统底层协议和接口规范的基础上而开发的完全兼容产品。

3. 蓝牙的各种技术

（1）拓扑结构

蓝牙技术支持点对点、点对多点的语音、数据业务，采用灵活的无基站组网方式。在有效的通信范围内，所有设备的地位都是平等的，具有相同权限。首先提出通信要求的设备称为主设备（master），被动进行通信的设备称为从设备（slave）。一个 master 最多可以同时与 7 个 slaver 进行通信，一个 master 与一个以上 slave 构成的主从网络（piconet）称为微微网，如图 5.4（a）所示。为了能容纳更多的装置，并且扩大网络通信范围，多个微微网互联在一起，就构成了蓝牙的自组织网，称为散射网（scatternet），如图 5.4（b）所示。蓝牙无线信道使用跳频/时分复用（FH/TDD）方案。虽然每个微微网只有一个 master，但是 slave 可以基于 TDD 机制加入不同的微微网，而且一个微微网的 master 可以成为另外一个微微网的 slave，具有多种角色的结点可以作为桥结点连接邻近的微微网而形成散射网。每个微微网都有其独立的跳频序列，它们之间的跳频并不同步，由此避免了同频干扰。

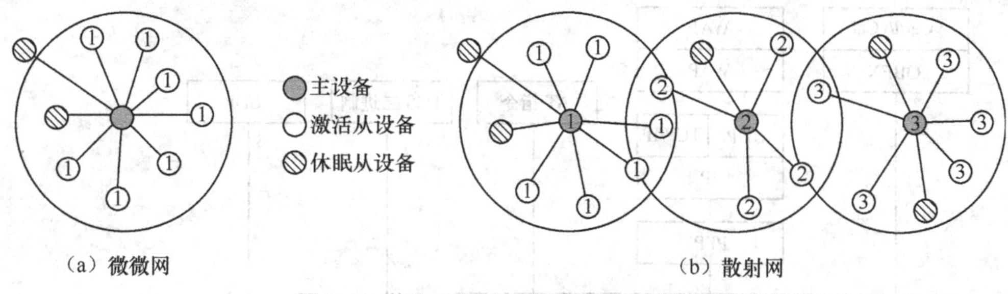

图 5.4　蓝牙设备组成的微微网和散射网

（2）系统组成

蓝牙系统一般由天线单元、链路控制（硬件）、链路管理（软件）和蓝牙软件（协议）4 个功能模块组成。其中，链路控制（硬件）负责处理基带协议和其他一些低层常规协议，链路管理（软件）实现链路的建立、认证及链路硬件配置等。

（3）射频特征

蓝牙设备的工作频段为 2.4GHz，频道采用 23 或 79 个，频道间隔均为 1MHz。蓝牙设备的最大发射功率分为 3 个等级：100mW（20dBm）、2.5mW（4dBm）、1mW（0dBm）。由于要求采用功率控制，因此蓝牙设备之间的有效通信距离为 10 ~ 100m。

（4）跳频技术

蓝牙特别设计了快速确认和跳频技术，以确保链路稳定。跳频是指在接收或发送一组分组数据后，即跳至另一频点。跳频技术是把频带分成若干个跳频信道（hop channel），在一次连接中无线收发器按一定的码序列（即一定的规律，技术上称为伪随机码）不断地从一个信道“跳”到另一个信道，只有收发双方是按这个规律进行通信的，而其他干扰不可能按同样的规律进行干扰。跳频的瞬时带宽是很窄的，但通过扩展频谱技术，这个窄带宽可以成百倍地扩展成宽频带，使干扰的可能影响变得很小。

在蓝牙无线信道的 FH/TDD 方案中，信道以 625μs 时间长度划分时隙，根据微微网主结点的时钟对时隙进行编号，以 227 为一个循环长度，每个时隙对应一个跳频频率，通常跳频速率为每秒 1600 跳。

（5）TDMA 结构

蓝牙的数据传输速率为 1Mbit/s，采用数据包形式按时隙传送。蓝牙的基带协议是电路交换与分组交换的结合，系统支持实时的同步定向连接和非实时的异步不定向连接。蓝牙支持一个异步数据信道、3 个并发的同步语音信道，还可以用一个信道同时传送异步数据和同步语音。每个语音信道支持 64kbit/s 的同步语音链路，异步信道支持一端最大速率为 721kbit/s、另一端速率为 57.6kbit/s 的不对称连接，或者是支持 432.6kbit/s 的对称连接。

（6）纠错技术

蓝牙的纠错机制分为前向纠错编码（FEC）和包重发（ARQ）。采用 FEC 编码方式减少了数据重发次数，抑制了长距离链路的随机噪声。但在无差错情况下，FEC 编码会降低数据吞吐量。每一数据包中都含有循环冗余校验（CRC），用来检测误码。

（7）软件的层次结构

蓝牙的通信协议采用层次结构。底层为各类应用所通用；高层则视具体应用而有所不同，大体分为计算机背景和非计算机背景两种。

4. 蓝牙的协议体系

SIG 在制定蓝牙的协议堆栈时，一个重要的原则就是高层尽量利用已有的协议，而不是对于不同的应用去定义新的协议。所以，在蓝牙协议堆栈中，许多协议不是蓝牙特有的。蓝牙的协议堆栈遵循开放互联参考模型（OSI），从低到高定义了各个层次，如图 5.5 所示。

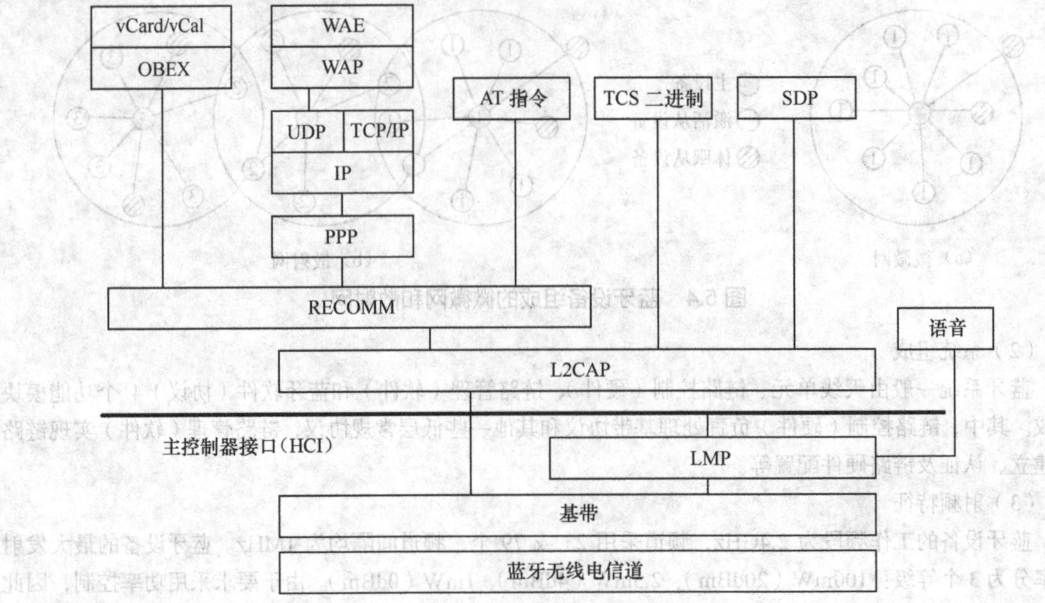

图 5.5　蓝牙协议堆栈

（1）蓝牙协议体系的 4 层

蓝牙的协议体系分为 4 层：核心协议层、电缆替代协议层、电话控制协议层、可选协议。在核心协议层，包括基带（Baseband）、链路管理协议（LMP）、逻辑链路控制和适配协议（L2CAP）、服务发现协议（SDP）。在电缆替代协议层，包括规范的串行仿真协议（RFCOMM）。在电话控制协议层，包括二元电话控制协议（TCS Binary）、AT 命令集电话控制协议（AT-commands）。在可选协议中，有点对点协议（PPP）、用户数据报协议/传输控制协议/互联网协议（UDP/TCP/IP）、对象交换协议（OBEX）、无线应用协议（WAP）、无线应用环境（WAE）、电子名片（vCard/vCal）。

（2）核心协议

无线与基带：基带协议确保各个蓝牙设备之间的物理射频连接。蓝牙的射频系统是一个跳频系统，跳频是把频带分成若干个跳频信道，任何一个分组在指定时隙、指定频率上发送，可为基带数据分组提供同步面向连接、异步非连接两种物理连接方式。

LMP：负责蓝牙各设备之间连接的建立。首先，它通过连接的发起、交换、核实进行身份认证和安全加密；其次，它通过设备间协商确定基带数据分组的大小；另外，它还控制无线部分的电源模式、工作周期和微微网内设备之间的连接状态。

L2CAP：这是基带的上层协议，它是与 LMP 并行工作的，L2CAP 将采用多路技术、分割和重组技术、群提取技术等为上层提供数据服务。

SDP：服务发现协议是所有用户模式的基础。

5．蓝牙的应用场景

（1）居家

现在越来越多的人开始了居家办公。通过使用蓝牙设备，可以免除居家办公的电缆缠绕，鼠标、键盘、打印机、膝上型计算机、耳机、扬声器等均可以在 PC 环境中无线使用。

（2）工作

蓝牙技术的用途不仅限于解决办公室环境的电线杂乱情况。启用蓝牙的设备，能够创建自己的即时网络，让用户能够共享演示文稿或其他文件，不受兼容性或电子邮件访问的限制。蓝牙设备能方便地召开小组会议，通过无线网络与其他办公室进行对话。

（3）途中

蓝牙技术能够随时随地任意创建无线热点，即使在途中也能高效工作。具有蓝牙技术的手机、PDA、膝上型计算机、耳机、汽车等能在途中实现免提通信，用户身处热点范围之外仍能联通 Internet 网络，并可在 PC 和移动设备之间与联系人保持连接。

5.2.3 UWB

与带宽相对较窄的传统无线系统不同，超宽带（Ultra Wideband，UWB）在宽频带上发送一系列非常窄的低功率脉冲，能在 10m 左右的范围内实现数百 Mbit/s 的无线数据传输速率，在室内无线环境中能够提供与有线相媲美的通信性能。UWB 是一种无载波通信技术，因此也被称为无线电领域的一次革命性进展。

1. UWB 的起源

UWB 数据传输技术出现于 20 世纪 60 年代。UWB 技术在 70 年代获得了重要的发展，其中多数集中在雷达系统的应用中。为了研究 UWB 民用的可行性，自 1998 年起，美国联邦通信委员会（FCC）开始广泛征求业界意见。在美国军方和航空界等众多不同意见的反对下，FCC 仍然开放了 UWB 技术的应用许可，说明此项技术具有巨大的市场。

美国在 UWB 方面的积极投入，引起了全球工业界的重视。由 Wisair、Philips 等 6 家公司和团体成立了 Ultrawaves 组织，研究 UWB 在家庭音频与视频设备高速传输方面的可行性。日本在 2003 年成立了 UWB 研究开发协会，有 40 家以上的公司和大学参加，并在同年构筑了 UWB 通信试验设备。由摩托罗拉等 10 家公司和团体成立了 UCAN 组织，提出了 DS-UWB 标准，利用 UWB 达成 WPAN 技术，包括实体层、MAC 层、路由与硬件技术等。由 Intel 和德州仪器等公司提出 MBOA 标准，提出了应用 UWB 的多带正交频分复用（MB-OFDM）技术解决方案，这个方案支持高达数百 Mbit/s 的高速通信，耗电量为现有无线技术的 1/100 以下，较现有无线技术成本更低。

2. UWB 的工作原理

UWB 无线通信是一种不用载波，而采用时间间隔极短（小于 1ns）的脉冲进行通信的方式，也称为脉冲无线电（Impulse Radio）或无载波（Carrier Free）通信。与普通信号波形相比，UWB 不利用余弦波进行载波调制，而是发送许多小于 1ns 的脉冲，因此这种通信方式占用带宽非常宽，且频谱的功率密度极小，具有通常扩频通信的特点。

UWB 不同于把基带信号变换为无线射频、不需常规窄带调制的 RF 频率变换，脉冲成形后可直接送至天线发射。频谱形状可通过单脉冲形状和天线负载特征来调整。UWB 信号类似于基带信号，可采用脉冲键控。由于加电的时间极短，因此平均耗电量很低。

如果减小 UWB 脉冲的长度，那么频带宽度的增加将与时间成反比。在使用脉冲传送信号时，脉冲长度越小，单位时间内传送的信号就越多。反过来说，带宽越宽就能够传送更多的脉冲。但是，UWB 也有缺点，对其他无线通信而言，UWB 的 GHz 频带的频率成分是干扰通信的噪声，人们至今仍然认为 UWB 会对其他无线通信造成干扰。

为保护 GPS、导航和军事通信频段，UWB 限制在 3.1～10.6GHz，通信距离 10m 左右。UWB 小于 1mW 的发射功率就能实现通信，低发射功率大大延长了系统电源的工作时间，电磁波辐射对人体的影响也很小。UWB 与其他无线通信对带宽和功率谱密度的对比如图 5.6 所示，图中横轴是频率（Frequency），纵轴是功率谱密度（Power Spectral Density）。

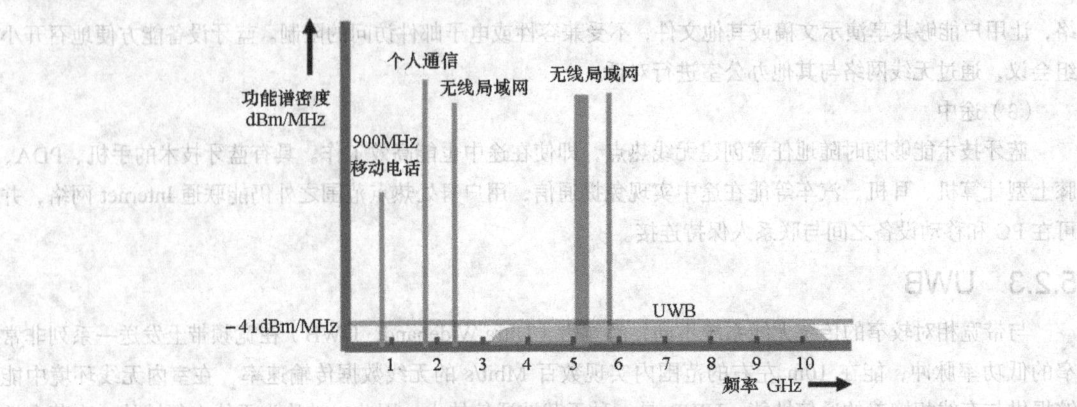

图 5.6 UWB 与其他无线通信对带宽和功率谱密度的对比

3. UWB 的技术特点

由于 UWB 与传统无线通信的工作原理迥异，因此 UWB 具有传统无线通信系统无法比拟的技术优势。UWB 的技术特点如下。

（1）系统的结构简单

当前无线通信所使用的载波是连续的电波。而 UWB 不使用载波，UWB 发射器直接用脉冲激励天线，无须传统收发器的上变频。同时，UWB 接收机也有别于传统的接收机，直接用一级前端交叉相关器就把脉冲序列转换成基带信号，不需要中频处理，结构简单。

（2）高速的数据传输

一般民用 UWB 的传输速率可达 500Mbit/s，UWB 是实现个人通信和无线局域网的一种理想技术。UWB 以非常宽的频率带宽来换取高速的数据传输，并且不单独占用现在已经拥挤不堪的频率资源，而是共享其他无线技术使用的频带。

（3）功耗低

UWB 使用间歇的脉冲发送数据，脉冲持续时间一般在 0.20 ~ 1.5ns 之间，有很低的占空因数，系统耗电很低，在高速通信时，耗电量仅为几百 μW 到几十 mW。民用的 UWB 设备功率一般是移动电话的 1/100，是蓝牙设备的 1/20。军用的 UWB 电台耗电也很低。

（4）安全性高

UWB 把信号能量弥散在极宽的频带范围内，对一般通信系统，UWB 信号相当于白噪声，大多数情况下，UWB 的功率谱密度低于自然的电子噪声，从电子噪声中将脉冲信号检测出来非常困难。采用编码对脉冲参数进行伪随机化后，脉冲的检测将更加困难。

（5）多径分辨能力强

常规无线通信的射频信号大多为连续信号，存在多径效应。而 UWB 发射的是持续时间极短的单周期脉冲，且占空比极低，多径信号在时间上是可分离的。如果多径脉冲要在时间上发生交叠，其多径传输路径长度应小于脉冲宽度与传播速度的乘积，由于脉冲多径信号在时间上不重叠，很容易分离出多径脉冲分量。大量实验表明，对常规无线信号多径衰落达 10 ~ 30dB 的环境，UWB 信号的衰落最多不到 5dB。

（6）定位精确

冲激脉冲具有很高的定位精度，采用 UWB 很容易将定位与通信合二为一，而常规无线电难以做到这一点。UWB 具有极强的穿透能力，可在室内和地下进行精确定位，而 GPS 定位系统只能工作在 GPS 定位卫星的可视范围之内。与 GPS 提供绝对地理位置不同，UWB 可以给出相对位置，其定位精度可达厘米级。

（7）造价便宜

在工程实现上，UWB 比其他无线技术要简单得多，可实现全数字化。它只需要以一种数学方式产生脉冲，并对脉冲产生调制，电路可以集成到一个芯片上，设备成本将很低。

4. UWB的应用场景

（1）数字家庭

UWB的一个重要应用领域是数字家庭娱乐中心。由于UWB具有巨大的数据传输速率优势，在短距离范围内提供高速无线数据传输将是UWB的重要应用领域。家庭数字娱乐中心的概念是，家庭中PC、娱乐设备、智能家电和Internet都可以连接在一起。通过UWB技术，相互独立的家庭数字产品可以有机地结合起来，储存的视频等数据可以共享观看，通过联机可以任意地与Internet交互信息。

（2）精确地理定位

UWB介于雷达和通信之间的一个重要应用是精确地理定位，能够提供三维地理定位信息。UWB系统由无线UWB塔标和无线UWB移动漫游器组成。其基本原理是，通过UWB移动漫游器和UWB塔标间的包突发传送，完成航程时间测量，再经往返时间测量值的对比和分析，得到目标的精确定位。UWB地理定位系统最初的开发和应用是在军事领域，其目的是在城市环境下战士能够以0.3m的分辨率测定自身所在的位置。目前其主要商业用途之一是路旁信息服务系统，能够提供突发且高达100Mbit/s的信息服务，其信息内容包括路况信息、建筑物信息、行驶建议等。

5.2.4 60GHz通信

尽管UWB技术能够提供百兆比特每秒的无线数据传输速率，但依旧不能满足人们对日益增长的数据业务需求。目前众多室内无线应用需要高速互联网接入和实时数据传输，所需的数据传输速率为1～3Gbit/s。这就促使人们寻找新的技术解决方案，60GHz通信技术就是在这种背景下产生的。

1. 60GHz通信的起源

从理论上看，要进一步提高系统容量，增加带宽势在必行。但是10GHz以下的无线频谱已经拥挤不堪，要实现高速数据通信，还需要开辟新的频谱资源。

自2000年以来，欧洲国家以及美、日、澳等国家和我国相继在60GHz附近划分出免许可的ISM频段。北美国家和韩国开放了57～64GHz频段，欧洲国家和日本开放了59～66GHz频段，澳大利亚开放了59.4～62.9GHz频段，我国开放了59～64GHz频段。这一空前开放的频段带宽，使60GHz通信成为室内短距离应用的必然选择。

2. 60GHz通信的标准化工作

学术界、工业界和标准化组织已经投入大量精力研究60GHz通信技术和标准。其中，工业界有WirelessHD和WiGig联盟，标准化组织有ECMA、IEEE 802.15.3c（TG3c）和IEEE 802.11ad（TG ad）小组。

（1）WirelessHD

2006年10月，索尼、LG、松下、NEC、三星、东芝公司成立了WirelessHD联盟，旨在对60GHz通信技术进行规范。2008年，WirelessHD联盟完成了首个高清视频传输标准WirelessHD 1.0。2010年，WirelessHD联盟又着手制定WirelessHD 2.0。WirelessHD 2.0标准是运行在60GHz频率上的无线高清视频传输协议，数据传输速率可以提高到10～28Gbit/s，理论极限为25Gbit/s，能够为高分辨率内容传输提供充足的带宽。

（2）WiGig

2009年5月，英特尔、微软、诺基亚、戴尔、松下等15家公司联手成立了WiGig（Wireless Gigabit）联盟，欲定义面向数字家电的毫米波通信标准。WiGig联盟完成了无线标准WiGig 1.0。WiGig 1.0标准的数据传输速率可以达到7Gbit/s，是对IEEE 802.11媒质接入控制层（MAC）的补充和延伸，向后兼容IEEE 802.11标准，物理层可满足低功耗和高品质的要求，可满足设备互操作性和Gbit/s通信速率的要求。

（3）ECMA

2008年12月，欧洲计算机制造联合会（ECMA）公布了ECMA-387标准。ECMA-387是欧洲的60GHz

无线标准，在单载波模式下可以提供 6.35Gbit/s 的速率，在 OFDM 模式下可以提供 4.032Gbit/s 的速率。ECMA-387 符合开放系统互联（OSI）标准，规定了物理层（PHY）、媒质接入控制层（MAC）和高清晰度多媒体接口协议适应层（PAL）。

（4）IEEE 802.15.3c（TG3c）

2005 年 3 月，IEEE 成立了 802.15.3c 小组。2009 年 10 月，TG3c 小组通过了 IEEE 802.15.3c-2009 标准，该标准定义了一种可以工作在 60GHz 的 MAC 和 PHY 层规范，可以提供的最高速率超过 5Gbit/s。其中，WirelessHD 1.0 技术规范作为一种工作模式（AV-OFDM）也被 IEEE 802.15.3c-2009 标准接纳。

（5）IEEE 802.11ad（TG ad）

IEEE 802.11 小组于 2009 年启动了 IEEE 802.11ad 标准制定工作。毫米波通信可以作为现有 WLAN 标准 802.11n 的互补技术，适用于家庭、办公室等多种场合。TG ad 小组于 2010 年开始征集技术提案，2012 年 12 月正式颁布 IEEE 802.11ad 标准。60GHz 毫米波的频段相对较高，在无线通信标准化中一直为非主流技术，然而随着 WLAN 芯片厂商对该技术的兴趣，毫米波通信的地位正发生变化。

3. 60GHz 通信的特点和应用

（1）60GHz 信号传播特性

60GHz 电磁波属于毫米波范畴，传播特性与 10GHz 以下的电磁波有明显差别。60GHz 电磁波具有高度的直线传播特性，绕射能力差，容易受障碍物的遮挡。60GHz 电磁波在空气中传播时，氧气和水蒸气都对电磁波有吸收，能够产生 7 ~ 15.5dB/km 的衰减。通常 60GHz 分配给室内短距离通信，传输范围只有 10m，且无法穿透墙壁。

（2）60GHz 技术和应用

对于衰减的问题，60GHz 可以采用增大发射功率、选用高增益天线、增加中继站、采用相控阵天线的技术解决。IBM 和 MTK 联合开发了 60GHz 收发芯片，毫米波天线也被集成在标准封装中。该芯片采用相控阵雷达技术，拥有低成本的多层 16 位带宽的阵列天线，可以覆盖 60GHz 的 4 个频段。

Google 公司利用 60GHz 毫米波的特性，逆向思维进行设计，通过手势控制智能手机。今天的智能手机都是触控的，而 Google 公司的设计是不用接触触摸屏的，只需要在空气中用指头划一划，即可操控手机，如图 5.7 所示。60GHz 毫米波容易被障碍物阻挡，难以实现远距离传输，Google 正是利用了 60GHz 的这一缺点，利用无线电波反射，并利用 60GHz 高速率传播的特点，从中提取计算出用户的手势信息。

图 5.7 Google 利用 60GHz 通过手势控制智能手机

5.2.5 WLAN

无线局域网（WLAN）是一种利用无线信号在空中传输数据、语音和视频的技术。作为传统布线网络的一种替代方案或延伸，WLAN 用户不用敷线，就能方便地实施联网技术。WLAN 把个人从办公桌解放出来，达到信息随身化。WLAN 还可以便捷、迅速地接纳新的终端，不必对网络配置过多变动。WLAN 如图 5.8 所示。

1. WLAN 的起源

1990 年，IEEE 成立了 802.11 WLAN 标准工作组，开始制定无线局域网络标准。1997 年 6 月，WLAN 第一个标准 IEEE 802.11 诞生了。802.11 主要用于解决办公室局域网和校园网中用户与用户终端的无线接入，业务主要限于数据访问，速率最高只能达到2Mbit/s。

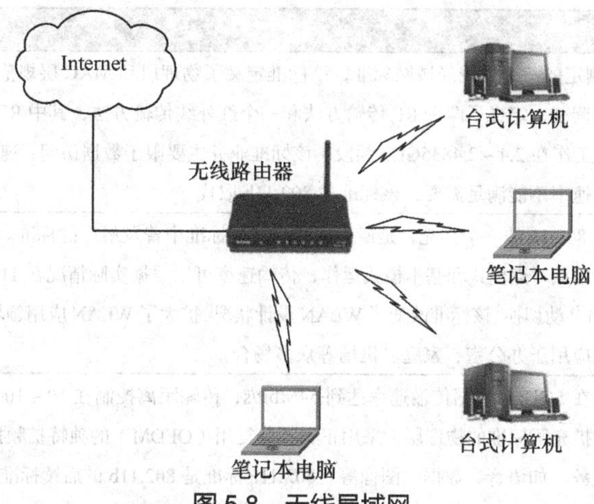

图5.8 无线局域网

由于802.11在速率和传输距离上都不能满足人们的需要，1999年，IEEE又相继推出了两个版本：802.11b标准和802.11a标准。其中，802.11a工作在5.15～5.825GHz，数据传输速率达到54Mbit/s；802.11b工作在2.4～2.4835GHz，数据传输速率达到11Mbit/s。20世纪初期，IEEE又推出了多个WLAN版本，包括802.11g标准、802.11i标准、802.11e标准、802.11f标准和802.11h标准等。

1999年，工业界成立了Wi-Fi联盟，致力于解决符合IEEE 802.11标准的产品生产和设备兼容性问题。现在IEEE 802.11这个标准已被统称作Wi-Fi，它是一种短程无线传输技术，能够在几百米范围内支持互联网的无线接入。

2. WLAN的技术特点

（1）WLAN的优点

WLAN具有灵活性和移动性。WLAN的安放位置具有灵活性，在无线信号覆盖区域内的任何一个位置都可以接入网络。WLAN的另一个优点在于移动性，连接到无线局域网的用户可以移动且能同时与网络保持连接。

WLAN安装便捷。WLAN可以免去或减少网络布线的工作量，一般只要安装一个或多个接入点设备，就可以建立覆盖整个区域的局域网络。

WLAN易于进行网络规划和调整。对于有线网络来说，办公地点或网络拓扑的改变通常意味着重新建网。无线局域网可以避免或减少以上情况的发生。

WLAN容易定位故障。有线网络一旦出现物理故障，往往很难查明，而且检修线路需要付出很大代价。无线网络则很容易定位故障，只需更换故障设备即可恢复网络连接。

WLAN易于扩展。WLAN有多种配置方式，可以很快从只有几个用户的小型局域网扩展到上千用户的大型网络，并且能够提供结点间漫游等有线网络无法实现的特性。

（2）WLAN的缺点

WLAN是依靠无线电波进行传输的，而建筑物、车辆、树木等障碍物都可能阻碍电磁波的传输，所以会影响网络的性能。WLAN的传输速率与有线信道相比要低得多，只适合于个人终端和小规模网络应用。WLAN无线信号很容易被监听，容易造成信息泄漏。

3. WLAN的标准

由于WLAN是基于计算机网络的，在计算机网络结构中，逻辑链路控制（LLC）层之上的层可以是相同的，因此WLAN标准主要是针对物理层和MAC层。WLAN主要涉及所使用的无线频率范围、空中接口通信协议等。IEEE 802.11的主要标准见表5.3。

表 5.3　IEEE 802.11 的主要标准

标　　准	描　　述
IEEE 802.11	IEEE 最初制定的一个无线局域网标准，该标准定义了物理层和 MAC 层规范。物理层定义了数据传输的信号特征和调制，定义了两个 RF 传输方法和一个红外线传输方法，其中 RF 传输标准是跳频扩频和直接序列扩频，工作在 2.4～2.4835GHz 频段。该标准业务主要限于数据访问，速率最高只能达到 2Mbit/s，由于它的传输速率不能满足需要，该标准被 802.11b 取代
IEEE 802.11b	该标准是对 802.11 的一个补充，是所有无线局域网标准中普及最广的标准。该标准采用补偿编码键控调制方式，采用点对点模式和基本模式运作，传输速率可以根据实际情况在 11Mbit/s、5.5Mbit/s、2Mbit/s、1Mbit/s 之间自动切换。该标准改变了 WLAN 设计状况，扩大了 WLAN 应用领域，已成为当前主流的 WLAN 标准，广泛应用于办公室、家庭、机场等众多场合
IEEE 802.11a	该标准工作在 5GHz，数据传输速率达到 54Mbit/s，传输距离控制在 10～100m。该标准也是 802.11 的一个补充，它扩充了标准的物理层，采用正交频分复用（OFDM）的独特扩频技术，采用 QFSK 调制方式，支持多种业务，如语音、数据、图像等。802.11a 标准是 802.11b 的后续标准，其设计初衷是取代 802.11b 标准，然而 802.11b 工作于 2.4GHz 的 ISM 频段，所以一些公司没有表示对 802.11a 标准的支持
IEEE 802.11g	该标准提出拥有 802.11a 的传输速率，支持高达 54Mbit/s 的数据流，但采用与 802.11b 相同的 2.4GHz，设备与 802.11b 兼容。该标准安全性比 802.11b 好，采用两种调制方式，含 802.11a 中采用的 OFDM 与 802.11b 中采用的 CCK，做到与 802.11a 和 802.11b 兼容

5.2.6　WiMAX

全球微波互联接入（WiMAX）也称为 IEEE 802.16 无线城域网，它是一种宽带无线接入技术，能提供面向互联网的高速连接，数据传输距离最远可达 50km。随着技术标准的发展，WiMAX 将逐步实现宽带业务的移动化，而移动通信则实现移动业务的宽带化，两种网络的融合程度会越来越高。WiMAX 如图 5.9 所示。

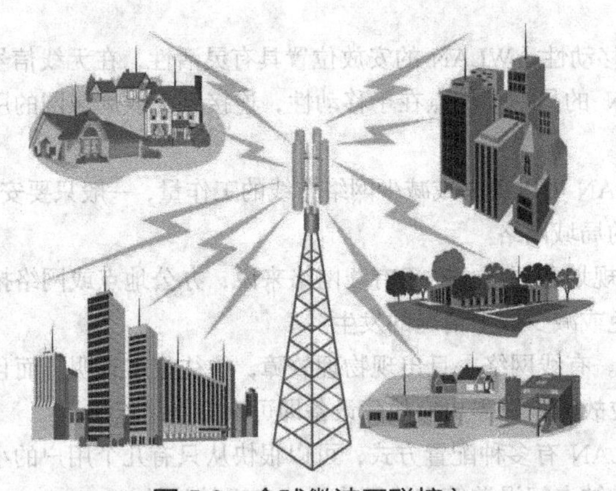

图 5.9　全球微波互联接入

1. WiMAX 的起源

无线城域网（WMAN）主要用于解决城域网的无线接入问题，除提供固定的无线接入外，还提供具有移动性的接入能力。IEEE 802.16 是无线城域网的标准之一。为确保不同供应商产品与解决方案的兼容性，2003 年由 Intel 牵头，西门子、富士通、AT&T 等公司成立了旨在推进无线宽带接入技术的 WiMAX 论坛，我国中兴通信公司也名列其中。之后，英国电信、法国电信等公司也先后加入该论坛。WiMAX 论坛已经拥有约 100 个成员，其中运营商占 25%。现在 IEEE 802.16 标准已被统称为 WiMAX，WiMAX 已成为继 Wi-Fi 之后最受业界关注的宽带无线接入技术。

2. WiMAX 的技术特点

（1）WiMAX 的优点

① 实现更远的传输距离。WiMAX 提供的 50km 无线信号传输距离是 WLAN 所不能比的，WiMAX 只要少数基站就能覆盖全城。

② 提供更高速的宽带接入。2011 年 4 月，IEEE 通过了 802.16m 标准，该标准的下载速率可超过 300Mbit/s。

③ 提供优良的最后一千米网络接入服务。作为一种无线城域网技术，WiMAX 既可以将 Wi-Fi 热点接入到互联网，也可作为 DSL 等有线接入方式的无线扩展，实现最后一千米的宽带接入。

（2）WiMAX 的缺点

从标准来讲，WiMAX 技术不能支持用户在移动过程中无缝切换。WiMAX 技术允许的移动速度只有 50km/h，如果高速移动，WiMAX 达不到无缝切换的要求。严格意义上讲，WiMAX 不是一个移动通信系统的标准，而是一个无线城域网的技术。

3. IEEE 802.16 标准

IEEE 802.16 标准又称为 IEEE Wireless MAN 空中接口标准，是一点对多点技术标准，包括多信道多点分配系统（Multichannel Multipoint Distribution System，MMDS）、本地多点分配系统（Local Multipoint Distribution System，LMDS）、高性能城域网（High Performance MAN）等。WiMAX 采用 IEEE 802.16 系列标准作为物理层及 MAC 层技术，可在 2 ~ 66GHz 频带范围内利用所有需要或不需要许可的频带，以确保服务质量（QoS）。IEEE 802.16 标准有一系列协议，包括 802.16、802.16a、802.16b、802.16c、802.16d、802.16e、802.16f、802.16g、802.16h、802.16i、802.16j、802.16k、802.16m 等版本等，各标准的主要特征见表 5.4。

表 5.4　各种 IEEE 802.16 标准的主要特征

标　准	主要特征
802.16	最初的标准，2001 年批准通过，使用 10 ~ 66GHz 频段，对固定宽带无线接入系统的空中接口物理层和 MAC 层进行了规范，速率可达 134Mbit/s。由于使用的频段较高，仅能应用于视距范围内
802.16a	使用 2 ~ 11GHz，对许可和免许可频段固定宽带无线接入系统的空中接口物理层和 MAC 层进行了规范，非视距传输，速率可达 70Mbit/s
802.16b	802.16a 的升级版本，解决在 5GHz 上非授权应用的问题
802.16c	802.16 的升级版本，解决在 10 ~ 66GHz 上系统的互操作问题
802.16d	2004 年发布，是相对比较成熟且最具有实用性的一个标准版本，对 2 ~ 66GHz 频段的空中接口物理层和 MAC 层进行了详细规定，支持高级天线系统（MIMO），但仍属于固定宽带无线接入规范
802.16e	2005 年 12 月发布，提出一种既能提供高速数据业务又使用户具有移动性的宽带无线接入解决方案，被业界视为能对 3G 构成竞争的下一代宽带无线技术。工作在 2 ~ 6GHz 之间适宜于移动性的许可频段，可支持用户站以车辆速度移动
802.16f	定义了 MAC 层和物理层的管理信息库（MIB）以及相关的管理流程，扩展后能支持网状网要求的多跳能力
802.16g	规定系统管理流程和接口，从而能够实现 802.16 设备的互操作性和对网络资源、移动性和频谱的有效管理
802.16h	增强的 MAC 层，使得基于 802.16 的非授权系统和授权频带上的主用户能够共存
802.16i	无线接入系统空中接口移动管理信息库要求
802.16j	移动多跳中继系统规范
802.16k	局域网和城域网 MAC 网桥
802.16m	2011 年发布，以 ITU-R 所提供的 4G 规格作为目标来制定的

4. WiMAX 与 Wi-Fi 技术对比

（1）使用频段

WiMAX 可以在需要执照的无线频段或不需要执照的无线频段进行网络运作。只要企业拥有该无线频段的执照，WiMAX 便可以用更多频宽、更多时段与更强的功率进行发送。而 Wi-Fi 只能在 2.4～5GHz 之间不需要执照的频段工作。

（2）传输范围

美国的联邦通信委员会（FCC）规定，Wi-Fi 的功率一般要在 1～100mW 之间。一般，WiMAX 基地台的功率大约为 100kW。所以，WiMAX 比 Wi-Fi 具有更大的传输距离，但大功率发射要有一个授权的无线电频段才能使用。

（3）传输速率

传输速率是 WiMAX 的技术优势之一。Wi-Fi 的传输速率是几到几十 Mbit/s，WiMAX 的传输速率为几十到几百兆比特每秒。

（4）安全性

从安全性的角度来说，WiMAX 使用的是与 Wi-Fi 的 WPA2 标准相似的认证与加密方法。其中的微小区别在于，WiMAX 的安全机制使用 3DES 或 AES 加密，然后加上 EAP 认证，Wi-Fi 的 WPA2 则是用典型的 PEAP 认证与 AES 加密。两者的安全性都是可以保证的，因此在实际中，网络的安全性一般取决于实际组建方式的正确合理性。

（5）移动性

从移动能力上看，WiMAX 标准提供的主要是具有一定移动特性的宽带数据业务，面向的用户主要是笔记本终端和 IEEE 802.16e 终端的持有者。IEEE 802.16e 为了获得较高的数据接入带宽和较大的覆盖范围，就牺牲了移动性，主要应用为低速移动状态下的数据接入。

在移动性方面，Wi-Fi 技术也是支持的，但是不支持两个 Wi-Fi 基地台之间的终端切换。当在两个 Wi-Fi 基地台之间移动时，是一个重新接入的过程。

（6）网络对比

WiMAX 并不会直接与大多数的 Wi-Fi 竞争。WiMAX 将会聚焦于授权频段的无线 ISP（互联网服务提供商）市场；而 Wi-Fi 将会继续主导无执照的无线市场，如公司或家用。

5.3 移动通信网络

移动通信是移动体之间的通信，或移动体与固定体之间的通信。也就是说，移动通信的双方至少有一方处于移动中。移动体可以是人，也可以是汽车或轮船等处于移动的物体。移动通信起源于 19 世纪末，意大利电气工程师马可尼完成了陆地与一只拖船之间的无线电通信，而本节介绍的则只是与手机相关的移动通信网络。

从发明 1G 移动通信开始，移动通信网络已经历了 1G、2G、3G 和 4G，并将演进到 5G 的发展历程。与手机相关的移动通信如图 5.10 所示。

5.3.1 第一代（1G）移动通信

1G（First Generation）表示第一代移动通信，1G 是以模拟技术为基础的蜂窝无线电话系统。1978 年底，美国贝尔试验室研制成功了全球第一个移动蜂窝电话系统：先进移动电话系统（Advanced Mobile Phone System，AMPS）。同一时期，欧洲各国也不甘示弱，纷纷建立起自己的第一代移动通信系统。瑞典等北欧 4 国在 1980 年研制成功了 NMT-450 移动通信网；联邦德国在 1984 年完成了 C 网络（C-Netz）；英国则于 1985 年开发出频段在 900MHz 的全接入通信系统（Total Access Communications System，TACS）。

在各种 1G 系统中，AMPS 制式的移动通信系统在全球的应用最为广泛，它曾经在超过 72 个国家和地区运营。同时，也有近 30 个国家和地区采用 TACS 制式的 1G 系统。这两个移动通信系统是世界上最具影响力的1G系统。目前1G服务已基本被淘汰。

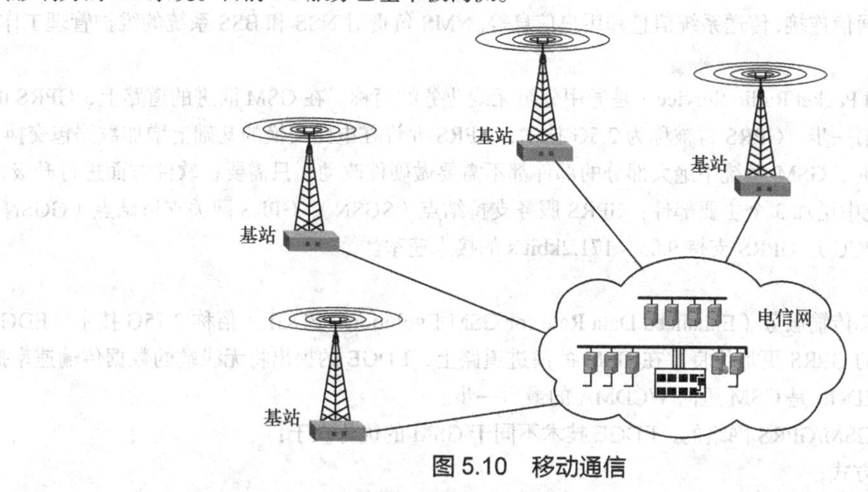

图5.10 移动通信

我国的1G系统于1987年11月18日在广东第六届全运会上开通，采用的是英国TACS制式。从1987年11月开始运营，到2001年12月底关闭，1G系统在我国的应用长达14年，用户数最高曾达到了660万。如今，1G时代那像砖头一样的手持终端（大哥大）已经成为很多人的回忆。

由于采用的是模拟技术，1G系统在设计上只能传输语音，并受到网络容量的限制，1G系统的容量十分有限。此外，安全性和干扰也存在较大的问题。1G系统的先天不足，使得它无法真正大规模普及和应用，价格更是非常高昂，成为当时的一种奢侈品和财富的象征。与此同时，不同国家的各自为政也使得1G的技术标准各不相同，即只有"国家标准"，没有"国际标准"，国际漫游成为一个突出的问题。这些缺点都随着第二代移动通信系统的到来得到了很大的改善。

5.3.2 第二代（2G）移动通信

第二代（2G）移动通信系统以数字化为主要特征，以传输语言和低速数据业务为目的，因此又称为窄带数字通信系统，典型代表是GSM和IS95。为解决1G移动通信的技术缺陷，1982年，北欧4国向欧洲邮电主管部门大会（CEPT）提交了一份建议书，要求制定900MHz频段的欧洲公共电信业务规范，建立欧洲统一的蜂窝移动通信系统。同年，成立了欧洲移动通信特别小组（Group Special Mobile），后来演变成全球移动通信系统（Global System for Mobile Communication，GSM）。随后，美国制定了数字先进移动电话服务（Digital-Advanced Mobile Phone Service，D-AMPS）和IS-95码分多址（Code Division Multiple Access，CDMA），其中，IS-95是由高通公司发起的第一个基于CDMA数字蜂窝标准。2G可以进行语音通信，还可以收发短信（短消息、SMS）、彩信（MMS、多媒体简讯）等。2G提供了更高的网络容量，改善了语音质量和保密性，还引入了无缝的国际漫游。

1. GSM、GPRS、EDGE

（1）GSM

1987年，GSM成员国经现场测试和论证比较，就数字系统采用窄带时分多址（TDMA）、规则脉冲激励长期预测（RPE-LTP）语音编码和高斯滤波最小移频键控（GMSK）调制方式达成一致意见。1989年，GSM标准生效。1991年，GSM系统正式在欧洲问世，网络开通运行。1992年，世界上第一个GSM网在芬兰投入使用，从此移动通信跨入了2G时代。1995年，我国开通GSM数字电话网。

GSM被分成3个子系统：网络交换子系统（Network Switching Subsystem，NSS）、基站子系统（Base Station Subsystem，BSS）、网络管理子系统（Network Management Subsystem，NMS）。NSS是GSM系统的核心，它对GSM移动用户之间及移动用户与其他通信网用户之间的通信起着交换连接与管理的作用。BSS是GSM系统中与无线蜂窝关系最直接的基本组成部分，它通过无线接口直接与移动台相连，负责无线信息的发送与接收，无线资源管理及功率控制等，同时它与 NSS 相连，实现移动用户间或移动用户与固定网络用户之间的通信连接，传送系统信息和用户信息等。NMS 负责对 NSS 和 BSS 系统的维护管理工作。

（2）GPRS

GPRS（General Packet Radio Service）是通用分组无线业务的简称。在 GSM 演进的道路上，GPRS 的提出迈出了重要的第一步。GPRS 常被称为 2.5G 技术，GPRS 允许在电路交换的基础上增加数据包交换。在构建 GPRS 网络时，GSM 系统中绝大部分的部件都不需要做硬件改动，只需要在软件方面进行升级，主要是在 GSM 系统中增加 3 个主要部件：GPRS 服务支持结点（SGSN）、GPRS 网关支持结点（GGSN）和分组控制单元（PCU）。GPRS 支持 9.05 ~ 171.2kbit/s 的接入速率。

（3）EDGE

增强型数据速率传输服务（Enhanced Data Rate for GSM Evolution，EDGE）俗称 2.75G 技术，EDGE 比“二代半”技术的 GPRS 更加优良。在 GSM 的演进道路上，EDGE 的提出将无线端的数据传输速率提高到了 384kbit/s，EDGE 是 GSM 迈向 WCDMA 的最后一步。

EDGE 是基于 GSM/GPRS 网络的，EDGE 技术不同于 GSM 的优势在于：

① 8PSK 调制方式；

② 增强型的 AMR 编码方式；

③ MCS1 ~ 9 九种信道调制编码方式；

④ 链路自适应（LA）；

⑤ 递增冗余传输（IR）；

⑥ RLC 窗口大小自动调整。

从 GPRS 升级到 EDGE，对于上下行信道要提供 GMSK 和 8PSK 的调制解调功能，在终端部分和收发基站（BTS）部分要进行硬件升级，在基站控制器（BSC）部分进行软件升级，而在核心网部分无须太大改动。EDGE 的编码与 GPRS 相比更加复杂，但是，采用 EDGE 的 MCS1 到 MCS9 的编码方案，提供的数据传输速率就大大增加了。EDGE 相对于 GPRS 而言，能提供更大的数据传输速率，也能够提供更多、更丰富的多媒体业务，并且在原有的 GSM、GPRS 网络上很容易就能升级。在链路控制层面上，EDGE 相对于 GPRS，也提供了更为强大的功能。

EDGE 技术主要影响 GSM 网络的无线访问部分，即 BTS 和 BSC，而对基于电路交换和分组交换的应用和接口并没有太大的影响。因此，网络运营商可最大限度地利用现有的无线网络设备，只需少量的投资就可以部署 EDGE，并且通过移动交换中心（MSC）和 SGSN 还可以保留使用现有的网络接口。EDGE 还能与以后的 WCDMA 制式共存，这也正是其所具有的弹性优势。

2. IS-95

IS-95 是一个使用 CDMA 的 2G 移动通信标准，它是由高通（Qualcomm）公司发起的全球第一个基于 CDMA 的数字蜂窝标准。IS 的全称为 Interim Standard，即暂时标准，IS-95 是美国电信工业联盟（TIA）分配的标准编号。基于 IS-95 的第一个品牌是 cdmaOne。在全球得到广泛应用的第一个标准是 IS-95A，这一标准支持语音服务。从 1996 年开始，为了解决中速数据传输问题，IS-95 又提出了 2.5 代的移动通信系统 IS-95B，IS-95B 提供 64kbit/s 的数据业务。IS-95 的后继 CDMA 2000 则被称为 CDMA。

IS-95 是一种直接序列扩频 CDMA 系统，它允许同一小区内的用户使用相同的无线信道，完全取消了对频率规划的要求。CDMA 系统具有频率资源共享的特点，具有越区软切换能力。为了克服多径效应，采用了 RAKE 接收、交织和天线分集技术。为了减少远近效应，采用了严格的功率控制技术。前向链路和反向链路采用不同的调制扩频技术。在前向链路上，基站通过不同的扩频序列同时发送小区内全部用户的数据，同时还发送一个导频码，使得所有移动台在估计信道条件时可以使用相干载波检测；在反向链路上，所有移动台以异步方式响应，并且由于基站的功率控制，理想情况下，每个移动台具有相同的信号电平值。

IS-95 系统的网络结构由移动台子系统、基站子系统和交换子系统构成。移动台是双模移动台，与 AMPS 模拟 FM 系统兼容。基站子系统（BSS）是设于某一地点、服务于一个或几个蜂窝小区的全部无线设备及无线信道控制设备的总称，主要包括集中基站控制器（CBSC）和若干个基站收发信机（BTS）。交换子系统（NSS）包括移动交换中心（MSC）、归属位置寄存器（HLR）、访问位置寄存器（VLR）、鉴权中心（AuC）、消息中心（MC）、短消息实体（SME）和操作维护中心（OMC）。

5.3.3 第三代（3G）移动通信

第三代（3G）移动通信是指支持高速数据传输的蜂窝移动通信。相对于1G的模拟移动通信和2G的数字移动通信，3G的代表特征是提供高速数据业务。3G将无线通信与互联网相结合，使网络移动化成为现实。

1. 3G的起源

1G以频分多址（FDMA）技术为基础，只能进行语音通话。2G以时分多址（TDMA）技术为主要基础，增加了窄带数据通信的功能。3G则以码分多址（CDMA）技术为基础，它能在全球更好地实现无缝漫游，处理图像、音乐、视频流等多种媒体信息，提供包括网页浏览、电话会议、电子商务等多种服务，并与2G有良好的兼容。

1985年，在美国圣迭戈成立了一个名为“高通”的小公司（后成为世界五百强），这个公司开发出一种CDMA的新通信技术，就是这个CDMA技术直接导致了3G的诞生。2000年5月，国际电信联盟（ITU）正式公布了3G标准，我国提交的TD-SCDMA正式成为国际标准，与欧洲的WCDMA、美国的CDMA 2000一起成为3G的三大技术。2007年10月，ITU在日内瓦举行无线通信全体会议，WiMAX正式被批准为第四个全球3G标准。2009年4月20日，我国工业和信息化部印发了《第三代移动通信服务规范（试行）》通知，自2009年6月1日起施行，我国开始建设3G网络。2011年8月，谷歌公司合并了摩托罗拉公司，微软的操作系统取代了诺基亚的塞班操作系统，移动通信和互联网的高速发展与结合，让3G向着更高的目标迈进。

2. 3G的技术特点

3G手机是基于移动互联网技术的终端设备，是通信业和计算机业相融合的产物，也是移动互联网时代的个人通信终端。

3G的技术特点：全球范围设计的，与固定网络业务及用户互联，无线接口的类型尽可能少，具有高度兼容性；具有与固定通信网络相比拟的高语音质量和高安全性；具有在本地采用2Mbit/s高速率接入和在广域网采用384kbit/s接入速率的数据率分段使用功能；具有在2GHz左右的高效频谱利用率，且能最大程度地利用有限带宽；移动终端可连接地面网络和卫星网，可移动使用和固定使用；可同时提供高速电路交换和分组交换业务，能处理包括国际互联网、视频会议、高速数据传输、非对称数据传输等业务；支持分层小区结构，也支持包括用户向不同地点通信时浏览国际互联网的多种同步连接；语音只占移动通信业务的一部分，大部分业务是数据和视频信息，可使每个用户在连接到局域网的同时还能够接收语音呼叫；一个共用的基础设施，可支持同一地方的多个公共的和专用的运营公司。

3. 3G的网络结构

3G的网络结构主要包括核心网（Core Network，CN）、无线接入网（Radio Access Network，RAN）和用户终端模块，其中核心网和无线接入网是3G系统的重要内容，3G的网络结构如图5.11所示。3G通过微微小区，到微小区，到宏小区，直到连接全球网络，可以与全球公共交换电话网（Public Switched Telephone Network，PSTN）、互联网（Internet）、公共陆地移动网（Public Land Mobile Network，PLMN）相连，形成覆盖全球的广域网络。

（1）核心网

核心网主要负责与其他网络的连接，以及对用户终端的通信和管理。核心网从逻辑上划分为电路交换域（CS域）和分组交换域（PS域），其中CS域主要用于语音通话，PS域用于网络数据传输。CS域的实体包括移动交换中心（MSC）、访问位置寄存器（VLR）、移动交换关口局（GMSC）等，PS域的实体包括服务GPRS支持结点（SGSN）、网关GPRS支持结点（GGSN）。本地位置寄存器（HLR）、鉴权中心（AuC）等为CS域和PS域共用。

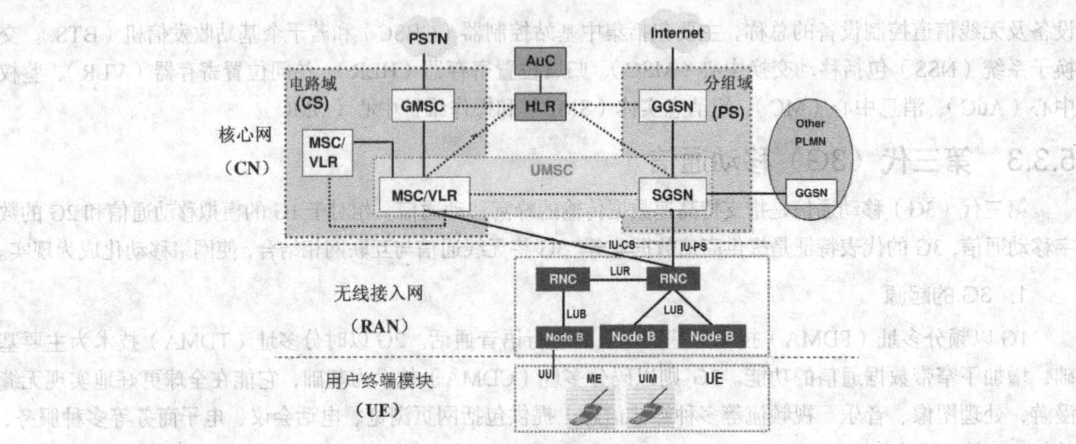

图 5.11　3G 的网络结构

（2）无线接入网

无线接入网主要包括基站控制器（RNC）和基站。RNC 是无线网络控制器，主要执行系统信息广播与接入控制功能，完成切换和 RNC 迁移等移动性管理工作，执行宏分集合并、功率控制、无线承载分配等无线资源管理和控制功能。Node B 是系统的基站，即无线收发信机。无线接入网在基站与 RNC 之间用 LUB 接口，在 RNC 与 RNC 之间用 LUR 接口，在 RNC 与核心网之间用 IU-PS 和 IU-CS 接口。

（3）用户终端模块

用户终端模块（User Equipment，UE）包括移动设备（Mobile Equipment，ME）和用户识别模块（User Identify Module，UIM）。3G 网络在手机与基站之间采用 UU 接口。

4．3G 的 3 种标准

（1）WCDMA

宽带码分多址（Wide Band Code Division Multiple Access，WCDMA）是几种技术的融合。WCDMA 的支持者是以 GSM 系统为主的欧洲厂商，主要包括爱立信、阿尔卡特、诺基亚、朗讯、北电、NTT、富士通、夏普等公司。WCDMA 能够架设在原有的 GSM 网络上，WCDMA 使用的部分协议与 GSM 标准一致，该标准提出了 GSM→GPRS→EDGE→WCDMA 的演进策略。

WCDMA 采用直接序列扩频，载波带宽为 5MHz，数据传输速率可达到 2Mbit/s（室内）及 384kbit/s（移动空间）。WCDMA 采用频分双工（FDD）模式和异步传输模式（ATM），能够在一条线路上传送更多的语音呼叫，在人口密集地区线路不容易堵塞。WCDMA 还采用了自适应天线和微小区技术，提高了系统的容量。

（2）CDMA 2000

CDMA 2000 是由窄带 CDMA（CDMA IS95）发展而来的宽带 CDMA 技术。CDMA 2000 是由高通公司主导提出的，摩托罗拉、Lucent 和韩国三星都有参与。这套系统可以从原有的窄带结构直接升级到 3G，研发技术是各标准中进度最快的，建设成本低廉。该标准提出了 CDMA IS95→CDMA 20001x→CDMA 20003x 的演进策略。

CDMA 2000 采用多载波方式，载波带宽为 1.25MHz。CDMA 2000 共分为两个发展阶段，第一阶段将提供 144kbit/s 的数据传输速率，第二阶段将提供 2Mbit/s 的数据传输速率。CDMA 2000 做到了对 CDMA IS95 系统的完全兼容，为技术的延续性带来了明显的好处，成熟性和可靠性比较有保障。

（3）TD-SCDMA

TD-SCDMA（Time-Division Synchronous Code Division Multiple Access）是我国制定的 3G 标准，使我国在 3G 标准制定方面占有一席之地。由于我国市场庞大，该标准受到各大电信设备厂商的重视，全球一半以上的设备厂商都宣布支持 TD-SCDMA 标准。

TD-SCDMA 是一种基于 CDMA 的结合智能天线、软件无线电、高质量语音压缩编码等先进技术的优秀方案。TD-SCDMA 采用 TDD 双工模式，载波带宽为 1.6MHz，在频谱利用率、业务灵活性、频率灵活性、成本等方面具有独特优势。TD-SCDMA 标准提出不经过 2.5 代的中间环节，直接向 3G 过渡，非常适用于 GSM 系统向 3G 升级。TD-SCDMA 技术的一大特点就是引入了 SMAP 同步接入信令，在运用 CDMA 技术后可减少许多干扰。TD-SCDMA 技术的另一大特点就是在蜂窝系统应用时的越区切换采用了指定切换的方法，每个基站都具有对移动台的定位功能，从而得知本小区各个移动台的准确位置，做到随时认定同步基站。当然 TD-SCDMA 也存在一些缺陷，它在技术的成熟性方面相比另外两种技术有一定缺陷。

（4）3G 标准的比较

3 种 3G 标准的比较见表 5.5。

表 5.5　3 种 3G 标准的比较

制　　式	WCDMA	CDMA2000	TD-SCDMA
发起国家	欧洲各国、日本	美国、韩国	中国
继承基础	GSM	窄带 CDMA	GSM
同步方式	异步	同步	同步
双工方式	FDD	FDD	TDD
码片速率	3.84Mchip/s	1.2288Mchip/s	1.28Mchip/s
信号带宽	5MHz	1.25MHz	1.6MHz
核心频率	1920～1980MHz（上行） 2110～2170MHz（下行）	825～835MHz（上行） 870～880MHz（下行）	1880～1920MHz 2010～2025MHz
补充频率	1755～1785MHz（上行） 1850～1880MHz（下行）	885～915MHz（上行） 930～960MHz（下行）	2300～2400MHz
空中接口	WCDMA	CDMA2000	TD-SCDMA
核心网	GSM MAP	ANSI-41	GSM MAP

5.3.4　第四代（4G）移动通信

世界很多组织给 4G 下了不同的定义，而国际电信联盟（ITU）的定义代表了传统移动运营商对 4G 的看法。ITU 认为：4G 是基于 IP 协议的高速蜂窝移动网，无线通信技术从现有的 3G 演进而来，4G 的传输速率可以达到 100Mbit/s。

1. 4G 的起源

2005 年 10 月，在 ITU-RWP8F 第 17 次会议上，ITU 给了 4G 技术一个正式的名称 IMT-Advanced。按照 ITU 的定义，当时的 WCDMA、HSDPA 等技术统称为 IMT-2000，未来的空中接口则称为 IMT-Advanced。IMT-Advanced 标准将 3G 标准组织已发展的多项标准加以延伸，如 IP 核心网、开放业务架构及 IPv6 等，同时其规划又必须满足整体系统架构能够由 3G 系统演进到 4G 架构。

2009 年，ITU 在全球征集 IMT-Advanced 候选技术，ITU 共征集到 6 个候选技术。这 6 个技术可分为两大类：一类是基于 3GPP 的长期演进（Long Term Evolution，LTE）技术，包括 TD-LTE 和 FDD-LTE；另外一类是基于 IEEE 802.16m 的技术。

3GPP 组织成立于 1998 年 12 月，目前欧洲的 ETSI、美国的 TIA、日本的 TTC、日本的 ARIB、韩国的 TTA 和我国的 CCSA 是 3GPP 的 6 个组织伙伴。3GPP 最初的工作是为 3G 移动通信系统制定全球适用技术规范和技术报告，随后 3GPP 的工作范围得到扩展，增加了对 LTE 系统的研究和标准制定。3GPP 制定的标准规范以 Release 作为版本进行管理，平均一到两年就会制定一个版本，从建立之初的 R99，到 R4、

R5、R6、R7、R8、R9、R10、R11、R12、R13 版本，其中 R8 版本开始制定 LTE 规范。R99 版本既有电路交换（CS）部分，又增加了分组交换（PS）部分，用于支持基于分组交换的数据业务，这种组网方式适合于传统的 GSM / GPRS 运营商；R4 版本与 R99 版本相比，在无线接入网方面没有网络结构的变化，只是在无线技术方面提出了一些改进。在核心网方面，R4 版本最大的变化在于 PS 域，引入了软交换的概念，将控制和承载分开，原来的移动交换中心（MSC）变为 MSC Server 和媒体网关（MGW），语音通过 MGW 由 CS 域传送。R5 版本是全 IP 的第一个版本，在无线接入网方面，提出了高速下行分组接入技术（HSDPA），使得下行速率可以达到 8～10Mbit/s，LU、LUR、LUB 接口增加了基于 IP 的可选传输方式，使得无线接入网实现了 IP 化，在核心网方面，最大的变化是在 R4 的基础上增加了 IP 多媒体子系统（IMS），它和 CS 域一起，可以实现实时和非实时的多媒体业务，并可以实现与 PS 域的互操作。对于 R6 版本，在无线接入网方面，研究正交频分复用（OFDM）、多天线系统（MIMO）、WLAN 与 3G 系统的结合等问题，在核心网方面，研究包括 PS 域承载无关的网络框架研究，也即研究是否在 CS 域实现控制和承载的分离，以及研究 IMS 与 PLMN/PSTN/ISDN 等网络的互操作，以实现 IMS 与其他网络的互联互通。2009 年，3GPP 发布了 R8 版本的 TDD-LTE 和 FDD-LTE，标志着 LTE 标准草案研究完成。2010 年，R9 版本提出了 LTE-A，正式成为 IMT-Advanced 的主要技术。R10 版本对其进一步完善，R10 是 LTE-A 的关键版本。

2012 年 1 月 18 日，在 ITU 无线电通信全会全体会议上，ITU 正式审议通过将 LTE-Advanced 和 Wireless MAN-Advanced（802.16m）技术规范确立为 IMT-Advanced（俗称“4G”）国际标准，我国主导制定的 TD-LTE-Advanced 作为 LTE-Advanced 的一个组成部分也包含在其中。我国 TD-SCDMA 技术于 2000 年正式成为 3G 标准之一，通过 2000 年到 2012 年的发展，TD-LTE-Advanced 标志着我国在移动通信标准制定领域再次走到了世界前列。目前 TD-LTE 在与美国企业主导的 WiMAX 产业竞争中胜出，全球 90%的 WiMAX 网络将升级到 TD-LTE，TD-LTE 已成为全球 TDD 技术共同演进的方向。

2013 年 12 月 4 日，我国工信部向三大运营商下发 4G 牌照，中国移动、中国电信和中国联通均获得 TD-LTE 牌照，我国三大电信运营商全面开展 4G 应用。

2. 4G 的特点

（1）通信速度快

以移动通信系统数据传输速率为基础进行比较。第一代（1G）模拟式仅提供语音服务；第二代（2G）移动通信系统数据传输速率也只有 9.6kbit/s，最高可达 32kbit/s；第三代（3G）移动通信系统数据传输速率可达到 2Mbit/s；而第四代（4G）移动通信系统数据传输速率可达到 100Mbit/s。移动通信由 1G～4G 的发展进程如图 5.12 所示。

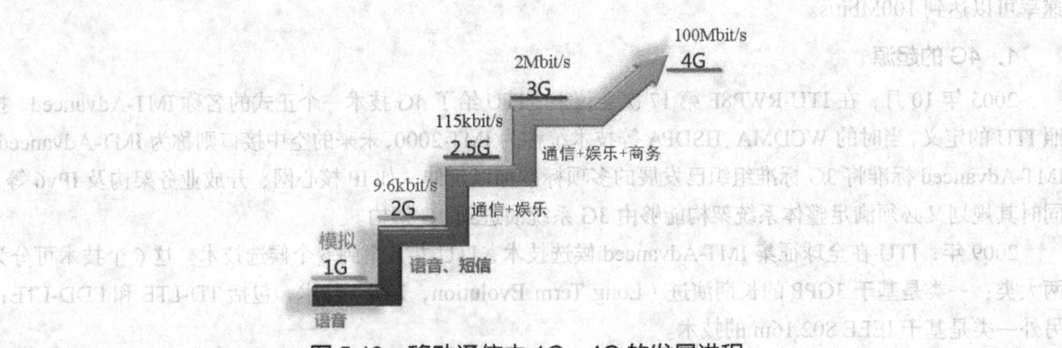

图 5.12　移动通信由 1G～4G 的发展进程

（2）通信灵活

从严格意义上说，4G 手机已不能简单划归为“电话机”的范畴，毕竟语音的传输只是 4G 手机的功能之一而已。4G 手机更应该算得上是一只小型计算机，4G 通信使人们不仅可以随时随地通信，还可以双向传递下载资料、图片、影像，当然更可以和从未谋面的陌生人在网上联线对打游戏。4G 手机也许有被网上定位系统永远锁定无处遁形的苦恼，但是与它提供的出行便利和安全相比，这几乎可以忽略不计。

（3）智能性高

4G 移动通信的智能性更高，不仅表现在 4G 通信的终端设备具有操作智能化，更重要的是 4G 手机可以实现许多功能。例如，4G 手机能根据环境、时间以及其他设定的因素，适时地提醒手机主人此时该做什么事，或者不该做什么事。

（4）提供增值服务

4G 通信并不是从 3G 通信的基础上经过简单的升级而演变过来的，它们的核心建设技术是不同的。3G 移动通信系统主要是以 CDMA 为核心技术的；而 4G 移动通信系统则以正交频分复用技术（OFDM）最受瞩目，利用这种技术可以实现无线区域环路（WLL）、数字音讯广播（DAB）等方面的无线通信增值服务。

（5）兼容性好

4G 移动通信具备全球漫游功能，接口开放，能与多种网络互联，终端多样化。

（6）费用便宜

4G 通信解决了与 3G 通信的兼容性问题，4G 通信部署起来就容易迅速得多。4G 通信的无线即时连接等服务会比 3G 通信更加便宜。

3. 4G 核心技术

（1）正交频分复用技术（OFDM）

4G 采用了 OFDM 技术。OFDM 是一种无线环境下的高速传输技术，其主要思想就是在频域内将给定信道分成许多正交子信道，在每个子信道上使用一个 4G 子载波进行调制，各子载波并行传输。尽管总的信道是非平坦的，即具有频率选择性，但是每个子信道是相对平坦的，在每个子信道上进行的是窄带传输，信号带宽小于信道的相应带宽。OFDM 的优点是可以消除或减小信号波形间的干扰，对多径衰落和多普勒频移不敏感，提高了频谱利用率，可实现低成本的单波段接收机；主要缺点是功率效率不高。

（2）智能天线技术

智能天线具有抑制信号干扰、自动跟踪以及数字波束调节等智能功能，被认为是未来移动通信的关键技术。智能天线应用数字信号处理技术，产生空间定向波束，使天线主波束对准用户信号到达方向，旁瓣或零陷（即增益为 0）对准干扰信号到达方向，达到充分利用移动用户信号并消除或抑制干扰信号的目的。这种技术既能改善信号质量又能增加传输容量。

（3）多输入多输出技术（MIMO）

MIMO 技术是指利用多发射、多接收天线进行空间分集的技术，它采用的是分立式多天线，能够有效地将通信链路分解成许多并行的子信道，从而大大提高容量。信息论已经证明，当不同的接收天线和不同的发射天线之间互不相关时，MIMO 系统能够很好地提高系统的抗衰落和噪声性能，从而获得巨大的容量。例如，当接收天线和发送天线数目都为 8 根，且平均信噪比为 20dB 时，链路容量可以高达 42bit/s/Hz，这是单天线系统所能达到容量的 40 多倍。因此，在功率带宽受限的无线信道中，MIMO 技术是实现高数据速率、提高系统容量、提高传输质量的空间分集技术。

（4）软件无线电技术

软件无线电是将标准化、模块化的硬件功能单元经过一个通用硬件平台，利用软件加载方式来实现各种类型的无线电通信系统的一种具有开放式结构的新技术。软件无线电的核心思想是在尽可能靠近天线的地方使用宽带 A/D 和 D/A 变换器，并尽可能多地用软件来定义无线功能，各种功能和信号处理都尽可能用软件实现，其软件系统包括各类无线信令规则与处理软件、信号流变换软件、信源编码软件、信道纠错编码软件、调制解调算法软件等。软件无线电使得系统具有灵活性和适应性，能够适应不同的网络和空中接口，能支持采用不同空中接口的多模式手机和基站，能实现各种应用的可变 QoS。

（5）载波聚合技术

LTE-A 系统提出可以支持最大 100MHz 的频率带宽。在当前频谱资源紧张的情况下，连续 100MHz 带宽的资源很少，只能考虑将非连续的频段聚合使用，采用载波聚合技术将分散在多个频段上的频谱资源聚合在一起。

（6）IPv6

4G 通信系统选择了基于 IP 的全分组方式传送数据流，因此 IPv6 技术将成为下一代网络的核心协议。

4．4G 网络结构

4G 移动通信系统包括核心网、无线接入网和移动终端，如图 5.13 所示，其中核心网是指演进的分组核心（Evolved Packet Core，EPC）。2G 的无线接入网包括收发基站（BTS）和基站控制器（BSC）二级转发；3G 的无线接入网包括基站（Node B）和基站控制器（RNC）二级转发；相比而言，4G 的无线接入网由基站（eNode B）一级转发，4G 的扁平化网络结构更简单。4G 的核心网是一个基于全 IP 的网络，可以实现不同网络间的无缝互联。4G 采用 IP 后，无线接入方式、协议与核心网络协议、链路层是分离的，IP 与多种无线接入协议相兼容，在设计核心网络时具有很大的灵活性，不需要考虑无线接入采用何种方式和协议。4G 核心网能提供端到端的 IP 业务，能同已有的核心网和 PSTN 兼容。4G 核心网具有开放的结构，能允许各种空中接口接入核心网，同时核心网能把业务、控制、传输等分开。

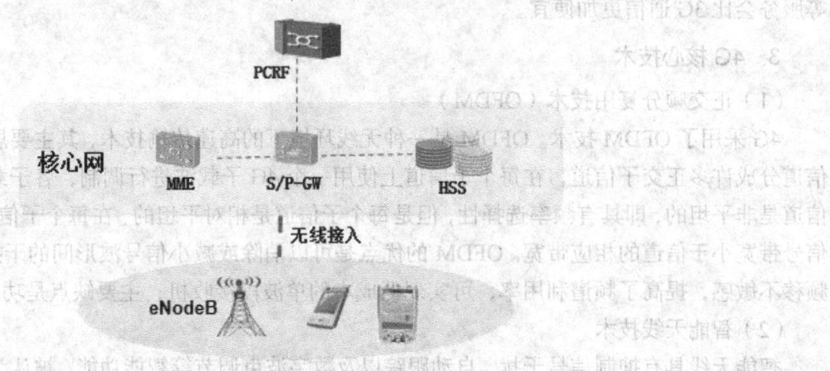

图 5.13　4G 移动通信系统

核心网主要由移动性管理设备（MME）、服务网关（S-GW）、分组数据网关（P-GW）、存储用户签约信息（HSS）、策略控制单元（PCRF）等组成。其中，S-GW 和 P-GW 可以合设，也可以分设。核心网架构秉承了控制与承载分离的理念，将分组域中 SGSN 的移动性管理、信令控制功能和媒体转发功能分离出来，分别由两个网元来完成，其中，MME 负责移动性管理、信令处理等功能，S-GW 负责媒体流的处理及转发等功能，P-GW 则仍承担 GGSN 的职能。LTE 无线系统取消了 RNC 网元，将其功能分别移至基站 eNodeB 和核心网网元，eNodeB 将直接通过 S1 接口与 MME、S-GW 互通，简化了无线系统的结构。

5.3.5　第五代（5G）移动通信

目前 5G 标准还没有推出。5G 将不仅具有更高速率、更大带宽和更强能力的空中接口技术，而且是面向用户体验、业务应用和行业应用的智能无线网络，5G 的速率、流量密度、连接密度等关键指标要求将对技术、频率、运营等方面提出巨大挑战。

1．5G 的研究进程

自 2012 年初 ITU 通过了 4G 标准之后，通信业界开始研究 5G，各国成立了专门组织推进 5G 研究，争抢新一轮技术和标准的影响力和制高点。例如，欧盟启动了 METIS、5GNOW 等多个 5G 预研项目，并成立了 5GPPP；韩国成立了 5G Forum 等；美国和日本也启动了 5G 研究；我国则成立了 IMT-2020（5G）推进组。

2013年2月，我国发起成立了IMT-2020（5G）推进组，目标是在“3G突破、4G同步”的基础上，实现“5G引领”全球。IMT-2020（5G）推进组前期完成了5G的需求、概念、无线技术和网络技术的分析，且有多项成果输入ITU。IMT-2020（5G）推进组分析了驱动5G发展的移动互联网和移动物联网两类业务需求，提出了包括6项性能指标和3项效率指标的“5G需求之花”，定义了广域覆盖、热点覆盖、低功耗大连接物联网、低时延高可靠物联4类5G主要应用场景。ITU将5G需求和应用场景主要分为3类：增强的移动宽带（eMBB）（将我国提出的广域覆盖、热点覆盖归为此类）、海量连接的机器类通信（mMTC）、超可靠和低时延通信（cMTC）。

2. 5G的技术特点

（1）5G是万物互联、连接场景的一代

移动通信从1G到4G主要是以人与人通信为主的，5G则是跨越到人与物、物与物通信的时代。5G是万物互联和连接场景的时代。从业务和应用的角度，5G具有大数据、海量连接和场景体验三大特点，可满足未来更广泛的数据和连接业务需要。

（2）5G是电信IT化、软件定义的一代

5G将是全新一代的移动通信技术，5G网络呈现软件化、智能化、平台化趋势，5G是通信技术（CT）与信息技术（IT）的深度融合，5G是电信IT化的时代。

软件定义的5G通过采用软件定义网络（Software Defined Networking，SDN）、网络功能虚拟化（Network Function Virtualization，NFV）以及软件定义无线电的无线接入空口，实现5G可编程的核心网和无线接口。SDN和NFV将引起5G的IT化，包括硬件平台通用化、软件实现平台化、核心技术IP化。

（3）5G是云化的一代

5G的云化趋势包括基带处理能力的云化（云架构的RAN，即C-RAN）、采用移动边缘内容与计算（Mobile Edge Content and Computing，MECC）、终端云化。C-RAN将多个基带处理单元（Baseband Unit，BBU）集中起来，通过大规模的基带处理池为成百上千个远端射频单元（Remote Radio Unit，RRU）服务，此时基带处理能力是云化的虚拟资源。MECC是在靠近移动用户的位置上提供IT服务环境和云计算能力，使应用、服务和内容部署在分布式移动环境中，针对资源密集的应用（如图像、视频、制图等），将计算和存储卸载到无线接入网，从而降低了对通信带宽的开销，并提高了实时性。终端云化使移动终端能力和资源（包括计算、存储、传感等）得到大幅提升，也可以实现本地资源共享和云化。

（4）5G是蜂窝结构变革的一代

从1G到4G都是基于传统的蜂窝系统，即形状是基本规则（六边形）的蜂窝小区组网。目前，密集高层办公楼宇、住宅和场馆等城市热点区域承载了70%以上的无线分组数据业务，而热点区域的家庭基站、无线中继站、小小区基站、分布式天线等（统称异构基站）大多数呈非规则、无定形部署特性和层叠覆盖，形成了异构分层无线网络。另外，结合虚拟网络运营商（Virtual Network Operator，VNO）需求，产生了虚拟接入网（Virtual RAN，VRAN）与虚拟小区的概念，VRAN就是可以在一个物理设备上按需产生多个RAN。可见，传统单层规则的蜂窝小区概念已不存在，5G移动通信首次出现了去蜂窝的趋势。

（5）5G是承前启后和探索的一代

移动通信技术更新约10年一代。1G的目的是要解决语音通信，但语音质量与安全性都不好；到2G时，GSM和CDMA在解决语音通信方面达到极致；1998年提出的3G最初目标是解决多媒体通信（如视频通信），但2005年后出现移动互联网接入的重大应用需求，不过解决得不好；LTE对移动互联网接入需求的解决是到位的，但又面临语音通信（VoLTE）问题。目前呈现的是“1G短、2G长、3G短、4G长”的特征，那5G呢？5G的目标是要解决万物互联，但目前还没有得到垂直行业（物联网、工业互联网等）的正面回应。因此，5G将是有探索价值的一代，是移动通信历史上迈向万物互联的承前启后的一代。

3．5G 的关键技术

（1）无线传输关键技术

我国 IMT-2020（5G）推进组梳理了 5G 无线传输关键技术，主要有大规模多天线、新型多址接入、超密集组网、高频段通信、低时延高可靠物联网、灵活频谱共享、新型编码调制、新型多载波、M2M、D2D（Device to Device）、灵活双工和全双工共 12 项关键技术。

（2）网络关键技术

我国 IMT-2020（5G）推进组梳理了 5G 核心网络的系列关键技术，主要有控制转发分离、控制功能重构、新型连接管理和移动性管理、移动边缘内容与计算、按需组网、统一的多无线接入技术融合、无线网状网和动态自组织网络、无线资源调度与共享、用户和业务的感知与处理、定制化部署和服务以及网络能力开放等关键技术。

4．5G 引领的战略目标

突破 5G 核心技术是取得 5G 国际标准制定话语权和引领产业的根本。5G 的竞争将不仅是通信基础技术的竞争，而且是核心器件等基础产业的全产业链竞争、面向行业应用的新产业生态竞争。因此，在推动 5G 的发展中，需要特别提升 3 个能力：系统及标准体系的设计和推动能力；基础产业能力，包括器件、芯片、软件等能力；垂直行业的整合及应用推广能力（如工业互联网、车联网等）。我国应采取“发挥优势、引领标准，政策引导、率先示范、突破瓶颈、带动行业”的整体战略。

5.4 有线接入网

目前有线接入网技术主要有基于双绞线传输的接入网技术、基于光传输的接入网技术和基于同轴电缆传输的接入网技术。

5.4.1 基于双绞线传输的接入网

所谓双绞线接入技术，是指无须改动铜缆网络，在现有铜线用户线上提供各种宽带业务的技术。铜线接入技术主要有高速率数字用户线（HDSL）、不对称数字用户线（ADSL）和甚高速率数字用户线（VDSL）技术。

1．HDSL

HDSL 采用多对双绞线并行传输，将 T1 或 E1（1.5Mbit/s 或 2Mbit/s）的数据流分在两对或三对双绞线上传输，降低每线对上的传信率，增加传输距离。HDSL 系统的基本构成如图 5.14 所示。HDSL 采用回波抑制、自适应滤波和高速数字处理技术，通过回声抵消技术实现全双工传输。HDSL 是对称式产品，其上行和下行数据带宽相同。HDSL 使用 0.5mm 的双绞线时，无中继传输距离为 3 ~ 4km，可以提供 G.703、E1/T1 和 V.35 等标准接口。

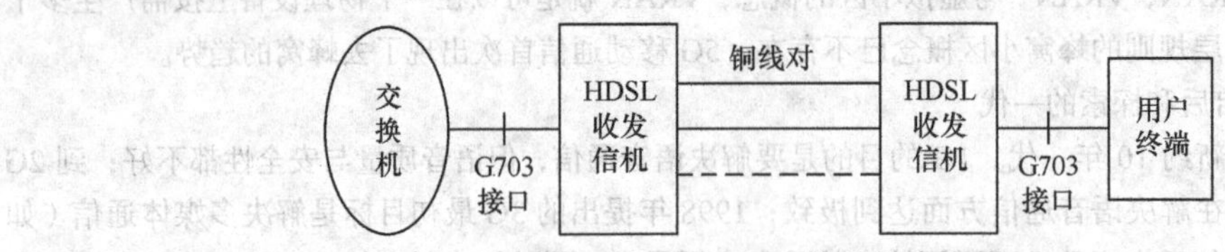

图 5.14 HDSL 系统的基本构成

2．ADSL

ADSL 是一种利用传统的电话线路高速传输数字信息的技术。ADSL 以普通双绞铜线作为传输介质，可实现下行高达 12Mbit/s、上行 1Mbit/s 的传输速率，这样就出现了所谓的不对称传输模式。ADSL 系统的基本构成如图 5.15 所示，只要在普通电话线路两端加装 ADSL 设备，个人用户即可使用高带宽的服务。

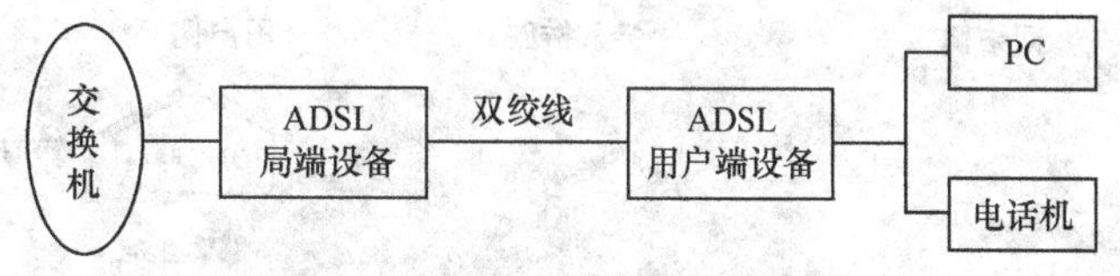

图 5.15　ADSL 系统的基本构成

传统的铜线电话线使用的是 4kHz 以下频段，而 ADSL 将原来电话线路的频段划分成 256 个频宽为 4.3kHz 的子频带，其中 4kHz 以下频段用于电话业务，为标准的电话通道；20 ~ 138kHz 频段用来传送上行信号，为 640kbit/s ~ 1Mbit/s 的上行通道；138kHz ~ 1.1MHz 频段用来传送下行信号，为 8 ~ 12Mbit/s 的下行通道。ADSL 系统可使用户边打电话边上网，ADSL 电信局端设备与用户终端之间的距离不能超过 5 km。

3. VDSL

VDSL 是目前传输带宽最高的一种 XDSL 接入技术。在 VDSL 系统中，无须改动传统的电话线路。VDSL 系统由局端、远端和用户端组成，基本构成如图 5.16 所示。图像信号由局端经馈线光纤送到远端，速率为 622Mbit/s；远端收发信机实际上是一个异频双工器，负责将各种信号耦合进双绞线铜缆；在用户端，首先利用耦合器将电话信号分离出来，剩下的信号经由收发信机解调为 25Mbit/s 和 50Mbit/s 的基带信号，分送给 PC、TV 等不同的终端，收发信机同时调制上行 1.5Mbit/s 数字信号传送给双绞线。

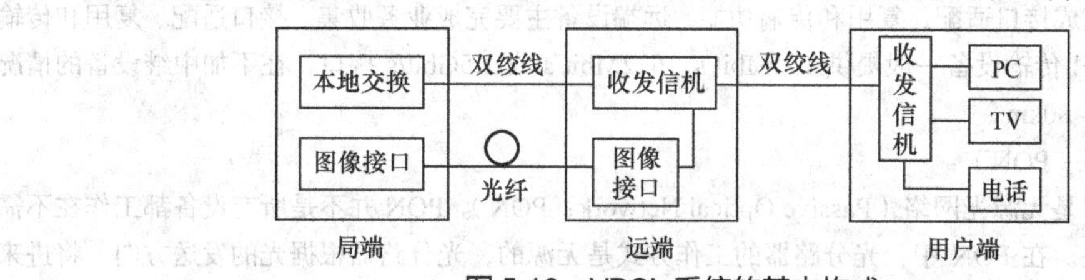

图 5.16　VDSL 系统的基本构成

VDSL 传输速率高，提供上下行对称和不对称两种传输模式。在不对称模式下，VDSL 最高下行速率能够达到 52Mbit/s（在 300m 范围内）；在对称模式下，最高速率可以达到 34Mbit/s（在 300m 范围内）。VDSL 是利用高至 12MHz 的信道频带（远远超过了 ADSL 的 1MHz 的信道频带）来换取高的传输速率，由于高频信号在电话线上的大幅衰减，VDSL 的传输距离是非常有限的。

5.4.2　基于光传输的接入网

在用户接入网的建设中，虽然利用原有的电话网可以发挥铜缆的潜力，投资少、见效快，但从发展的趋势来看，光接入方式是宽带接入网的理想解决方案。随着光纤覆盖的不断扩展，光纤技术也在逐渐用于接入网，最终将建成一个数字化、宽带化、智能化、综合化和个人化的用户光接入网络。

1. 光纤接入网特点

光纤接入技术与其他接入技术相比，最大的优势在于可用带宽大。此外，光纤接入网还有传输质量好、传输距离长、抗干扰能力强、网络可靠性高、节约管道资源等特点。光纤接入网为用户提供了可靠性很高的宽带保证，可以实现光纤到路边（FTTC）、光纤到大楼（FTTB）和光纤到家庭（FTTH）。

2. 光纤接入网基本构成

光纤接入网是指用光纤作为主要传输媒质，实现接入网的信息传送功能。光纤接入网包括局端设备（光线路终端）和远端设备（光网络单元），如图 5.17 所示，它通过光线路终端（OLT）与业务结点相连、通过光网络单元（ONU）与用户连接，OLT 与 ONU 则通过传输设备相连。OLT 的作用是为接入网提供与本地交换机之间的接口，它将交换机的交换功能与用户接入完全隔开。ONU 的作用是为接入网提供用户侧的接口，它可以接入多种用户终端，同时具有光电转换功能以及相应的维护和监控功能。

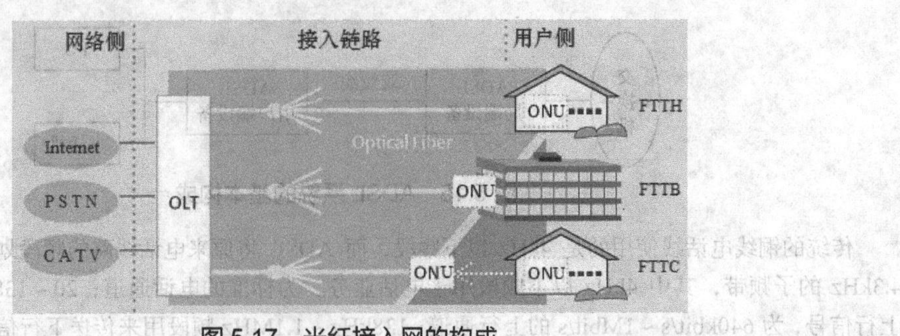

图5.17 光纤接入网的构成

OLT和ONU在整个接入网中完成从业务结点接口（SNI）到用户网络接口（UNI）间有关信令协议的转换。接入设备还具有组网能力，可以组成多种形式的网络拓扑结构。同时，接入设备还具有本地维护和远程集中监控功能，通过透明的光传输形成一个维护管理网，并通过相应的网管协议纳入网管中心统一管理。

3. 光纤接入网技术

（1）有源光网络（AON）

光纤接入网可以是有源光网络（Active Optical Network，AON）。AON分为基于同步数字系列（SDH）和基于准同步数字系列（PDH），以SDH技术为主。AON的局端设备和远端设备通过有源光传输设备相连，局端设备主要完成接口适配、复用和传输功能，远端设备主要完成业务收集、接口适配、复用和传输功能。接入网的SDH传输设备一般提供155Mbit/s、622Mbit/s或2.5Gbit/s接口，在不加中继设备的情况下传输距离可达70～80km。

（2）无源光网络（PON）

光纤接入网可以是无源光网络（Passive Optical Network，PON）。PON并不是所有设备都工作在不需要外接馈电的条件下。在PON中，光分路器的工作方式是无源的，光分路器根据光的发送方向，将进来的光信号分路并分配到多条光纤上，或是组合到一条光纤上。其余部分还是工作在有源方式下，需要外接电源才能正常工作，主要完成业务收集、接口适配、复用和传输功能。

PON分为窄带和宽带。ATM无源光网络（ATM-PON）综合了ATM技术和PON技术，可以提供从窄带到宽带的各种业务。ATM-PON采用无源点到多点的网络结构，典型线路速率是下行622Mbit/s、上行155Mbit/s，由于无源的光分路器会导致光功率损耗，ATM-PON的传输距离一般不超过20km。随着IP的崛起和发展，又提出了EPON（Ethernet PON）的概念，用以太网代替ATM作为链路层协议，构成一个可以提供更大带宽、更低成本和更宽业务能力的EPON。EPON的依据是IEEE 802.3ah工作组制定的标准，另外ITU/FSAN制定了Gigabit PON（GPON）标准G.984.1和G.984.2。

（3）波分复用（WDM）

光纤接入网可以是波分复用（Wavelength Division Multiplexing，WDM）的。不同波长的信号只要有一定间隔，就可以在同一根光纤上进行传输而不会发生相互干扰，这就是波分复用的基本原理。我国的宽带接入网已开始采用WDM系统，以达到传输速率高、带宽利用率高的效果。

4. 光纤接入网应用前景

光纤到家庭（FTTH）是30年来人们不断追求的梦想和探索的技术方向，但由于成本和技术等方面的障碍，直到最近才得到大规模推广。FTTH是宽带接入的终极技术。由于政策扶持和技术发展，在沉寂多年后，FTTH再次成为热点，步入快速发展期。

宽带中国战略出台后，对带宽需求的推动是必然趋势。目前运营商采用的主要是G/EPON，在带宽需求的推动下，10G EPON将会被应用，届时光接入网将进入10G PON和NGPON时代。专家指出，随着高清晰度电视（HDTV）、IPTV和电视网络对更高带宽的需求，10G PON技术日趋成熟，40G/100G光模块领域已经有了一定的应用，下一代光接入网演进和技术正在规划和推进中。

5.4.3 混合光纤/同轴接入网

混合光纤/同轴（HFC）是一种基于频分复用的宽带接入技术，它的主干网使用光纤，采用频分复用方式传输多种信息，分配网则采用树形拓扑和同轴电缆，用于传输和分配用户信息。HFC 是将光纤逐渐推向用户的一种新的演进策略，可实现多媒体通信和交互式视频图像业务。目前，包括 ITU-T 在内的很多国际组织和论坛正在对下一代的 HFC 系统进行标准化，这必将进一步推动其发展。

5.5 光网络

光网络是信息网络基础架构的核心一环，具有不可替代的重要地位。从严格意义上来说，光网络要求数据的传输、交换均在光域上进行，即“全光网络”。而通常所说的“光网络”，一般是指使用光纤作为主要传输介质的广域网、城域网或局域网，而交换、控制可以在电层实现。可以看到，无论是狭义还是广义的光网络，均基于光纤通信。

5.5.1 光纤的发明

1966 年，华裔物理学家高琨（Charles K Kao）博士发表了论文 *Dielectric-fiber surface waveguides for optical frequencies*，从理论上证明了用高纯度石英玻璃纤维（即光纤）作为传输媒介实现长距离、大容量通信的可能性，并论述了实现低损耗光纤的技术途径，从而奠定了光纤通信的基础，为光通信产业打开了一扇希望之门。

高锟提出，光纤的损耗可低达 20dB/km，可用于通信。当时绝大多数人不相信光纤通信，因为当时世界上最好的光学玻璃是德国的 Ziss 照相机镜头，其损耗是 700dB/km，而常规玻璃的损耗约为数万 dB/km。但美国贝尔（Bell）实验室和康宁（Corning）玻璃公司相信光纤通信。美国康宁公司和贝尔实验室分别于 1970 年和 1974 年研制出损耗为 20dB/km 和 1.1dB/km 的低损耗光纤。高锟则成为“光纤之父”，高锟因在“有关光在纤维中的传输以用于光学通信方面”做出突破性成就，获颁 2009 年诺贝尔物理学奖。

光纤的导光原理如图 5.18 所示。光纤是由二层不同折射率的石英玻璃构成的，芯的折射率大于包层的折射率，构成了全反射，使光信号可弯曲传输。光纤芯必须是“9 个 9”、即 0.999 999 999 的超纯石英，以保证光纤的传输损失极小。改进的化学气相沉积（MCVD）法是制造光纤的一种方法，该方法可制造超纯石英。MCVD 法先将普通石英管通入气体原料，在管外用氢氧焰加温至 1400℃，使之发生化学反应，产生石英粉末，附在石英管壁上。来回移动氢氧焰，附在石英管壁上的石英粉末加厚，直至达到需要的厚度。最后，氢氧焰加温至 2000℃，使管内的石英粉熔成透明的石英，同时包层石英管也因变软而收缩，自动填满中心孔而形成光纤“预制棒”。然后用拉丝机拉丝，内有石墨炉，可产生 1400℃高温，使石英棒变软，用电动机旋转滚筒，把光纤“预制棒”拉成直径为 125μm 的光纤。

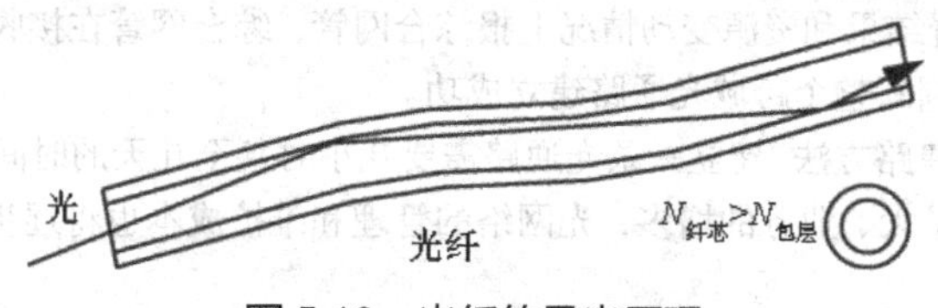

图 5.18 光纤的导光原理

5.5.2 光网络的诞生及发展历程

光的频率和带宽是电的千万倍，意味着光纤将会引起一场通信技术的革命。1976 年，美国亚特兰大开通了世界第一条光纤通信试验线路，中继距离为 10km，信息速率只有 45 Mbit/s，由于光源是 LED，所以速率不高，信息速率还比不过同轴电缆。1977 年，光纤通信线路首次在美国芝加哥投入商用，用于电话线路，然而此时的光纤通信仅局限于点到点传输，尚未形成网络。现在，光纤通信的单通道速率已超过 1Tbit/s，单光纤传输容量可达 100Tbit/s，光网络已经经历了三代的发展历程，链路也由早期的单跨段，发展到今天的多跨段、可自由切换的透明波分网络和弹性波分网络。

1. 光网络的三代发展历程

（1）第一代光网络

1985 年，贝尔通信研究所提出基于光纤通信的同步光纤网（Synchronous Optical Network，SONet）标准。1988 年，国际电报电话咨询委员会（CCITT，ITU 前身）根据 SONet 的概念，开始制定更为通用的同步数字系列（Synchronous Digital Hierarchy，SDH）标准，并于 1992 年形成了第一批建议。SDH 是一种将复接、线路传输及交换功能融为一体并由统一网管系统操作的综合信息传送网络，是同步的光网络。SONet/SDH 集传输、复用和交叉连接于一体，构成了第一代光网络的基础。此后，SDH 产业化快速发展，1993 年、1995 年和 1996 年的 622Mbit/s、2.5Gbit/s 和 10Gbit/s 的 SDH 系统分别进入商用化阶段，光通信开始显露出大容量的优越性。

然而，让光通信产生革命性变化的是波分复用（Wavelength-Division Multiplexing，WDM）技术的出现。WDM 是在同一根光纤中同时传输两个或众多不同波长光信号的技术。WDM 的概念最早在 20 世纪 70 年代被提出，但直到 20 世纪 90 年代，其发展才进入快车道。1992 年，美籍华裔光通信专家厉鼎毅带领他的团队在贝尔实验室开发出世界第一套 8 × 2.5Gbit/s 的 WDM 光通信系统，并首先提出在 WDM 系统中使用光放大器，推动了长距离、大容量光通信的发展。此后，光通信系统的容量不断提升，解决了网络传输中的带宽瓶颈问题，WDM 光网络也取代了 SDH 光网络并迅速发展壮大。

最初的 WDM 光网络与第一代 SDH 光网络相同，是一种基于点到点传输的光网络，在光网络结点处，数据需进行光—电—光（O—E—O）转换，并在电层进行处理和交换。点到点 WDM 光网络仍然无法克服在结点处的电交换速率瓶颈问题，同时，O—E—O 转换过程对协议格式和通信速率均不透明，使得转换设备非常复杂，因此系统成本大幅增加。随着 WDM 波长数以及单波长数据传输速率的提高，该瓶颈表现得愈加突出。

（2）第二代光网络

直到全光交换器件出现后，才解决了点到点 WDM 光网络结点处的光电转换瓶颈问题。20 世纪 90 年代中期，出现了以光分插复用器（Optical Add-Drop Multiplexer，OADM）及光交叉连接器（Optical Crossconnect，OXC）为代表的全光交换器件，从而避免了中间交换结点处的 O—E—O 转换，实现了波长粒度的全光透明交换。21 世纪初，在采用这些全光交换器件后，点到点 WDM 光网络演变为波长路由全光网络，第二代光网络由此诞生。波长路由（Wavelength Routing）是指在 WDM 光网络中，结点之间的连接请求是用光波长来建立的，光信号在经过网络结点时，根据它的波长选择路由。

最初的波长路由光网络仅能实现静态配置传输资源的功能。如果要建立一条跨多个路由域的光通路，综合网管通常的做法是，根据业务源/目的结点，查询所经的路由域以及所经路由域的出/入结点和出/入端口；然后通知每一个子网网管的操作人员，根据当时子网资源查询域内路由资源，完成路由所经结点的开关（端口）配置，并将配置结果和资源变动情况上报综合网管；综合网管在接收到所有经由路由域的成功光通路配置上报信息后，判断整个跨域光通路建立成功。

这种通过人工配置的建路方法，建立一条光通路需要几小时甚至几天的时间，无法满足动态业务需求。而且，随着光网络规模的扩大、业务的增多，光网络的管理和维护成本也将逐步提高，业务服务质量和网络生存性难以得到保证。

（3）第三代光网络

为了实现光网络的高度灵活性、扩展性并保证业务的服务质量和网络生存性，一种新型的自动交换光网络（Automatically Switched Optical Network，ASON）体系结构出现了。ASON 将光层组网技术和基于 IP 的智能网络控制技术相结合，在传统波长路由光网络传输平面和管理平面的基础上增加了控制平面，并引入路由、信令、链路管理等协议，自动完成数据的交换、传输等功能，从而使光网络由静态的传送网变为可动态重构的智能光网络。这种光网络通常被认为是第三代光网络。

随着光网络规模的不断扩大，对其控制和管理变得异常困难。应对这个问题的主流思想是对网络进行分域管控，将整个光网络基础设施根据地理位置、管理区域、设备类型等因素划分为多个域。这些基础设施可能来自不同的设备制造商，并采用不同的交换技术或控制技术，使得光网络呈现明显的多域异构化趋势。

单域 ASON 体系结构在进行多域异构化扩展的过程中遇到了很大障碍。为了实现跨域光通道的自动建立和拆除，ITU-T 在 G.8080 中定义了外部网络-网络接口（ENNI），它规定了 ASON 控制域之间需要交互的信息格式。在此基础上，光互联论坛（OIF）提出了基于 ENNI 的开放式最短路径优先（OSPF）分层路由协议和 ENNI 信令协议，用于异构厂商控制平面的互通。中国电信也依靠自主研发，通过扩展 OpenFlow 协议，基于软件定义网络（Software Defined Network，SDN），成功完成了跨 3 个光传送网（Optical Transport Network，OTN）设备厂商路由域的多域互通测试。

2. 光网络的发展现状

（1）骨干网络

骨干网络在以下几方面不断发展：

① 单波速率不断提高（100Gbit/s、200Gbit/s、400Gbit/s、1Tbit/s），性能进一步提升；

② 高维度大容量光交换及波长选择开关（WSS）的广泛应用；

③ IP 与光的协同；

④ 高密度光芯片集成与硅基光电子的成熟化。

（2）城域网络

城域网络在以下几方面不断发展：

① 进一步降低收发器的成本、功耗和体积，比如，将 100Gbit/s 相干光收发器做成 CFP 级乃至 CFP2 级；

② 结合简单的强度调制/直接检测（IMDD）和光数字处理（ODSP），实现低成本单波 100Gbit/s 非相干光收发器；

③ 网络的简化和优化；

④ 企业专线的普及应用；

⑤ 移动承载的进一步深入。

（3）接入网络

接入网络在以下几方面不断发展：

① 移动前传与回传的低成本解决方案；

② 高容量微波传送方案；

③ 高速光纤到户（如 100Gbit/s PON）及铜线接入的支撑；

④ 现代企业专线；

⑤ 数据中心互联（DCI）。

（4）软件定义传送网络

早期的光通信系统结构简单、功能单一，主要依托硬件构建网络运行机制。但经过数十年的发展，结构越来越复杂，不同时期、不同体系、不同功能的设备共存，带来了巨大的管理维护开销，导致对客户需求响应的缓慢，由此诞生了软件管控技术，以提升运维效率。光通信管控技术主要分 3 个发展阶段：自动化控制、开放化协同和物联智慧化。

例 5.1 2017 年，武汉邮电科学研究院采用单模七芯光纤（相当于七根普通光纤合而为一）为传输介质，在国内首次实现 560Tbit/s 超大容量波分复用及空分复用的光传输系统实验。计算：

① 如果容量的利用率是 77.1%，打电话可以实现多少人同时通话？

② 如果一部蓝光高清电影的容量为 10Gbit，一秒钟可以下载多少部电影？

解：① G.711 采用 8kHz 样本速率 PCM（脉冲编码调制）方案，每样本大小为 8bit，是以 64kbit/s 对电话音频进行编码的国际标准。560Tbit/s 的容量可以实现的通话路数为

$$560\text{Tbit/s}\div 64\text{kbit/s}=(560\times 10^{12})\div(64\times 10^{3})=8.75\times 10^{9}$$

如果容量的利用率是 77.1%，一根单模七芯光纤可以实现约 67.5 亿的通话路数。

② 1s 可以下载电影数量为

$$560\text{Tbit/s}\div 10\text{Gbit} = (560\times 10^{12})\div(10\times 10^{9}) = 5.6\times 10^{4}$$

也即一根单模七芯光纤 1s 可以下载 5.6 万部蓝光高清电影。

5.5.3 光纤通信技术的发展现状

在过去的 30 年，光纤通信技术高速发展，主要技术的发展现状如下。

1. 相干检测及光数字处理

在波分系统的 40Gbit/s 时代，基于直接检测的差分二相位及四相位调制（DPSK/DQPSK）显示出一定的优势。当波分系统进入 100Gbit/s 时代以后，相干光技术迅速成为了高速光通信系统的主流。目前 400Gbit/s 已经商用，产业逐渐向 Tbit/s 量级演进，主要技术趋势有光数字处理（ODSP），其将光网络从模拟光时代带入数字光时代。

2. 软件定义收发器及弹性波分网络

ODSP 可以采用灵活可变的 flex 调制方式，根据不同的传输距离和场景，选择灵活的通道间隔（flexible grid）和调制格式（Flexible Format），实现更高效的大容量光传输。目前，16nm 的 ODSP 普遍可以支持 100Gbit/s QPSK、150Gbit/s 8QAM、200Gbit/s 16QAM 和 400Gbit/s 64QAM。因发送器及接收器均采用 ODSP，收发器可软件定义（Software-Defined Transceiver），由此弹性波分网络（flexible-grid WDM）得以实现。

3. 电层及光层调度技术

光网络的系统架构越来越复杂，出现了具有多个环网或者网状网（mesh）拓扑结构，需要多个光纤（即多个维度）之间的光交换。得益于大规模集成电路的发展，电层交换技术的发展远远领先于光交换，由此诞生了一种基于电层交换的光网络系统，即 OTN。在 100Gbit/s 光传送技术开始成熟商用的今天，业界已全面展开对超过 100Gbit/s（beyond 100 Gbit/s）光传送技术的研究。未来的 OTN 需要具备任意业务的承载能力，同时光层的 Flex Grid 技术变革也正驱动着 OTN 向灵活性演进，能够根据传送的业务流量和传送距离灵活选择光调制方式、光频谱资源大小、载波数量等参数，以达到最优化高效的网络配置。

虽然 OTN 在不断变革，但依旧有技术瓶颈。随着 OTN 交叉容量的增加，其 ODSP 功耗也增加，且只能通过减小芯片纳米工艺数值降低功耗，如 16nm 工艺向 10nm 演进。随着后摩尔时代的到来，集成电路的集成度提升也将达到极限，芯片散热成为最终限制，功耗已经很难继续降低。此外，电交换需要 O/E 及 E/O，带来了相对较高的时延。因此，产业界希望将交换功能从电域转到光域，形成全光交换，并希望将此作为构建全光网的基础。

全光交叉最早的实现路线是延续早期对波长的光上下路复用（OADM），继续对光波长（光频谱）进行功能增强的波长交换与调度，即可重配 OADM（ROADM）。至 2010 年，波长交换的业界主流商用架构演进成为基于多个 $1\times N$ 波长选择交换单元（WSS）构成的多维 ROADM（MD-ROADM），每个 WSS 也与本地上下路的交换单元连接，根据需要任意指配上下业务的波长，实现业务的灵活调度（可重配）。目前 CDC ROADM 实现商用化指日可待，CDC ROADM 是指波长无关（colorless）、方向无关（directionless）、无阻塞（contentionless）的 ROADM。CDC ROADM 之后，产业界希望全光交叉持续向全光网演进，但由于光缓存以及实用化的快速光交换阵列难以实现，使得全光网的核心技术光突发交换（OBS）和光分组交换（OPS）技术在中短期内难以突破。因此，在全光网到来之前，近年来产业界针对中短期实用化，探索了波长交换粒度的灵活化与精细化，目前波长交换已实现基于 50GHz 波长通道粒度的密集波分复用（DWDM）系统和基于大于 50GHz 波长通道粒度的超通道的灵活粒度光交换。

4. 高速光电器件技术

光器件性能、设计水平和工艺是实现高性能光通信系统的必要保障，也是整个光通信产业链的硬实力和基石。传统的不同功能的光器件必须采用不同的材料来实现。而光子集成技术，尤其是采用大规模半导体制造工艺（如 CMOS）的硅光集成技术，能一举突破器件集成度、功耗、成本等诸多瓶颈，开始了光器件技术的新一轮产业变革。

受到硅在集成电路中广泛运用的启迪，业界从20世纪80年代开始致力于利用硅材料实现光电子器件，并利用现有的CMOS工艺线进行加工。2004年，美国Intel公司和康奈尔大学分别在《自然》杂志上报道了基于马赫—曾德尔干涉仪结构和微环谐振腔结构的GHz高速硅光调制器，开启了硅光研究的新纪元。2010年，IBM发布了40Gbit/s的锗波导型雪崩探测器，工作电压低至1.5V，对于低功耗的接收端应用意义重大。2015年底，IBM联合美国几所高校利用45nm CMOS工艺将6000万个晶体管和850个光子器件集成在一个芯片上，达到了硅光集成的新高度。目前，硅光技术已经基本成熟，并开始在光通信系统上商用，美国创新公司Acacia的硅光子100Gbit/s相干光模块代表了硅光技术商用的最高水平。

硅光技术目前正引领着光网络产业的一次划时代的技术变革，将光通信产业从分立器件时代带入了自动化、规模化生产的集成芯片时代，其影响力不亚于从电子管时代进入晶体管集成电路时代给电子产业带来的巨大震撼。但硅材料本身并不是最完美的材料，相比于硅材料，目前发现的二维材料石墨烯用于光电器件上，在理论上能够得到更大的带宽、更低的驱动电压和更小的尺寸，而且石墨烯的生产制备可以兼容硅基CMOS工艺，因而目前的硅光技术和工艺可以进一步移植到石墨烯器件的生产制备上。将来硅光/石墨烯技术作为一种平台技术，能够实现下一代全光网络的各种光交换、光路由、光逻辑、光存储和光信号处理器件，一旦光电器件的加工技术能够像微电子加工技术一样不断取得进步，利用光子晶体和人工介质材料的新型光电器件将在不远的未来走向实用，从物理上颠覆现有光网络中的器件种类和网络架构，实现光网络的大幅度简化和光通信产业的革命。

5.5.4 光网络的发展趋势

1. 光/IP网络的融合

互联网IP业务在传送网络中所占比重越来越大，将IP网络与光网络更好地配合起来，可以为分组数据业务提供容量更大、粒度更灵活、更可靠和更智能的传送。光网络和IP网络的共同愿景，驱动着光网络的研究向着IP层与光层融合的方向发展。但是，基于分组交换的IP网络和基于电路交换的光网络的交换机制和组网模式有本质不同，二者实现动态互通和统一控制难度非常大，需要面对众多技术挑战。

光/IP融合网络的统一控制架构需要考虑光网络物理层的限制，例如光功率、物理损伤、信号可达性、连接建立速率、可用带宽、交换粒度等因素。

光网络与IP网络的业务建立（传送）方式不同，它们之间存在巨大的时延差异，即使在小规模情况下，商用的光传送网业务建立时延也将达到几百毫秒到几秒量级，这对于IP网络中的时延敏感业务来说明显过高，构成光网络与IP网络互通的巨大障碍。为实现光/IP网络的无缝融合，目前已提出了一种基于“超级虚拟路由器”的光/IP融合网络架构以及一种基于该架构的“资源缓存”技术，可以实现IP业务在光传送网上的无缝传输。

2. 光/无线网络的融合

与IP网络的融合相比，光网络和无线网络的融合面临一些更本质的问题。例如，现有动态光网络的业务源结点和目的结点都是固定的，不随时间的推移而发生变动。然而，这种情况将随着移动通信容量的增加以及交通工具速度的提高而改变。在可以预见的未来，为高速铁路提供大容量通信的需求将给底层光网络带来类似“越区切换”的问题，导致业务的源/目的结点不再固定，光网络的路由模型由此将发生改变。

相比业务的“移动性”，在光/无线融合网络中，网络资源的“不确定性”将使问题更加复杂化。随着移动通信领域的大规模MIMO技术和CoMP技术的出现，灵活、大容量的按需无线覆盖成为可能。这将导致在光/无线融合网络中为移动业务计算路由和调度资源时，业务的源/目的结点和网络拓扑、链路资源都可能是不确定的，无法通过传统的网络模型解决。目前相关研究正处于起步阶段，有广阔的发展空间。

3. 细粒度全光交换网络

现有的全光电路交换只能提供波长级的大交换粒度，远大于现有IP网络中的业务粒度。这种粒度失配造成对光网络进行波长扩容无法带来有效网络容量的增加，导致光网络巨大的带宽资源难以得到充分利用。全光分组交换（OPS）和全光突发交换（OBS）可以提供亚波长级细粒度交换，但其依赖全光缓存及全光逻辑器件，这些器件目前尚不成熟。远低于波长粒度、不依赖光缓存的细粒度光交换及组网技术亟待突破。

为了支撑未来数据中心和高性能计算中心的业务需求，光网络必须具备细粒度、高灵活度的全光交换能力。目前可实现的远低于波长粒度的细粒度光交换技术主要为时域光交换技术，光分组交换（OPS）和光突发交换（OBS）技术是其代表。然而，在光缓存和光逻辑器件一直未能取得实质性突破的情况下，这两种技术均无法摆脱电处理过程，这导致 OPS/OBS 的能耗相比电交换没有质的降低，无法充分发挥光交换的优势。

为了克服 OPS/OBS 的局限，实现不依赖光缓存的无冲突超细粒度全光交换，目前又提出了全光时片交换（OTSS）技术。OTSS 技术从原理上可实现在无光缓存情况下的任意粒度无冲突全光交换，作为 OTSS 的使能技术，高精度网络时间同步和高速光开关已日趋成熟。典型的高精度网络时间同步协议 IEEE 1588v2 于 2008 年发布，由欧美发达地区和国家主导，这是目前产业界主流的精确时间同步协议。中国移动已于 2014 年建成了全球首个基于 IEEE 1588v2 的商用高精度授时网络，实现了跨千千米的 OTN 链路和 13 跳 PTN 链路以 225ns 为精度的时间同步精度。高速电光开关技术在 21 世纪初被日美公司垄断并蓬勃发展，多家公司都推出 4×4ns 级光开关商用产品，现在 16×16ns 级光开关原型产品也已见报道，且国内外在该方向的研究基本处于同一水平。

4. 网络控制

目前，单域光网络的智能控制问题已基本得到解决并逐步商用化，多域异构光网络的跨域控制问题也已取得巨大进展，已实现多厂商多设备类型网络跨域互通的基本功能测试。随着云计算、物联网、数据中心、5G 移动通信等新型应用和网络业务的快速发展，作为信息网络的基础，光网络面临着和 IP 网络及无线网络在更广意义上的无缝动态异构融合，这些难以通过现有光网络的控制架构实现。

5.6 量子通信

1982 年，法国物理学家艾伦・爱斯派克特（Alain Aspect）和他的小组成功地完成了一项实验，证实了微观粒子之间存在着一种叫作“量子纠缠”（Quantum Entanglement）的关系。在量子力学中，有共同来源的两个微观粒子之间存在着某种纠缠关系，不管它们被分开多远，对一个粒子扰动，另一个粒子立即就知道了。量子纠缠已经被世界上许多试验室证实，科学家认为量子纠缠是近几十年来最重要的科学发现之一。

1993 年，在量子纠缠理论的基础上，美国科学家 C.H.Bennett 提出了量子通信（Quantum Teleportation）的概念。量子通信是指利用量子纠缠效应进行信息传递的一种新型通信方式，是量子论和信息论相结合的新研究领域。

2016 年 8 月，中国在酒泉卫星发射中心用长征二号丁运载火箭成功将世界首颗量子科学实验卫星“墨子号”发射升空，这将使我国在世界上首次实现卫星和地面之间的量子通信。

量子通信具有传统通信方式所不具备的绝对安全特性，在军事、国防、金融等领域有着重大的应用价值和前景。

本章小结

物联网通信几乎包含现在所有的通信技术，本章主要介绍了无线通信网络（包括无线接入网和移动通信网）和有线通信网络（包括有线接入网和光网络），并简要介绍了量子通信。无线通信网络从小到大依次为无线个域网（WPAN）、无线局域网（WLAN）、无线城域网（WMAN）和无线广域网（WWAN）。无线接入网是物联网实现泛在化通信的关键，其包括 ZigBee、蓝牙、RFID、UWB、60GHz、WLAN 和 WMAN 等。移动通信网络属于 WWAN 的范畴，已经历了 1G、2G、3G 和 4G，并将演进到 5G 的发展历程。目前有线接入网主要有铜线接入网、光接入网和同轴电缆接入网，有线接入网提供各种宽带业务，其中光接入方式是宽带接入网的理想解决方案。光网络是信息网络基础架构的核心一环，目前光网络经历了三代发展历程，已经发展为传输、交换均在光域上进行的“全光网络”，并有光/IP 网络融合、光/无线网络融合的发展趋势。量子通信是利用量子纠缠效应进行信息传递的一种新型通信方式，是量子论和信息论相结合的新研究领域。

思考与练习

5.1 电信网是由哪几部分构成的？

5.2 根据通信覆盖范围的不同，无线网络从小到大分为哪几种？覆盖的范围各有多大？

5.3 WPAN 的主要技术模式为哪几种？IEEE 802.15 WPAN 标准有哪些？

5.4 IEEE 是怎样划分频谱的？什么是 ISM 频段？

5.5 简述 ZigBee 的起源、技术特点、网络特点、协议和应用场景。

5.6 简述蓝牙的起源、技术优势、采用技术、协议体系和应用场景。

5.7 简述 UWB 的起源、工作原理、技术特点和应用场景。

5.8 简述 60GHz 通信的起源、标准化工作和技术特点。

5.9 WLAN 的主要标准有哪些？WiMAX 的主要标准有哪些？

5.10 我国分别是哪年开通 1G、2G、3G 和 4G 网络的？这 4 种网络的主要区别是什么？

5.11 第二代移动通信的 3 个演进阶段是什么？第三代移动通信的 3 种标准是什么？

5.12 4G 采用了什么核心技术？5G 的技术特点是什么？

5.13 双绞线接入网技术有哪些？光纤接入网的基本构成是什么？什么是混合光纤/同轴接入网？

5.14 谁是“光纤之父”？其主要成就是什么？光纤的导光原理是什么？

5.15 第一代、第二代和第三代光网络的特点分别是什么？

5.16 简述光纤通信系统的发展现状及光网络的发展趋势。

5.17 什么是量子通信？量子通信的突出优点是什么？

第 6 章 物联网网络服务

物联网是建立在互联网之上的，物联网得到的物理世界的信息需要在互联网上进行交流与共享。随着互联网的不断壮大，它所提供的服务越来越多，物联网通过这些服务可以将物品的信息发布出去，同时也可以获得发布在互联网上的各种资源。

目前比较成熟的物联网网络服务是 EPC 系统。为了有效地收集信息，EPC 系统给全球每一个“物”都分配了一个编码，这个编码就是 EPC 码。EPC 码的容量很大，全球每个物品都可以得到唯一的编码，但 EPC 码主要是用来给全球物品提供识别 ID 号的，EPC 码本身存储的物品信息十分有限。有关物品的大量信息存放在互联网上，存放地址与物品的识别 ID 号一一对应，这样通过物品的识别 ID 号就可以在互联网上找到物品的详细信息。在物联网的网络服务中，主要涉及物联网名称解析服务（Internet of Things Name Service，IOT-NS）和信息发布服务（Internet of Things Information Service，IOT-IS），当物品的识别 ID 号通过 IOT-NS 查得存储物品信息的 IP 地址后，根据 IP 地址就能够访问 IOT-IS。物品的识别 ID 号与 IOT-IS 联系起来后，就可以在互联网上发布和获得物品的大量信息，并可以实时更新物品的信息，一个全新的物联网就建立起来了。

6.1 物联网网络服务概述

物联网名称解析服务（IOT-NS）及物联网信息发布服务（IOT-IS）是物联网的组成部分，主要用于完成物联网的网络运行和网络服务功能。其中，IOT-NS 负责将电子标签的编码解析成对应的网络资源地址，IOT-IS 负责对物品的信息在物联网上进行处理和发布。

在 EPC 系统中，物联网名称解析服务称为 ONS（Object Name Service），物联网信息发布服务称为 EPCIS（EPC Information Service）。本章以 EPC 系统为例，介绍物联网网络服务。

1. 物联网网络服务的工作流程

互联网（Internet）上存放物品信息的计算机称为物联网信息服务器，有关物品的大量信息存储在物联网信息服务器中。由于物品原材料、生产、加工、仓储、运输等大量信息不能用 EPC 码表示出来，这就需要物联网的网络服务。

在 Internet 上，物联网信息服务器非常多。查找物联网信息服务器需要知道它的网络地址，这就像在 Internet 上查找域名的 IP 地址一样。解析物联网信息服务器网络地址的是物联网名称解析服务器，物联网名称解析服务器提供的服务能够将电子标签的识别 ID 号转换成对应的统一资源标识符（Uniform Resource Identifiers，URI）。在服务器上利用 URI 可以找到物联网信息服务器，也可以找到关于物品信息的一个文件夹或网页绝对地址，这样用户就可以随时在网上查找对应的物品信息。由物联网名称解析服务器、物联网信息服务器构成的物联网网络服务如图 6.1 所示。

2. 物联网名称解析服务（IOT-NS）

（1）IOT-NS 概述

IOT-NS 类似于互联网域名系统（Domain Name System，DNS）。早期人们上网访问其他计算机上的信息时，要求输入对方机器的 IP 地址。但随着互联网规模的不断扩大，这种输入 IP 地址的方法就显得非常不方便，不利于记忆。为解决这一问题，人们发明了 DNS。

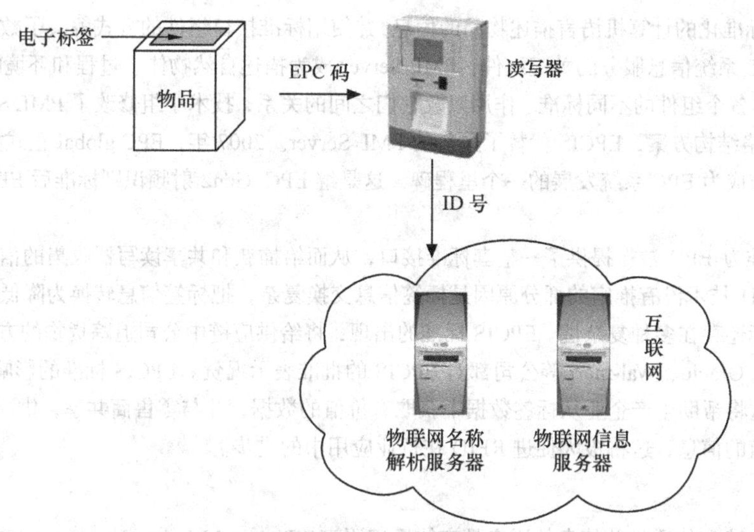

图 6.1 物联网的网络服务

DNS 负责将域名转换为 IP 地址。域名是 Internet 上某一台计算机或计算机组的名称，DNS 将域名映射为 IP 地址的过程称为域名解析，即 DNS 将计算机定位在 Internet 上的某一具体地点。在 Internet 上，域名与 IP 地址是一对一（或者多对一）的关系，域名虽然便于人们记忆，但机器之间只能互相认识 IP 地址。

在 EPC 系统中，IOT-NS 的任务由 ONS 来完成。ONS 查询的格式与 DNS 基本一致，ONS 根据规则查得 EPC 码对应的 IP 地址，同时根据 IP 地址引导访问 EPCIS。

（2）ONS 研究与应用现状

ONS 服务由 EPC global 委托美国威瑞信（VeriSign）公司运营。VeriSign 公司在全球部署的 14 个资料中心用于提供 ONS 搜索服务，同时 VeriSign 公司建立了 7 个 ONS 服务中心，它们共同构成了 EPC 系统的访问网络服务。

为了节省用户在尝试 EPC 网络服务时所需投入的软件、硬件和维护费用，VeriSign 公司推出了包括 EPC 信息服务、EPC 发现服务、EPC 安全服务及根 ONS 等的 EPC 初始启动装置服务，为全球的厂商提供了所需的工具，可实现在 EPC 全球网络上共享基于 RFID 技术的各类信息。VeriSign 公司为用户提供一种简单的托管方式来使其了解并使用全球 EPC 网络服务，这样，随着标准的制定和修改，只需要在 VeriSign 公司后台做相应的修改和补充即可，而用户端不需要做任何变动。VeriSign 公司的 EPC 初始启动装置服务可为欲建立 EPC 网络的用户提供便利，使用户很方便地搭建起 EPC 网络平台，VeriSign 公司的服务可以同全球所有知名 EPC 软件兼容匹配。VeriSign 公司还与 Oracle、SAP 等大型 ERP 软件公司合作推出了 EPC 应用开发项目，目的是通过无偿提供软件技术来推动全球 EPC 的应用。用户只要到 VeriSign 公司网站免费注册成为 VeriSign 会员，就可以无偿下载一些可以进行深层次开发的小型 RFID 开发包。

3. 物联网信息发布服务（IOT-IS）

（1）IOT-IS 概述

IOT-IS 是用网络数据库来实现的。IOT-IS 的目的在于共享物品的详细信息，这些物品的详细信息既包括标签和读写器所获取的物品相关信息，也包括一些商业上的必需附加数据。IOT-IS 收到查询的要求后，一般将物品的详细信息以网页的形式发回以供查询。

目前比较成熟的 IOT-IS 是 EPC 系统的 EPCIS。EPCIS 提供了一个数据和服务的接口，与已有的数据库、应用程序及信息系统相连，使物品的信息可以在企业之间共享。

（2）EPCIS 研究与应用现状

最初，麻省理工学院 Auto-ID 中心提出使用 PML 建立物联网信息服务系统，并发布了 PML Server。

PML Server 用标准化的计算机语言描述物品的信息，并使用标准接口组件的方式解决了数据的存储和传输问题。作为 EPC 系统信息服务的关键组件，PML Server 成为描述自然物体、过程和环境的统一标准。

其后，根据各个组件的不同标准、作用以及它们之间的关系，技术小组修改了 PML Server，并发布了修订的 EPC 网络结构方案，EPCIS 代替了原来的 PML Server。2007 年，EPC global 正式批准了 EPCIS 标准，EPCIS 标准成为 EPC 系统发展的一个里程碑，这是继 EPC Gen2 射频识别标准后 EPC 系统最重要的一个标准。

EPCIS 标准为 EPC 数据提供了一整套标准接口，从而给捕获和共享读写器收集的信息提供了一种标准的方式。RFID 技术没有推广的部分原因是标签信息交换复杂，把标签信息转换为降低成本和提高收入的基本业务目标还存在多种复杂性。EPCIS 标准的出现，将给供应链中公司追踪货物的方式带来变革，因此 IBM、BEA、Oracle、Wal-mart 等公司都对 EPCIS 的批准表示祝贺。EPCIS 标准的影响比 Gen2 标准的影响还要大，这将帮助生产企业从标签数据中获取有价值的数据，并与零售商共享，供应商将从 RFID 数据中获得有价值的信息，这将极大促进 RFID 在行业应用中的进步。

4. PML

EPC 系统表述和传递相关信息的语言是实体标记语言（Physical Markup Language，PML）。EPC 系统有关物品的所有信息都是由 PML 编写的，PML 是读写器、中间件、应用程序、名称解析服务 ONS 和信息发布服务 EPCIS 之间相互通信的共同语言。PML 是由可扩展标记语言（XML）发展而来的，是一种相互交换数据和通信的格式，其使用了时间戳和属性等信息标记，非常适合在物联网中使用。

6.2 物联网名称解析服务

IOT-NS 是物联网网络服务的重要一环，其作用就是通过物品的编码获取物品的识别 ID 号，进而获取 EPC 数据访问的网络地址信息。目前比较成熟的 IOT-NS 是 EPC 系统的 ONS。ONS 是物联网的网络枢纽，ONS 以 Internet 中的 DNS 为基础，将物联网的网络架构起来。

6.2.1 物联网名称解析服务的工作原理

ONS 系统主要处理 EPC 码与对应的 EPCIS 信息服务器的映射管理和查询，与 DNS 的域名服务方式很相似，因此可以借鉴在互联网中已经很成熟的 DNS 技术思想，利用 DNS 构架实现 ONS 服务。ONS 存有制造商位置的记录，而 DNS 存有到达 EPCIS 服务器位置的记录，因此 ONS 以 DNS 为基础来运行。

1. ONS 的查询服务

电子标签的 EPC 码被读写器阅读后，读写器将 EPC 码上传到本地服务器。本地服务器通过本地 ONS 服务器或根 ONS 服务器，查找 EPC 码对应的 EPCIS 服务器地址。当 EPCIS 服务器的地址查找到后，本地服务器就可以与 EPCIS 服务器通信了。

ONS 是一种全球查询服务，映射信息是 ONS 系统提供服务的实际内容。与 DNS 相似，ONS 系统的层次也是分布式的，主要由 ONS 根服务器、ONS 从服务器和 ONS 本地服务器组成，其中 ONS 本地服务器将经常进行的查询、最近的查询保存起来，以减少对外查询的次数。当内部网提出一个查询请求时，ONS 本地服务器是 ONS 查询的第一站，其作用是提高查询效率；而 ONS 根服务器处于 ONS 的最高层，因此基本上所有的 ONS 查询都要经过它。ONS 查询服务的工作过程如图 6.2 所示。

2. ONS 的工作流程

ONS 的存储记录是授权的，只有 EPC 码的拥有者才可以对其进行更新、添加和删除。企业拥有的本地 ONS 服务器包括两个功能：一个是实现物品 EPC 信息服务地址的存储；另一个是实现与外界信息的交换，将存储信息向 ONS 根服务器报告，并获取网络查询结果。

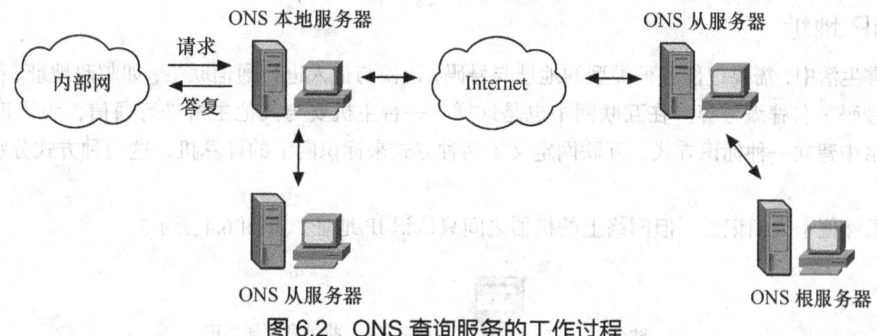

图 6.2 ONS 查询服务的工作过程

多个企业的 ONS 服务器通过 ONS 根服务器进行级联，组成 ONS 网络体系。ONS 服务与整个物联网系统相关，ONS 的工作流程如图 6.3 所示。

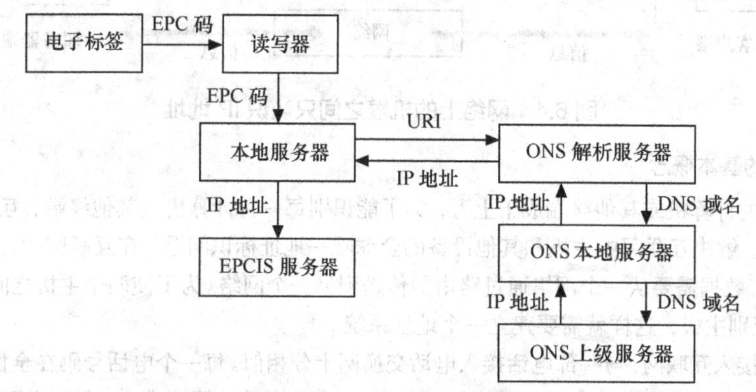

图 6.3 ONS 的工作流程

ONS 的具体工作流程如下。

① 电子标签的 EPC 码被读写器识读。

② 读写器将 EPC 码上传到本地服务器。

③ 本地服务器中有物联网中间件，中间件屏蔽了不同厂家读写器的多样性，能实现不同硬件与不同应用软件的无缝连接，并筛掉了许多冗余数据，将真正有用的数据上传。

④ 本地服务器将 EPC 码进行 URI 格式转换，发送到本地的 ONS 解析服务器。

⑤ 本地 ONS 解析服务器将 EPC 码的 URI 格式转换为一个 DNS 域名。

⑥ 本地 ONS 解析服务器基于 DNS 域名访问本地 ONS 服务器，如果发现相关 ONS 记录则返回，否则转发给上级 ONS 服务器。

⑦ ONS 本地或上级服务器基于 DNS 域名查询到 EPCIS 服务器的 IP 地址。

⑧ ONS 服务器将 EPCIS 服务器的 IP 地址发送给本地 ONS 解析服务器。

⑨ 本地 ONS 解析服务器再将 EPCIS 服务器的 IP 地址发送给本地服务器。

⑩ 本地服务器基于 EPCIS 服务器的 IP 地址访问 EPCIS 服务器，通过 EPCIS 服务器查询物品的信息或打开物品的网页。

URI 是用来标识资源名称的字符串，最常见的一种 URI 形式就是统一资源定位符（Uniform Resource Locator，URL）。URL 除了标注一个网络的资源外，还指定了它的主要访问机制和网络位置，比如 URL:http://example.org/wiki/Main_Page 代表了以 HTML 的形式通过 HTTP 协议获取 example.org 主机地址的/wiki/Main_Page 资源。

6.2.2 IP 地址

在日常生活中，需要记住各种类型的地址与号码，以便与他人进行通信联络，如邮政地址、街道地址、住宅电话号码、名牌编号等。在互联网中也是这样，一台主机要与其他主机进行通信，为了识别双方，需要在网络中建立一种标识方式。互联网定义了两种方式来标识网上的计算机，这两种方式分别是 IP 地址和域名。

域名虽然便于人们记忆，但网络上的机器之间只认识 IP 地址，如图 6.4 所示。

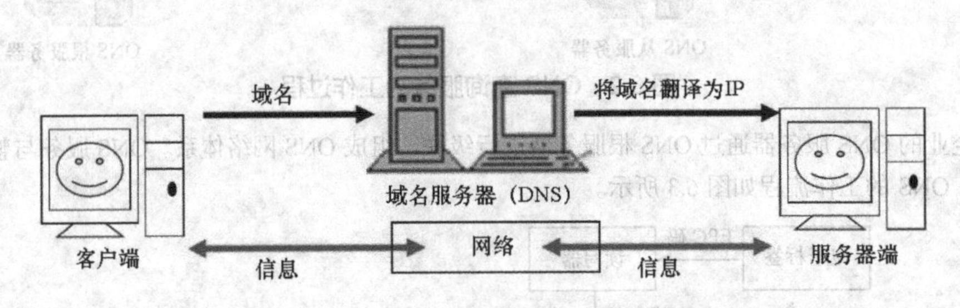

图 6.4 网络上的机器之间只认识 IP 地址

1. IP 地址的基本概念

连入互联网的计算机或其他终端成千上万，为了能识别每一台计算机或其他终端，互联网首先要建立全球的地址系统，解决互联网中主机和其他设备的全球唯一地址标识问题。在互联网中，一个主机在与另一个主机通信时，数据需要从一个网络通过路由器传送到另一个网络。为了使两个主机之间进行数据传递，Internet 首先要识别主机，这样就需要建立一个地址系统。

一台计算机接入互联网，与一部电话接入电话交换网十分相似。每一个电话号码在全世界都是唯一的，互联网借鉴了电话系统的地址标识方法，给每一台接入 Internet 的计算机或路由器也分配了一个互联网的地址，这个互联网的地址就称为 IP 地址。

（1）IP 地址的特性

IP 地址又称为 Internet 地址，Internet 的 IPv4 版本给每一台上网的计算机分配了一个 32 位长的二进制数字编码，这个编码就是 IP 地址。TCP/IP 的网络层使用的地址标识符叫作 IP 地址，全世界任何一台计算机的 IP 地址都是唯一的。IP 地址具有以下特性。

- IP 地址是唯一的，在 Internet 中不允许有两个设备具有同样的 IP 地址。
- 每一个主机或路由器必须至少有一个 IP 地址。
- IP 地址是标准的，地址命名与识别方式要被所有接入 Internet 的网络设备所接受。

（2）IP 地址的构成

IPv4 的 32 位地址分为 4 个字段，每个字段为一个地址节，每个地址节（即字节）长为 8 位，地址节之间用小数点隔开。为了书写方便，每个地址节用一个十进制的数字表示，每个数字的取值范围为 0 ~ 255，所以最小的 IP 地址为 0.0.0.0，最大的 IP 地址为 255.255.255.255。

（3）IP 地址的分类

IPv4 地址分为 A、B、C、D 和 E 五类。说明如下：A 类地址适用于大型网络；B 类地址适用于中型网络；C 类地址适用于小型网络；D 类地址用于多点广播；E 类地址用于实验。一个单位或部门可以拥有多个 IP 地址，比如可以拥有两个 B 类地址和 50 个 C 类地址。

地址的类别可以从 IP 地址的最高字段进行判别。清华大学的 IP 地址为 116.111.4.120，是 A 类地址；北京大学的 IP 地址为 162.105.129.11，是 B 类地址；西安邮电大学的 IP 地址为 202.117.128.8，是 C 类地址。各种 IP 地址的分类见表 6.1。

表 6.1 IP 地址分类表

IP 地址类别	适用的网络类型	最高字段的数值范围	二进制最高 4 位的值
A	大型网络	0 ~ 127	0×××
B	中型网络	128 ~ 191	10××
C	小型网络	192 ~ 223	110×
D	主播	224 ~ 239	1110
E	实验	240 ~ 255	1111

（4）IP 地址的容量

IPv4 地址用网络号+主机的方式来表示。A 类地址用高 8 位表示网络号（实际只用 7 位），用低 24 位表示主机号；B 类地址用高 16 位表示网络号（实际只用 14 位），用低 16 位表示主机号；C 类地址用高 24 位表示网络号（实际只用 21 位），用低 8 位表示主机号。A、B、C 三类的 IP 地址网络号与主机地址如图 6.5 所示，图中的阴影部分为网络号。

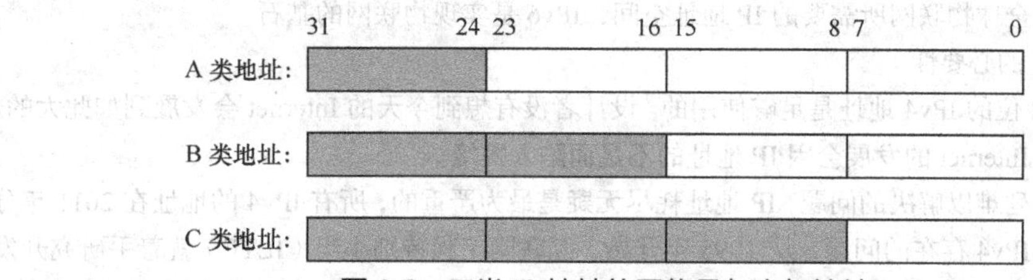

图 6.5 三类 IP 地址的网络号与主机地址

例 6.1 在 Internet 中，各种类别的 IP 地址所包含的网络个数和主机个数都是不一样的。试计算：

① A 类地址可拥有多少个网络？每个网络最大可拥有多少个主机数？

② C 类地址可拥有多少个网络？每个网络最大可拥有多少个主机数？

解： ① A 类地址用高 8 位来表示网络号（实际只用 7 位），可拥有的网络数为

$$2^7=128$$

A 类地址用低 24 位表示主机号，最大可拥有的主机数为

$$2^{24}=16777216$$

② C 类地址用高 24 位表示网络号（实际只用 21 位），可拥有的网络数为

$$2^{21}=2097152$$

C 类地址用低 8 位表示主机号，最大可拥有的主机数为

$$2^8=256$$

由于每个网络都存在两个特殊 IP 地址（全为“0”和全为“1”），因此实际能够分配的主机数比最大主机数少 2。IP 地址所包含的网络个数和主机个数见表 6.2。

表 6.2 IP 地址所包含的网络个数和主机个数

类　别	网络号位数	最大网络数	主机位数	最大主机数	实际主机数
A 类	7	128	24	16777216	16777214
B 类	14	16384	16	65536	65534
C 类	21	2097152	8	256	254

（5）特殊 IP 地址

对于任何一个网络号，全为“0”或全为“1”的主机地址均为特殊的 IPv4 地址。例如，210.40.13.0 和 210.40.13.255 都是特殊的 IP 地址。特殊的 IP 地址有特殊的用途，不分配给任何用户使用。特殊 IP 地址的用途见表 6.3。

表 6.3　特殊 IP 地址的用途

网络地址	主机地址	地址类型	用　　途
全 0	全 0	本机地址	启动时使用
网络号	全 0	网络地址	标识一个网络
网络号	全 1	直接广播地址	在特殊网上广播
全 1	全 1	有限广播地址	在本地网上广播
127	任意	回送地址	回送测试

2. IPv6 概述

现有的互联网是在 IPv4 的基础上运行的，IPv6（IP version 6）是下一代版本的互联网协议，目前 IPv6 在全球范围内已经正式启动。IPv6 的提出是因为随着互联网的迅速发展，IPv4 定义的地址空间将被耗尽。IPv4 采用 32 位地址长度，而 IPv6 采用 128 位地址长度，为了扩大地址空间，拟通过 IPv6 重新定义地址空间。IPv6 的地址空间非常大，几乎可以不受限制地为全球用户和全球每一个物品提供 IP 地址。现在的 IPv4 不能提供实现全球物联网所需要的 IP 地址空间，IPv6 是实现物联网的基石。

（1）发展 IPv6 的必要性

在 20 世纪，32 位的 IPv4 地址是足够使用的。设计者没有想到今天的 Internet 会发展到如此大的规模，更没有预测到今天 Internet 的发展会因 IP 地址的不足而陷入困境。

IPv4 面临一系列难以解决的问题，IP 地址耗尽无疑是最为严重的，所有 IPv4 的地址在 2011 年分配完毕。为了彻底解决 IPv4 存在的问题，从 1995 年开始，互联网工程特别小组（IETF）就着手研究开发下一代 IP 协议，即 IPv6。IPv6 具有长达 128 位的地址空间，可以彻底解决 IPv4 地址空间不足的问题。此外，IPv6 还考虑了在 IPv4 中解决不好的其他问题，主要有端到端 IP 连接、服务质量（QoS）、安全性、多播、移动性、即插即用等。

（2）IPv6 的特点

IPv6 具有下列显著的特点。

1）扩展了地址空间

IPv6 采用 128 位地址长度，地址空间比 IPv4 增大了 2^{96} 倍，从而确保全球每一个用户和全球每一个物品端到端连接的可能性。

2）提高了网络整体吞吐量

IPv6 使用一系列固定格式的扩展头部取代了 IPv4 中可变长度的选项字段，选项部分的出现方式也有所变化，使路由器可以简单路过选项而不做任何处理，加快了报文处理速度。IPv6 简化了报文头部格式，加快了报文转发，提高了吞吐量。

3）改善了服务质量和安全性

IPv6 报头中的业务级别和路由器的配置能够实现优先控制和 QoS 保障，改善了 IPv6 的服务质量。IPv6 可以对网络层的数据进行加密，并对 IP 报文进行校验，加密与鉴别选项提供了分组的保密性与完整性，增强了网络的安全性。

4）扩大了使用功能

设备接入网络时通过自动配置可以自动获取 IP 地址和必要的参数，实现即插即用，简化了网络的管理。定义了许多移动所需的新功能，易于支持移动结点。IPv6 的多播功能限定了路由范围，可以区分永久性和临时性地址，更有利于多播功能的实现。

3. IPv6 的地址表示方式

IPv6 的 IP 地址是由 8 个地址节组成的，每个地址节包含 16 个地址位，用 4 个十六进制位书写，地址节与地址节之间用冒号分隔。IPv6 的地址长度为 128bit，是 IPv4 地址长度的 4 倍，于是 IPv4 的十进制格式不再方便适用，IPv6 采用十六进制表示。

（1）IPv6 的标准表示方式

IPv6 地址的基本表示方式是×:×:×:×:×:×:×:×，其中，每个×表示地址中的 16bit，IPv6 地址共 128 位（16bit×8=128bit）。×以十六进制表示，是十六进制整数。例如，下面是 3 个合法的 IPv6 地址，其中 A～F 分别表示十六进制数的 10～15。

CDCD:910A:2222:5498:8475:1111:3900:2020

1030:0:0:0:C9B4:FF12:48AA:1A2B

2000:0:0:0:0:0:0:1

在 IPv6 的地址表示法中，每个×的前导 0 是可以省略的。例如：

2001:0DB8:0000:0023:0008:0800:200C:417A→2001:DB8:0:23:8:800:200C:417A

（2）IPv6 的压缩表示方式

有些 IPv6 地址中可能包含一长串的 0，当出现这种情况时，标准 IPv6 地址允许用“空隙”来表示这一长串的 0。例如，地址“2000:0:0:0:0:0:0:1”可以被表示为“2000::1”，两个冒号表示该地址可以扩展到一个完整的 128 位地址。

（3）IPv6 的混合表示方式

IPv6 地址中的最低 32 位可以用 IPv4 地址表示，即该 IPv6 地址可以按照一种混合方式来表示。IPv6 地址×:×:×:×:×:×:d.d.d.d，其中，×表示一个 16 位整数，而 d 表示一个 8 位十进制整数。例如，0:0:0:0:0:0:10.0.0.1 就是一个合法的基于 IPv6 环境的 IPv4 地址。又例如，::192.168.0.1 与::FFFF:192.168.0.1 就是两个典型的例子，注意在前 96 位中，压缩 0 位的方法依旧适用。

6.2.3 域名解析

在 Internet 上，成千上万台主机都是通过 IP 地址区分的。但是，想记住每一个没有任何意义和规律的 IP 地址是一件令人十分头痛的事。于是，人们开始寻找用一些方便记忆的形式来访问网络中的主机，相比之下，人们显然更愿意并且更容易记住那些有规律、有实际意义的主机名字。1983 年，Internet 开始采用域名系统，并可以通过一种设备进行域名解析，来完成主机域名与二进制 IP 地址的转换工作。

1. 什么是域名

域名是由一串用点分隔的名字组成的 Internet 上某一台计算机或计算机组的名称，用于在数据传输时标识计算机的电子方位（有时也指地理位置）。域名是 Internet 上企业或机构之间相互联络的网络地址，个人也可以注册域名。目前域名已经成为网上商标，是互联网上的一种品牌。

1998 年 10 月，互联网名称与数字地址分配机构（The Internet Corporation for Assigned Names and Numbers，ICANN）成立。ICANN 是一个非营利性的国际组织，是一个集合了全球商业、技术和学术领域专家的网络界国际组织，负责互联网协议（IP）地址的空间分配、协议标识符的指派、根服务器系统的管理、通用顶级域名（gTLD）及国家和地区顶级域名（ccTLD）系统的管理。

2. 域名的结构

域名一般由 3 个部分组成，从左到右依次为主机名、机构性域名和地理域名。各部分用小数点隔开，即主机名.机构性域名.地理域名。例如，西安邮电大学的域名为 xupt.edu.cn。这里的 xupt 为主机名；edu 为机构性域名，是教育行业（education）的缩写；cn 为地理域名，是中国（China）的缩写。域名一般采用相应的英文或汉语拼音的缩写表示。一些机构性域名见表 6.4。

（1）顶级域名

顶级域名（Top Level Domain，TLD）也称一级域名，当域名由两个或两个以上的词构成时，中间由点号分隔开，最右边的那个词称为顶级域名。域名可分为国际域名和国内域名，两者的主要区别在于域名划分方式和管理机构不同。

表 6.4 常用的机构性域名

机构性域名	类型	全称
com	商业机构	commercialization
edu	教育机构	educational institution
gov	政府部门	government
mil	军事机构	military
net	网络机构	networking organization
org	非营利组织	non-profit organization

1）国际顶级域名

现在通常所说的国际域名是顶级域名类别。由于 Internet 最初是在美国发源的，因此最早的域名并无国家标识，人们按用途把域名分为几个大类。随着 Internet 向全世界的发展，.edu、.gov、.mil、.com、.org、.net 全世界通用。

2）国家顶级域名

国家顶级域名是地理顶级域名，现在共有 200 多个国家和地区有域名的代码，例如.cn 代表中国，.uk 代表英国。这样，以.cn 为后缀的域名就相应地叫作“国内域名”。

（2）域名的命名方式

当一个组织拥有一个域的管理权后，它可以决定是否进一步划分层次。一个小的公司网络可以不选择进一步划分层次，但是一个大的公司网络和校园网必须选择多层结构。

域名级数是从右至左按照“.”分开的部分数确定的，有几个部分就是几级。Internet 主机域名的排列原则是低层的子域名在前面，而它们所属的高层域名在后面。Internet 主机域名的一般格式如图 6.6 所示，顶级域名的下一级就是二级域名，以此类推。

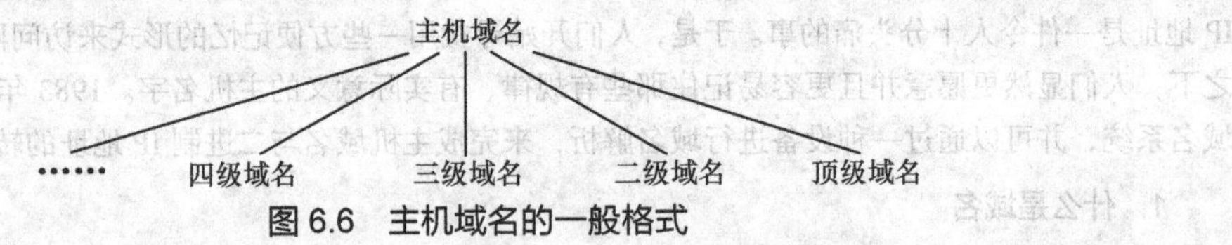

图 6.6 主机域名的一般格式

例如，.com 用于商业机构，它是最常见的顶级域名。在以.com 结尾的域名中，域名形式可能是 baidu.com，也可能是 × ×.baidu.com 或 gg. × ×.baidu.com，域名是分层次的。

（3）域名的管理方式

在域名系统中，每个域是由不同的组织来管理的，而这些组织又将其子域分给下级组织来管理。Internet 采用树状层次结构的命名方法，如图 6.7 所示，使得任何一个连接到 Internet 的主机都有一个全网唯一的域名。这种层结构的特点是，各个组织在它们的内部可以任意选择域名，只要保证在组织内的唯一性即可，而不必担心与其他组织内的域名冲突。

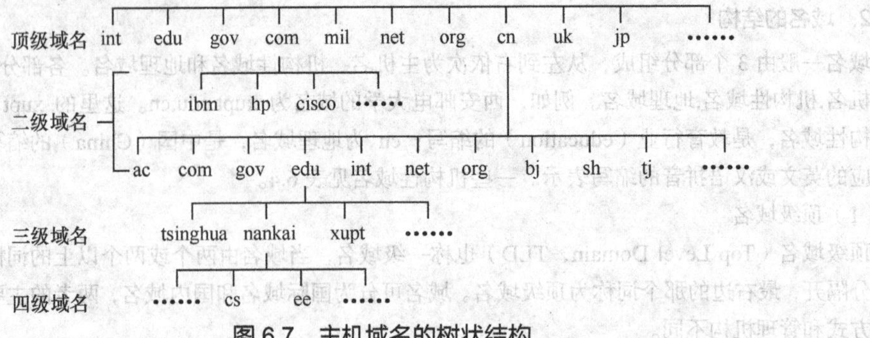

图 6.7 主机域名的树状结构

3. 域名服务器的基本工作原理

域名系统的一个主要特点是允许区域自治。域名系统设计中允许每个组织为计算机指派域名或改变这些域名，允许组织使用特定的后缀来帮助完成自治的功能，而不必通知中心机构。域名系统在设计了层次域名的同时，提出了与其相对应的域名服务器系统。从本质上来看，整个域名系统是以一个大型的分布式数据库的方式工作的。大多数具有 Internet 连接的组织都有一个域名服务器，每个服务器包含连接其他域名服务器的信息，这些服务器形成一个大的协同工作的域名数据库。

当一种应用需要将域名转换成对应的 IP 地址时，这种应用就成为域名系统的一个客户。这个客户将希望转换的域名放在一个 DNS 请求信息中，并将这个请求发给 DNS 服务器。DNS 服务器从请求中取出域名，将它转换为对应的 IP 地址，然后在一个应答信息中将结果地址返回给用户。

4. 域名服务器的层次

DNS 服务器的层次与域名层次结构是相适应的，每个域名服务器都只对域名体系中的一部分进行管辖。一个根服务器（Root Server）在这个层次体系的顶部，它是顶层域的管辖者。虽然根服务器并不包含所有的域名，但是它包含如何到达其他域名服务器的信息。例如，根服务器不知道南开大学每台主机的名字，但是它知道如何找到处理对 nankai.edu 请求的域名服务器，并知道如何找到处理对 cs.nankai.edu 请求的 nankai.edu 服务器。

需要注意的是，DNS 服务器的层次对应着域名的层次，但是两者并不是对等的。一个公司网络或校园网可以选择将它所有的域名都放在一个域名服务器上，也可以选择运行几个域名服务器。选择域名服务器结构的原则有以下几点。

- 一个小型公司通常将所有域名信息放在一个域名服务器中。使用一个域名服务器的结构简单，同时可以减小开销。
- 在一些大型的机构中，使用单一的、集中的域名服务器往往不能满足要求。如果该组织运行多个域名服务器，每个工作组管理一个域名服务器，改变和增加数据需要手工输入数据库，则域名服务器数据库的更新工作可以分开进行。
- 虽然 DNS 允许使用多个域名服务器，但是一个域名体系不能任意分散到域名服务器中。域名服务器组织的规则是，一个域名服务器必须负责具有某一后缀的所有计算机。
- 域名系统中的域名服务器是相互链接的，这样才能使客户通过这些链接找到正确的域名服务器。每个域名服务器都应该知道整个层次体系中子域名服务器的位置。

5. 域名解析

在使用网络服务时，需要实现从域名到 IP 地址的转换，从而获得某个服务器的 IP 地址。通常用户的主机属于某个域，因此，在配置该主机的 TCP/IP 时要指定默认的 DNS 服务器，通常是本域的授权服务器，也称为本地域名服务器。当该主机要（暂时称为 A 主机）访问网络中的另一个主机（暂时称为 B 主机）时，域名解析过程如下。

① 用户首先提交某主机域名解析请求给自己的本地域名服务器。

② 如果本地域名服务器能够从其系统中查询出 B 主机的 IP 地址，则本次域名解析完成，否则进行下一步。

③ 如果本地域名服务器未能查询到 B 主机的 IP 地址，则以客户的身份向其他域名服务器转发该解析请求，查询有递归和迭代的方法，直到找到能够完成解析的域名服务器。

④ 含有目标信息的域名服务器回应请求，将查询结果经本地域名服务器返回给用户。

作为域名解析的一个实例，图 6.8 给出了域名解析中客户与服务器的交互过程。在图 6.8 中，一位用户希望访问名为 netlab.cs.nankai.edu.cn 的主机。

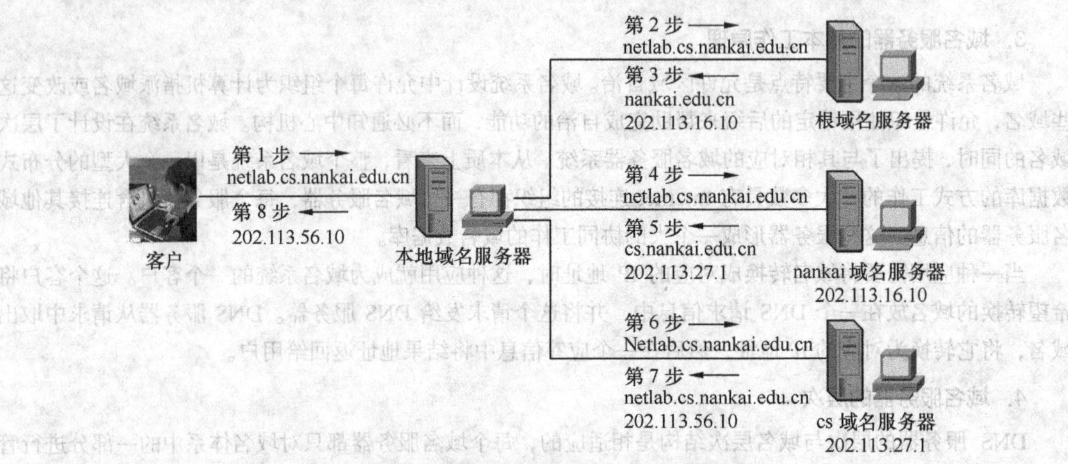

图 6.8　域名解析中客户与服务器的交互过程

6.2.4　ONS 结构与服务方式

ONS 是基于 DNS 和 Internet 的，ONS 的作用是将一个 EPC 码映射到一个或多个 URI。通过这些 URI，用户可以查找物品相应的详细信息，或访问相应的 EPCIS 服务器。

ONS 提供静态 ONS 服务和动态 ONS 服务，静态 ONS 服务通过 EPC 码可以查询供应商提供的商品静态信息，动态 ONS 服务通过 EPC 码可以查询商品在各个供应链上的动态信息。

1. ONS 系统的层次

ONS 系统是一个分布式的层次结构，ONS 服务器是 ONS 系统的核心。ONS 系统的结构类似于 DNS 系统，ONS 系统的层次结构如图 6.9 所示。

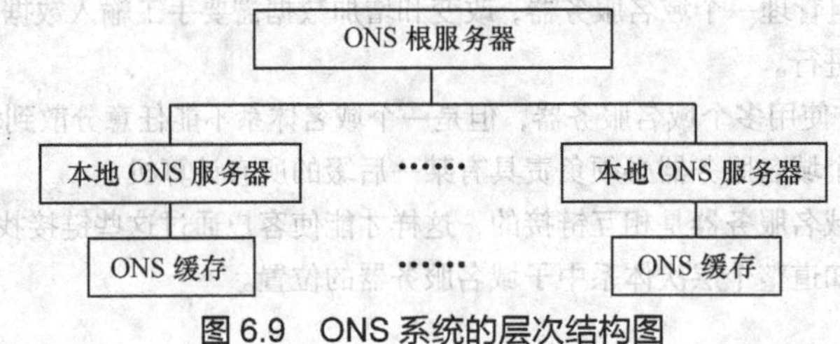

图 6.9　ONS 系统的层次结构图

（1）ONS 根服务器

ONS 根服务器处于 ONS 服务器的最高层，它拥有 EPC 名字空间的最高层域名。ONS 根服务器负责各个本地 ONS 服务器的级联，组成 ONS 网络系统，并提供应用程序的访问、控制与认证。基本上所有的 ONS 查询都要经过它。

（2）本地 ONS 服务器

本地 ONS 服务器用于实现与本地物品对应的 EPC 信息服务器的地址信息存储。本地 ONS 服务器可以提供与外界交换信息的服务，回应本地的 ONS 查询，以及向 ONS 根服务器报告该信息并获取网络查询结果。

（3）ONS 缓存

ONS 缓存是 ONS 查询的第一站，它保存最近查询的、查询最为频繁的 URI 记录，以减少对外的查询次数，可以大大缩短查询时间，并可以减轻 ONS 系统的服务压力。ONS 缓存也用于响应企业内部的 ONS 查询，这些内部 ONS 查询用于对物品的跟踪。

2. 静态 ONS 服务

静态 ONS 服务指向货品的制造商。静态 ONS 服务假定每个对象都有一个数据库，它提供指向相关制造商的指针，并且给定的EPC码总是指向同一个URI。静态ONS服务如图6.10所示。

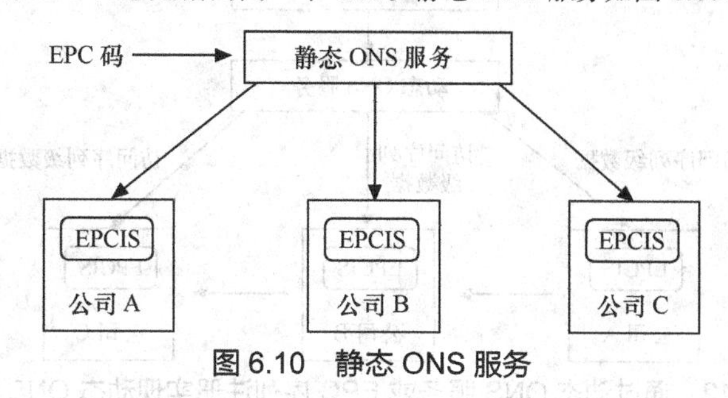

图6.10　静态ONS服务

（1）静态ONS分层

由于一个制造商可能拥有多个数据库，因此ONS可以分层使用。例如，一层是指向制造商的ONS根服务器，另一层是指向制造商某个特定的数据库。静态ONS服务需要维持安全性和一致性，而且需要提高自身的稳健性、访问控制和独立性。

（2）静态ONS服务的局限性

静态ONS服务假设一个对象只拥有一个数据库，给定的EPC码总是解析到同一个URI。而事实上，EPC信息是分布式存储的，每个货品在供应链中流动时信息不止存储在一个数据库中，不同的管理实体（制造商、分销商、零售商）对同一个货品建立了不同的信息，因此需要定位所有相关的数据库。

3. 动态ONS服务

动态ONS服务指向一件货品在供应链中流动时所经过的不同管理实体。动态ONS服务指向多个数据库，即指向货品在供应链中所经过的多个管理者实体。一件货品在供应链中流动时，每个供应链管理者在移交时都会更新注册表，以支持继续查询。动态ONS服务可以查询动态EPC注册、向前跟踪到当前的管理者、向后追溯到供应链的所有管理者及相关信息。

（1）动态ONS服务的注册

动态ONS服务需要更新注册的内容如下。

- 管理信息变动（到达或离开）。
- 物品跟踪时的EPC码变动，如货物装进集装箱、重新标识或重新包装。
- 是否标记特别的用于召回的EPC码。

（2）通过EPCIS的连接实现动态ONS解析

动态ONS解析的一个途径是通过静态ONS服务快速从一个EPCIS连接到下一个EPCIS，同时支持反向连接，如图6.11所示。

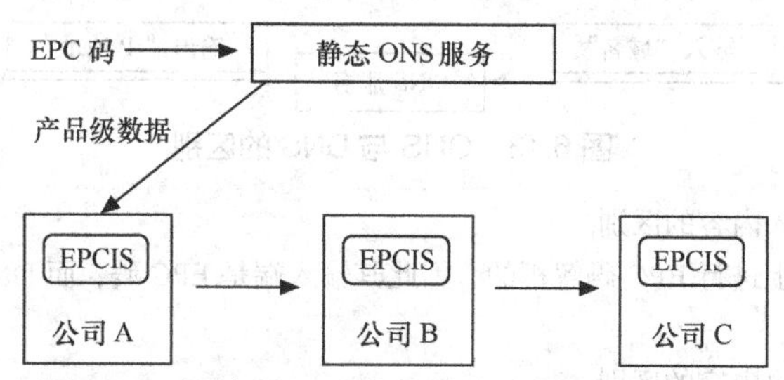

图6.11　通过EPCIS的连接实现动态ONS解析

（3）通过ONS或EPC序列注册实现动态ONS解析

动态ONS解析的另一个途径是通过动态ONS服务或EPC序列注册连接多个管理者的EPCIS服务，如图6.12所示。

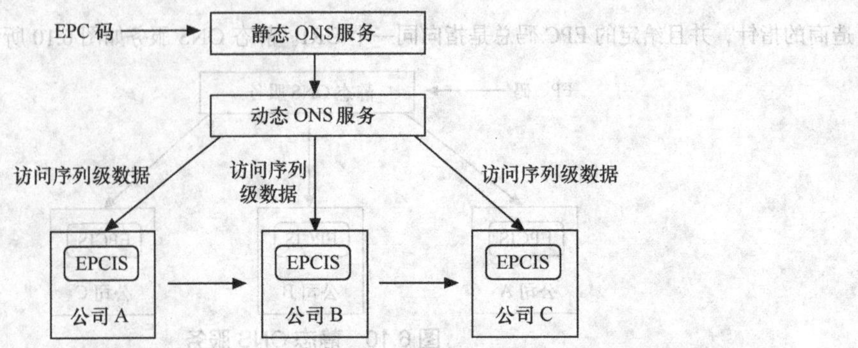

图 6.12　通过动态 ONS 服务或 EPC 序列注册实现动态 ONS 解析

（4）两种动态 ONS 的比较

1）通过 EPCIS 的连接实现动态 ONS 解析

在这种连接方式中，如果任何一个连接点无法响应或互联，则这个链条将不通，无论是正向还是反向，都将不能连接。因此，这种连接方式比较脆弱。

2）通过动态 ONS 服务或 EPC 序列注册实现动态 ONS 解析

在这种连接方式中，即使一些链路无法响应，其他解析任务仍然能够完成。因此，这种连接方式比较健壮。

6.2.5　ONS 工作流程

ONS 的架构是以 Internet 域名解析服务 DNS 为基础的，ONS 最大限度地利用了 DNS 系统。ONS 将 EPC 码转换成 URI 格式，再将其转换成标准域名后，下面的工作就由 DNS 承担了。DNS 经过递归式或交谈式解析，将结果以名称权威指针（Naming Authority Pointer，NAPTR）记录格式返回给客户端，ONS 即完成了一次解析服务。

1. ONS 与 DNS 的区别

NAPTR 是 URI 的一种定义格式，与电话号码映射（Telephone Number Mapping，ENUM）技术相关。通过 ENUM 技术，只要一个号码就可以整合 QQ、MSN、电话、传真、手机、传呼、电子邮件、个人主页等各种联系方式。根据 ENUM 技术可以将号码映射为 DNS 系统中的记录，这样一个号码就变成了 DNS 中的域名形式。ONS 与 DNS 的区别如图 6.13 所示。

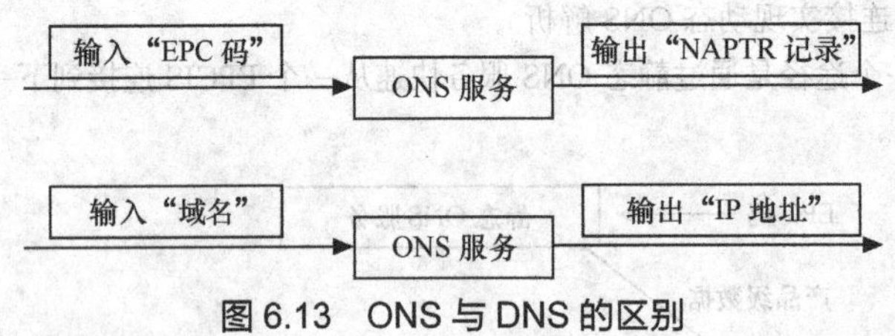

图 6.13　ONS 与 DNS 的区别

（1）ONS 和 DNS 输入内容的区别

ONS 是在 DNS 基础上进行 EPC 码解析的，因此其输入端是 EPC 码；而 DNS 用于域名解析，其输入端是域名。

（2）ONS 和 DNS 输出内容的区别

ONS 返回的结果是 NAPTR 格式，而 DNS 则更多时候返回查询的 IP 地址。

2. EPC 码转换为 URI 格式

按照 EPC global 商标数据标准（TAG Data Standards）的规定，EPC 码转换为 URI 格式后，为如下形式。

urn:epc:id:sgtin:厂商识别码.产品代码.系列码

其中，urn:epc:id:sgtin 为前置码，而厂商识别码、产品代码、系列码包含在 EPC 码中。

3. URI 格式转换为 DNS 查询格式

URI 转换 DNS 查询格式的步骤如下。

① EPC 码转换成标签标准 URI 格式，例如为 urn:epc:id:sgtin:0614141.000024.400。

② 移除“urn:epc:”前置码，剩下 id:sgtin:0614141.000024.400。

③ 移除最右边的序号（适用于 SGTIN、SSCC、SGLN、GRAI、GIAI 和 GID），剩下 id:sgtin:0614141.000024。

④ 置换所有“:”符号为“.”符号，成为 id.sgtin.0614141.000024。

⑤ 反转前后顺序，成为 000024.0614141.sgtin.id。

⑥ 在字串的最后附加“.onsepc.com”，结果为 000024.0614141.sgtin.id.onsepc.com。

4. ONS 工作方式

ONS 的角色就好比指挥中心。ONS 服务器网络分层管理 ONS 记录，同时对 ONS 查询请求进行响应。ONS 解析器完成 EPC 码到 DNS 域名格式的转换，解析 DNS NAPTR 记录，获取相关的物品信息访问通道。ONS 的工作方式如图 6.14 所示，具体如下。

① RFID 获取的 EPC 码上传到本地服务器。

② 本地 ONS 解析器负责查询前的编码格式化工作。

③ EPC 码的信息转换为 DNS 的域名查询格式。

④ DNS 的基础结构返回一串指向一个或多个 PML 服务器的 URL。

⑤ 本地 ONS 解析器将 URL 发送到本地服务器。

⑥ 本地服务器连接正确的 PML 服务器，获取所需的 EPC 信息。

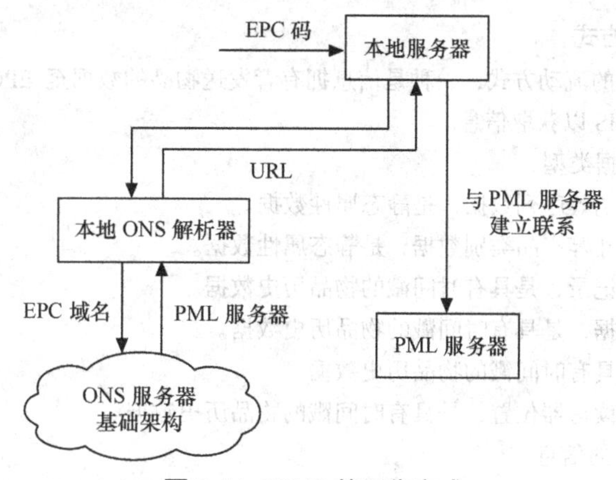

图 6.14 ONS 的工作方式

5. ONS 查询举例

假设某一物品由一制造商经过仓储物流公司运送至零售点，零售点的 RFID 读写器读到标签中的资料，ONS 的查询过程如下。

（1）读取 RFID 标签

读取 RFID 标签，获取二进制格式表示的 EPC 码为 0011 0000 0111 0101 0001 1111 1111 1010 0110 1100 0000 1010 0110 1001 0100 0000 0000 0000 0000 0000 0000 0000 0000 0001。这是一个 96 位的 EPC 码，属于 SGTIN 标识类型，其中厂商识别码为 24 位，产品代码为 20 位，系列码为 38 位。该 EPC 码的说明如下。

- 厂商识别码。厂商识别码为 0100 0111 1111 1110 1001 1011，转换为十进制为 4718235。

- 产品代码。产品代码为 0000 0010 1001 1010 0101，转换为十进制为 10661。
- 序列码。序列码为 00 0000 0000 0000 0000 0000 0000 0000 0001，转换为十进制为 1。

（2）格式转换

① EPC 码转换为 EPC URI 格式，为 urn:epc:tag:sgtin-96:3.4718235.010661.1，或为 urn:epc:id:sgtin:4718235.010661.1。

② 将 URI 转换为 DNS 查询格式，为 4718235.sgtin.id.onsepc.com。

③ 查询 ONS，得到 Local ONS 网址，为 4718235.sgtin.id.onsepc.com.tw。

④ 再向 4718235.sgtin.id.onsepc.com.tw 查询 EPCIS 的 URL，得到 http://220.135.101.64:8080/epcis-repository-0.2.2/services/EPCglobal EPCIS Service。

⑤ 依据查询得到的 URL，查询该物品在制造工厂所发生的 Event 资料。

6.3 物联网信息发布服务

物品标签内存储的信息十分有限，主要用来存储标识物品身份的 ID 号，而有关物品原材料、生产、加工、运输、仓储等大量信息则存放在 Internet 上。存放物品信息的服务器称为物联网信息服务器，通过 Internet 可以访问物联网信息服务器，这些服务器提供的服务称为 IOT-IS。IOT-IS 可跨越供应商、制造商、运输公司和零售商，在整个供应链上提供技术解决方案，对物联网的信息系统提供存储和查询服务。

6.3.1 物联网信息发布服务的工作原理

IOT-IS 是用网络数据库来实现的，数据库的原始信息是由生产厂家输入的，在商业运转过程中又附加了各种相关数据。IOT-IS 提供了一个数据和服务的接口，使物品的信息可以在企业之间共享。目前比较成熟的 IOT-IS 是 EPC 系统的 EPCIS。EPCIS 提供信息存储和查询接口，与已有的数据库、应用程序及信息系统相连。

1. EPCIS 数据流动方式

EPCIS 提供两种数据的流动方式，一种是信息拥有者发送物品的数据至 EPCIS 以供存储，另一种是应用程序发送查询至 EPCIS 以获取信息。

（1）EPCIS 存储的数据类型

- 制造日期和有效期等序列数据，是静态属性数据。
- 颜色、重量和尺寸等产品类别数据，是静态属性数据。
- 电子标签的观测记录，是具有时间戳的物品历史数据。
- 传感器的测量数据，是具有时间戳的物品历史数据。
- 物品的位置，是具有时间戳的物品历史数据。
- 阅读物品信息的读写器位置，是具有时间戳的物品历史数据。

（2）查询 EPCIS 存储的信息

对于 EPCIS 存储的物品静态信息、具有时间戳的物品历史数据和其他属性，都可以通过查询获得。例如，可以查询到物品在不同时刻的位置信息。

2. EPCIS 的工作流程

EPCIS 主要包括客户端模块、数据存储模块和数据查询模块。其中，客户端模块主要用来将物品的信息向指定 EPCIS 服务器传输；数据存储模块将通用数据存储于数据库 PML 文档中；数据查询模块根据客户查询访问相应的 PML 文档，然后生成 HTML 文档返回给客户端。EPCIS 数据存储和数据查询模块在结构上分为 5 部分，分别为简单对象访问协议（Simple Object Access Protocol，SOAP）、服务管理应用程序、数据库、PML 文档和 HTML 文档。EPCIS 的工作过程如图 6.15 所示。

图 6.15 所示的工作过程中各部分内容介绍如下。

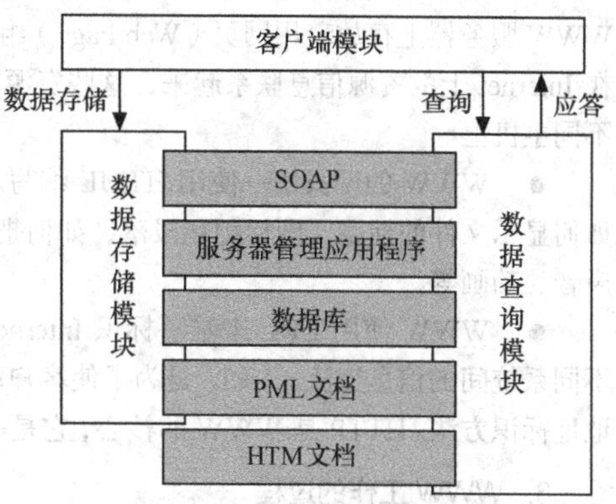

图 6.15 EPCIS 的工作过程

- 客户端模块存储着物品的信息，主要用来将物品信息向指定 EPCIS 服务器传输。
- 数据存储模块包含 SOAP、服务器管理应用程序、数据库和 PML 文档 4 部分，数据查询模块包含 SOAP、服务器管理应用程序、数据库、PML 文档和 HTML 文档 5 部分。
- SOAP 是一种非集中、分布环境的信息交换协议，它使用 SOAP 信封将信息的内容、来源和处理框架封装起来，传递给服务器管理应用程序，并传递给物联网客户。
- 服务器管理应用程序接收和处理 SOAP 发送的数据，将处理结果反馈给 SOAP。
- 数据库在不同层次存储不同的信息，以提供查询或存储对象在物联网中的代码映射。
- PML 文档用来整合信息，并用来在读写器、中间件和 EPCIS 之间进行信息交换。EPC 码用来识别物品，但关于物品的所有信息都是用 PML 程序书写的。
- HTML 文档就是 HTML 页面，也就是网页。EPCIS 应具有一定的应用程序，具备生成 HTML 文档的功能。

6.3.2 万维网 WWW

WWW（World Wide Web）的中文译名为万维网，是基于超文本的信息查询工具。WWW 的创建是为了解决 Internet 上的信息传递问题，在 WWW 创建之前，几乎所有的信息发布都是通过 E-mail、FTP、Telnet 等完成的。由于 Internet 上的信息散乱地分布在世界各处，除非知道所需信息的位置，否则无法对信息进行搜索。WWW 采用超文本和多媒体技术，可以将不同文件通过关键字建立链接，提供了一种交叉式的查询方式。WWW 提供给用户的信息服务是全方位的，物联网的信息发布也采用这种形式。

WWW 的成功在于它制定了一套标准的、容易被人们掌握的超文本标记语言（HTML）、世界范围内信息资源的统一定位格式（URL）和超文本传送通信协议（HTTP）。

1. 网页与网站

Web 页面也就是通常所说的网页（Page），WWW 上的一个超媒体文档称为一个网页。网页就是浏览器上看到的一幅幅画面，它是用 HTML 编写的。在逻辑上将视为一个整体的一系列页面的有机集合称为网站（Web Site）。每个网站都有一个进入网站的起始页面，这个最开始的页面称为主页（Home Page）。主页中通常有指向其他相关页面或其他结点的指针（超级链接），HTML 之所以称为超文本标记语言，是因为文本中包含了“超级链接”点。所谓超级链接，就是一种 URL 指针，通过激活（单击）它，可使浏览器方便地获取新的网页，从而将整个 Internet 互相连接成一个有机整体。

2. WWW 的工作特点

WWW 上的信息资源分布在整个 Internet 之上，WWW 将网上不同地点的相关信息有机地编织在一起，而每个站点的资源都能独立进行管理。WWW 提供友好的信息查询接口，用户仅需要提出查询要求，而到什么地方查询及如何查询则由 WWW 自动完成。WWW 采用客户机/服务器的工作模式，其工作特点如下。

- WWW 制定了一套标准的、容易掌握的 HTML、URL 和 HTTP，解决了网络上某个站点中某个资源的标识问题，解决了 Internet 上信息资源的联系与交流问题，解决了让不同的信息资源在统一的界面下显示的问题，消除了不同系统信息的交流障碍。
- WWW 客户程序就是浏览器（Browser）的软件，例如微软的浏览器是 Internet Explorer。浏览器可发送各种请求，用来与 WWW 服务器进行通信，取得用户所需要的资源信息，并对从服务器发来的超文本信息和各种多媒体数据格式进行解释、显示和播放。

● WWW 服务器程序运行在专门的网络结点上，这些计算机称为 WWW 服务器（WWW Server）。WWW 服务器上存放着用网页（Web Page）组织的资源信息，在网页中使用超级链接（Hyperlink）将发布在 Internet 上的资源信息联系起来，这些资源既可以存放在同一计算机上，也可以存放在不同地理位置的不同主机上。

● WWW 的网页统一使用 HTML 编写。HTML 对文件显示的具体格式进行了规定和描述，规定了如何显示文件的标题、副标题和段落，如何把“链接”引入超文本，以及如何在超文本文件中嵌入图像、声音、动画等。

● WWW 使用 URL 来唯一标识 Internet 上的每一个信息资源，并采用 HTTP 实现客户机和服务器不同系统间的信息交流。URL 是为了使客户端程序查询不同的信息资源时有统一访问方法而定义的一种地址标识方法。HTTP 是 WWW 的核心，它是一个运行在应用层的通信协议，向用户提供可靠的数据传输。

3. WWW 工作的过程

一般提供 WWW 服务的计算机会不间断地运行服务器程序，以便及时响应用户下载网页资源的请求。一旦收到了用户的请求，便会使用 HTTP 协议与用户的浏览器进行通信，将用户需要的数据发送到用户浏览器。而作为用户，要想访问 WWW，首先要确认自己的计算机已经正确地连接到 Internet，然后运行浏览器程序。

例如，用户在浏览器中输入一个 Internet 地址，WWW 的工作过程如图 6.16 所示。可以看出有两种方法浏览页面，一是在浏览器的地址栏输入网页的 URL 地址，一是在某个页面上单击超级链接。当用户单击超级链接或在浏览器地址栏输入新网址时，就会转到初始步骤。

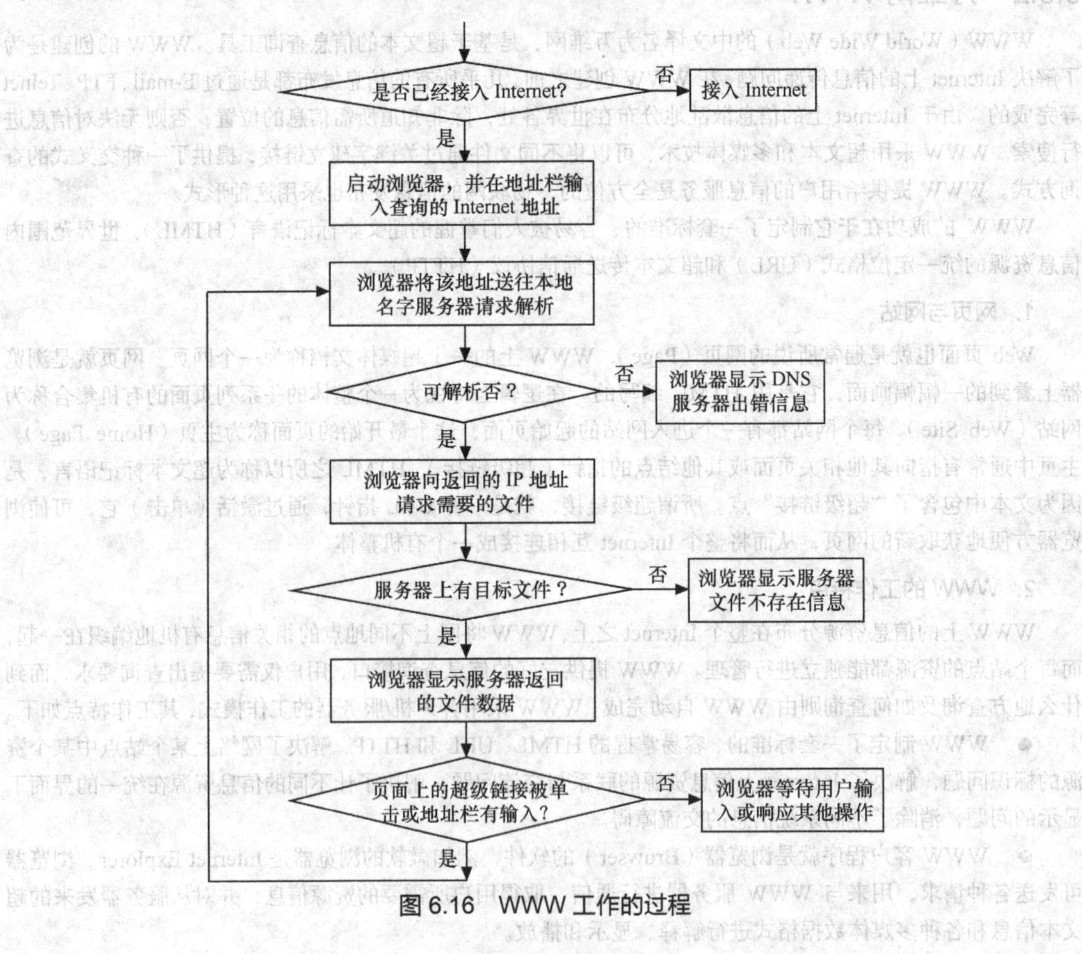

图 6.16 WWW 工作的过程

6.3.3 超文本与超媒体

1. 超文本

超文本（Hyper Text）是一种文本，这个词的真正含义是“链接”的意思，用来描述计算机中文件的组织方法。超文本，顾名思义是一种文体，但它和传统的文本有着本质的区别。传统文本要按照顺序的方式进行，是以线性方式组织的。与传统的文本文件相比，超文本是以非线性方式组织的，这里的“非线性”是指将文档中相关内容的不同部分通过关键字建立超级链接，用户阅读时可以随意地在文本之间跳转，不会受到信息内容的顺序和空间位置的限制。超文本的组织方式与人们的思维方式比较接近，用户可以很方便地浏览相关内容。

2. 超媒体

超媒体（Hyper Media）不仅可以包含文字，而且还可以包含图形、图像、动画、声音和电视片断，这些媒体之间也是用超级链接组织的。超媒体与超文本之间的不同之处：超文本主要是以文字的形式表示信息的，建立的链接关系主要是文句之间的链接关系；超媒体是超文本和多媒体在信息浏览环境下的结合，它进一步扩展了超级链接所链接的信息类型。

3. 超文本和超媒体在网页上的应用

Internet 采用超文本和超媒体的信息组织方式将信息的链接扩展到整个 Internet 上。WWW 就是一种典型的分布式超媒体文本信息系统。当浏览器对这些超文本网页进行显示的时候，为了突出含有链接关系的内容，就会用不同于正常文本的颜色或下划线来表示链接的关系。用户阅读时，可以不必按照前后顺序进行，当想了解某一主题的内容（可能是文档、主页、E-mail 地址、图形、声音、电影等多媒体文件）时，只要在这个主题上单击一下，就可以跳转到包含这一主题的文档，从而获得更多的信息。

4. 超文本标记语言

HTML 是一种用来制作超文本文档的标记语言，是目前网络上应用最为广泛的语言，也是构成网页文档的主要语言。HTML 语言能把存放在一台计算机中的文本或图形与另一台计算机中的文本或图形方便地联系在一起，只要使用鼠标在某一文档中单击一个图标，Internet 就会马上转到与此图标相关的内容上去，而这些信息可能存放在网络的另一台计算机中。

HTML 文本是由 HTML 命令组成的描述性文本，HTML 命令可以说明文字、图形、动画、声音、表格、链接等。每一个 HTML 文档都是一种静态的网页文件，这个文件里面包含了 HTML 指令代码，这些指令代码并不是一种程序语言，它只是一种排版网页中资料显示位置的标记结构语言，易学易懂，非常简单。HTML 的结构包括头部（Head）和主体（Body）两大部分，头部描述浏览器所需的信息，主体包含所要说明的具体内容。

HTML 文档能独立于各种操作系统平台，自 1990 年以来就一直被用作 WWW 的信息表示语言，是 WWW 的描述语言。使用 HTML 语言描述的文件需要通过 Web 浏览器才能显示出效果，HTTP 规定了浏览器在运行 HTML 文档时所遵循的规则。

6.3.4 EPCIS 的功能与作用

EPC 系统处理的信息包括标签和读写器所获取的物品相关数据，以及物品在商业运转过程中所附加的各种数据。EPCIS 提供了一个模块化、可扩展的数据和服务标准接口，使得物联网系统的相关数据可以在企业内部和企业之间共享。

1. EPCIS 的功能

EPCIS 在运作过程中，不仅是读取相关的数据，更重要的是观测到对象的整个运转过程。EPCIS 有客户端模块、数据存储模块和数据查询模块 3 个部分，其主要功能如下。

（1）客户端模块

EPCIS 的客户端模块负责实现标签信息向 EPCIS 服务器的传输。标签需要授权，当一个标签被安装到商品上时，标签授权的作用就是将必要的信息写入标签，这些信息是按照不同层次写入标签的，包括公司数据和商品数据。

（2）数据存储模块

EPCIS 的数据存储模块负责将通用数据存储于数据库中。数据存储模块主要用于捕获信息，将读写器获得的信息经解析后进行存储。在物品信息初始化的过程中，数据存储模块调用通用数据生成针对每一个物品的 EPC 信息，并将其存储于 PML 文档中。

（3）数据查询模块

EPCIS 的数据查询模块负责提供查询服务。数据查询模块观察标签的整个生命周期，对观察对象的整个运转过程进行记录，以备查阅。数据查询模块根据客户端的查询要求和权限访问相应的 PML 文档，并生成 HTML 文档，然后返回到客户端以供查询。

2. EPCIS 在物联网中的作用

EPCIS 在物联网中的主要作用是提供一个接口，去存储和管理捕获来的各种信息。EPCIS 位于 EPC 网络架构的最高层，EPCIS 为定义、存储和管理 EPC 标识的物理对象提供了一个框架，EPCIS 在物联网中的作用如图 6.17 所示。

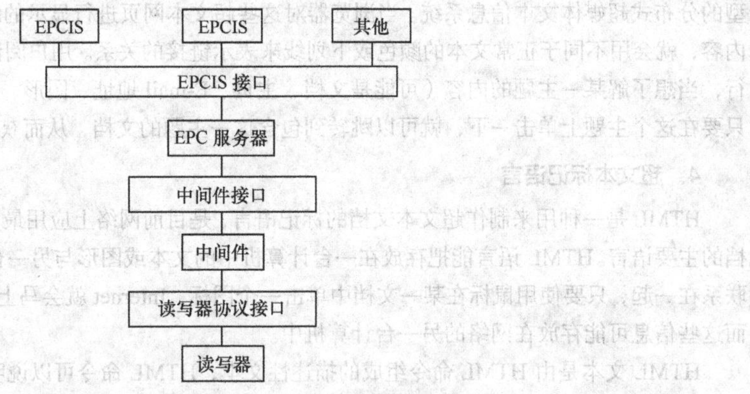

图 6.17 EPCIS 在物联网中的作用

在 EPC 系统的物联网上，读写器扫描到标签后，将读取的标签信息及传感器采集的环境信息传递给中间件 Savant，经 Savant 过滤冗余的信息后，通过 ONS 送到 EPC 信息服务器。企业应用软件既可以通过 ONS 访问 EPC 信息服务器，以获取此物品的相应信息；也可通过 Savant 的安全认证后，访问企业伙伴的物品信息。物联网上所有信息皆以 PML 文档格式来传送。建立 EPCIS 的关键就是用 PML 来组建 EPCIS 服务器，完成 EPCIS 的工作，PML 提供通用的标准化词汇表，描绘和分配物理对象的相关信息。

6.3.5 EPCIS 系统设计

EPCIS 遵循模块化的设计思想，EPCIS 系统设计就是 EPCIS 框架中相关模块的集合。

1. EPCIS 总体设计

（1）设计思想

数据的存储采用 Access 数据库和 PML 文档相结合的形式，数据库用于记录物品类型等总体信息，PML 文档用于为每个物品建立一个信息追踪文件。当物品 EPC 码对应的信息传入系统时，应用程序访问数据库表，获得数据库记录的物品类型等相关信息，加入到 PML 文档中。在数据查询过程中，系统根据查询者的不同权限，从 PML 文档中提取相关信息，形成 HTML 文档，以网页形式返回给查询者。

（2）EPCIS 客户端服务程序

EPCIS 客户端服务程序的作用主要是读取串行口传送来的 RFID 代码信息和传感信息，结合本客户端的权限，实现与 EPCIS 服务器的交互。EPCIS 客户端服务程序涉及从串行口读和 TCP/IP 通信两方面，其流程如图 6.18 所示。

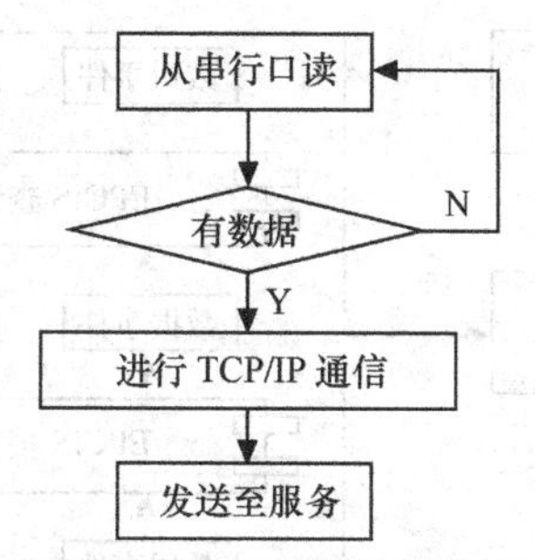

图 6.18 EPCIS 客户端服务程序的工作流程

（3）EPCIS 服务器端服务程序

EPCIS 服务器端在存储和发布信息的过程中，程序以物品类型为存储单位进行存储，并依据数据库所指示的文件路径进行查询。

在数据库存储模块中，EPCIS 验证管理员权限后，判断物品是否为新的类型。若为新类型，生成新的物品信息处理文件，更新显示表；若为已有类型，则调用该物品信息处理文件，生成 PML 文档，更新显示表的相应字段。数据库存储模块的工作流程如图 6.19 所示。

在数据查询模块中，EPCIS 首先验证用户的权限，无权限者返回，而生产商、运输商和消费者等则具有不同的查询权限。数据库查询模块的工作流程如图 6.20 所示。

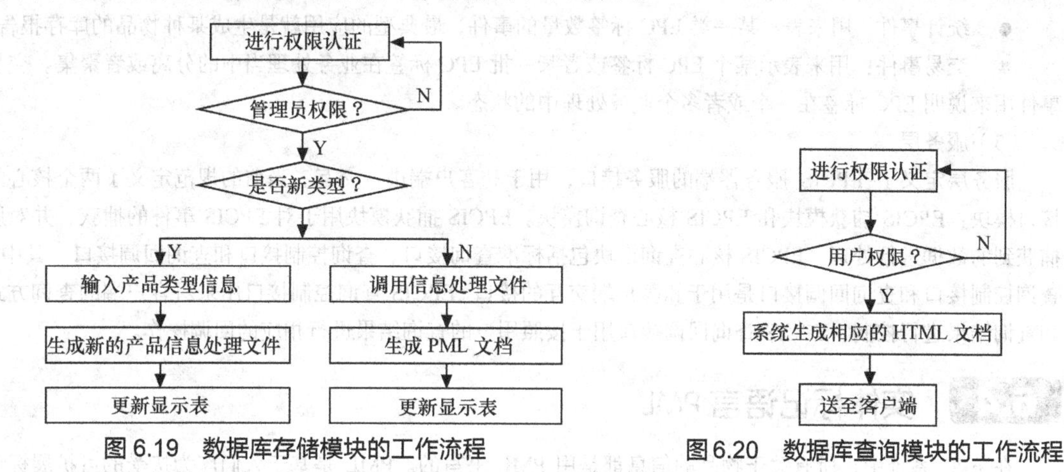

图 6.19 数据库存储模块的工作流程　　图 6.20 数据库查询模块的工作流程

2. EPCIS 层次分析

根据 EPCIS 规范，EPCIS 提供的服务可以分层来展现。EPCIS 的层次分为抽象数据模型层、数据定义层和服务层，各个层次的关系如图 6.21 所示。

（1）抽象数据模型层

抽象数据模型层定义了 EPCIS 内部数据的格式标准，并由数据定义层使用。抽象数据模型层定义了 EPCIS 内部数据的通用结构，是 EPCIS 规范中唯一不会被其他机制或其他版本规范扩展的部分。抽象数据模型层主要涉及事件数据和高级数据两种类型。事件数据主要用来展现业务流程，由 EPCIS 捕获接口捕获，通过一定的处理后由 EPCIS 的查询接口查询；而高级数据主要包括有关事件数据的额外附加信息，是对事件数据的一种补充。

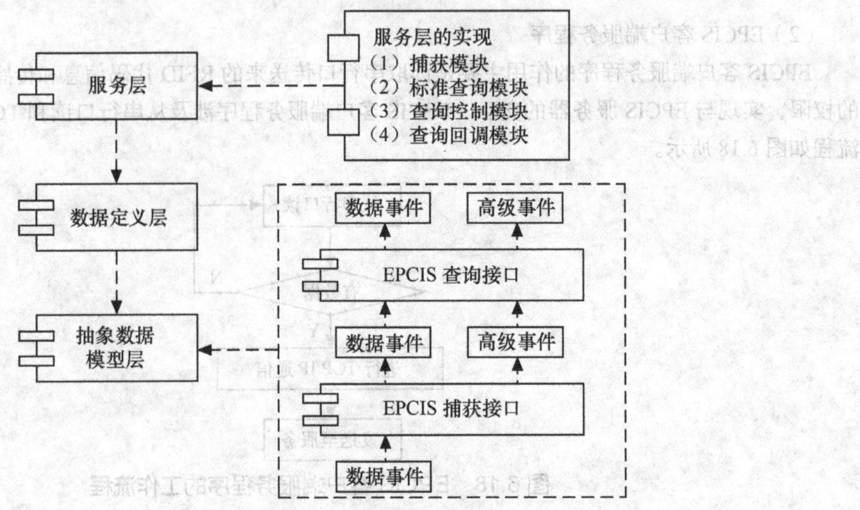

图6.21　EPCIS的层次关系

（2）数据定义层

数据定义层主要就事件数据定义了其格式和意义。

- EPCIS定义：对EPCIS中所有事件的概括定义。
- 对象事件：对象事件可以理解成EPC标签被RFID读写器读到，可以被任何一种捕获接口捕获，以通知EPCIS服务器此事件的发生。
- 聚合事件：聚合事件用于描述物理意义上的某个物品与另外一个物品发生“聚合”操作，比如商品被放入货架、货架被放入集装箱。
- 统计事件：用来表示某一类EPC标签数量的事件，最典型的应用就是生成某种物品的库存报告。
- 交易事件：用来表示某个EPC标签或者某一批EPC标签在业务处理当中的分离或者聚集。交易事件用来说明EPC标签在一个或者多个业务处理中的状态。

（3）服务层

服务层定义了EPCIS服务器端的服务接口，用于和客户端进行交互。当前的规范定义了两个核心的接口模块：EPCIS捕获模块和EPCIS核心查询模块。EPCIS捕获模块用于对EPCIS事件的捕获，并对所捕获到的数据进行处理。EPCIS核心查询模块包括标准查询接口、查询控制接口和查询回调接口，其中，查询控制接口和查询回调接口是用于和客户端交互的接口。EPCIS查询控制接口用来对客户端的查询方式和查询结果进行控制，EPCIS查询回调接口用于按照用户的查询结果进行相应的回调操作。

6.4 实体标记语言PML

在EPC系统中，所有关于物品的信息都是用PML书写的。PML是基于人们广为接受的可扩展标记语言（eXtensible Markup Language，XML）发展而来的，PML集成了XML语言的许多工具与技术，是XML语言的扩展。PML的应用将会非常广泛，它将成为描述所有自然物体、过程和环境的统一标准。

6.4.1 PML概述

PML是物联网网络信息存储和交换的标准格式，PML的概念、组成和设计适合于物品信息的存储与交换，从而使文档和数据能够在公司内部、客户与供应商之间方便地交换。

1. 从XML语言到PML语言

1998年2月，万维网联盟（World Wide Web Consortium，W3C）正式批准了XML的标准。XML是一套定义语义标记的规则，可以在文本文档中标记结构，这些标记将文档分成许多部件，并对这些部件加以标识。

多数标记语言是固定的标记语言，它们在标记中提供了某些特征组，这些特征组在语言设计时就已经固定了，例如 HTML 就属于固定的标记语言。而 XML 是一种非常灵活的标记语言，XML 没有定义任何特定的标记，相反它们提供了标准化的结构。利用 XML，用户可以自己定义自己的标记，或者使用别人定义的但最适合自己的标记组。XML 是用来创造标记语言的元标记语言，以 XML 为基础的语言几乎没有任何限制，它们会具有相同的基本语法，除此之外，对于能在 XML 基础上创建的不同语言没有任何限制。

在物联网中，物品的信息需要一种标准化的计算机语言来描述，并且这种计算机语言需要使用标记进行标识。麻省理工学院 Auto-ID 中心在 XML 基础上推出了适合物联网的语言 PML，PML 可以用于描述物品的所有有用信息。

能定义自己的标记语言的优势是，用户可以任意地获取及发布关于自己的数据，而不是不得不套用别人的、不适合自己的格式。从这种意义上说，以 XML 语言为基础发展起来的 PML 语言，就是物联网自己的标记语言。

2. PML 语言简介

PML 将提供一种通用的方法来描述自然物体。具体来说，PML 主要是提供一种通用的标准词汇表，以表示 EPC 网络中物体的相关信息。

（1）PML 描述物品的方式

PML 能提供一种动态的环境，使与物体相关的数据可以在这种环境中进行交换。与物体相关的数据可以是静态的、动态的，或经过统计加工过的。PML 就是要捕获物品和环境的基本物理属性，用通用、标准的方法来描述。

除了那些不会改变的物品信息（如物质成分）外，PML 还包括经常变动的数据（动态数据）和随时间变动的数据（时序数据）。动态数据可以是船运水果的温度，或者是机器振动等。时序数据在整个物品的生命周期中离散且间歇地变化，一个典型的例子就是物品所处的地点在不停地变化。

PML 是分层次结构的。例如，可口可乐可以被描述为碳酸饮料，它属于软饮料的一个子类，而软饮料又在食品大类下面。但是，并不是所有物品的层次结构都如此简单，为了确保 PML 得到广泛的接受，EPC 已经依赖标准化组织做了大量工作。例如，国际重量度量局和美国国家标准与技术协会等标准化组织已经制定了一些关于物品层次的标准。

（2）PML 与 EPC 系统的关系

PML 是中间件 Savant、ONS、EPCIS、应用程序之间相互表述和传递 EPC 相关信息的共同语言，它定义了在 EPC 物联网中所有信息的描述方式。

例如，PML 是自动识别基层设备与 Auto-ID 中心之间进行通信所采取的语言方式。自动识别基层设备采集到信息后，利用 PML 进行建模。建模信息包括物体的属性信息、位置信息、单个物体所处的环境信息和多个物体所处的环境信息等，并包括物体信息的历史元素。上述信息汇总起来，将可获得物品的跟踪信息。

（3）PML 与 EPCIS 的关系

由 PML 描述的各项服务构成了 EPCIS。EPCIS 只提供标识对象信息的接口，它既可以连接到现有的数据库和信息管理系统，也可以连接到标识信息的永久存储库，成为 PML 文档。PML 文档可以由应用程序创建，并允许随后不断向其中增加信息。

6.4.2　PML 的核心思想

PML 的核心思想与 XML 相同。核心思想来自于对电子文档的分析，电子文档包括数据、结构和表现形式 3 个部分。如果文档在这 3 个方面清晰，文档将广受欢迎。

1. 文档的数据、结构与表现形式

数据是文档的主要内容，可以用数字和文字等方式表示。结构是文档的类型、元素的组织形式，例如备忘录、合同、报价单等都各有不同的结构。表现形式是指在浏览器屏幕上或语音合成方式上向读者描述数据的方法，以及对每种元素使用何种字体或何种语调。

创建文档时，内容和表现形式就绑定在一起。XML 文档的内在结构诸如程序手册、货物清单等，被认为与内容本身同样重要。在 XML 中，表现形式也很重要，并且内容与表现形式已经很好地分离开。当在 XML 中创建文档时，要将注意力集中在信息究竟是什么以及信息如何组织上。描绘一个文档的逻辑结构如图 6.22 所示。

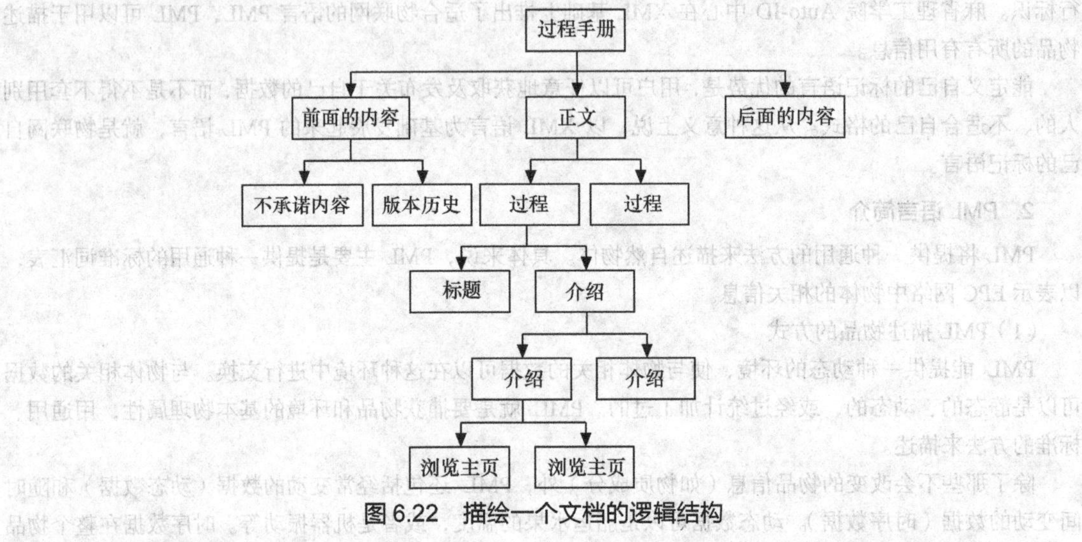

图 6.22　描绘一个文档的逻辑结构

2. 检查文档的结构

使用 XML 可以不用对文档进行严格检查，只要元素正确地相互嵌套，产生树状结构，这个文档就是合理的。XML 包含控制文档结构准则的部分，这部分称为文档类型定义（Document Type Definition，DTD）。DTD 是一种保证 XML 文档格式正确的有效方法，通过比较 XML 文档和 DTD 文档，可以看出文档是否符合规范。

一个 DTD 文档包含元素的定义规则、元素间关系的定义规则、元素可使用的属性、可使用的实体或符号规则。DTD 是一套关于标记符的语法规则，可以设置不同的方法来自动检查 XML 文档。在文档类型定义中，通过列举文档中的元素类型以及它们发生的结构次序，可以达到检查的效果。按照 XML 规则检查 XML 文档的结构如图 6.23 所示。

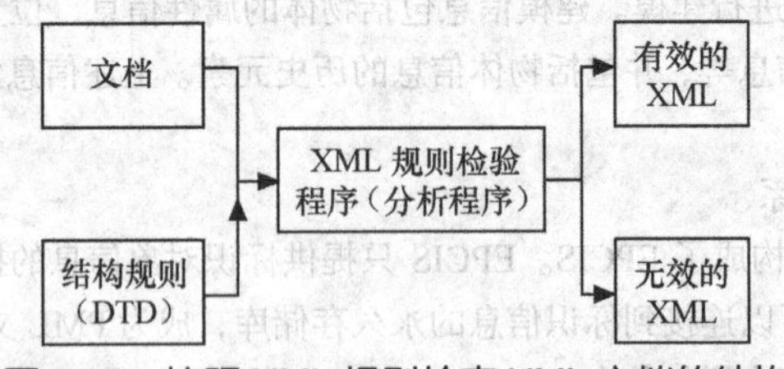

图 6.23　按照 XML 规则检查 XML 文档的结构

3. 简明语法

XML 去掉了许多随意语法，采用了简明语法。例如，在 XML 中采用了如下语法。

● 每个 XML 文档都由 XML 序言开始，例如第一行 XML 序言为<?xml version="1.0"?>。这一行代码会告诉解析器和浏览器，这个文档应该按照 XML 规则进行解析。

- 任何起始标签都必须有一个结束标签。元素（Element）是起始标签和结束标签之间的内容。
- 可以采用另一种简化语法在一个标签中同时表示起始和结束标签。这种语法是在大于符号之前紧跟一个斜线（/），例如<tag/>。XML 会将这种简化语法翻译成<tag></tag>。
- 标签必须按合适的顺序进行嵌套，结束标签必须按镜像顺序匹配起始标签。这如同将起始标签和结束标签看作数学中的左右括号。
- 所有的特性都必须有值。所有的特性都必须在值的周围加上双引号。

4. XML 和 HTML 的差异

（1）XML 的扩展性比 HTML 强

XML 可以用于创建个性化的标记语言，因此称 XML 为标记元语言。XML 的标记语言可以自定义，这样可以提供更多的数据操作。XML 的扩展性比 HTML 强，HTML 只能局限于按一定的格式在终端将内容显示出来。

（2）XML 的语法比 HTML 严格

由于 XML 的扩展性强，它需要稳定的基础规则来支持扩展。XML 的严格规则包括起始和结束的标签相匹配、嵌套标签不能相互嵌套、区分大小写等。

（3）XML 与 HTML 互补

XML 可以获得应用之间的相应信息，提供终端的多项处理要求，也能被其他解析器和工具所使用。在现阶段，XML 可以转换成相应的 HTML，来适应当前浏览器的需求。

6.4.3 PML 的组成与设计方法

1. PML 的组成

PML 以 XML 语法为基础，基本结构分为核心（PML Core）和扩展（PML Extension）。如果需要，PML 还能扩展更多其他词汇。PML 的组成框架如图 6.24 所示。

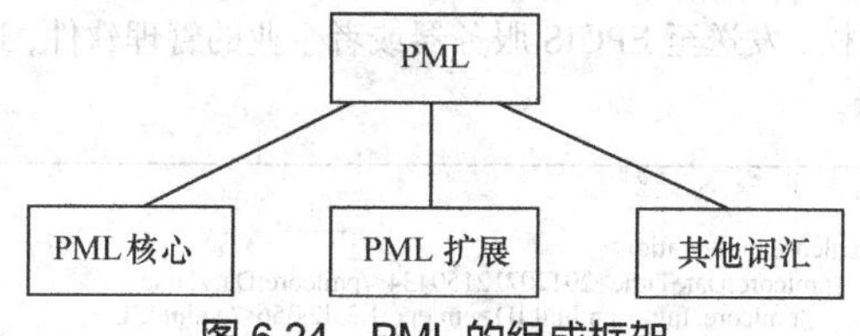

图 6.24 PML 的组成框架

PML Code 主要用于读写器、传感器、EPC 中间件和 EPCIS 之间的信息交换。PML Core 提供通用的标准词汇表，来分配直接由 Auto-ID 基础结构获得的信息，如物品的组成和位置等。PML Core 以现有的 XML Schema 语言为基础，定义了可以出现在文档里的元素和属性，定义了哪些元素是子元素，并定义了子元素的顺序和数量。PML Core 在 EPC 网络中应该被所有结点所理解，EPC 网络结点包括中间件 Savant、ONS 和 EPCIS，这样在 EPC 系统中，数据可以传送得更流畅，建立系统更容易。

PML Extension 主要用于整合来自非自动识别的信息和其他来源的信息，将其他来源的信息汇集成一个整体。其中第一个实现的扩展是 PML 商业扩展。PML 商业扩展包括丰富的符号设计和程序标准，使公司间的交易得以实现。

2. PML 的设计方法

（1）开发技术

PML 首先使用现有的标准（如 XML、TCP/IP）来规范语法和数据传输，并利用现有工具来设计编制 PML 应用程序。PML 需要提供一种简单的规范，通过通用默认的方案，使方案无须进行转换即能可靠地传输和翻译。PML 对所有的数据元素提供单一的表示方法，如有多个对数据类型编码的方法，PML 仅选择其中一种。

（2）数据存储与管理

PML 只是用于信息发送时对信息的区分，实际内容可以用任意格式存放在服务器（SQL 数据库或数据表）中，即不必一定以 PML 格式存储信息。企业应用程序将以现有的格式和程序来维护数据，如 Applet（小的应用程序）可以从互联网上通过 ONS 来选取必需的数据。为便于传输，数据将按照 PML 规范重新进行格式化，这个过程与动态 HTML（Dynamic HTML，DHTML）相似，DHTML 也是按照用户的输入将一个 HTML 页面重新格式化的。此外，一个 PML 文件可能是多个不同来源的文件和传输过程的集合，因为物理环境所固有的分布式特点，使 PML 文件可以在实际中从不同位置整合多个 PML 片断。

（3）设计策略

PML Core 用统一的标准词汇将 Auto-ID 底层设备获取的信息分发出去，比如位置信息、成分信息和其他感应信息。由于此层面的数据在自动识别之前不能用，所以必须通过研发 PML Core 来表示这些数据。

PML Core 专注于直接由 Auto-ID 底层设备所生成的数据，其主要描述包含特定实例和独立于行业的信息。特定实例是条件与事实相关联，事实（如一个位置）只对一个单独的可自动识别对象有效，而不是对一个分类下的所有物体均有效。独立于行业的条件指出数据建模的方式：它不依赖于指定对象所参与的行业或业务流程。

对于 PML 商业扩展，提供的大部分信息对于一个分类下的所有物体均可用。大多数信息内容高度依赖于实际行业，例如高科技行业的技术数据表都比其他行业通用。这个扩展在很大程度上是针对用户特定类别并与它所需的应用相适应的，目前 PML Extension 框架的焦点集中在整合现有电子商务标准上，扩展部分可覆盖到不同领域。

6.4.4 PML 设计举例

现在考察 PML 实际应用的情况。一辆装有冰箱的卡车从仓库中开出，仓库门口的读写器读到了贴在冰箱上的 EPC 标签，此时读写器将读取到的 EPC 码传送给上一级中间件 Savant 系统。Savant 系统收到 EPC 码后，生成一个 PML 文档，发送至 EPCIS 服务器或者企业的管理软件，通知这一批货物已经出仓了。PML 文档示例如图 6.25 所示。

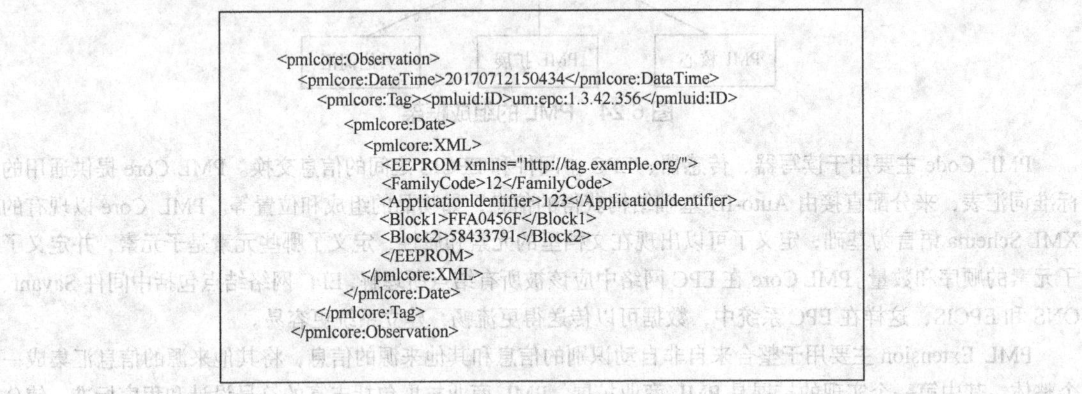

```
<pmlcore:Observation>
  <pmlcore:DateTime>20170712150434</pmlcore:DataTime>
    <pmlcore:Tag><pmluid:ID>um:epc:1.3.42.356</pmluid:ID>
      <pmlcore:Date>
        <pmlcore:XML>
          <EEPROM xmlns="http://tag.example.org/">
          <FamilyCode>12</FamilyCode>
          <Applicationldentifier>123</Applicationldentifier>
          <Block1>FFA0456F</Block1>
          <Block2>58433791</Block2>
          </EEPROM>
        </pmlcore:XML>
      </pmlcore:Date>
    </pmlcore:Tag>
</pmlcore:Observation>
```

图 6.25 PML 文档示例

图 6.25 中的文档显示，在 2017 年 7 月 12 日 15 时 4 分 34 秒，读写器阅读到了 EPC 码为 1.3.42.356 的标签，其中存储的数据为 FFA0456F58433791。下面针对图 6.25 中的 PML 示例，对文档中的主要内容做一个扼要的说明。

- 在文档中，PML 元素在一个开始标签（注意，这里的标签不是 RFID 标签）和一个结束标签之间。例如<pmlcore:observation>和</pmlcore:observation>。

- <pmlcore:Tag> <pmluid:ID>urn:epc:1.3.42.356</pmluid:ID>是指 RFID 标签中的 EPC 码，其版本号为 1，域名管理.对象分类.序列号为 3.42.356，这是由相应 EPC 码的二进制数据转换成的十进制数。
- 文档中有层次关系，注意相应信息标示所属的层次。文档中所有的标签都含有前缀“<”及后缀“>”。PML Core 简洁明了，所有的 PML Core 标签都能够很容易地理解。同时，PML 独立于传输协议及数据存储格式，且无须其所有者的认证或处理工具。

本章小结

在物联网的网络服务中，主要涉及物联网名称解析服务（IOT-NS）和信息发布服务（IOT-IS）。目前比较成熟的物联网网络服务是 EPC 系统。在 EPC 系统中，物联网名称解析服务称为 ONS（Object Name Service），物联网信息发布服务称为 EPCIS（EPC Information Service）。ONS 主要处理 EPC 码与对应的 EPCIS 信息服务器的映射管理和查询，与 DNS 的域名服务很相似，可获取 EPC 数据的访问通道信息。互联网定义了 IP 地址和域名来标识网上的计算机，目前 IPv6 在全球范围内已经正式启动，IPv6 的地址空间几乎可以不受限制地为全球每一个物品提供 IP 地址。物品标签内存储的信息十分有限，主要用来存储标识物品身份的 ID 号，而有关物品的大量信息存放在 Internet 上。EPCIS 提供信息查询和服务的接口，使物品的信息可以共享。万维网（World Wide Web）是基于超文本和多媒体的信息查询工具，物联网的信息发布采用这种形式，通过 HTML 文档（网页）发布信息，EPCIS 具备生成 HTML 文档的功能。物联网中物品的信息是用实体标记语言（PML）描述的，正如互联网中的 HTML 语言已经成为 WWW 的描述语言标准一样，PML 文档用来在读写器、中间件和 EPCIS 之间进行信息交换。

思考与练习

6.1 什么是物联网的网络服务？简述物联网网络服务的工作流程。

6.2 什么是 IOT-NS？什么是 IOT-IS？简述 EPC 系统在 ONS 和 EPCIS 方面的研究与应用现状。

6.3 什么是 ONS 的查询服务？说明 ONS 的工作流程。

6.4 什么是 IP 地址？简述 IPv4 的地址构成和 IPv6 的地址表示方式。

6.5 对于 IPv4 进行计算。

① B 类地址可拥有多少个网络？

② 每个 B 类网络最大可拥有多少个主机数？

6.6 什么是域名？域名是怎样构成和管理的？说明域名解析过程。

6.7 在 ONS 的工作流程中，简述 EPC 码转换为 DNS 查询格式的解析过程。

6.8 EPCIS 的数据流动方式是什么？说明 EPCIS 的工作流程。

6.9 什么是万维网？什么是超文本？什么是超媒体？什么是 HTML？

6.10 简述 EPCIS 的功能和在物联网中的作用。

6.11 说明 EPCIS 的总体设计思想。说明 EPCIS 的层次构成。

6.12 什么是 PML？PML 与 XML 有什么关系？

6.13 简述 PML 的组成，并举例说明 PML 的设计方法。

第 7 章 物联网数据与计算

数以亿计的移动和智能终端源源不断地探测和传输大量数据，产生了巨量的交互数据。同时，科技进步促使信息基础设施持续完善，包括网络带宽持续增加，存储设备性价比不断提升，这又为物联网中巨量数据的传播和存储奠定了基础。缺乏数据，物联网无以谈发展；缺乏数据思维，物联网无以谈未来。数据已经渗入物联网的各个层面，物联网全面进入了大数据时代。大数据的挖掘处理需要云计算作为平台，云计算将计算资源作为服务支持大数据分析，而大数据涵盖的价值和规律又使云计算与行业应用充分结合，并在物联网中发挥更大的作用。

大数据问题的爆发是物联网技术发展的必然结果，大数据问题的解决又使物联网、大数据、云计算等新兴信息技术相互交融。本章首先介绍大数据的概念，其次介绍物联网产生的大数据，然后介绍大数据的技术及应用，最后介绍云计算的服务及应用。

7.1 大数据的概念

互联网、移动互联网、物联网的快速兴起，导致数据体量迅速增长。数据规模越来越大，数据内容越来越复杂，数据更新速度越来越快，数据特征的演化和发展产生了一个新的概念——大数据。物联网将必然面对大数据的处理问题。各种移动设备、智能终端和传感器网络每秒都在测量并记录所产生的数据，物联网所产生的数据将快速超过人类产生的信息，这就需要对物联网产生的大数据进行处理、分析和使用。

7.1.1 什么是大数据

目前，大数据（Big Data）还没有一个明确和统一的定义。一般而言，大数据是指在一定的时间范围内无法用常规软件工具进行获取、存储、管理和分析的数据集合，是需要新处理模式才能具有更强的决策力、洞察发现力和流程优化能力的海量、高增长率和多样化的信息资产。

从大数据的概念来看，大数据具有明显的时代相对性。今天的大数据在未来可能就不一定是大数据；从业界普遍水平看是大数据，但一些领先者或许已经习以为常了。

狭义的大数据反映的是数据规模非常大，大到无法在一定时间内用一般性的常规软件工具对其进行抓取、管理和处理。狭义的大数据主要是指海量数据的获取、存储、管理、计算、分析、挖掘和应用的全新技术体系。

广义而言，大数据包括大数据技术、大数据工程、大数据科学、大数据应用等与大数据相关的领域。对大数据进行广义分类是为了适应信息技术发展的需要，也是为了适应科学技术发展的趋势。

7.1.2 数据的量级

数据的大小用计算机存储容量的单位来表示。数据的最小单位是比特（bit），数据的最基本单位是字节（Byte）。若以字节计，数据的单位按顺序依次为 Byte、KB（千字节）、MB（兆字节）、GB（吉字节）、TB（太字节）、PB（拍字节）、EB（艾字节）、ZB（泽它字节）、YB（尧它字节）、BB、NB、DB，它们按照进率 1024（2 的 10 次方）来计算。

数据有如下换算关系。

1Byte=8bit

1KB=1024Byte≈1000Byte

1MB=1024KB≈1000000Byte

1GB=1024MB≈1000000000Byte

1TB=1024GB≈1000000000000Byte

1PB=1024TB≈1000000000000000Byte

1EB=1024PB≈1000000000000000000Byte

1ZB=1024EB≈1000000000000000000000Byte

1YB=1024ZB≈1000000000000000000000000Byte

1BB=1024YB≈1000000000000000000000000000Byte

1NB=1024BB≈1000000000000000000000000000000Byte

1DB=1024NB≈1000000000000000000000000000000000Byte

例 7.1　2016 年 5 月 25 日，腾讯公司公布：腾讯存储的数据总量已经超过 1000 个 PB，相当于 15000 个世界上最大的图书馆（美国国会图书馆）的存储量。计算：

① 腾讯存储的数据总量有多少字节？

② 腾讯存储的数据总量有多少比特？

③ 美国国会图书馆的存储量相当于多少字节？

解：① 1000×1024×1024×1024×1024×1024=1125899906842624000Byte

② 1125899906842624000×8=9007199254740992000bit

③ 1125899906842624000÷15000=75059993789508Byte

7.1.3　大数据的特征

大数据具有 5V 特征：Volume（体量大）、Variety（类型多）、Velocity（速度快）、Value（价值性）、Veracity（真实性）。大数据的特征如图 7.1 所示。

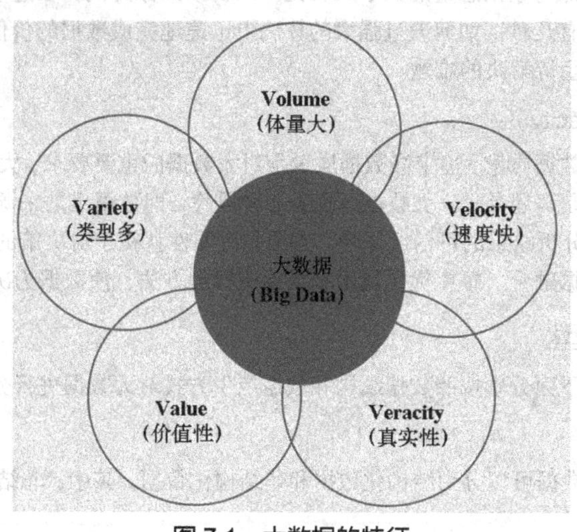

图 7.1　大数据的特征

1. 数据体量大（Volume）

数据体量大是大数据的基本属性。随着物联网中无数 RFID、传感器、地理定位等技术的发展，物的所有轨迹都可以被记录，数据将被大量产生出来。自动流程记录、刷卡机、不停车收费、生产监测、环境监测、交通监测、安防监测、GPS 定位等都能够产生数据。伴随着技术的发展，不仅人成为网络数据的制造者，设备也成为网络数据的制造者。

目前，人类存储的数据已经达到 ZB 量级。2010 年，全球数据量达到 1.2ZB，人类进入 ZB 时代。2015 年，全球数据量达到 7.9ZB。2020 年，全球数据量将达到 35ZB。

2．数据类型多（Variety）

大数据的类型也变得更加复杂，因为它不仅包含传统的关系型数据，还包含原始、半结构化和非结构化数据。数据格式越来越多样，涵盖了文本、音频、图片、视频、模拟信号等不同的类型。数据来源也越来越多样，不仅产生于组织内部运作的各个环节，也来自于组织外部。例如，大城市交通智能化分析平台的数据来自路网摄像头、公交、轨道交通、出租车、省际客运、租车、停车等运输行业，还有地理信息系统的数据，每天产生了路网图像、交通卡刷卡数据、车辆运营视频、手机定位等不同类型的数据。

3．数据速度快（Velocity）

数据速度快是指数据产生快、数据处理快、数据变化快。

① 数据产生快。有些数据是爆发式产生的，例如欧洲核子研究中心的大型强子对撞机在工作状态下每秒产生 PB 级的数据；有的数据是涓涓细流式产生的，但是由于用户众多，短时间内产生的数据量依然非常庞大，例如 GPS 位置信息的数据。

② 数据处理快。在数据处理速度方面，有一个著名的“1 秒定律”，即要在秒级时间范围内给出分析结果，超出这个时间，数据就失去价值了。

③ 数据变化快。数据跟新闻一样具有时效性，很多传感器的数据产生几秒之后就失去意义了，例如美国国家海洋和大气管理局的超级计算机能够在日本地震后 9min 计算出海啸的可能性，但 9min 的延迟对于瞬间被海浪吞噬的生命来说还是太长了。

4．数据价值性（Value）

大数据中含有价值。例如，通过大量 GPS 位置信息的数据，可以得到某个路段的交通拥堵情况。通过大量收集手机 GPS 位置信息，能够了解开车人的移动速度，进而可以得到某个路段的交通拥堵情况。此外，大量 GPS 位置信息还有预测交通路况的功能。

但是，价值密度的高低与数据总量的大小成反比。以视频图像为例，在连续不间断的监控中，1h 的视频图像有用数据可能仅有几秒。如何通过强大的算法更迅速地完成数据的价值“提纯”，以低成本创造高价值，成为目前大数据亟待解决的难题。

5．数据真实性（Veracity）

数据真实性体现的是数据质量。追求高数据质量是对大数据的重要要求，大数据的真实性风险实质上就是指大数据的质量究竟是高还是低。大数据面临着 3 种风险，即数据出处来源的可靠性风险、数据传递过程的失真性风险、数据分析结果的可信度风险。数据的重要性就在于对决策的支持，尽管存在数据的真实性，也可以通过采取数据融合、鲁棒优化技术和模糊逻辑等方法，使数据为决策提供帮助。

7.1.4 大数据的类型

大数据的类型很多。下面分别按照数据结构和数据产生方式对大数据进行分类。

1．按照数据结构分类

按照数据结构分类，数据可以分为结构化数据和非结构化数据。其中，非结构化数据又包含半结构化数据和无结构的数据。

（1）结构化数据

数据库（Database）是按照数据结构来组织、存储和管理数据的仓库。数据库是一种软件产品，建立在计算机存储设备上，它是将数据有效组织在一起的数据集合。

传统上使用的是结构化数据。结构化数据通常存储在关系型数据库管理系统（Relational DataBase Management System，RDBMS）中，通过结构化查询语言（Structured Query Language，SQL）对数据库进行操作。RDBMS 是建立在关系模型基础上的数据库，SQL 是一种基于关系数据库的语言，SQL 语言执行对关系数据库中数据的检索和操作。

在 RDBMS 中，数据被归纳为表（Table）的形式，并通过定义数据之间的关系，来描述严格的数据模型。RDBMS 结构相对固定，很难进行修改。RDBMS 利用二维表数据模型存储结构化数据，关系模型就是指二维表格模型，因而 RDBMS 就是由二维表及其之间的联系组成的一个数据组织。关系型数据库存储的结构化数据示例见表 7.1。

表 7.1 结构化数据示例

学号	姓名	科目	成绩
20170510	李伟	数学	87
20170762	王红	英语	81

常用的 RDBMS 有 Oracle、DB2 和 SQL Server 等。其中，Oracle 数据库是著名的甲骨文公司的数据库产品，它是世界上第一个商品化的数据库管理系统；DB2 是 IBM 公司的产品，也是一种大型数据库；SQL Server 是 Microsoft 公司的一种中型数据库。

（2）非结构化数据

不方便用数据库二维逻辑表达的数据为非结构化数据。非结构化数据是非纯文本类型的数据，目前非结构化数据的增长速度非常快，非结构化数据是产生大数据的主要来源。非结构化数据包含半结构化和无结构的数据，需要采用与 RDBMS 不同的处理方式。

半结构化数据是指那些既不是完全无结构的数据，也不是传统数据库系统中那样有严格结构的数据。半结构化数据一般是自描述的，数据的结构和内容混在一起，模式与数据间的界限混叠，模式信息通常包含在数据中。半结构化数据的来源主要有 3 方面：在 Internet 中无严格模式限制的存储数据，常见的有 HTML、XML 和 SGML 文件；在电子邮件、电子商务和文献检索处理中，结构和内容均不固定的数据；在异构信息源集成的情形下，来源广泛的互操作信息源，包括各类数据库、知识库、电子图书馆、文件系统等。

无结构的数据没有固定的标准格式，无法直接解析出其相应的值，常见的无结构数据有声音、图像文件等。这类数据结构松散、数量巨大，不容易收集和管理，甚至无法直接查询和分析，这些数据很难从中挖掘有意义的结论和有用的信息。

为了解决非结构化数据的存储问题，出现了非关系型数据库，也就是 NoSQL 数据库。NoSQL 意为 not only SQL，NoSQL 数据库是对 RDBMS 所不擅长的部分进行补充。NoSQL 数据库是通过键及其对应的值的组合，或者是键值对来描述的，因此结构非常简单，也无法定义数据之间的关系。NoSQL 数据库结构不固定，数据按照键值对的形式进行组织、索引和存储，这样可以减少一些时间和空间的开销，而且随时都可以进行灵活的修改。NoSQL 数据库的键值（Key-Value，KV）存储非常适合非结构化的业务数据，比 SQL 数据库存储拥有更好的读写性能。

2. 按照数据的产生方式分类

（1）数据产生的方式

互联网、移动互联网、物联网的快速兴起，使数据的产生方式发生了变化，出现了数据的产生由企业内部向企业外部扩展、由 Web 1.0 向 Web 2.0 扩展、由互联网向移动互联网扩展、由互联网向物联网扩展 4 种趋势。

企业内部的办公自动化（OA）和物料需求计划（MRP）等产生的数据主要被存储在 RDBMS 中，通过多年的收集、结构化和标准化处理，可为企业决策提供帮助。但是，目前企业的外部数据在不断扩展，RFID 供应链跟踪等环节必将产生更多的企业外部数据。

随着信息化进程的不断推进，互联网从 Web 1.0 进入 Web 2.0 时代，个人从数据的使用者变成了数据的制造者，在产生着大量的新数据。

移动互联网的出现，让更多的机器使用者和机器成为数据的制造者。以手机为例，不仅手机的使用者是数据的制造者，手机上几十个传感器也是数据的制造者。

物联网时代一个特别显著的特征就是万物数据化，物体的数据规模迅速扩张。国际数据公司（IDC）

公布的数据表明，2005 年机器对机器产生的数据占全球数据总量的 11%，2020 年这一数据将增加到 42%。

（2）数据产生的主体

数据产生的主体由内到外分为 3 层，如图 7.2 所示。最里层，数据产生的主体是企业，企业产生的数据主要是关系型数据库中的数据。次外层是个人产生的大量数据，如社交媒体中微信、微博、Facebook、Twitter 等产生的文字、图片和视频数据。最外层是巨量机器产生的数据，这是物联网产生的数据，这将是数据产生的最大主体。

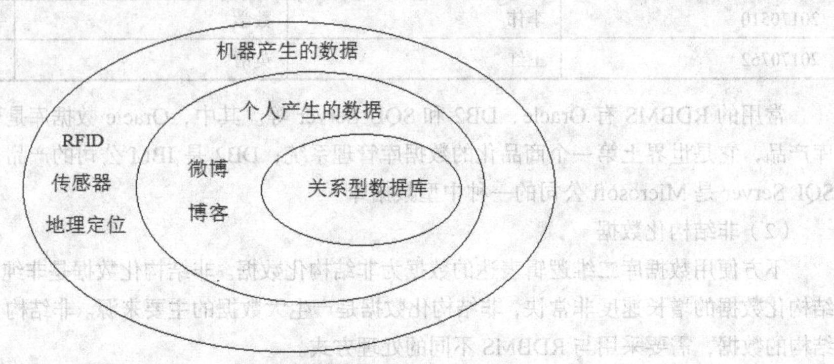

图 7.2　产生数据的 3 层主体

7.2　物联网产生的数据及数据融合技术

物联网中的物体每时每刻都将产生数据，这是由于物联网中万物智能化产生了万物的数据化。物联网不仅产生极大的数据量，还要面对更多的数据类型、更复杂的数据来源、更高的数据整合难度、更专业和宽泛的数据应用方向。物联网产生的数据来源于各个行业，大数据将重塑电力、民航、汽车、医疗、供应链、智能城市等各个产业和领域。

7.2.1　物联网中智能电网的大数据

1. 智能电网的概念

目前各国都提出了智能电网（Smart Grid）的设想，将对传统电网升级换代。为应对气候变化和低碳经济，可再生能源等分布式发电不断增加，电能质量水平要求也逐渐提高，电力网络发电、输电、变电、配电、用电、调度等环节都需要智能化。

智能电网就是电网的智能化，它建立在高速双向通信网络的基础上，通过先进的传感和测量技术、先进的设备技术、先进的控制方法、先进的决策支持系统，实现电网的可靠、安全、经济和高效运行。智能电网容许各种不同发电形式的接入，能够监视和控制每个电网结点和用户，智能电网是物联网的重要应用。

2. 智能电网产生的大数据

智能电网由很多部分组成，包括智能电表、智能交互终端、智能变电站、智能配电网、智能调度、智能家电、智能用电楼宇、智能城市用电网、智能发电和储能系统等。智能电网的数据信息将爆发式增长，智能电网使电力行业产生了大数据。

（1）智能电表

智能电表是智能电网的智能终端。智能电表已经不是传统意义上的电能表了，它除了具备传统电能表的计量功能以外，为了适应智能电网和新能源的使用，它还具有双向多种费率计量、用户端控制、多种数据传输模式的双向数据通信、防窃电等诸多智能化的功能。智能电表是智能电网的智能化用户终端，数以亿计、分布区域广泛的智能电表将时时刻刻产生大量数据，并需要实时处理。

（2）智能发电和储能系统

智能发电和储能系统是智能电网的智能源头，其采用分布式能源管理，可创造最高的能源使用效率，并可最大限度地利用清洁能源。智能发电和储能系统采用分布式发电和储能，煤电、水电、核电、风电、地热能发电、太阳能发电、电化学储能并举，可优化能源结构，统一入网管理。智能发电和储能系统应具有信息自动采集、测量、控制、保护、计量、检测等基本功能，这将构成复杂的大数据来源；还应具备支持电网实时自动控制、智能调节、在线分析决策和协同互动等高级功能，这将带来更高的数据整合难度。

（3）智能电网的数据挖掘

由智能电网的大数据还能挖掘出其他信息。例如，由小区居民的用电量，通过数据挖掘，可以得知该小区的居民入住率；通过居民用电消费与气温的关联关系，通过数据挖掘，能够分析居民用电行为模式；由企业一段时间的用电量，通过数据挖掘，可以得知该企业在不同时期的订单多少。

7.2.2 物联网中民航业的大数据

民航业大量采用的 RFID 和传感器将产生大量的数据，数据挖掘、分析和优化将是民航业大规模运营的首选方案，大数据处理在民航业的技术、管理、调度、服务和市场中正迎来广泛和深入的应用。

1. RFID 产生的数据

RFID 技术已经应用于航空业的各个方面。在旅客的行李上贴上 RFID 标签，在机场的柜台、行李传送带和货仓处分别安装上射频读写器，这样航空管理系统就可以全程跟踪行李。在货箱上安装 RFID 标签，记录产品摆放位置、产品类别和日期等，通过识别货箱上的 RFID 标签，就可以随时了解货品的状态、位置以及配送的地方。在飞机部件上使用 RFID 标签，高级机械师不必查阅检修日志就能找到维修飞机的合适配件，RFID 还能快速准确地显示部件的相关资料。在飞机座位上安装 RFID 标签，任何时候都可以清楚地了解每个座位上的救生衣是否到位。电子机票利用 RFID 智能卡技术，不仅能为旅客累计里程点数，还可预订出租车和酒店、提供电话和金融服务。在机场入口为每个旅客发一个 RFID 卡，将旅客的基本信息输入 RFID 卡，该 RFID 卡可以通过语音提醒旅客航班是否正点、在何处登机等信息，还可以在转机时提供全程贵宾服务方案。

航空旅客每年数以亿计，这些旅客经常是全球转机，全球联网的民航业 RFID 系统必将产生大量的用户数据。全球民航业每年起降飞机几千万架次，借助于 RFID，民航业存储了大量的飞机维护数据。RFID 已经使民航业产生了大数据，需要大数据的解决方案。

2. 传感器产生的数据

飞机上有 2000～4000 个传感器，各种传感器用来监视和控制飞行中的各个参数。倾角传感器测量飞机的飞行角度和姿态；高度传感器测量飞机对地的绝对高度；压力传感器测量飞机所处位置的气压；温度传感器测量飞机发动机的温度；温湿度传感器测量飞机室内的温度和湿度；油位传感器测量飞机内油箱的油位；加速度传感器和速度传感器测量飞机飞行的加速度和速度；烟雾传感器进行烟雾报警。

传感器不仅能够保障飞机的飞行安全，同时也使民航业产生了大数据，并需要大数据的解决方案。例如，对飞机发动机的维修服务正在向预测性的维护方向发展，当飞机在万米高空飞行时，发动机的排气温度等实时运行数据会被传感器记录，数据通过卫星传送回地面，工程师据此判断其运行状态是否正常，并及时提醒航空公司对可能出现的故障进行诊断和维修。研究传感器产生的大数据，可以降低飞机工业的配置成本，提高飞机引擎和电力设备的能源效率。研究传感器产生的大数据，可以定位、诊断及预测飞机故障，合理安排飞机使用和维修时间。研究传感器产生的大数据，可以得到飞机飞行区域的大气数据信息。

3. 民航业大数据的垂直整合

民航业的垂直整合也是最为典型的。大数据的一个特点就是行业应用的垂直整合，大数据擅长分析行业垂直整合。垂直整合有两种类型：后向整合与前向整合。一个公司对其生产投入的控制称为后向整合，对其产出分配的控制称为前向整合。现在，航空公司越来越多地执行了过去由旅行社扮演的角色，这就是典型的前向整合。同样，航空公司也扮演着供应商的角色，如飞机维护、飞行餐饮等，这就是典型的后向整合。

7.2.3 物联网中智慧医疗的大数据

医疗行业很早就遇到了海量数据和非结构化数据的挑战，而大数据技术的出现为海量医疗数据的分析挖掘提供了可能。医学是一个实践科学，很多知识都是通过经验积累出来的，而经验最客观的体现就是数据，所以大数据对整个医疗的发展有非常好的促进作用。大数据的应用可以整合各种医疗数据，物联网、大数据在医疗领域将跨界融合，这种新服务模式将快速渗透到医疗的各个环节，医疗领域的新服务模式如图 7.3 所示。

图 7.3 医疗行业的大数据服务模式

1. 智慧医疗

在物联网中，医疗行业体现为智慧医疗。检验、影像、超声等在医院早已经成为常规的诊疗手段，诊断一个病人需要影像、病理、检验、超声等的数据综合分析。同时，在物联网中借用上述数据，已经很好地开展了远程会诊，内科、功能神经外科、癫痫内科、脑血管外科、肿瘤外科、脊柱神经外科等都开放了远程服务。借助于物联网中智慧医疗的大数据手段，医院之间的设备互联互通，数据能够相互使用，医院的服务得到了延伸。

2. 大数据在医疗行业中的应用

（1）大数据用于临床辅助决策

对病人体征数据、费用数据和疗效数据的精准分析，可以帮助医生确定临床上最有效和最具有成本效益的治疗方法。不论是过度治疗还是治疗不足，都将给病人身体带来负面影响，并可能产生更高的医疗费用。通过对患者症状的大数据分析，临床医生可以提出最佳诊疗方案。另一方面，大数据对护理细节的提醒也帮助护士降低了工作中的疏漏。

（2）大数据用于医疗质量监管

通过对医院内部数据的分析，可以充分发挥医院自我评价的作用，促进医院内部“医疗质量和医疗安全”的持续改进。该方法支持研究一个病人的服务全过程，将所涉及的各专业和科室贯穿在一起进行整体评价，通过对医院运营和临床诊疗数据的实时抽取、自动转换、集中存储、统一展示，实时监测和管理医疗机构的日常运营。

（3）大数据用于疾病预测模型

大量的数据可以分析出疾病、症状及实验室数据的相关性，从而建立针对某一些典型疾病的预测模型。该模型具有动态自我学习的特点，会随着数据的更新而不断调整。当前常用的疾病预测模型有回归模型、时间序列模型、灰色理论模型、神经网络模型等，但是建立在大数据基础上的疾病预测模型能够聆听数据发出的声音，不会受到偏见和成见的影响。

（4）大数据用于临床试验分析

分析临床试验数据和病人记录可以确定药品更多的适应性及发现副作用。在对临床试验数据和病人记录进行分析后，可以对药物进行重新定位。实时收集不良反应报告，可以促进药物警戒，促进对药物不良反应的预防。在一些情况下，临床试验暗示了一些情况，但没有足够的统计数据去证明，现在基于临床试验大数据的分析就可以给出证据。

（5）大数据用于个性化治疗

一种个性化治疗的大数据创新是，通过对大型数据集（例如基因组数据）的分析，发展个性化治疗。这一应用将考察遗传变异、对特定疾病的易感性和对特殊药物的反应关系，然后在药物研发和用药过程中考虑个人的遗传变异因素。很多情况下，不同的病人用同样的诊疗方案但疗效却不一样，部分原因是遗传变异，可根据基因组数据确定个性化诊疗方案。

7.2.4 物联网中供应链的大数据

物联网在供应链中最先应用。2003 年，世界最大的连锁超市沃尔玛宣布，该公司将在 2005 年开始使用 RFID 电子标签。沃尔玛的高级供应商每年要把 80 亿～100 亿箱货物运送到零售商店，沃尔玛的这一决定，在全球范围内极大地推动了 RFID 的普及，也推动了物联网在供应链的率先应用。

供应链也是大数据产业链垂直整合的典范。供应链所涉及的产业链有产品设计、原材料采购、订单处理、生产制造、仓储物流、批发经营、终端零售 7 个环节，RFID 的普及使这 7 个环节产生了大量数据。所谓大数据产业链垂直整合，就是把这 7 个环节垂直整合起来，使得整条产业链高效运转。

1. 大数据在供应链中的应用

（1）精确的需求预测

需求预测是整个供应链的源头，销售的预测关系到库存策略、生产安排和订单交付率，企业需要通过大数据预测安全库存水平和需求预测计划。如汽车行业，大数据精准预测后，可以及时收集何时售出、何时故障、何时保修等一系列信息，由此从设计研发、生产制造、需求预测、售后市场、物流管理等环节进行优化。

（2）协同的生产计划

企业需要根据多个工厂的产能编制生产计划，保证生产过程有序与匀速，其中包括物料供应的分解和生产订单的拆分。企业通过大数据可预测库存计划、资源配置、设备管理、渠道优化、生产计划、物料需求和采购计划。在这些环节中，企业需要综合平衡订单、产能、调度、库存和成本的关系，需要大量的生产和供应问题的数学模型及优化解决方案。

（3）高效的物流

建立运输与配送中心管理，通过大数据分析合理的运输管理、道路运力资源管理，构建全业务流程的可视化、合理的货物配送调拨，正确选择和管理外包承运商和自有车队，提高企业运作和服务品质。在大数据预测后，汽车行业可以做到准时上线和分销，食品行业可以精确管理冷链及配送，服装行业可以减少高库存。

（4）风险预警

通过大数据的预测性分析，供应链有风险应对能力。例如，大数据将用于供应链的采购、制造、订单、物流、协同等环节，大数据在各个环节都准备了风险解决方案。大数据还可以应用于质量风险控制，如上海宝钢，其生产线全部实现流水化作业，生产线上的传感器可获得大量实时数据，利用这些数据可以判断设备运营状况，有效控制产品质量。

2. 企业如何部署供应链中的大数据

（1）解决数据的生成问题

利用物联网技术获取供应链中的实时数据，虚拟化供应链的流程。

（2）解决数据的存储问题

传统的供应链产生了大量结构化数据，而当前供应链中又出现了非结构化数据，需要共享、集成、存储和搜索来自众多源头的庞大数据，并要接受来自第三方系统的数据。

（3）解决数据的分析问题

这需要建立大数据应用分析模型，才能应对海量数据发挥价值的挑战。例如，多样产品的供应链整合有很大的技术难题，大数据分析的平台建设将驱动整体销售供应链整合。

（4）解决数据的利用问题

通过数据的利用，可改善产业布局，优化产能分配，提高供应链效率。通过数据的利用，企业便可以设想出整个供应链集成实施情景。

7.2.5　物联网数据融合技术

数据融合的概念是针对多传感器系统提出来的。数据融合一词最早出现在20世纪70年代，20世纪90年代以来得到较快发展。目前数据融合已应用到物联网的多个领域。

1. 数据融合的概念

数据融合是指利用计算机对按时序获得的若干观测信息在一定准则下加以自动分析、综合，以完成所需的决策和评估任务而进行的信息处理技术。

随着系统日益复杂，单个传感器对物理量的监测显然是不完整、不连续和不精确的。数据融合是将多传感器信息源的数据和信息加以联合、相关及组合，获得更为实时、精确、完整的信息。因此，在系统中经常使用多传感器对多种特征量（如振动、温度、压力、流量等）进行监测，并对这些传感器的信息进行融合，以提高准确性和可靠性。

数据融合包括对信息的采集、传输、综合、过滤、相关及合成，以便辅助人们进行态势/环境的判定、规划、探测、验证及诊断。

2. 数据融合的工作原理

一般来说，数据融合分为预处理和数据融合两步。

（1）预处理

预处理包括特征数据选择、数据对准、数据纠正、数据相关等。

特征数据选择：选择具有明显特征的数据。

数据对准：将不同传感器获得的数据变换到同一个公共参考系中，包括在时间和空间上校准，使它们具有相同的时间基准和坐标系。

数据纠正：包括消除冗余数据，消除不同传感器采集同一个数据时的数据差异。

数据相关：保持数据的一致性，例如插值等，以降低相关计算的复杂度。

（2）数据融合

数据融合是根据融合目的和融合层次，智能地选择合适的融合算法，得到目标的准确表示或估计。数据融合将提取征兆信息，将征兆与知识库中的知识匹配，做出诊断决策。对于各种算法所获得的融合信息，有时还需要做进一步的处理，如“匹配处理”和“类型变换”等，以便得到目标的更准确表示或估计。信息融合中可以加入自学习模块，对相应的置信度因子进行修改，更新知识库，实现自学习功能。数据融合既可以对来自多传感器的信息进行融合，也可以将来自多传感器的信息和人机界面的观测事实进行信息融合。

3. 数据融合的分类

数据融合依据水平从低到高分为3类：数据级融合、特征级融合、决策级融合。

（1）数据级融合

数据级融合是直接在采集到的原始数据上进行的融合。

优点：保留了尽可能多的信息。

缺点：实时性差（这是由于传感器数据量大）、对数据要求高（这是由于对传感器信息的配准精度要求高）、有纠错要求（这是由于底层传感器信息存在不确定性、不完全性或不稳定性）、分析能力差、抗干扰性差。

（2）特征级融合

特征级融合是先对来自传感器的原始信息进行特征提取（特征可以是目标的边缘、方向、速度等），然后对特征信息进行综合分析和处理。

优点：实现了可观的信息压缩，有利于实时处理，由于所提取的特征直接与决策分析有关，融合结果能最大限度地给出决策分析所需要的特征信息。

（3）决策级融合

决策级融合是通过不同类型的传感器观测同一个目标，每个传感器在本地完成基本处理，其中包括预处理、特征抽取、识别或判决，以建立对所观察目标的属性说明，然后通过关联处理进行决策层融合判决，最终获得联合推断结果。

优点：处理时间短，数据要求低，具有很强的容错性、很好的开放性，分析能力强。

缺点：对预处理及特征提取有较高要求，决策级融合的代价较高。

4．数据融合的发展历程

（1）发展背景

数据融合的发展主要有3个背景：计算机技术、通信技术的快速发展；计算机技术、通信技术的互相结合；军事应用的迫切需求。其中，军事需求是最大的推动力。1991年，数据融合技术已在海湾战争中得到实战验证。

大量新的作战技术也迫切需要数据融合技术。例如，现代作战原则强调纵深攻击和遮断能力，要求能描述目标位置、运动及其企图，这已超过了常规传感器的性能。又例如，未来的战斗车辆、舰艇和飞机将对射频和红外传感器呈很低的信号特征，为维持其可观测性，将依靠多个传感器远距离传递信息。因此，多传感器的数据融合就至关重要了。

（2）应用现状

数据融合技术不仅在军事领域得到了广泛应用，在自动化制造、城市规划、资源管理、污染监测、气候分析、地质分析和商业领域都有极其广阔的应用前景。例如，自动化制造的元件控制、机器人控制、操作装置控制和生产过程控制均离不开数据融合技术的应用。

从物联网的感知层到应用层，各种信息的种类和数量都成倍增加，需要分析的数据量也成级数增加，这都涉及各种异构网络或多个系统之间的数据融合应用问题。

5．数据融合的技术瓶颈

（1）多源数据的瓶颈

目标：从数据准备的烦琐工作中解放出来。

多源数据项目的80%的时间和经费都花在了数据的准备工作上，这是数据融合的一个技术瓶颈。传统的统计分析经常是针对单一的数据源（营销数据、行政报表、人口普查等），分析人员对数据的来源和结构有一定的控制和深层的了解。现在的数据源是多样的、自然形成的、海量的，数据常常是非结构化的，这就要求将数据梳理、准备后才能进行分析。

（2）思维的瓶颈

目标：数据分析的建模和算法。

数据融合的思维瓶颈是所有数据科学家必须面对的更高层次的挑战。数据融合将通过建模和算法，将多种数据源整合成一个分析数据集，以产生决策智能为目标。数据处理必须根据每个数据分析项目量体定制，融合多源数据以形成有效的分析数据集。

（3）物联网的数据瓶颈

目标：有效地连接、整合、挖掘和智能处理海量数据。

物联网的数据融合包括连接所需多源数据库并获取相关数据，研究和理解所获得的数据，梳理和清理数据，数据转换和建立结构，数据组合，建立分析数据集。如何从物联网海量的数据中及时挖掘出隐藏信息和有效数据，给数据处理带来了巨大的挑战。

7.3 大数据技术

随着物联网技术的快速发展，海量数据不断产生，传统的数据处理手段已经无法满足大数据的应用需求。大数据的发展必须要有大数据技术。

大数据技术是为了满足大数据处理需求而发展起来的一系列相关工具与技术的总称。大数据技术包括大数据采集、大数据预处理、大数据存储及管理、大数据分析及挖掘、大数据展示及应用等。通过大数据技术，就能从大数据中快速获取有价值的信息。

7.3.1 Google 技术“三件宝”——大数据的技术起源

Google 技术“三件宝”是大数据的技术起源。2003—2004 年，Google 发表了关于 GFS、MapReduce 和 BigTable 的 3 篇论文，这 3 篇论文提出了 Google“三件宝”技术，也奠定了大数据和云计算两个领域的基础。

1. Google 公司的三大技术

1998 年，Google 的两位创始人拉里·佩奇（Larry Page）和谢尔盖·布林（Sergey Brin）在一个车库里开始了 Google 的创建历程。作为两个博士生，他们没有钱买昂贵的数据库和服务器，因此他们发明了 GFS、MapReduce 和 BigTable 三大技术，实现了结构化/非结构化数据的海量存储和处理。

2. Google 文件系统（GFS）

（1）GFS 的概念

Google 文件系统（Google File System，GFS）是 Google 公司为了存储海量搜索数据而设计的专用文件系统。GFS 是一个可扩展的分布式文件系统，用于大型的、分布式的、对大量数据进行访问的应用。GFS 运行于廉价的普通硬件上，并提供容错功能。GFS 可为用户提供较高的计算性能，同时具备较小的硬件投资和运营成本。GFS 的出现改变了之前海量数据的存储必须依靠昂贵硬件和复杂运营的状况。

（2）GFS 的特点

Google GFS 的新颖之处并不在于它采用了多么令人惊讶的技术，而在于它采用廉价的商用机器构建分布式文件系统。GFS 使用廉价商用机器构建分布式文件系统，但仍然提供了容灾恢复的功能，利用软件的方法解决系统可靠性问题，使得存储的成本成倍下降。由于 GFS 中的服务器数目众多，服务器死机是经常发生的事情，如何在频繁的故障中确保数据存储的安全、保证提供不间断的数据存储服务是 GFS 的核心问题。GFS 的精彩在于它采用了多种方法，从多个角度，使用不同的容错措施，确保整个系统的可靠性。

（3）GFS 的系统架构

GFS 的系统架构如图 7.4 所示。一个 GFS 包括一个主服务器（Master）和多个块服务器（Chunk Server），这样一个 GFS 能够同时为多个客户端（Client）的应用程序（Application）提供文件服务。

Master 是 GFS 的“大脑”，会记录存放位置等数据，并负责维护和管理文件系统，包括块的租用、垃圾块的回收以及块在不同块服务器之间的迁移；Master 还周期性地与每个块服务器通过消息交互，以监视运行状态或下达命令。

Chunk Server 负责具体的存储工作。GFS 将文件按照固定大小进行分块（默认是 64MB），每一块称为一个数据块（Chunk），每个块都由一个不变的、全局唯一的 64 位的 Chunk Handle（Chunk 句柄）标识。Chunk 句柄是块在创建时由 Master 分配的，Chunk Server 将块当作 Linux 文件存储在本地磁盘，出于可靠性考虑，每一个块被复制到多个 Chunk Serve 上（默认情况下，保存 3 个副本，但可以由用户指定）。

Client 在访问 GFS 时，首先访问 Master，获取将要与之进行交互的 Chunk Server 信息，然后直接访问这些 Chunk Server 完成数据存取。GFS 的这种设计方法实现了控制流和数据流的分离。Client 与 Master 之间只有控制流，而无数据流，这样就极大地降低了 Master 的负载，使之不成为系统性能的一个瓶颈。

Client 与 Chunk Server 之间直接传输数据流，同时由于文件被分成多个 Chunk 进行分布式存储，Client 可以同时访问多个 Chunk Server，从而使得整个系统的 I/O 高度并行，系统整体性能得到提高。

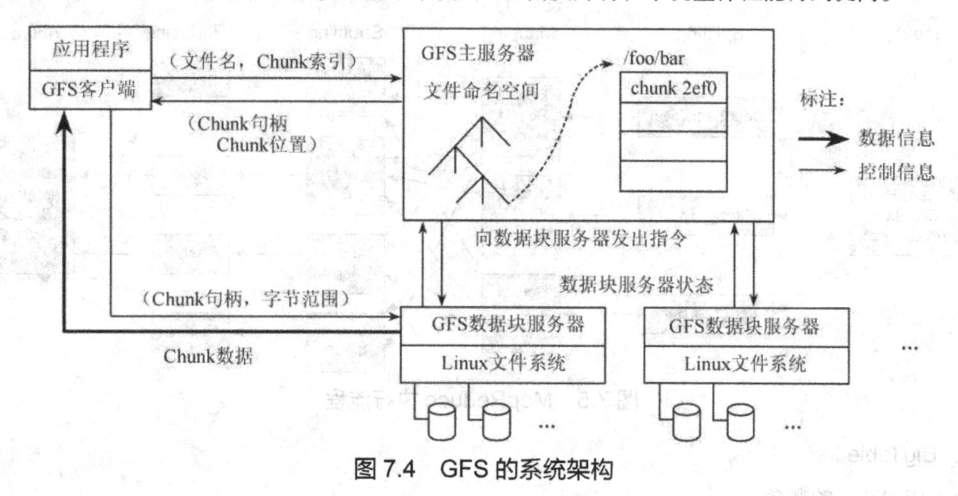

图 7.4 GFS 的系统架构

3. MapReduce

（1）MapReduce 的概念

MapReduce 是一种超大集群上并行计算的编程模型，也是一个用于处理和生成超大数据集（大于 1TB）的作业调度。MapReduce 架构的程序能够在大量普通配置的计算机上实现并行化处理，实现的项目包括大规模的算法图形处理、文字处理、数据挖掘、机器学习与统计、机器翻译等。

MapReduce 将一个大作业拆分为多个小作业（大作业和小作业在本质上是一样的，只是规模不同），用户需要做的就是决定拆成多少份，以及定义作业本身。这个系统在运行时只关心如何分割输入数据，如何在大量计算机组成的集群上进行调度，如何处理集群中计算机的错误，如何管理集群中计算机之间必要的通信。MapReduce 架构可以使不熟悉并行计算和分布式系统处理的程序员也能充分发挥分布式系统的优势。

例如，统计全球过去 30 年计算机论文出现最多的 100 个单词。这个工作可以通过编个程序让计算机来完成，但由于论文的数量很大，如果用一台计算机把所有论文都查询一遍，工作量就非常大。这时可以让 MapReduce 来帮忙，将工作部署到 N 台机器上去，然后把论文集分成 N 份，一台机器跑一个作业，MapReduce 可以解决如何拆分论文集、如何复制程序、如何整合结果，这些都是 MapReduce 框架定义好的，只要定义好某一个任务，其他都交给 MapReduce 即可。对于这个编程模型，不必关心并行计算、容错、数据分布、负载均衡等复杂的细节。MapReduce 提供了如下主要功能：数据划分和计算任务调度；数据/代码互定位；系统优化；出错检测和恢复。

（2）MapReduce 并行计算

MapReduce 用两个函数表达这个并行计算：Map 和 Reduce。其中，Map 是映射，Reduce 是化简。Map 函数和 Reduce 函数是交给用户实现的，这两个函数定义了任务本身。MapReduce 是一个计算框架，既然是做计算的框架，就要有个输入（input），MapReduce 操作这个 input，通过本身定义好的计算模型，得到一个输出（output），这个 output 就是所需要的结果。在运行一个 MapReduce 计算任务时，任务过程被分为两个阶段：Map 阶段和 Reduce 阶段，每个阶段都用键值对（Key-Value Pair）作为 input 和 output。

MapReduce 编程模型的原理是，利用一个输入的键值对集合来产生一个输出的键值对集合。用户自定义的 Map 函数接收一个输入的键值对值，然后产生一个中间键值对值的集合，MapReduce 库把具有相同中间 Key 值的中间 Value 值集合在一起，传递给 Reduce 函数。

MapReduce 并行计算的执行流程如图 7.5 所示，对于输入（input）的 9 个单词，分为 3 台机器处理，通过 MapReduce 执行流程，给出了最后的统计结果（Final result）。一个典型的 MapReduce 计算往往由几千台机器组成，处理以 TB 计算的数据。

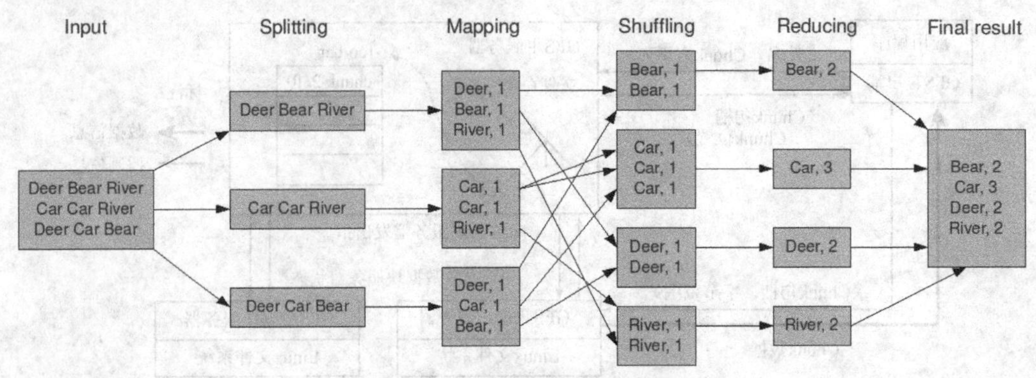

图 7.5　MapReduce 执行流程

4．BigTable

（1）BigTable 的概念

BigTable 是 Google 设计的分布式数据存储系统，是用来查询和处理海量数据的一种非关系型数据库。BigTable 适合大规模海量数据（PB 级）；适合分布式、并发数据（处理效率极高）；易于扩展，支持动态伸缩；适用于廉价设备；适合于读操作，不适合写操作；不适用于传统关系型数据库。BigTable 是一个稀疏的、分布式的、持久化存储的多维度排序映射，能快速、可靠地处理 PB 级别数据，并且能够部署到上千台机器上。

利用 BigTable，用户可以动态控制数据的格式。BigTable 提供了数据模型，将存储的数据都看成无意义的字符串，客户端需要将结构化和非结构化数据进行串行化，再存入 BigTable，但是 BigTable 不去解析这些字符串。对 BigTable 而言，数据是没有格式的。

利用 BigTable，用户可以动态控制数据的分布。用户通过选择数据模式，可以控制数据的位置相关性。例如，对于树状结构，具有相同前缀的数据存放位置接近，可以把这些数据一次读取出来；又例如，通过 BigTable 模式参数，控制数据是存放在内存上还是硬盘上。

BigTable 实现的项目包括谷歌搜索、谷歌地图、财经、打印、社交网站（如 Orkut）、视频共享网站（如 YouTube）、博客网站等。这些项目对 BigTable 提出了迥异的需求，有的需要高吞吐量的批处理，有的则需要及时响应数据给最终用户。

（2）BigTable 键值映射

本质上说，BigTable 是一个键值（Key-Value）映射，BigTable 提供了接口。BigTable 不是关系型数据库，却沿用了很多关系型数据库的术语，像表（Table）、行（Row）、列（Column）等。BigTable 的键有 3 维，分别是行键（Row Key）、列键（Column Key）和时间戳（Timestamp）。行键和列键都是任意字节串，时间戳是 64 位整数。

行是表的第一级索引，可以把该行的列、时间和值看成一个整体，简化为一维键值映射。BigTable 按照行键的字典序存储数据。列是表的第二级索引，每行拥有的列是不受限制的。为了方便管理，列被分为多个列族（Column Family）。列族是访问控制的单元，一个列族里的列一般存储相同类型的数据。一行的列族很少变化，但是列族里的列可以随意添加和删除。时间戳是表的第三级索引。BigTable 允许保存数据的多个版本，版本区分的依据就是时间戳。数据的不同版本按照时间戳降序存储，因此先读到的是最新版本的数据。加入时间戳后，就得到了 BigTable 的完整数据模型。查询时，如果只给出行和列，返回的是最新版本的数据；如果给出了行、列和时间戳，返回的是时间小于或等于时间戳的数据。

（3）BigTable 数据库的构成

BigTable 数据库由一个主服务器（Master Server）和许多片服务器（Tablet Server）构成，如图 7.6 所示。如果把数据库看成一张大表，BigTable 会将表（Table）进行分片。最初，表都只有一个片（Tablet），随着表的不断增大，片会自动分裂，片的大小控制在 100～200MB。主服务器负责将片分配到片服务器，检测新增和过期的片服务器；负责平衡片服务器之间的负载、GFS 垃圾文件的回收、数据模式的改变等。但主服务器不存储任何片，不提供任何数据服务，也不提供片的定位信息。每个片服务器负责一定量的片，处理对其片的读写请求，以及片的分裂或合并。但片服务器并不真实存储数据，而只是相当于一个连接 BigTable 和 GFS 的代理，客户端的一些数据操作都通过片服务器来访问 GFS。由于客户端需要读写数据时直接与片服务器联系，因此主服务器的负载一般很轻。

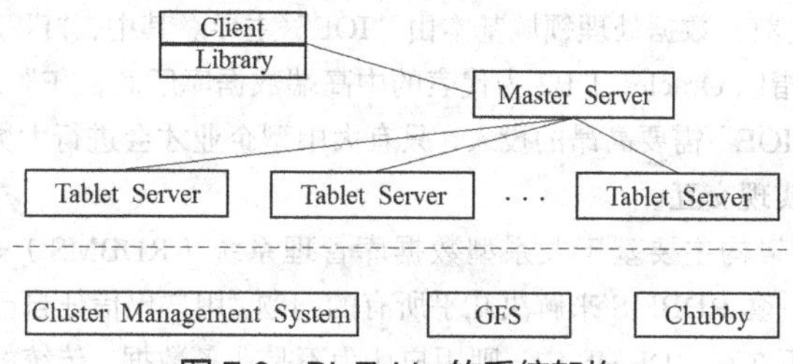

图 7.6 BigTable 的系统架构

BigTable 集群主要包括 3 个部分：供客户端使用的库（Client Library）、主服务器、片服务器。BigTable 用集群管理系统（Cluster Management System）调度任务、管理资源、监测服务器状态、处理服务器故障。BigTable 用 GFS 存储日志和数据文件、按 SSTable 文件格式存储数据、用 Chubby 管理元数据。SSTable（Sorted Strings Table）是一种不可修改、有序的键值映射，提供了查询、遍历等功能。Chubby 是一种高可用性的分布式锁服务，用来保证集群中主服务器的唯一性、保存 BigTable 数据的引导区位置、发现片服务器、保存 BigTable 的数据模式信息、保存存取控制列表。需要说明的是，只有 GFS 才知道数据的真实位置，主服务器将片分配给片服务器，片服务器获取了片的所有 SSTable 文件名，片服务器通过索引机制可以知道所需数据在哪个 SSTable 文件，然后从 GFS 中读取 SSTable 文件的数据，这个 SSTable 文件可能分布在好几台 Chunk Server 上。

7.3.2 大数据技术的开源实现

由于谷歌的技术并不对外开放，Yahoo 以及开源社区协同开发了 Hadoop 系统，这相当于 GFS 和 MapReduce 的开源实现。

1. Hadoop 系统

Hadoop 是一个开源分布式计算平台，附属于 Apache 软件基金会（Apache Software Foundation，ASF），为用户提供分布式基础架构的系统底层细节。

（1）Hadoop 是 Google 三宝的开源实现

Hadoop 实际上就是 Google 三宝的开源实现，HDFS 对应 GFS，Hadoop MapReduce 对应 Google MapReduce，HBase 对应 BigTable。

HDFS 借鉴了 GFS 的思想，是一个由 Hadoop 实现的分布式文件系统。Hadoop MapReduce 是一种并行计算的编程模型，为海量的数据提供计算，用于作业调度。通过 Hadoop MapReduce 分布式编程模型，在不了解分布式系统底层细节的情况下，用户也可以开发并行应用程序。HBase 是一个分布式、面向列的开源数据库，也是适合于非结构化数据存储的数据库。Google 使用 C++，而 Hadoop 使用 Java。Java 语言的实现是开源的，开发人员、公司或者个人都可以免费使用、更改。

（2）Hadoop 是为大数据而诞生的

Hadoop 之父 Doug Cutting 受到 Google 技术的启发，架构了一个全新的分布式系统基础，用户可以在不了解分布式底层细节的情况下开发分布式程序，并充分利用集群的威力进行高速运算和存储，这个架构被 Apache 软件基金会称为 Hadoop。Apache 软件基金会是专门为支持开源软件项目而办的。Hadoop 是 Doug Cutting 以他儿子的毛绒大象玩具而命名的，如图 7.7 所示。

2016 年 1 月 28 日是 Hadoop 诞生十周年的日子。Hadoop 是为了大数据而诞生的，其象征着 21 世纪工业革命的焦点：业务的数字化转型。Hadoop 经过 10 多年的发展，如今 Hadoop 生态系统非常庞大，同时一直在改进，Hadoop 生态系统的单个部分的发展已经超出 Hadoop 本身的范围。Hadoop 生态系统中没有任何一个单一的软件组件占主导地位。

图 7.7　以毛绒大象玩具命名的 Hadoop

2．Hadoop 是对传统数据处理的改变

在 Hadoop 发展壮大之前，数据处理领域基本由“IOE”主导。其中，“I”是指以 IBM、HP 为代表的中高端硬件厂商，“O”是指以 Oracle、DB2 为代表的中高端数据库厂商，“E”是指以 EMC、HDS 为代表的中高端磁盘阵列厂商。“IOE”需要高昂的投入，只有大中型企业才会进行大数据分析，而且不同来源的数据迁移较难，数据很难实现交互。

传统数据处理技术的架构主要基于关系型数据库管理系统（RDBMS）+小型机+高端阵列（就是“IOE”），企业软件依赖于一套 RDBMS 来解决几乎所有的问题，用户仅信任自己的 RDBMS 来存储和处理业务数据。如果某些数据不在该 RDBMS 中，则用户认为不是业务数据。传统的基于 RDBMS 的技术存在以下弱点：在支持可变、凌乱的数据和快速实验方面显得太过死板；无法轻易扩展到支撑 PB 级数据；成本非常高昂。

Hadoop 改变了传统的数据处理，个人用几台 PC 也可以搭建大数据的分析环境。与传统的数据处理相比，即使是很小的 Hadoop 集群，也可以允许公司提出和回答比以前更复杂的问题，并且可以不断地学习和提高。Hadoop 已经达到了最初设想的目标：构建一个能够轻松方便、经济实惠地存储和分析大量数据的非常流行的开源项目。

7.3.3　大数据的关键技术

大数据的关键技术涵盖数据存储、处理和应用等多方面的技术。根据大数据的处理过程，大数据技术体系包括大数据采集、大数据预处理、大数据存储及管理、大数据分析及挖掘、大数据展示与可视化等环节，见表 7.2。大数据技术是数据统计技术的发展，它已经从简单的数据统计发展到了对数据的存储、挖掘、分析和应用能力的创新。

表 7.2　大数据技术体系

大数据技术	任　务	数据采集、大数据工具
大数据采集	获取、收集大数据	采集 RFID 数据、传感器数据、社交网络数据、企业管理数据等
大数据预处理	对已接收数据的抽取、转换、加载等	ETL 工具有 Kettle、Informatica、Hive、Datastage 等
大数据存储及管理	把采集到的数据存储起来，建立相应的数据库，并进行管理和调用	组织存储工具有 HDFS、NoSQL、NewSQL 等
大数据分析及挖掘	模型发现、数据总结、聚类、关联规则发现、序列模式发现、依赖关系或依赖模型发现、异常和趋势发现等	数据分析与挖掘的工具有 Datawatch、Mahout、Hive、R、SPSS、SAS 等
大数据展示与可视化	关于数据视觉表现形式的科学技术研究，包括时空数据可视化、多维数据可视化、网络数据可视化、文本可视化等	大数据可视化工具有 Datawatch、Tableau、Platfora 等

1. 大数据采集技术

大数据采集是指获取、收集大数据的技术，是大数据技术的首要环节。大数据采集一般分为大数据智能感知层和基础支撑层。

大数据采集的数据包括 RFID 射频数据、传感器数据、社交网络交互数据和企业管理数据等。大数据采集的数据类型包括结构化数据和非结构化数据。大数据采集主要有数据库采集、网络数据采集、文件采集等。

（1）大数据智能感知层

大数据智能感知层主要包括智能识别体系（如 RFID）、智能传感体系（如摄像头）、网络通信体系及软硬件资源接入系统，产生智能识别数据、监控数据、定位数据、跟踪数据、人为接入数据等各种大数据源，并对大数据源进行初步信号转换、传输、处理等。

（2）大数据基础支撑层

大数据基础支撑层提供基础支撑环境，包括大数据服务平台所需的虚拟服务器、存储结构化及非结构化数据的数据库、物联网资源等。

2. 大数据预处理技术

大数据预处理技术是对已接收数据的抽取、转换、加载（Extract-Transform-Load，ETL）等操作。ETL 是构建数据仓库的重要一环，用户从数据源抽取出所需的数据，经过数据清洗，最终按照预先定义好的数据仓库模型将数据加载到数据仓库中去。因获取的数据可能具有多种结构和类型，数据抽取过程可以帮助将复杂的数据转换为单一的或者便于处理的结构，以达到快速分析处理的目的。对于大数据，有些数据并不是所关心的内容，而另一些数据则是完全错误的干扰项，因此要对数据过滤去噪，提取出有效数据。

（1）Kettle

Kettle 是开源的 ETL 工具，由纯 Java 编写。Kettle 的中文名称为水壶，该项目希望把各种数据放到一个壶里，然后以一种指定的格式流出。

（2）Informatica

Informatica 可支持多项复杂的企业级数据集成计划，包括企业数据集成、大数据、数据质量控制、主数据管理、复杂事件处理、超级消息、云数据集成等。

（3）Hive

Hive 是建立在 Hadoop 上的数据仓库基础构架。它提供了一系列的工具，可以用来进行 ETL，这是一种可以存储、查询和分析存储在 Hadoop 中的大规模数据的机制。

（4）Datastage

DataStage 是 IBM 的一种数据集成软件平台，支持对数据结构进行大量的收集、变换和分发操作。

3. 大数据存储及管理技术

大数据存储与管理是用存储器把采集到的数据存储起来，建立相应的数据库，并进行管理和调用。大数据对存储与管理的挑战在于扩展性，包括空间可扩展和格式可扩展。

（1）数据存储介质

数据存储介质主要有磁带、光盘和硬盘三大类，在此基础上构成了磁带机、光盘库和磁盘阵列 3 种主要存储设备，此外固态硬盘也正在逐渐普及，见表 7.3。

表 7.3 数据存储介质

数据存储介质	数据存储设备	数据存储设备的特点
磁带	磁带机	价格低廉，使用广泛
光盘	光盘库	适用于保存多媒体数据和联机检索，应用也越来越广泛

续表

数据存储介质	数据存储设备	数据存储设备的特点
硬盘	磁盘阵列	采用磁性碟片来存储，具有较高的存取速度和数据可靠性，这是目前海量数据高速存储的主要方式
	固态硬盘	用固态电子存储芯片阵列制成的硬盘，采用闪存（Flash）或是DRAM作为存储介质，在接口规范、定义、功能、使用方法上与普通硬盘相同，读取速度比机械硬盘更快

（2）数据存储模式

数据存储模式主要有DAS、NAS、SAN和IP存储，见表7.4。

表7.4　数据存储模式

数据存储模式	特点
DAS（直接附加存储）	在DAS配置中，应用、文件系统和存储设备都在主机管理之下。DAS存储方式与普通的PC存储架构一样，数据存储设备是整个服务器结构的一部分，服务器是访问连接其自身存储资源的唯一结点
NAS（网络附加存储）	在NAS配置中，存储从主机分离出来，主机通过LAN访问存储资源。数据存储不再是服务器的附属，数据存储作为独立网络结点存在于网络之中，网络上的任何客户端和服务器可以直接访问这些存储资源。NAS是在TCP/IP基础上提供文件的存取服务
SAN（存储区域网络）	在SAN配置中，存储从主机中分离出来，主机通过SAN网络访问存储资源。通常SAN也称为FC-SAN，FC-SAN的支撑技术是光纤通道（FC）技术，顾名思义，FC-SAN通过FC通道来连接磁盘阵列。SAN与服务器和客户机的数据通信通过SCSI命令而非TCP/IP
IP存储	通过Internet协议（IP）或以太网的数据存储。它利用廉价、大量的以太网交换机、集线器和线缆来实现低成本，IP存储是传统的光纤通道结构的替代者

（3）大数据组织存储工具

目前，大数据组织存储工具主要有HDFS、NoSQL、NewSQL等，见表7.5。

表7.5　大数据组织存储工具

大数据组织存储工具	特点
HDFS	Hadoop体系中数据存储与管理的基础
NoSQL	泛指非关系型数据库，可以处理超大量的数据
NewSQL	各种新的可扩展/高性能数据库的简称，这类数据库不仅具有NoSQL对海量数据的存储管理能力，还保持了传统数据库支持ACID和SQL等的特性

（4）云存储

简单来说，云存储就是将储存资源放到云端设备上，供人存取的一种新兴方案。使用者可以在任何时间、任何地方，通过任何可联网的装置连接到云端设备上方便地存取数据。

云存储是在云计算的概念上延伸和发展出来的，是指通过集群应用、网络技术或分布式文件系统等功能，将网络中各种不同类型的存储设备通过应用软件集合起来协同工作，共同对外提供数据存储和业务访问功能的一个系统。

云存储不单单是一个硬件，更是一个由多个部分（如存储设备、网络设备、应用软件、接入网、公用访问接口、服务器、客户端程序等）组成的复杂系统。

（5）数据仓库

数据仓库是决策支持系统和联机分析数据源的结构化数据环境。数据仓库是一种管理技术，旨在通过通畅、合理、全面的信息管理，得到有效的决策支持。

数据仓库的4个特点：面向主题的、集成的、数据不可更新的、数据随时间不断变化的。“面向主题”是指用户使用数据仓库进行决策时所关心的重点方面。“集成”是指数据仓库的数据来自于分散的操作型数据。“不可更新”是指数据仓库的数据通常是不会修改的，主要操作是数据的查询。“随时间不断变化”是指数据仓库会增加新数据、删除旧数据。

4. 大数据分析及挖掘技术

数据分析是指用适当的统计分析与计算方法，对准备好的数据进行分析和详细研究，从中发现因果关系和内部联系，形成结论和概括总结的过程。在实际中，数据分析可帮助人们做出判断，以便采取适当行动。Excel就是常用的分析工具。数据分析的工具有Datawatch、Stata、SPSS、SAS、Hive等。

数据挖掘就是从大量的、不完全的、有噪声的、模糊的和随机的实际应用数据中，提取隐含在其中的、事先不知道的、潜在有用的信息和知识的过程。数据挖掘的工具有Mahout、SAS、SPSS、R等。

数据分析和数据挖掘的任务是模型发现、数据总结、聚类、关联规则发现、序列模式发现、依赖关系或依赖模型发现、异常和趋势发现等。数据分析和数据挖掘有统计方法、机器学习方法、神经网络方法等。目前，主要的数据分析和数据挖掘的工具如下。

（1）Datawatch

Datawatch公司提供的可视化数据分析和数据挖掘工具。

（2）Mahout

Mahout是ASF的一个开源项目，提供可扩展的机器学习领域经典算法的实现，包括聚类、分类、推荐过滤、频繁子项挖掘等。此外，通过使用Apache Hadoop库，Mahout可以有效地扩展到云中。

（3）hive

hive可以快速实现简单的MapReduce统计，不必开发专门的MapReduce应用，十分适合数据仓库的统计分析。

（4）R

R是用于统计分析、绘图的语言和操作环境。R作为一种统计分析软件，是集统计分析与图形显示于一体的。R是免费、源代码开放的软件。

（5）SPSS

SPSS是IBM公司推出的一系列用于统计学分析运算、数据挖掘、预测分析和决策支持任务的软件产品及相关服务的总称。

（6）SAS

SAS是全球最大的软件公司之一。SAS系统在国际上已被誉为统计分析的标准软件，在各个领域得到广泛应用。

5. 大数据展示与可视化技术

数据可视化是关于数据视觉表现形式的科学技术研究。大数据可视化技术是指在大数据自动分析与挖掘的同时，将错综复杂的数据与数据之间的关系通过图片、映射关系或表格以简单、易用、友好的图形化、智能化形式呈现给用户，供其分析使用。

数据可视化过程分为数据预处理、绘制、显示和交互几个阶段。可视化的数据分为一维数据、二维数据、三维数据、高维数据、时态数据、层次数据和网络数据。可视化的方式分为时空数据可视化、多维数据可视化、网络数据可视化、文本可视化。可视化技术涉及计算机视觉、图像处理、计算机辅助设计、计算机图形学等多个领域，已经成为研究数据表示、数据处理、决策分析等问题的综合技术。

目前，比较流行的大数据可视化工具有Datawatch、Tableau、Platfora等。

（1）Datawatch

Datawatch可以处理结构化及非结构化的数据；具有实时的处理速度；具备可视化的处理环境，可以产生友好的图表、动态导航、时间序列数据等。

（2）Tableau

Tableau 可以将数据运算与美观图表结合在一起。它的程序容易上手，用它可以将大量数据拖放到数字“画布”上，在几分钟内生成美观的图表、坐标图、仪表盘与报告。

（3）Platfora

Platfora 提供基于 Hadoop 的数据分析平台，将 Hadoop 中的原始数据转换成可互动的。

7.4 云计算

从技术上看，大数据与云计算密不可分。大数据必然无法用单台的计算机进行处理，必须采用分布式架构，需要依托云计算的分布式处理和分布式数据库。大数据和云计算的关系：云计算为大数据提供了有力的工具和途径；大数据为云计算提供了有价值的应用。

云计算也为物联网提供了一种新的高效率计算模式，可通过网络按需提供动态伸缩的廉价计算。云计算具有相对可靠、安全的数据中心，同时兼有互联网服务的便利、廉价和大型机能力，可以轻松实现不同设备间的数据与应用共享。

7.4.1 云计算的概念

云计算（Cloud Computing）是分布式计算（Distributed Computing）、并行计算（Parallel Computing）、效用计算（Utility Computing）、网络存储（Network Storage Technologies）、虚拟化（Virtualization）、负载均衡（Load Balance）、热备份冗余（High Available）领域计算机技术和网络技术发展融合的产物。

1. 云计算的定义

云计算是一种按使用量付费的模式，这种模式提供可用的、便捷的、按需的网络访问，进入可配置的计算资源共享池（资源包括网络、服务器、存储、应用软件、服务）。这些资源能够被快速提供，只需投入很少的管理工作，或与服务供应商进行很少的交互。

由定义可以看出，云计算是一种基于互联网的计算模式，它把计算资源（计算能力、存储能力、交互能力）以服务的方式通过网络提供给用户。在云计算中，“计算”分布在大量的“分布式计算机”上，而非本地计算机或远程服务器中。

2. 云计算的特点

（1）规模大

“云”的规模大。Google 的“云”已经拥有 100 多万台服务器，Amazon、IBM、微软、Yahoo 等的“云”均拥有几十万台服务器，企业私有云一般拥有数百上千台服务器。

（2）虚拟化

虚拟化是一个简化管理、优化资源的解决方案。虚拟化是将计算机虚拟为逻辑计算机，云计算在“云”中某处运行，用户无须了解、也不用担心运行的具体位置等。

（3）按需服务

“云”就像电、自来水、煤气一样，取用方便，你可以按需购买。“云”也像电、自来水、煤气那样计费。

（4）通用性

云计算不针对特定的应用。“云”是一个庞大的资源池，在“云”的支撑下可以构造出千变万化的应用，同一个“云”可以同时支撑不同的应用运行。

（5）高可扩展性

“云”的规模可以动态伸缩。无论是计算能力、存储能力，还是用户支持方面，都能够通过不断的扩展满足客户要求。当需要添加新功能时，简单方便；当系统升级时，轻松无障碍；当需要改配置时，无须重新搭建。

（6）高可靠性

“云”使用了数据多副本容错、计算结点同构可互换等措施，可保障服务的高可靠性，使用云计算比使用本地计算机可靠。

（7）廉价性

由于“云”有容错措施，可以采用极其廉价的结点构成云。“云”可自动化、集中式管理，企业无须负担数据中心的管理成本。“云”具有通用性，资源的利用率较传统系统大幅提升。因此，用户经常只要花费几百美元、几天时间，就能完成以前需要数万美元、数月时间才能完成的任务。

（8）潜在的危险性

云计算中的数据对于其他用户是保密的，但对于提供云计算的机构则毫无秘密可言。当前，云计算的服务集中在某些机构（企业）中，而他们仅仅能够提供商业信用。

3. 云计算的发展历程

（1）概念引入

20世纪60年代，John McCarthy曾经提出“计算迟早有一天会变成一种公用基础设施”，即希望“将计算能力作为一种像水和电一样的公共资源提供给客户”。

1983年，太阳电脑（Sun Microsystems）提出“网络是电脑”。

（2）企业推广

2006年3月，亚马逊（Amazon）推出自己的第一款云服务：弹性计算云（Elastic Compute Cloud，EC2）服务。

2006年8月9日，Google在搜索引擎大会（SES San Jose 2006）首次提出“云计算”的概念。

2007—2008年，Google、IBM、雅虎、惠普、英特尔等公司推进云计算的研究。

2010年3月，Novell与云安全联盟（CSA）共同宣布“可信任云计算计划”。

2010—2011年，美国国家航空航天局、英特尔、微软、思科等提出并支持OpenStack开放源代码计划。

（3）广泛应用

目前云计算已经广泛应用。云计算在物联网中无处不在，智慧城市、车联网等物联网解决方案都离不开云计算。办理银行业务、利用智能手机上网、甚至使用搜索软件查询信息的过程，也都是使用云计算的过程。

7.4.2 云计算的层次架构

一般来说，目前云架构划分为设施层、平台层和应用层3个层次，如图7.8（a）所示。设施层将可用的计算资源分配给用户，比如多大计算能力、多少内存空间等。平台层是在设施层之上提供一整套的支持软件，形成一种平台性质的系统，可以方便用户实现对特殊开发的使用需求。应用层是将某种软件的具体使用功能直接提供给广大的用户，用户不必关心是在什么硬件上（也即设施层）、使用什么系统（也即平台层）。云架构的3个层次是以服务的方式给出的，分别为基础设施即服务（IaaS）、平台即服务（PaaS）和软件即服务（SaaS），如图7.8（b）所示。可见，云计算是有层次的服务集合。

1. 基础设施即服务（IaaS）

IaaS（Infrastructure as a Service）意为“基础设施即服务”。IaaS主要包括计算机服务器、通信设备和存储设备等，能够按需向用户提供计算能力、存储能力和网络能力，也就是能在IT基础设施层面提供服务。亚马逊的AWS就是典型的IaaS。

（1）从传统基础架构到云基础架构

传统的应用需要分析系统的资源需求，也即需要确定基础架构所需的计算、存储、网络等设备规格和数量，如图7.9所示。这种部署模式的资源利用率不高，可扩展性、可管理性都面临很大的挑战。

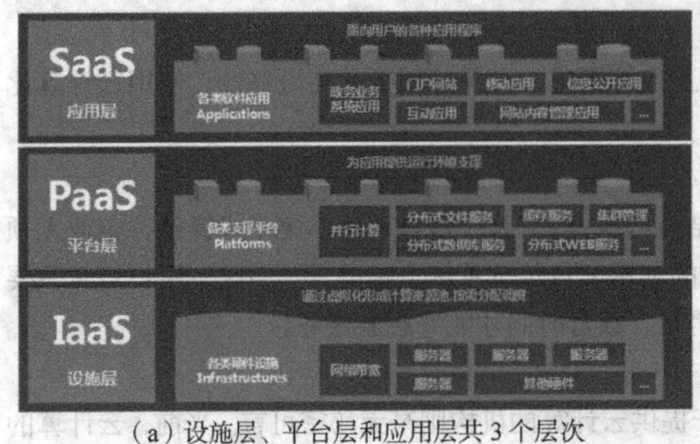

（a）设施层、平台层和应用层共 3 个层次

（b）IaaS、PaaS 和 SaaS 共 3 层服务

图 7.8　云计算的层次架构

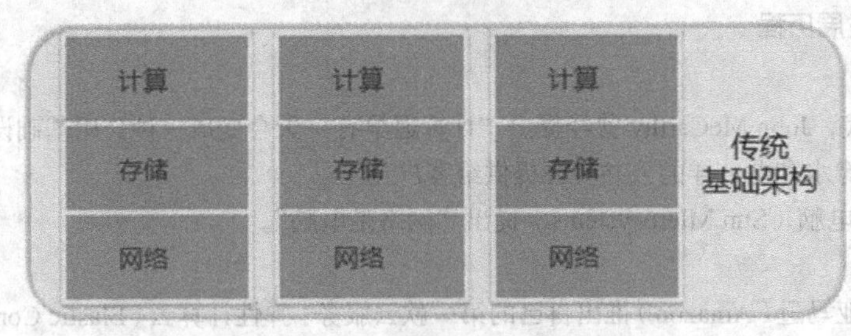

图 7.9　传统基础架构的部署

云基础架构是在传统基础架构的基础上增加了虚拟化层和云层，如图 7.10 所示。云基础架构通过虚拟化整合，应用系统共享基础架构资源池，帮助用户构建 IaaS 模式。

虚拟化层：包括计算虚拟化、存储虚拟化、网络虚拟化等。通过虚拟化层，屏蔽了硬件层自身的差异和复杂度，向上呈现为标准化、可灵活扩展和收缩、弹性的虚拟化资源池。

云层：对资源池进行调配、组合，根据应用系统的需要自动生成、扩展所需的硬件资源，将更多的应用系统通过流程化、自动化进行部署和管理，提升了 IT 效率。

IaaS 实现的核心在于虚拟化资源：将计算设备统一虚拟化为“虚拟资源池中的计算资源”，将存储设备统一虚拟化为“虚拟资源池中的存储资源”，将网络设备统一虚拟化为“虚拟资源池中的网络资源”。当用户订购这些资源时，直接将订购的份额打包提供给用户。

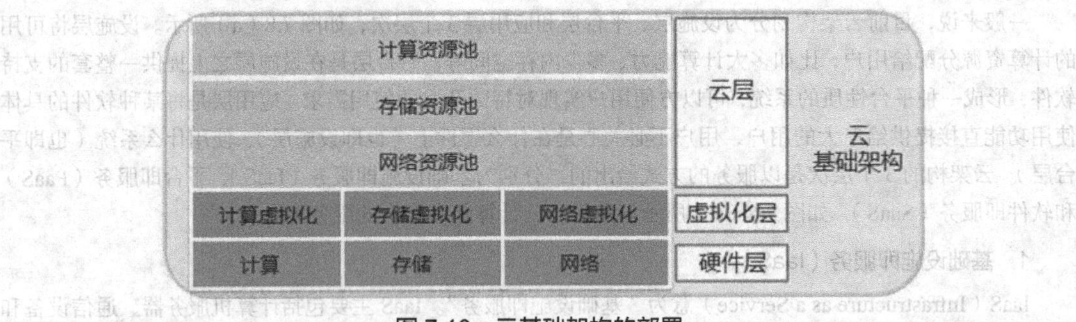

图 7.10　云基础架构的部署

（2）云基础架构融合

云基础架构资源池使得计算、存储、网络不再是核心，对于 IaaS 最重要的是这些资源的整合。传统模式下，服务器、网络和存储是基于物理设备连接、基于物理端口部署，管理界面清晰，设备及对应的策略是静态、固定的。云基础架构模式下，服务器、网络和存储采用了虚拟化资源，资源池使得设备及对应的策略是动态变化的。

（3）虚拟化资源的关键技术

支持虚拟化资源的关键技术是虚拟化技术、并行编程模式和分布式存储技术。通过虚拟化技术，单个服务器支持多个虚拟机，一台独立的物理服务器变成了多个虚拟机，运行多个操作系统和应用。对于并行编程模式，多采用 MapReduce。对于分布式存储技术，可采用 Google 的 GFS 和 Hadoop 的 HDFS 等。

2. 平台即服务（PaaS）

PaaS（Platform as a Service）意为“平台即服务”。如果以传统计算机架构中“硬件+操作系统/开发工具+应用软件”的观点来看待，云计算的平台层应该提供类似操作系统和开发工具的功能。PaaS 将开发环境作为服务向用户提供，如图 7.11 所示，用户主要是应用程序的开发者，用户在 PaaS 提供的在线开放平台上进行软件开发，从而推出用户自己的 SaaS 产品或应用。PaaS 在云计算中起着核心的作用，可以认为是云计算的核心层。当前典型的 PaaS 有微软的 Windows Azure、谷歌的 Engine 等。

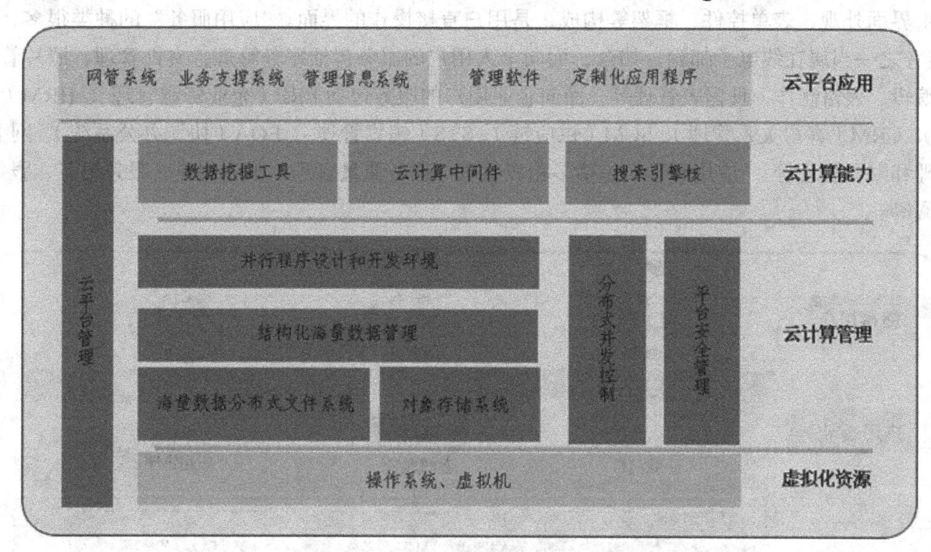

图 7.11 PaaS 提供的开发环境

（1）PaaS 的功能

PaaS 可以提供如下内容：应用运行环境；分布式运行环境；多种类型数据存储；动态资源伸缩；集成、复合应用构建能力；监控、管理和计量（针对资源池、计算资源、应用系统）；应用全生命周期（包括设计、开发、测试、部署）的支持；公共服务（以 API 形式提供，如队列服务、存储服务、缓存服务）；用于构建 SOA 的复合应用（包括中间件服务、联通性服务、整合服务和消息服务）。

（2）PaaS 的主要技术

PaaS 所涉及的主要技术：基于云的软件开发、测试和运行技术，让开发者通过网络在云计算环境中编写、运行程序；大规模的分布式运行环境，即如何利用大量服务器构建可扩展的应用中间件、数据库和文件系统。

（3）PaaS 的特点

① 平台即服务。PaaS 所提供的服务是一个基础平台，而不是某种应用。一般来说，平台是由应用服务提供商搭建和维护的；而 PaaS 颠覆了这种概念，由专门的平台服务提供商搭建和运营该基础平台，并将该平台以服务的方式提供给应用系统运营商。

② 平台及服务。PaaS 运营商所需提供的服务不仅仅是单纯的基础平台，而且包括针对该平台的技术支持服务，甚至针对该平台而进行的应用系统开发、优化等服务。

③ 平台级服务。PaaS 服务的背后是强大而稳定的基础运营平台，以及专业的技术支持队伍。PaaS 的

实质是将互联网的资源服务转换为可编程接口，为第三方开发者提供有价值的资源和服务平台。有了 PaaS 平台的支撑，云计算的开发者就获得了大量的可编程元素，这就为开发带来了极大的方便。有了 PaaS 平台的支持，Web 应用的开发也就更快了。

3. 软件即服务（SaaS）

SaaS（Software as a Service）意为“软件即服务”。SaaS 是最常见的一类云服务，它通过互联网向用户提供简单的软件应用服务及用户交互接口。用户通过标准的 Web 浏览器，就可以使用互联网上的软件，用户按订购的服务多少和时间长短付费（也可能是免费）。当前典型的 SaaS 有多种，如，在线邮件服务、网络会议、在线杀毒等。

（1）SaaS 的框架内容

SaaS 可提供应用表示、应用服务和应用管理，如图 7.12 所示。“应用表示”负责用户与整个系统的交互，它由界面外观、表单控件、框架等构成，是用户直接操作的界面。“应用服务”的种类很多，最早的 SaaS 服务之一当属在线电子邮箱，如今，面向个人用户的服务包括账务管理、文件管理、照片管理、在线文档编辑、表格制作、日程表管理等，面向企业用户的服务包括 ERP（企业资源管理）、HRM（人力资源管理）、CRM（客户关系管理）、SCM（供应链）、STS（销售管理）、EOA（协调办公系统）、网上会议、项目管理和财务管理等。“应用管理”包括多租户管理、服务质量管理、服务创建、服务组装、服务分布、服务订阅等。

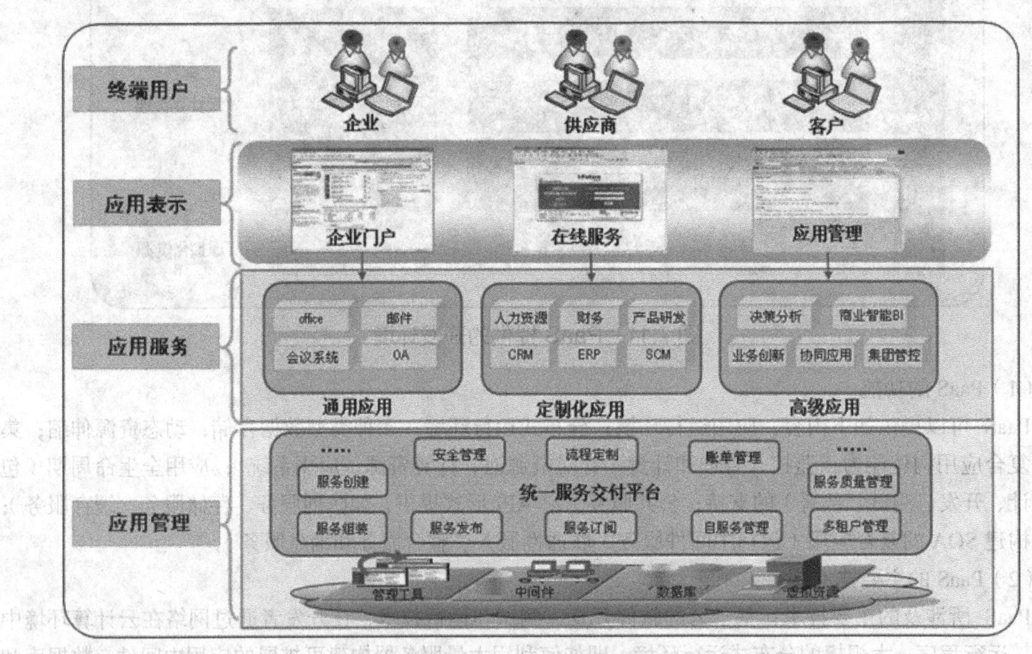

图 7.12 SaaS 提供的应用

（2）SaaS 的主要技术

SaaS 所涉及的主要技术有 Web 2.0、多租户、虚拟化等。多租户是一种软件架构，在这种架构下，多用户共用相同的系统或程序组件，并且仍可确保各用户数据的隔离性。虚拟化技术支持多个用户共享硬件基础架构，但不共享软件架构，这与 IaaS 中的虚拟化相同。

（3）SaaS 的技术要求

SaaS 提供灵活定制、即时部署和快速集成的 SaaS 应用平台，提供基于 Web 的应用定制、开发和部署工具，能够实现无编程的 SaaS 应用能力。

SaaS 能够使各类开发、合作伙伴，通过浏览器利用平台的各种应用配置工具，结合自身的业务知识和技术知识，迅速地配置出包括数据、界面、流程、逻辑、算法、查询、统计、报表等在内的业务管理应用。

SaaS 提供内容丰富、信息共享的 SaaS 门户与渠道平台，使 SaaS 服务链上的各个环节能够通过 SaaS 门户充分地交流信息、共享数据、寻找机会、获取服务，形成 SaaS 应用服务行业的网上虚拟社区，实现信息可管控的高度共享和协同。

SaaS 模式软件的开发是基于“能完全替代传统软件功能”的要求。但是，存放在 SaaS 的数据如何保障不被盗用或出卖？这首先要解决对 SaaS 服务提供商的信任问题，唯有信任服务提供商，才能放心使用 SaaS 产品。其次是解决对内部信息系统维护人员的信任问题。

7.4.3 云计算在物联网中的应用——车联网

车联网（Internet of Vehicles，IOV）是由车辆位置、速度、路线等信息构成的巨大交互网络，是物联网技术在汽车领域的应用。汽车的联网如图 7.13 所示。车联网是以车内网、车际网和车载移动互联网为基础，按照约定的通信协议和数据交互标准，在车-×（×：车、路、行人及互联网等）之间，进行无线通信和信息交换的大系统网络，是能够实现智能化交通管理、智能动态信息服务和车辆智能化控制的一体化网络。

图 7.13 汽车的联网

从网络上看，车联网是一个“端管云”的三层体系，包括端系统、管系统和云系统。车联网是一个云架构的车辆运行信息平台，车联网将汽车制造商、IT 行业、车载终端企业、通信运营商、移动互联网行业等结合起来，云平台则是实现车联网的服务核心。

1. 车联网的第一层（端系统）

端系统是车辆的 GPS、RFID、传感器、摄像头等装置，负责采集与获取车辆的信息，感知行车状态与环境；是具有车内通信、车间通信、车网通信的泛在通信终端；是让汽车具备 IOV 寻址、网络可信标识等能力的设备。

2. 车联网的第二层（管系统）

管系统用于车与车（V2V）、车与路（V2R）、车与网（V2I）、车与人（V2H）等的互联互通，可实现车辆自组网及多种异构网络之间的通信与漫游，在功能和性能上保障实时性、可服务性与网络泛在性，同时它是公网与专网的统一体。管系统的 V2V、V2R、V2H、V2I 如图 7.14 所示。通过 V2V 通信，车辆之间可以进行车辆位置、车辆速度、车辆方向、行车路线等的信息交换，驾驶员可以有效避免汽车碰撞事故的发生。通过 V2R 通信，汽车对路边单元（vehicle-to-roadside）进行通信，车辆可以获取实时道路信息。

3. 车联网的第三层（云系统）

车联网是一个云架构的车辆运行信息平台，它的生态链包含了智能交通（ITS）、物流、客货运、汽修汽配、汽车租赁、企事业车辆管理、汽车制造商、4S 店、保险、紧急救援、移动互联网等，是多源海量信息的汇聚，因此需要虚拟化、安全认证、实时交互、海量存储等云计算功能，其应用系统也是围绕车辆的数据汇聚、计算、调度、监控、管理和应用的复合体系。

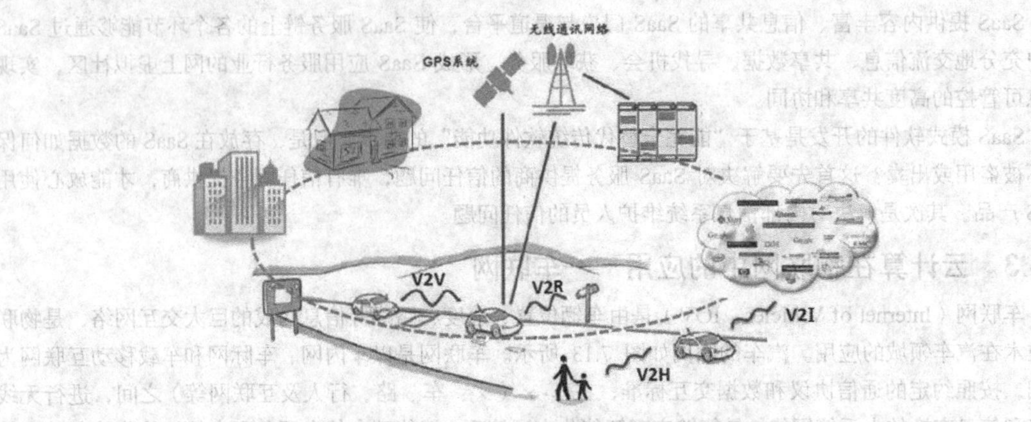

图 7.14 管系统 V2V、V2R、V2H 和 V2I 的互联互通

本章小结

随着物联网的不断发展，物联网产生的数据和所需的计算迅速增长，物联网、大数据、云计算等新兴信息技术已经相互交融。

大数据涉及数据的获取、存储、管理和分析，大数据具有决策力、洞察发现力和流程优化能力。大数据的特征是体量大、类型多、速度快，具有很高的价值性和真实性。企业、个人和物体都会产生数据，而物联网将是数据产生的最大主体。物联网的数据主要来源于电力、民航、医疗、供应链等各个行业，物联网数据融合技术已应用到物联网的多个领域。

大数据技术是满足大数据处理需求的相关工具与技术的总称。大数据技术起源于 Google 技术的三件宝（GFS、MapReduce 和 BigTable）。虽然 Google 的技术并不对外开放，但 Hadoop 是 Google 技术三宝的开源实现，Hadoop 象征着 21 世纪工业革命的焦点：业务的数字化转型。大数据技术涵盖了数据存储、处理、应用等多个方面，大数据关键技术包括大数据采集、大数据预处理、大数据存储及管理、大数据分析及挖掘、大数据展示及应用。

云计算是一种基于互联网的计算模式，它把计算资源（计算能力、存储能力、交互能力）以服务的方式通过网络提供给用户。云计算划分为设施层、平台层和应用层 3 个层次，这 3 个层次是以服务的方式给出的，分别为基础设施即服务（IaaS）、平台即服务（PaaS）和软件即服务（SaaS）。车联网（IOV）是物联网技术在汽车领域的应用，从网络上看，车联网是一个“端管云”的三层体系，云平台则是实现车联网的服务核心。

思考与练习

7.1 什么是大数据？大数据的 5V 特征是什么？

7.2 数据的大小是怎么表示的？数据单位 bit、Byte、KB、MB、GB、TB、PB、EB、ZB 的中文名称分别是什么？有怎样的换算关系？

7.3 人类存储的数据总量已经达到 10ZB，而一台个人计算机的硬盘容量约为 1TB。计算：

① 人类存储的数据总量有多少字节？

② 人类存储的数据总量有多少比特？

③ 假设用个人计算机存储人类的总数据，需要多少台？

7.4 数据按照结构如何分类？RDBMS、SQL 和 NoSQL 分别是什么含义？数据产生的主体分为哪 3 层？谁将是数据产生的最大主体？

7.5 举例说明智能电网、民航业、智慧医疗和供应链的数据来源。逐一说明这些数据是否具有大数据的5V特征。用电消费的数据挖掘可以得知什么信息？什么是民航业大数据的垂直整合？举例说明大数据如何在医疗行业和供应链中应用。

7.6 Google技术“三件宝”是什么？为什么说“三件宝”是大数据的技术起源？

7.7 GFS的含义和系统架构分别是什么？MapReduce的概念和并行计算执行流程分别是什么？BigTable的概念和系统架构分别是什么？

7.8 什么是Hadoop系统？Hadoop与Google技术“三件宝”有什么关系？

7.9 大数据技术体系包括什么？任务分别是什么？有哪些数据采集和大数据工具？

7.10 数据有哪些存储介质？数据有哪几种存储模式？有哪些大数据组织存储工具？云存储由哪些部分组成？数据仓库的4个特点是什么？

7.11 云计算的定义是什么？云计算有什么特点？

7.12 云架构划分为几个层次？分别对应几层的服务？

7.13 传统基础架构的部署与云基础架构的部署有什么不同？

7.14 为什么PaaS是云计算的核心层？PaaS提供的开发环境是什么？

7.15 给出一个最早的SaaS服务。SaaS提供的应用有什么？

7.16 车联网有哪3层体系？为什么车联网是一个云架构的车辆运行信息平台？

第 8 章 物联网中间件

随着计算机技术和网络技术的迅速发展，许多应用程序需要在网络环境的异构平台上运行。在这种分布式异构环境中，存在多种硬件系统平台，如读写器、传感器、PC、工作站等。在这些硬件平台上，又存在各种各样的系统软件，如不同的操作系统、数据库、语言编译器等。如何把这些硬件和软件系统集成起来，开发出新的应用，并在网络上互通互联，是一个非常现实和困难的问题。

为解决分布异构的问题，人们提出了中间件（Middleware）的概念。中间件是介于前端硬件模块与后端应用软件之间的重要环节，是物联网应用运作的中枢。中间件是物联网大规模应用的关键技术，也是物联网产业链的高端领域。

8.1 物联网中间件概述

中间件是伴随着网络应用的发展而逐渐成长起来的技术体系。最初中间件的发展驱动力需要一个公共的标准应用开发平台，来屏蔽不同操作系统之间的环境和应用程序编程接口（API）差异，也就是所谓操作系统与应用程序之间的“中间”这一层叫中间件。但随着网络应用的不断发展，解决不同系统之间的网络通信、安全、事务的性能、传输的可靠性、语义的解析、数据和应用的整合等这些问题，变成中间件更重要的发展驱动因素。

8.1.1 中间件的概念

目前中间件并没有严格的定义。人们普遍接受的定义是，中间件是一种独立的系统软件或服务程序，分布式应用系统借助这种软件，可实现在不同的应用系统之间共享资源。人们在使用中间件时，往往是一组中间件集成在一起，构成一个平台（包括开发平台和运行平台），但在这组中间件中必须有一个通信中间件，即中间件=平台+通信。从上面这个定义来看，中间件是由“平台”和“通信”两部分构成的，这就限定了中间件只能用于分布式系统中，同时也把中间件与支撑软件和实用软件区分开来。中间件是位于平台（硬件和操作系统）和应用之间的通用服务，这些服务具有标准的程序接口和协议，如图 8.1 所示。

中间件首先要为上层的应用层服务，此外又必须连接到硬件和操作系统的层面，并且必须保持运行的工作状态。中间件应具有如下一些特点。

- 满足大量应用的需要。
- 运行于多种硬件和操作系统（OS）平台。
- 支持分布计算，提供跨网络、硬件和 OS 平台的透明性应用或服务的交互。
- 支持标准的协议。
- 支持标准的接口。

应用　　应用
接口和协议
中间件
（分布系统服务）
接口和协议
硬件　　操作系统

图 8.1 中间件的概念

由于标准接口对于可移植性的重要性，以及标准协议对于互操作性的重要性，中间件已成为许多标准化工作的主要部分。对于应用软件的开发，中间件远比操作系统和网络服务重要。中间件提供的程序接口定义了一个相对稳定的高层应用环境，不管底层的计算机硬件和系统软件怎样更新换代，只要将中间件升级更新，并保持中间件对外的接口定义不变，应用软件几乎不需任何修改，从而保护了企业在应用软件开发和维护中的重大投资。

8.1.2 物联网中间件

一些企业在实施项目改造期间，发现最耗时和耗力、复杂度和难度最高的问题，是如何保证将物体的数据正确导入企业管理系统，为此这些企业在这方面做了大量的工作。经过多方研究、论证和实验，最终找到了一个比较好的解决方法，这就是运用物联网中间件技术。

1. 物联网中间件的作用

物联网中间件作为一个软件和硬件集成的桥梁，起到一个中介的作用，它屏蔽了前端硬件的复杂性，将采集的数据发送到后端的网络，同时完成与上层复杂应用的信息交换。物联网中间件的作用如图 8.2 所示。物联网中间件的主要作用包括如下方面。

- 控制物联网感知层按照预定的方式工作，保证设备之间能够很好地配合协调，按照预定的内容采集数据。
- 按照一定的规则筛选过滤采集到的数据，筛除绝大部分冗余数据，将真正有用的数据传输给后台的信息系统。
- 在应用程序中，使用中间件提供的通用应用程序接口（Application Programming Interface，API）就能够连接到感知层的各种系统，保证与企业级分布式应用系统平台之间的可靠通信，能够为分布式环境下异构的应用程序提供可靠的数据通信服务。

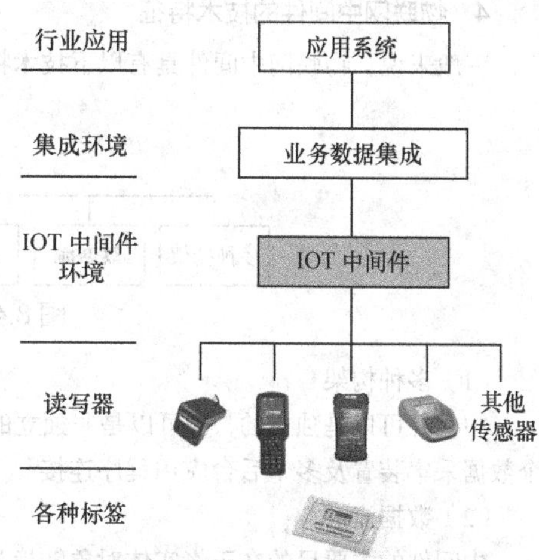

图 8.2 物联网中间件的作用

2. 物联网中间件的应用领域与研究方向

物联网中间件可以在众多领域应用，既涉及多个行业，也涉及多个不同的研究方向。物联网中间件可以应用于物流、制造、环境、交通、防伪等领域，研究方向包括应用服务器、应用集成架构与技术、门户技术、工作流技术、企业级应用基础软件平台体系结构、移动中间件技术等。物联网中间件的应用领域与研究方向如图 8.3 所示。

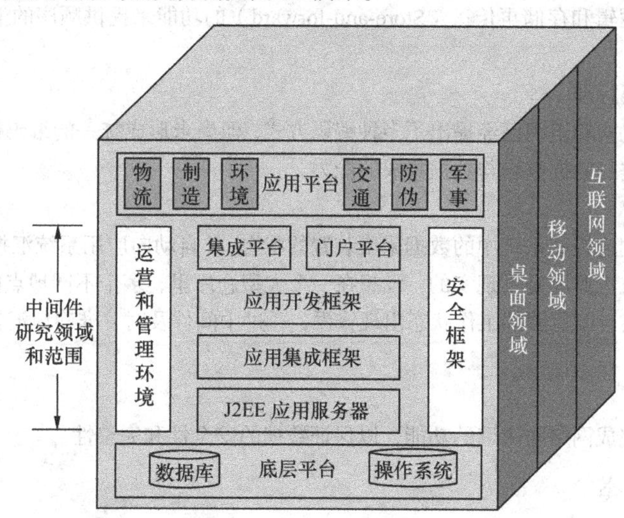

图 8.3 物联网中间件的应用领域与研究方向

3. 物联网中间件的工作特点

使用物联网中间件时，即使存储物品信息的数据库软件或后端应用程序增加，或由其他软件取代，或采集数据的硬件种类增加，应用端不需要修改也能处理，简化了维护工作。

- 实施物联网项目的企业不需要进行程序代码的开发，便可完成采集数据的导入工作，可极大缩短物联网项目实施的周期。
- 当企业数据库或企业的应用系统发生改变时，只需要更改物联网中间件的相关设置，即可实现将数据导入新的信息管理系统。
- 物联网中间件可以为企业提供灵活多变的配置操作，企业可以根据实际业务需求和信息管理系统的实际情况，自行设定相关的物联网中间件参数。
- 当物联网项目的规模扩大时，只需将物联网中间件进行相应设置，便可完成数据的导入，不必再做程序代码的开发。

4. 物联网中间件的技术特征

一般来说，物联网中间件具有以下技术特征，如图 8.4 所示。

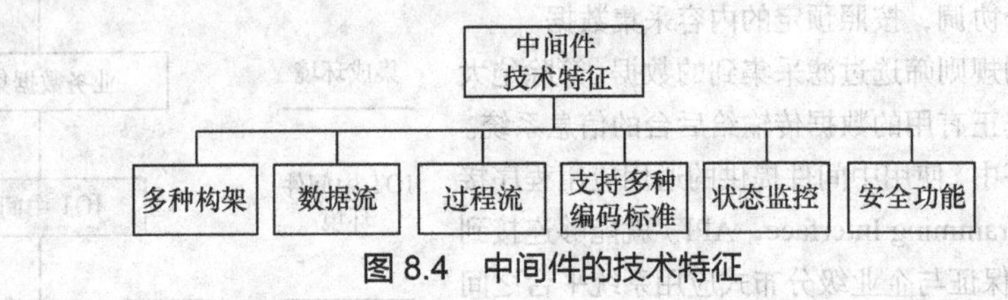

图 8.4 中间件的技术特征

（1）多种构架

中间件可以是独立的，也可以是非独立的。独立中间件介于数据采集与后台应用程序之间，能够与多个数据采集装置及多个后台应用程序连接。

（2）数据流

中间件的主要目的在于将实体对象转换为信息环境下的虚拟对象，因此数据处理是中间件最重要的特征。中间件具有数据收集、过滤、整合、传递等特性，除去重复数据，过滤垃圾数据，以便将正确的信息传递到企业后端的应用系统。

（3）过程流

中间件采用程序逻辑和存储再传送（Store-and-forward）的功能来提供顺序的消息流，具有数据流设计与管理的能力。

（4）支持多种编码标准

目前国际上有关机构和组织已经提出了多种编码方式，但尚未形成统一的编码标准。中间件应支持各种编码标准，并具有进行数据整合与数据集成的能力。

（5）状态监测

中间件还可以监测连接到系统中的数据采集装置的状态，并自动向应用系统汇报。该项功能十分重要，数据采集装置仅通过人工监测是不现实的。设想在一个大型仓库里，多个不同地点的 RFID 读写器自动采集系统的信息，如果某台读写器的工作状态出现错误，通过中间件及时、准确地汇报，就能够快速确定出错读写器的位置。

（6）安全功能

通过安全模块可完成网络防火墙的功能，以保证数据的安全性和完整性。

8.1.3 中间件分类

中间件产品的范围十分广泛，目前已经涌现出多种各具特色的中间件产品。中间件分类主要有两种方法：一种是按照中间件的技术和作用分类，另一种是按照中间件的独立性分类。下面对这两种分类方法分别加以说明。

1. 按照中间件的技术和作用分类

根据采用的技术和在系统中所起的作用，中间件可以大致分为图 8.5 所示的几种类型。

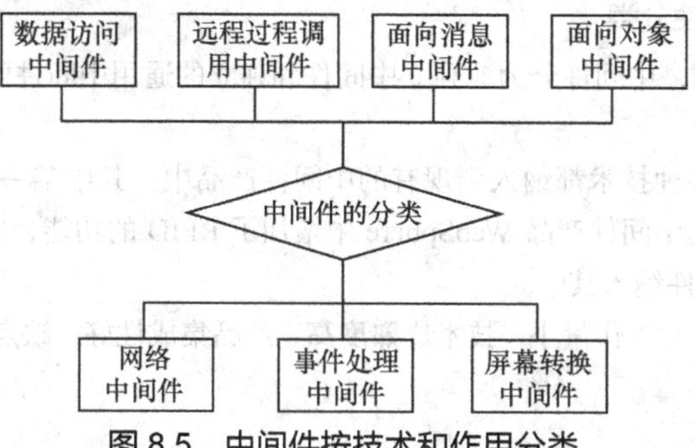

图 8.5 中间件按技术和作用分类

（1）数据访问中间件

数据访问中间件（Data Access Middleware）是在系统中建立数据应用资源的互操作模式，实现异构环境下的数据库连接或文件系统连接，从而为网络中的虚拟缓冲存取、格式转换、解压等操作带来方便。数据访问中间件是应用最广泛、技术最成熟的一种。在这种方式中，数据库是信息存储的核心单元，中间件主要完成通信的功能。

（2）远程过程调用中间件

远程过程调用（Remote Procedure Call，RPC）是一种广泛使用的分布式应用程序处理方法，一个应用程序使用 RPC 来“远程”执行一个位于不同地址空间里的过程，并且从效果上看，和执行本地调用相同。RPC 中间件在客户机/服务器（Client/Server）应用方面，在技术上比数据访问中间件又迈进了一步。

（3）面向消息中间件

面向消息中间件（Message Oriented Middleware，MOM）指的是利用高效可靠的消息传递机制，进行与平台无关的数据交流，并基于数据通信进行分布式系统的集成。通过消息传递和消息排队模型，中间件可在分布式环境下扩展进程间的通信，并支持多种通信协议、语言、应用程序、硬件和软件平台。MOM 的消息传递和排队技术有以下特点。

- 通信程序可在不同的时间运行。程序不在网络上直接相互通话，能在不同的平台之间通信，能够在客户和服务器之间提供同步和异步的连接。
- 对应用程序的结构没有约束。
- 程序与网络复杂性相隔离。在程序将消息放入消息队列或者从消息队列中取出消息时，程序不直接与其他程序对话，所以不涉及网络的复杂性。
- 占用资源小。不会占用大量的网络带宽。通过跟踪事务，将事务存储到磁盘上，以实现当网络出现故障时系统的恢复。

（4）面向对象中间件

面向对象中间件（Object Oriented Middleware）是对象技术和分布式计算发展的产物，它提供一种通信机制，透明地在异构的发布式计算环境中传递对象请求，而这些对象既可以位于本地，也可以是远程机器。

（5）事件处理中间件

事件处理中间件在分布、异构的环境下提供交易完整性和数据完整性的环境平台，是针对复杂环境下分布式应用的速度和可靠性要求而产生的一种中间件。事件处理中间件提供事件处理的 API，程序员使用这个程序接口就可以编写高速、可靠的分布式应用程序。

（6）网络中间件

网络中间件包括网管、接入、网络测试、虚拟社区、虚拟缓冲等，网络中间件是当前中间件研究的热点之一。

（7）屏幕转换中间件

屏幕转换中间件是在客户机图形用户接口与已有的字符接口之间实现应用程序的互操作的中间件。

2. 按照中间件的独立性分类

以独立性作为分类标准，中间件分为非独立中间件和独立的通用中间件两大类。

（1）非独立中间件

非独立中间件可以将各种技术都纳入到现有的中间件产品中，其中某一种技术只是中间件可选的子项。例如，IBM公司在它的中间件产品WebSphere中增加了RFID的功能，并在2010年将我国远望谷公司的RFID中间件适配层软件纳入其中。

这种中间件的优点是开发工作量小、技术成熟度高、产品集成性好，缺点是中间件变得庞大，不便于低成本、轻量级应用。

（2）独立的通用中间件

独立的通用中间件具有独立性，不依赖于其他软件系统。这种中间件的各个模块都是由组件构成的，根据不同的需要可以进行软件的组合，能够满足各种行业应用的需要。这种中间件产品的优点是量级较轻，灵活性高，价格较低，便于中小企业低成本快速集成。缺点是开发工作量大，技术仍处于走向成熟的阶段。

8.2 物联网中间件的发展历程

在全球范围内，物联网中间件正在成为软件行业新的技术和经济增长点。目前国外厂商早已涉足中间件领域，国内研究中间件的公司也日渐增多。中间件从最初只是面向单个读写器或在特定应用中驱动交互的程序，到如今已经发展为全球信息网络的基础之一。

8.2.1 中间件的发展阶段

1. 中间件从传统模式向网络服务模式发展

传统中间件在支持相对封闭、静态、稳定、易控的企业网络环境中的企业计算和信息资源共享方面，取得了巨大的成功。但在以开放、动态、多变的互联网（Internet）为代表的网络技术冲击下，传统中间件显露出了固有的局限性。传统中间件的功能较为专一，产品和技术之间存在着较大的异构性，针对互联网集成和协同的工作能力不足，僵化的基础设施缺乏随需应变的能力，因此在互联网计算带来的巨大挑战面前显得力不从心。

中间件的发展方向将聚焦于消除信息孤岛，支撑开放、动态、多变的互联网环境下的复杂应用，实现对分布于互联网之上的各种自治信息资源（计算资源、数据资源、服务资源、软件资源）的简单、标准、快速、灵活、可信、高效能及低成本的集成、协同和综合利用，促进IT与业务之间的匹配。一方面，服务架构（SOA）、网络技术与中间件技术融合，突破了应用程序之间沟通的障碍；另一方面，为解决大规模应用对企业机密、个人隐私等关键信息的保护，更可靠和更高效的安全技术成为中间件发展的另一个重点。

2. 物联网中间件的发展阶段

（1）应用程序中间件

本阶段是中间件发展的初始阶段。在本阶段，中间件多以整合、串接数据采集装置为目的。在技术使用初期，企业需要花费许多成本去处理后端系统与数据采集装置的连接问题，中间件根据企业的需要帮助企业将后端系统与数据采集装置串接起来。

（2）构架中间件

本阶段是中间件的成长阶段。物联网促进了国际各大厂商对中间件的研发，中间件不但具备了数据收集、过滤、处理等基本功能，同时也满足了企业多点对多点的连接需求，并具备了平台的管理与维护功能。

（3）解决方案中间件

本阶段是中间件发展成熟的阶段。本阶段针对不同领域的应用，提出了各种中间件的解决方案，企业只需要通过中间件，就可以将原有的应用系统快速地与物体信息相连接，实现了对物体的可视化管理。

8.2.2 中间件在国内外的发展现状

IBM、Oracle、Microsoft、Sun 等企业都开发了物联网中间件，这些中间件经过测试，处理能力已经得到企业的认可。国内厂商也给予中间件越来越多的关注，并进行了技术研究。

（1）IBM 公司的中间件

IBM 公司在中间件领域处于全球公认的领先地位，IBM 公司的中间件几乎可以应用在所有的企业平台。例如，IBM 公司推出了以 WebSphere 中间件为基础的 RFID 解决方案。WebSphere 中间件通过与 EPC 平台集成，可以支持全球各大著名厂商生产的读写器和传感器。IBM 公司的 WebSphere 如图 8.6 所示。

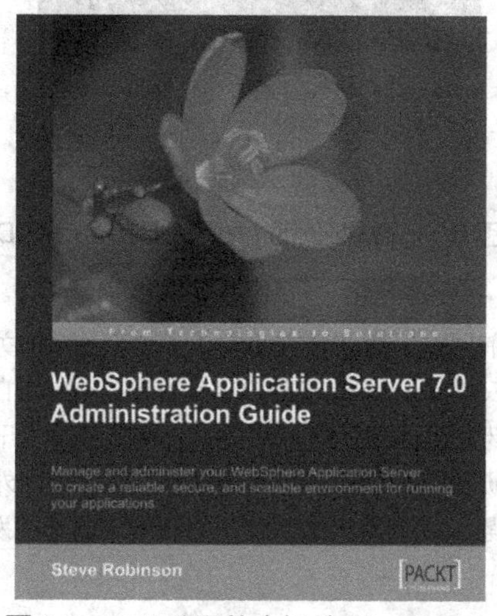

图 8.6 IBM 公司的中间件 WebSphere

（2）Oracle 公司的中间件

Oracle（甲骨文）公司在中间件领域一直努力追赶 IBM 的领先地位，不断缩小与之的差距。Oracle 公司先后推出了融合中间件 11g 和集成式中间件机“Exalogic Elastic Cloud”。

Oracle 公司的 Exalogic Elastic Cloud 是一种硬件和软件集成式系统，是为运行 Java 和非 Java 应用而设计的，具有极高的性能。该系统提供全面的云应用基础设施，合并了类型最为丰富的 Java 和非 Java 应用，并能满足服务级别的要求，为企业级多重租用或云应用奠定了基础。该系统能以不同的安全性、可靠性和性能支持上千个应用，从而成为在整个企业范围内进行数据中心合并的理想平台。

（3）Sun 公司的中间件

Sun 公司为 RFID 提供了多种中间件平台。Sun 公司推出了 Sun Java System RFID 标签与供货解决方案（Tag and Ship Solution），以及 Sun RFID 参考架构。Sun 还发布了 RFID 行业解决方案架构（ISA），以满足制造、医药、零售等行业的特殊需求。Sun 与 SeeBeyond 公司联手推出了一个专门用于零售行业的 RFID ISA 合作计划，为零售商提供全方位满足特殊需求的综合性 RFID 解决方案。Sun 还发布了其最新的针对制造业的 Sun RFID ISA for Manufacturing 行业解决方案架构。

（4）微软公司的中间件

BizTalk RFID 是微软公司为 RFID 提供的一个功能强大的中间件平台。作为微软的一个“平台级”软件，BizTalk RFID 提供了基于 XML 标准和 Web Services 标准的开放式接口，微软的软硬件合作伙伴在该平台上可以进行开发、应用和集成。BizTalk RFID 含有 RFID 的标准接入协议及管理工具，其中的 DSPI

（设备提供程序应用接口）是微软和全球四十家 RFID 硬件合作伙伴制定的标准接口，所有支持 DSPI 的设备（RFID、条码、IC 卡等）都可以在 Microsoft Windows 上即插即用。BizTalk RFID 如图 8.7 所示。

图 8.7 微软公司的中间件 BizTalk RFID

（5）国内公司研发的中间件

由于中间件越来越重要，目前国内厂商在这方面给予了越来越多的关注，取得了一定的成果。清华同方研发了 ezRFID 中间件、ezONEezFramework 基础应用套件等；中科院自动化所推出了 RFID 公共服务体系基础架构软件和血液、食品、药品可追溯管理中间件；上海交通大学开发了面向商业物流的数据管理与集成中间件平台；深圳立格公司研发了 LYNKO-ALE 中间件。尽管与国外同行存在着差距，但国内厂商在中间件领域的积极尝试和不断积累，将有助于推动我国物联网中间件的发展。

8.3 中间件结构

中间件是具有一系列特定属性的“程序模块”或“服务”，并被用户集成以满足某些特定的需求。这些模块设计的初衷是能够满足不同群体对模块功能的扩展要求，而不是满足所有应用的简单集成。中间件是连接读写设备和企业应用程序的纽带，它提供一系列的计算功能，在将数据送往企业应用程序之前，它要对标签数据进行过滤、汇总和计数，以压缩数据的容量。为了减少网络流量，中间件只向上层转发它感兴趣的某些事件或事件摘要。

中间件通过屏蔽各种复杂的技术细节，使技术问题简单化。具体地说，中间件屏蔽了底层操作系统的复杂性，使程序开发人员面对简单而统一的开发环境，减少了程序设计的复杂性，设计者不必再为程序在不同系统软件上的移植而重复工作，可以将注意力集中在自己的业务上，从而大大减少了技术人员的负担。

8.3.1 中间件的系统框架

中间件采用分布式架构，利用高效可靠的消息传递机制进行数据交流，并基于数据通信进行分布式系统的集成，支持多种通信协议、语言、应用程序、硬件和软件平台。中间件作为新层次的基础软件，其重要作用是将在不同时期、不同操作系统上开发的应用软件集成起来，彼此像一个整体一样协调工作，这是操作系统和数据管理系统本身做不到的。

中间件包括读写接口（Reader Interface）、处理模块（Processing Module）、应用接口（Application Interface）3 个部分。读写接口负责和前端相关硬件的连接；处理模块主要负责读写监控、数据过滤、数据格式转换、设备注册等；应用接口负责与后端其他应用软件的连接。中间件的结构框架如图 8.8 所示。

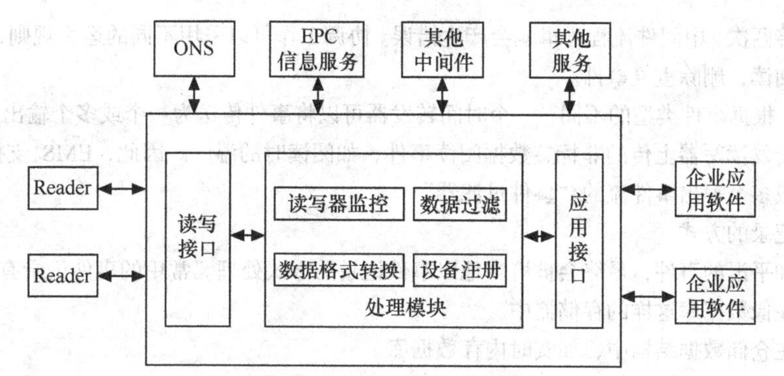

图 8.8　中间件的结构框架

1. 读写接口的功能

市场上有多种不同的读写装置。要使开发人员了解所有的读写接口是不现实的，所以应该使用中间件来屏蔽具体的读写接口。读写装置适配层是将专有的读写接口封装成通用的抽象逻辑接口，然后提供给应用开发人员。读写接口的功能如下。

- 提供读写硬件与中间件连接的接口。
- 负责读写硬件、适配器与后端软件之间的通信接口，并能支持多种读写和适配器。
- 能够接收远程命令，控制读写和适配器。

2. 处理模块的功能

处理模块汇聚不同数据源的读取数据，并且基于预先配置的“应用层事件过滤器”进行调整和过滤，然后将经过过滤的数据送到后端系统。处理模块的功能如下。

- 在系统管辖下能够观察所有读写设备的工作状态。
- 提供处理模块向系统注册的机制。
- 提供编码的转换功能。
- 提供管理读写设备的功能，如新增、删除、停用、群组等功能。
- 提供过滤不同读写设备接收内容的功能，并进行数据的处理。

3. 应用接口的功能

应用接口处于中间件的顶层，其主要目的是提供一个标准机制来注册和接收经过过滤的事件。应用接口还提供标准的 API 来配置、监控和管理中间件，并控制和管理读写器、传感器等。

8.3.2　中间件的处理模块

中间件处理模块的主要作用是负责数据接收、数据处理和数据转换，同时还具有对读写设备的工作状态进行监控、注册、删除、群组等功能。中间件处理模块是中间件的核心模块，由事件过滤系统、实时内存事件数据库和任务管理系统 3 部分组成。

1. 事件过滤系统

事件过滤系统（Event Management System，EMS）可以与读写设备应用程序进行通信，过滤读写设备发送的事件流，为用户提供集成其他应用程序的平台。EMS 支持多种读写协议，可以采集、缓冲、平滑和组织读写硬件获得的各种信息，每秒可以上传数百个事件，每个事件都能被恰当地缓冲和记录。

（1）事件过滤的方式

- 平滑。有时读写器会读错或丢失标签。如果标签数据被读错，则称为积极阅读错误；如果覆盖区内的标签数据被漏读，则称为消极阅读错误。平滑算法就是要清除那些被怀疑有积极或消极错误的阅读。
- 协调。当多个读写器相互之间离得很近时，它们会读到相同的标签数据，如果一个标签数据被不同的读写器上传两次，中间件流程逻辑就会产生错误。协调工作可以采用不同的运算规则，清除“不属于”那个读写器的阅读，删除重复事件。

● 转发。根据事件类型的不同，一个时间转发器可以将事件传送为一个或多个输出。例如，时间转发器可选择只转发读写器上传的非标签数据阅读事件，如阅读时的温度。因此，EMS 支持具有一个输入事件流，一个或多个输出事件流的“事件过滤器”。

（2）事件记录的方式

经过采集和平滑的事件，最终会被恰当地以事件记录的方式处理。常用的事件记录有以下 4 种方式。

● 保存在像数据库这样的存储器中。
● 保存在仓储数据结构中，如实时内存数据库。
● 通过 HTTP、JMS 或 SOAP 传输到远程服务器。
● EMS 支持多种“事件记录器”。

（3）事件过滤的作用

● EMS 是具有采集、过滤和记录功能的“程序模块”，工作在独立的线程中，相互不妨碍。RFID EMS 能在不同的线程中启动处理单元，而且能够在单元间缓冲事件流。
● EMS 能够实例化和连接上面提到的事件处理单元。
● EMS 允许远方机器在动态事件流中登录和注销。

（4）事件过滤的功能

● 允许不同种类的读写器写入适配器。
● 读写器以标准格式采集数据。
● 允许设置过滤器，清除冗余的数据，上传有效的数据。
● 允许写各种记录文件，如记录数据库日志，记录数据广播到远程服务器事件中的 HTTP、JMS、SOAP 网络日志。
● 对记录器、过滤器和适配器进行事件缓冲，使它们在不相互妨碍的情况下运行。

2．实时内存事件数据库

实时内存事件数据库（Real-time In-memory Event Database，RIED）是一个用来保存边缘中间件的内存数据库。边缘中间件保存和组织读写器发送的事件，事件管理系统通过过滤和记录事件的框架，可以将事件保存在数据库中。但是数据库不能在一秒内处理几百次以上的交易，RIED 提供了与数据库一样的接口，但其性能要好得多。应用程序可以通过 JDBC 或本地 Java 接口访问 RIED，RIED 支持常用的结构化查询语言（SQL）操作。

RIED 是一个高性能的内存数据库，假如读写器每秒阅读并发送 10000 个数据信息，内存数据库每秒必须能够完成 10000 个数据的处理，而且这些数据是保守估计的，内存数据库必须高效地处理读取的大量数据。

RIED 是一个多版本的数据库，即能够保存多种快照的数据库。保存监视器的过期快照是为了满足监视和备份的要求，RIED 可以为过期信息保存多个阅读快照。例如，RIED 可以保存监视器的两种过期快照，一种是一天开始的快照，另一种是每一秒开头的快照，但现有的 RIED 系统不支持对永久信息的有效管理。

3．任务管理系统

任务管理系统（Task Management System，TMS）负责管理由上级中间件或企业应用程序发送到本级中间件的任务。一般情况下，任务可以等价为多任务系统中的进程，TMS 管理任务类似于操作系统的管理进程。

（1）任务管理系统的特点

TMS 具有许多一般线程管理器和操作系统不具有的特点，TMS 的特点如下。

● 提供任务进度表的外部接口。

● 具有独立的（Java）虚拟机平台。

● 用来维护永久任务信息的健壮性进度表，具有在中间件碎片或任务碎片中重启任务的能力。TMS使分布式中间件的维护变得简单，企业可以仅通过在一组类服务中保存最新的任务和在中间件中恰当地安排任务进度来维护中间件。然而，硬件和核心软件，如操作系统和Java虚拟机，必须定期升级。

（2）任务管理系统的功能

传输到TMS的任务可以获得中间件的所有便利条件，TMS可以完成企业的多种操作。TMS的功能如下。

● 数据交互，即向其他中间件发送产品信息或从其他中间件中获取产品信息。
● PML查询，即查询ONS/PML服务器来获得产品实例的静态或动态信息。
● 删除任务进度，即确定和删除其他中间件上的任务。
● 值班报警，即当某些事件发生时警告值班人员，如向货架补货、产品到期。
● 远程数据上传，即向远处供应链管理服务器发送产品信息。

（3）任务管理系统的性能

● 从TMS的各种需求可以看到，TMS应该是一个有较小存储注脚，建立在开放、独立平台标准上的健壮性系统。

● TMS是具有较小存储处理能力的系统平台。不同的中间件选择不同的工作平台，一些工作平台，尤其是那些需要大量中间件的工作平台，可以是进行低级存储和处理的低价的嵌入式系统。

● 对网络上的所有中间件进行定期升级是一项艰巨的任务，如果中间件基于简单维护的原则对代码解析自动升级则是比较理想的，所以要求TMS能够对执行的任务进行自动升级。中间件需要为任务时序提供外部接口，为了满足公开和协同工作的系统要求，为了将TMS设计从任务设计中分离出来，需要用简单、定义完美的软件开发工具包（SDK）来描述任务。

8.4 中间件标准和中间件产品

8.4.1 中间件标准

中间件标准的制定有利于中间件技术的统一，有利于行业的规范发展，并有利于中间件产品的市场化。中间件的3个主要标准如图8.9所示。

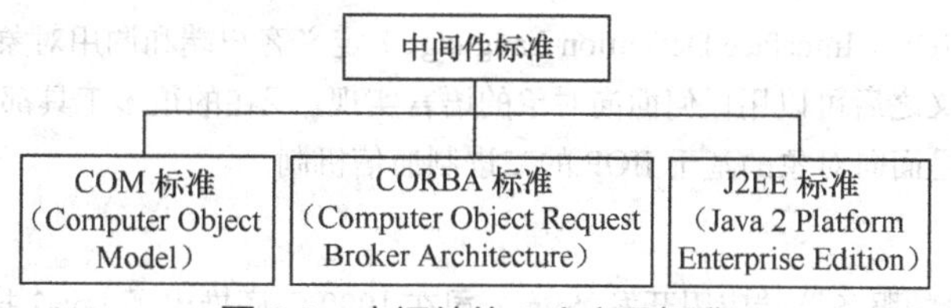

图8.9 中间件的3个主要标准

1. COM标准

COM（Computer Object Model）标准最初作为Microsoft桌面系统的构件技术，主要为本地的对象连接与嵌入（OLE）应用服务。但随着Microsoft服务器操作系统NT和DOCK的发布，COM标准通过底层的远程支持，使构件技术延伸到了应用领域。

（1）COM标准的发展历程

Microsoft对COM标准的发展包括DCOM、MTS（Microsoft Transaction Server）以及COM+。COM标准把组件的概念融入Windows中，它只能使本机内的组件进行交互。DCOM则为分布在网络不同结点上的组件提供了交互能力。MTS针对企业Web的特点，在COM/DCOM的基础上添加了诸如事件特性、安全模型等服务。COM+把COM组件的应用提升到了应用层，它通过操作系统的各种支持使组件对象模型建立在应用层上，把所有组件的底层细节如目录服务、事件处理、连接池及负载平衡等留给操作系统。尽管有些厂商正在为 UNIX 平台使用 COM+而奋斗，但 COM+基本上仍是 Windows 家族平台的解决方案。

（2）COM 标准的特性

COM 标准是 Microsoft 提出的一种组件规范，多个组件对象可以连接起来形成应用程序，并且在应用程序运行时，可以在不重新连接或编译的情况下被卸下或换掉。

COM 是很多语言都可以实现的，它以 COM 库（OLE32.D11 和 OLEAut.d11）的形式提供了访问 COM 对象核心功能的标准接口及一组 API 函数，这些 API 函数具有实现创建和管理 COM 对象的功能。

2. CORBA 标准

CORBA（Common Object Request Broker Architecture）分布计算技术是公共对象请求代理体系规范，该规范是 OMG（Object Management Group）组织以众多开发系统平台厂商提交的分布对象互操作内容为基础构建的。CORBA 分布计算技术是绝大多数分布计算平台厂商支持和遵循的系统规范技术，具有模型完整、先进，独立于系统平台和开发语言，被支持程度广泛等特点，已逐渐成为发布分布计算技术的标准。

（1）CORBA 标准的构成

CORBA 标准主要分为对象请求代理、公共对象服务、公共设施 3 个层次。

- 对象请求代理（ORB）。ORB 处于底层，它规定了发布对象的定义（接口）和语言映射，实现了对象间的通信和互操作，是发布系统中的“软总线”。
- 公共对象服务。公共对象服务在 ORB 之上定义了很多公共服务，它可以提供诸如并发服务、名字服务、事务服务、安全服务等多种服务。
- 公共设施。公共设施处于最上层，它定义了组件框架，提供可直接为业务对象使用的服务，规定业务对象有效协作所需要的规则。

（2）CORBA 标准的特性

- CORBA 是编写分布式对象的统一标准。这个标准与平台、语言和销售商无关。CORBA 包含了很多技术，而且其应用范围十分广泛。CORBA 有一个被称为 IIOP（Internet Inter-ORB Protocol）的协议，它是 CORBA 的标准 Internet 协议。用户看不到 IIOP，因为它运行在分布式对象通信的后台。
- CORBA 中的客户通过 ORB（Object Request Broker）进行网络通信。这使不同的应用程序不需要知道具体通信机制也可以进行通信，通信变得非常容易。它负责找到对象，实现服务方法调用，处理参数调用，并返回结果。
- CORBA 中的 IDL（Interface Definition Language）定义客户端和调用对象之间的接口。这是一个与语言无关的接口，定义之后可以用任何面向对象的语言实现。现在的很多工具都可以实现从 IDL 到不同语言的映射，CORBA 是面向对象的基于 IIOP 的二进制通信机制。

3. J2EE 标准

为了推动基于 Java 的服务器端应用开发，Sun 公司在 1999 年底推出了 Java2 技术及相关的 J2EE（Java 2 Platform Enterprise Edition）规范，其中 J2EE 是提供与平台无关的、可移植的、支持并发访问和安全的、完全基于 Java 的服务器端中间件的标准。

在 J2EE 中，Sun 公司给出了完整的基于 Java 语言开发的面向企业的应用规范。Java 应用程序具有“Write once，run anywhere”的特性，使得 J2EE 技术在分布式计算领域得到了快速发展。

J2EE 简化了基于构件服务器端应用的复杂性。J2EE 是由众多厂家参与制定的，它不为 Sun 公司所独有，而且它支持平台的开发。目前许多大的分布计算平台厂商都公开支持与 J2EE 兼容的技术。

8.4.2 中间件产品

目前技术比较成熟的中间件主要是国外产品，IBM、Microsoft、BEA 等公司都提供中间件产品。国内的深圳立格公司和清华同方公司是较早涉足这一领域的企业，拥有具有自主知识产权的中间件产品。

1. IBM公司的中间件

（1）IBM公司中间件的体系架构

IBM 公司中间件的体系架构主要包括边缘控制器和前端服务器两部分。IBM 公司中间件的体系架构如图 8.10 所示。

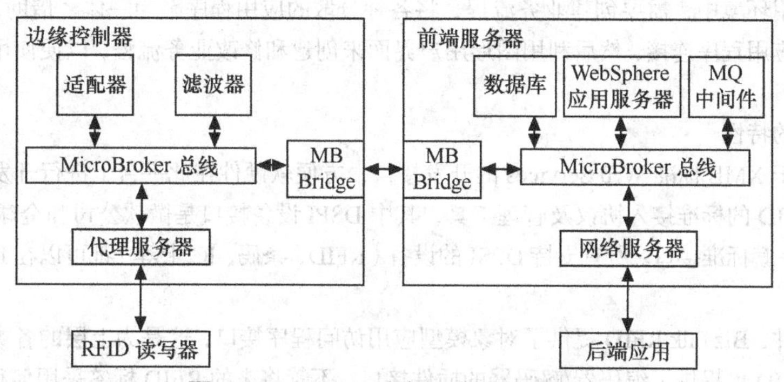

图 8.10 IBM 公司中间件的体系架构

- 边缘控制器。边缘控制器主要负责与硬件设备之间的通信，对读写器所提供的数据进行过滤、整合，并提供给前端服务器，前端服务器成为了所有设备信息的汇合中心。边缘控制器主要由适配器、滤波器、代理服务器等组成。
- 前端服务器。前端服务器基于 J2EE 标准环境，主要由 WebSphere 应用服务器、MQ 中间件、数据库、网络服务器等部分组成。边缘控制器与前端服务器之间采用发布主题/订阅主题的方式通信。

（2）IBM 中间件的工作流程

以 RFID 为例，读写器获得标签数据后，通过代理服务器将其发布到 MicroBroker 总线；适配器和滤波器订阅了标签数据这一主题，就从 MicroBroker 总线上得到数据。适配器主要适配各种读写器数据，因为读写器厂家众多，它支持的协议也不尽相同。滤波器负责定制过滤规则，并负责对数据进行过滤，然后将处理后的数据发布到 MicroBroker 总线上。MicroBroker 总线上的数据由 MB Bridge 模块发送到前端服务器。

前端服务器订阅了处理后的标签数据，然后将其提供给 WebSphere 应用服务器。IBM WebSphere 应用服务器将事件、企业的商业模型以及应用程序进行映射，提取应用程序关心的事件和数据。WebSphere 应用服务器通过对数据进一步过滤、整理，将处理过的数据发送给网络服务器模块，最后数据通过 MQ 以 XML 的格式传送到后端应用系统为用户所用。

由于 WebSphere 应用服务器运行在标准的 J2EE 环境下，因此基于 J2EE 的应用程序均可以在 IBM 公司的中间件中运行。该产品可动态配置网络拓扑结构，管理工具可以动态配置网络中的读写器。

（3）IBM 与远望谷公司合作开发的中间件

IBM 公司的 WebSphere 中间件可以提供 RFID 的解决方案。WebSphere 中间件通过与 EPC 平台集成，可以应用在几乎所有的企业平台，可以支持全球各大著名厂商各种型号的读写器。WebSphere 是基于开放标准的解决方案，可以提供简易、灵活的业务流程，能够增强场景的创建、使用和管理功能，可以提供面向服务架构（SOA）的功能。WebSphere 可以加速整合动态代理配置，支持基于拓扑模型的开发，提供强大的动态业务交互。

为使 RFID 硬件和应用系统之间的互动更为顺畅，我国远望谷公司与 IBM 公司共同开发了 RFID 中间件适配层软件。通过这次合作，远望谷公司的读写器将会添加到 IBM 公司中间件的支持列表中，这意味着所有使用 IBM“企业级”软件平台的用户，通过 IBM 公司的中间件，可以直接使用远望谷公司的 RFID 产品。

2. 微软公司的中间件

Biz 为 business 的简称，talk 为对话之意，微软公司的中间件 BizTalk RFID 意为“能作为各企业级商务应用程序间的消息交流之用”。BizTalk RFID 为 RFID 应用提供了一个中间件的平台，可以连接贸易合作伙伴和集成企业系统，可以实现公司业务流程管理的高度自动化，并可以在整个工作流程的适当阶段灵活地结合人性化的色彩。此外，各公司还能够利用 BizTalk RFID 规则引擎实施灵活的业务规则，并使信息工作者可以看到这些规则。

在当今的应用环境中，需要创建业务流程，将各种分散的应用程序融为一体。借助于 BizTalk RFID，可以实现不同的应用程序连接，然后利用图形用户界面来创建和修改业务流程，以便使用这些应用程序提供的服务。

（1）中间件的特性

- 提供基于 XML 标准 Web Services 的开发接口，方便软硬件在此平台上进行开发、应用和集成。
- 含有 RFID 的标准接入协议及管理工具，其中 DSPI 设备接口是微软公司和全球 40 家 RFID 硬件合作伙伴定制的一套标准接口。所有支持 DPSI 的设备（RFID、条码、IC 卡等）都可以在 Microsoft Windows 上即插即用。
- 对于软件，BizTalk RFID 提供了对象模型应用访问程序接口，这是为上层的各类软件解决方案服务的。BizTalk RFID 也提供了编码器/解码器的插件接口，不管将来的 RFID 标签采用何种编码标准，都可以非常方便地接入到解决方案中。

（2）中间件的功能

与基于 COM 的早期版本不同，BizTalk RFID 是在 Microsoft NET Framework 和 Microsoft Visual Studio.NET 的基础上构建的。它本身可以利用 Web Services 进行通信，而且能够导入和导出以业务处理执行语言（BPEL）描述的业务流程。BizTalk RFID 引擎还在早期版本的基础上提供了扩展功能和新服务功能。BizTalk RFID 的主要功能如图 8.11 所示。

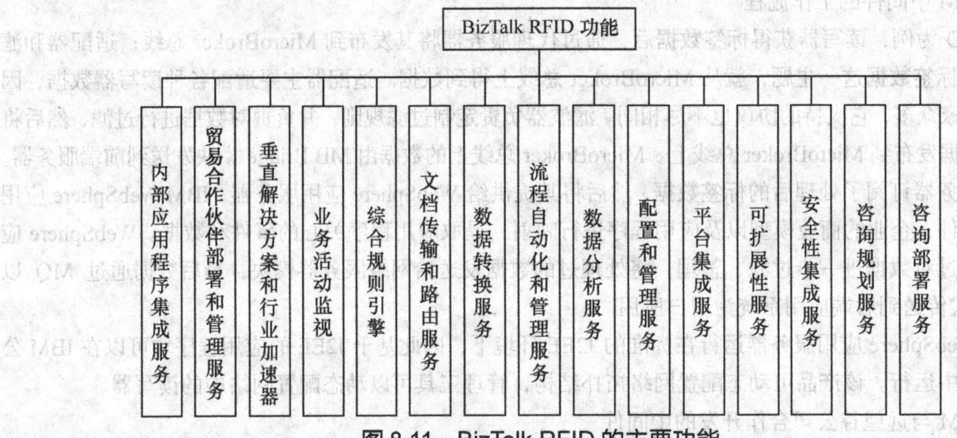

图 8.11　BizTalk RFID 的主要功能

- 内部应用程序集成服务。这些服务支持成套应用程序、自定义应用程序与业务流程的集成。
- 贸易合作伙伴部署和管理服务。利用这些服务，可以创建贸易合作伙伴关系，并通过向导使这些关系的测试和部署实现自动化。
- 垂直解决方案和行业加速器。这些附加组件可支持 HIPAA（医疗电子商务标准）、HL7（医学文字传输标准）、Rosetta Net（企业流程标准）和 SWIFT（银行使用的标准）。
- 业务活动监视。面向信息工作者的强大工具，可实时监视事件和流程。
- 综合规则引擎。复杂业务规则，其核心功能可以用来定义、管理和部署跨越整个组织的一个或多个业务流程。
- 文档传输和路由服务。这些服务支持有关文档路由位置的评估，可执行文档发送的基础传输服务。
- 数据转换服务。利用这些服务，能够在不同业务应用程序和贸易社区使用的差别非常大的各种数据格式之间转换，例如 XML、EDI（电子数据交换标准）、RosettaNet 等。

● 流程自动化和管理服务。通过这些服务，可将应用程序和数据源集成到组织内部和各组织之间的精简业务流程中。

● 数据分析服务。图形工具与自动数据挖掘实用程序相结合，这些服务可访问并分析操作数据，以便发现数据模式和发展趋势。

● 配置和管理服务。这些服务可提供集成解决方案的监视和管理。

● 平台集成服务。这些核心平台服务支持异类企业基础设施的目录、数据、安全性和操作系统互操作性方案。

● 可扩展性服务。利用这些服务，可以在性能和范围上扩展集成解决方案，满足大型企业的容量要求。

● 安全性集成服务。通过这些服务，可以跨越异类企业来无缝地配置安全数据。

● 咨询规划服务。可提供时间和成本都固定的知识传授计划，制订工作设计和项目规划，并完成中间件的试验室安装。

● 咨询部署服务。提供结构性指导及相关服务，重点强调基于客户要求的配置规划和测试，并在模拟环境中部署 Microsoft EI 解决方案必需的步骤。

3. BEA 公司的中间件

BEA 公司的中间件 BEA WEBLOGIC RFID 是一个端到端的 RFID 基础构架平台，能自动运行具有 RFID 功能的中间件。通过 RFID 基础构架技术与面向服务构架（SOA）驱动的平台相结合，企业可以利用网络边缘和数据中心资产，并能在所有层次上获得扩展功能。BEA 公司的中间件包括 BEA WEBLOGIC RFID Edge Server、BEA WEBLOGIC RFID Compliance Express、BEA WEBLOGIC RFID Enterprise Server 三部分，如图 8.12 所示。

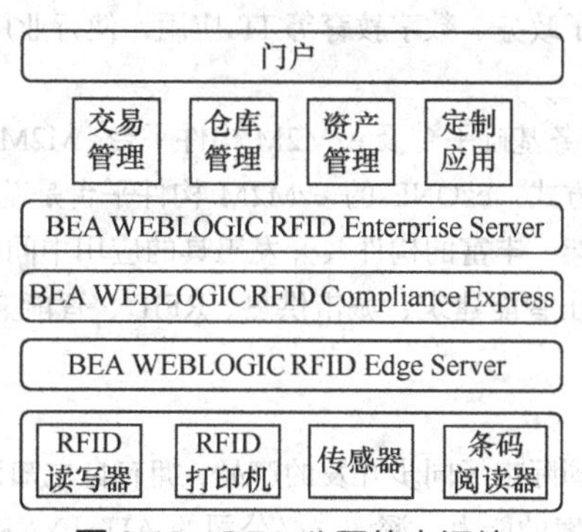

图 8.12 BEA 公司的中间件

（1）BEA WEBLOGIC RFID Edge Server

BEA WEBLOGIC RFID Edge Server 解决了 RFID 的关键问题，它提供广泛的设备支持、数据筛选和汇总、基础构架管理功能，以及数据和现有平台的无缝集成。它支持大量的设备，包括流行的读写器、打印机、条码识读设备、可编程逻辑控制器（PLC）等设备。它既可以运行在独立的计算机上，也可以嵌入其他设备，包括路由器和读写器。它符合 EPC global 应用级别事件（ALE）标准，提供易于使用的标签写入和其他类别设备的扩展，并支持 ISO 和 EPC global 标签标准（包括 Gen2）。

BEA WEBLOGIC RFID Edge Server 能够在企业的外缘执行关键性的任务，连接多个读写器，同时处理它们生成的实时数据。EPC global 应用级的事件标准规定了一个接口，客户可以从此接口获得来自各类设备的经过筛选和汇总的电子产品代码数据，该标准还为报告汇总和筛选 EPC 数据提供了标准化的格式。该应用程序编程接口支持大量的流行编程语言和协议，允许企业的开发者使用他们现有的开发环境，包括

Web 服务、NET 和 Java。BEA WEBLOGIC RFID Edge Server 能够集中管理整个基础架构，以确保数据与现有企业工具和应用的集成，包括仓库管理、供应链管理和企业资源计划（ERP）应用。

（2）BEA WEBLOGIC RFID Compliance Express

BEA WEBLOGIC RFID Compliance Express 是在 BEA WEBLOGIC RFID Edge Server 的基础上构建的，使企业能够满足对 RFID 标签的需要，提高内部运营的效率。利用该产品丰富的流程、快捷的集装箱及托盘识别，可以部署低成本的标签解决方案。该产品不仅可以满足目前 RFID 设备的需要，还可以提供快速扩展的平台，以便完善企业应用进程。

BEA WEBLOGIC RFID Compliance Express 采用了开放的接口和协议，简化了与企业应用程序、框架和工具的集成。当需要多个并行的打印终端时，还能方便地扩展。除支持手机操作外，BEA WEBLOGIC RFID Compliance Express 还支持运行半自动和全自动标签打印。

（3）BEA WEBLOGIC RFID Enterprise Server

BEA WEBLOGIC RFID Enterprise Server 支持集中化 EPC 事件管理、多个设备的数据集成、持久性和发布标签操作的集中化编程管理，还支持主机环境下的多任务管理。它允许使用多个发布式的 RFID 数据，其模块化机构还运行当前环境需要的功能，并集成了 RFID 解决方案和现有的 IT 基础架构。

4．清华同方和深圳立格的中间件

从国内中间件的市场可以看出，目前具有自主知识产权、独立开发的中间件产品比较少。国产中间件产品提供的功能较为简单，大都处于将数据转换成有效的业务信息的阶段，可以满足系统与企业后端应用系统的连接、数据捕获、监控、测试等基本需求。在安全性等更深层次的问题上，目前尚缺乏更多性能优秀的产品。市场期待着兼容性更好、架构更合理、流程更优化、运行更安全的国产中间件产品问世。

（1）清华同方的中间件

清华同方开发了 ezONE 业务基础软件平台。清华同方在这一业务基础软件平台的基础上开发、构建和整合数字城市、数字家园、电子政务、数字教育等 IT 应用，使行业用户能以更好的性价比、更高的效率构建 IT 应用系统。

同方软件还开发了 ezONE 业务基础平台及 ezM2M 构件平台。M2M 的含义是机器对机器（Machine to Machine），是物联网的一种实现方式。ezONE 的 ezM2M 构件平台是基于 J2EE、XML、Portlet、WFMC 等开发技术开发的，提供整合框架、丰富的构件及开发工具的应用中间件平台。在 ezONE 平台之上，融合控制技术和信息技术可以开发出智能建筑、城市供热、RFID、智能交通等多个行业类软件，能够满足多个行业信息化的需求。

（2）深圳立格的中间件

深圳立格公司的中间件是与国际市场同步开发的产品，拥有自主知识产权，该产品具备了为用户提供整体 RFID 以及 EPC 应用解决方案的能力。深圳立格公司的 AIT LYNKO-ALE 中间件是国内为数不多的 RFID 中间件产品，该产品完成了 ALE（Application Level Event）规范的基本要求，可实现 ALE 接口规范所描述的工作状态，能够接收多种类型 EPC 事件等，可处理 XML 格式，并可为第三方提供 Web Service 接口。

本章小结

为解决分布异构的问题，人们提出了中间件（Middleware）的概念。中间件是一种独立的系统软件或服务程序。分布式应用系统借助这种软件，可实现在不同的应用系统之间共享资源。中间件是由“平台”和“通信”构成的，是位于硬件、操作系统和应用之间的通用服务，这些服务具有标准的程序接口和协议。物联网中间件包括读写接口、处理模块和应用接口。作为一个软件和硬件集成的桥梁，它屏蔽了前端硬件的复杂性，将采集的数据发送到后端的网络，同时完成与上层复杂应用的信息交换，起到一个中介和运作中枢的作用。中间件经历了应用程序中间件、构架中间件、解决方案中间件的发展历程，已从传统模式向网络服务模式发展。中间件标准有 CORBA 标准、J2EE 标准、COM 标准等，国外 IBM、Oracle、Microsoft 等厂商早已涉足中间件领域，国内研究中间件的公司也日渐增多。

思考与练习

8.1 什么是中间件？中间件主要是由哪两部分构成的？中间件是哪一种通用服务？

8.2 物联网中间件是怎样产生的？物联网中间件的作用是什么？

8.3 简述物联网中间件的应用领域与研究方向。

8.4 简述物联网中间件的工作特点和技术特征。

8.5 按照技术和作用，中间件是怎样分类的？按照独立性，中间件是怎样分类的？

8.6 物联网中间件是怎样从传统模式向网络服务模式发展的？有几个发展阶段？

8.7 简述物联网中间件的国外发展现状和国内发展现状。

8.8 中间件的系统框架是由哪几个部分组成的？各自的功能是什么？

8.9 简述中间件处理模块的作用、组成部分和各自的功能。

8.10 中间件的 3 个主要标准是什么？这些标准的特性是什么？

8.11 简述 IBM 中间件的体系结构和工作流程。简述微软公司 BizTalk RFID 中间件的特性和功能。简述 BEA 公司中间件的体系结构和模块功能。

8.12 给出两个国内物联网中间件的产品种类，并说明其产品特性。

第 9 章 物联网安全机制

在物联网的建设与发展中过程，信息安全是不可或缺的重要组成部分。物联网无处不在的感知和以无线为主的感知层信息传输，一方面固然有利于提高社会效率，另一方面也会引起大众对信息安全和隐私保护问题的关注。物联网除了需要面对传统的网络安全问题之外，还面临新的安全挑战。物联网中“物”的信息量比互联网时代的信息量大得多，各种“物”的信息都需要安全保护；物联网感知设备的计算能力、通信能力、存储能力、能量提供等都受限，不能应用传统互联网的复杂安全技术；物联网与现实世界的“物”都联网，物联网安全与人们的日常生活密切相关；物联网安全与成本的矛盾十分突出。物联网的信息安全已经引起高度重视。要发展好物联网，一定要充分考虑信息保护、系统稳定、网络安全等各方面的问题，把握好发展需求与技术体系之间的平衡。在未来的物联网中，每个人、每件物品都将随时随地连接在网络上，如何确保物联网应用中信息的安全性和隐私性，将是物联网推进过程中需要突破的重大障碍之一。

本章首先介绍信息安全的基础知识；其次分析物联网的安全威胁和安全挑战，并以此为基础提出物联网安全的体系结构；然后分别从感知安全、网络安全、应用安全和安全管理几个方面介绍物联网安全技术；最后给出物联网安全的实施策略。

9.1 信息安全基础

信息作为一种资源，它的普遍性、共享性、增值性、可处理性和多效用性对人类具有特别重要的意义。信息安全的实质就是要保护信息系统或信息网络中的信息资源免受各种类型的威胁、干扰和破坏，即保证信息的安全性。

9.1.1 信息安全的概念和基本属性

1. 信息安全的概念

信息安全是指信息在产生、传输、使用和存储的过程中，对信息载体（处理载体、存储载体、传输载体）和信息的处理、传输、存储、访问提供安全保护，以防止信息内容或能力被非授权使用或篡改。

信息安全涉及信息论、计算机科学、密码学等多方面的知识，它与通信技术、网络技术、密码技术和应用数学等密切相关。信息安全主要研究通信网络和计算机系统内的信息保护方法，它可保护信息网络硬件、软件及其系统中的数据，使系统保持连续、可靠、正常地运行，使信息服务不中断。可以看出，单一的保密措施已很难保证通信和信息的安全，必须综合应用各种保密措施，即通过技术的、管理的和行政的手段，达到确保信息安全的目的。

2. 信息安全的基本属性

根据国际标准化组织（ISO）的定义，信息安全性的含义主要是指信息的机密性、完整性、可用性、可认证性和不可否认性。

（1）机密性（Confidentiality）

机密性是指信息不泄露给非授权的个人和实体或供其使用的特性。通常通过访问控制机制阻止非授权的访问，通过加密机制阻止非授权用户或者信息内容。

① 对传输的信息进行加密保护，防止敌人译读信息，并可靠地检测出对传输系统的主动攻击和被动攻击，对不同密级的信息实施相应的保密强度，完善密钥管理。

② 对存储的信息进行加密保护，防止非法者利用非法手段通过获得明文信息窃取机密。加密保护方式一般应视所存储的信息密级、特征和使用资源的开发程度等具体情况来确定，加密系统应与访问控制和授权系统密切配合。

③ 防止因电磁信号的泄露带来的失密。

（2）完整性（Integrity）

完整性是指消息未经授权不能进行篡改，要保证消息的一致性，即消息在生成、传输、存储和使用过程中不应发生人为（或非人为）的非授权的篡改。通常通过访问控制阻止篡改行为，同时通过消息鉴别算法检测信息是否被篡改。具体包含如下内容。

① 数据完整性。

② 软件完整性。

③ 操作系统完整性。

④ 内存和磁盘完整性。

（3）可用性（Availability）

可用性是指保障信息资源随时可提供服务的能力，保证合法用户对信息和资源的使用不会被不正当地拒绝，也即信息可被合法用户访问并能按要求顺序使用的特性，在需要时可以使用所需的信息。可用性问题的解决方案主要有以下两种。

① 避免受到攻击。

② 避免未授权使用。

（4）可认证性（Authentication）

可认证性是指从一个实体的行为能够唯一追溯到该实体的特性。可认证性能对信息的来源进行判断，能对伪造来源的信息予以鉴别。一旦出现违反安全政策的事件，系统必须提供审计手段，能够追溯到当事人，这就要求系统能识别、鉴别每个用户及其进程，能总结它们对系统资源的访问，并能记录和追踪它们的有关活动。认证包括消息鉴别和实体认证。

① 消息鉴别：是指接收方保证消息确实来自于所声称的来源。

② 实体认证：是指能确保被认证实体是所声称的实体。

（5）不可否认性（Non-Repudiation）

不可否认性是指保证用户无法事后否认曾经对信息的生成、签发、接收等行为，可以支持责任追究、威慑作用和法律行动等。一般通过数字签名提供不可否认服务。

① 源不可否认性：是指发送一个消息时，接收方能证实该消息确实是由既定的发送方发来的。

② 宿不可否认性：是指当接收方收到一个消息时，发送方能够证实该消息确实已经送到了指定的接收方。

9.1.2 信息安全的主要威胁和解决手段

1. 信息安全的主要威胁

信息安全的威胁可以分为故意的和偶然的，故意的威胁又分为被动的和主动的。偶然的威胁是随机的，通常从可靠性和容错性的角度进行分析。故意的威胁具有智能性，危害性更大，通常是信息安全分析中的主要内容。被动威胁只对信息进行监听，而不进行修改；主动威胁包括对信息进行故意篡改（包括插入、删除、添加等）、伪造虚假信息等。通常，安全威胁主要有如下3个方面的具体表现。

（1）无线以及有线链路上存在的安全威胁

① 攻击者被动窃听链路上的未加密信息，或者收集并分析使用弱密码体制加密的信息。

② 攻击者篡改、插入、添加或删除链路上的数据。攻击者重放截获的信息以达到欺骗的目的。

③ 因链路被干扰或攻击，导致移动终端和无线网络的信息不同步或者服务中断。

④ 攻击者从链路上非法获取用户的隐私，包括定位、追踪用户位置，记录用户使用过的服务，根据

链路流量推测用户行为等。

（2）网络实体上存在的安全威胁

① 攻击者伪装成合法用户使用网络服务。攻击者伪装成合法网络实体，欺骗用户使其接入，从而获取有效的用户信息，便于展开进一步攻击。

② 合法用户超越原有权限使用网络服务。

③ 攻击者针对无线网络实施阻塞、干扰等攻击。

④ 用户否认其使用过某种服务、资源或完成某种行为。

（3）移动终端上存在的安全威胁

① 移动终端由于丢失或被窃取造成的信息泄露。

② 移动终端操作系统由于缺乏完整性保护或完善的访问控制策略，容易被病毒侵入，造成用户的信息泄露或被篡改。

2．信息安全威胁的具体方式

（1）信息泄露

信息被泄露或透露给某个非授权的实体。

（2）破坏信息的完整性

数据被非授权地进行增删、修改或破坏而受到损失。

（3）拒绝服务

对信息或其他资源的合法访问被无条件地阻止。

（4）非授权访问

某一资源被某个非授权的人使用，或以非授权的方式使用。

（5）窃听

用各种手段窃取系统中的信息资源和敏感信息。

（6）业务流分析

通过对系统进行长期监听，利用统计分析方法对诸如通信频度、通信的信息流向、通信总量的变化等参数进行研究，从中发现有价值的信息和规律。

（7）假冒

通过欺骗通信系统（或用户）使非法用户冒充合法用户，或者特权小的用户冒充特权大的用户。黑客大多采用的就是假冒攻击。

（8）旁路控制

攻击者利用系统的安全缺陷或安全性上的脆弱之处，获得非授权的权利或特权。例如，攻击者通过各种攻击手段发现原本应保密却又暴露出来的一些系统“特性”，绕过防线守卫者侵入系统内部。

（9）授权侵犯

被授权以某一目的使用某一系统或资源的某个人，却将此权限用于其他非授权的目的，也称作“内部攻击”。

（10）抵赖

这是一种来自用户的攻击，涵盖范围比较广泛。例如，否认自己曾经发布过的某条消息、伪造一份对方来信等。

（11）计算机病毒

这是一种在计算机系统运行过程中能够实现传染和侵害功能的程序，行为类似病毒，故称作计算机病毒。

（12）陷阱门

在某个系统或某个部件中设置的“机关”，使得在输入特定的数据时，允许违反安全策略。

（13）人员不慎

一个授权的人为了某种利益，或由于粗心，将信息泄露给一个非授权的人。

（14）物理侵入

侵入者绕过物理控制而获得对系统的访问。

3. 信息安全的解决手段

（1）物理安全

信息系统的配套部件、设备、通信线路及网络等受到物理保护，设施处在安全环境。物理隔离是在完全断开网络物理连接的基础上，实现合法信息的共享，隔离的目的不在于断开，而在于更安全地实现信息的受控共享。

（2）用户身份认证

作为防护网络资产的第一道关口，身份认证是各种安全措施可以发挥作用的前提。身份认证包括静态密码、动态密码、数字签名、指纹虹膜等。

（3）防火墙

防火墙是一种访问控制产品，在内部网络与不安全的外部网络之间设置障碍，阻止外界对内部资源的非法访问，防止内部对外部的不安全访问。防火墙技术有包过滤技术、电路网关和应用网关等。

（4）安全路由器

由于广域网（WAN）连接需要专用的路由器设备，因而可通过路由器来控制网络传输，通常采用访问控制列表技术来控制网络信息流。

（5）虚拟专用网（VPN）

VPN 是在公共数据网络上，通过采用数据加密技术和访问控制技术，实现两个或多个可信内部网之间的互联。VPN 的构筑通常都要求采用具有加密功能的路由器或防火墙，以实现数据在公共信道上的可信传递。

（6）安全服务器

安全服务器主要针对的是局域网内部信息存储、传输的安全保密问题，其实现功能包括对局域网资源的管理和控制，对局域网内用户的管理，以及局域网中所有安全相关事件的审计和跟踪。

（7）认证技术

认证技术用于确定合法对象的身份，防止假冒攻击。经常采用的认证技术是电子签证机构（CA）和公钥基础设施（PKI）。CA 作为通信的第三方，为各种服务提供可信任的认证服务，可向用户发行电子签证证书，为用户提供成员身份验证和密钥管理等功能。PKI 是其他安全应用的基础，为其他基于非对称密码技术的安全应用提供统一的安全服务，提供证书生成、签发、查询、维护、审计、恢复、更新、注销等一系列服务。

（8）入侵检测系统（IDS）

入侵检测作为传统保护机制（例如访问控制、身份识别等）的有效补充，形成了信息系统中不可或缺的反馈链。

（9）入侵防御系统（IPS）

入侵防御系统作为 IDS 很好的补充，是信息安全中占据重要位置的计算机网络硬件。

（10）安全数据库

安全数据库可以确保数据库的完整性、可靠性、有效性、机密性、可审计性及存取控制与用户身份识别等。由于大量的信息存储在计算机数据库内，有些信息是有价值的，也是敏感的，需要保护。

（11）安全操作系统

操作系统的安全是整个信息系统安全的基础和核心，给系统中的关键服务器提供安全运行平台，构成安全 WWW 服务、安全 FTP 服务、安全 SMTP 服务等，并作为各类网络安全产品的坚实底座，确保这些安全产品的自身安全。操作系统作为计算机系统安全功能的执行者和管理者，是所有软件运行的基础。

（12）安全管理中心

由于网上的安全产品较多，且分布在不同的位置，这就需要建立一套集中管理的机制和设备，即安全管理中心，它用来给各网络安全设备分发密钥，监测网络安全设备的运行状态，负责收集网络安全设备的审计信息等。

9.1.3 密码学基础

信息安全的内容涉及密码学的相关知识，本小节对密码学的相关知识进行简要介绍，为后续的学习打下必要的理论基础。

1. 密码学的基本概念

密码学是研究编制密码和破译密码的一门科学，密码技术是信息安全技术的核心。密码学主要由密码编码技术和密码分析技术两个分支组成。密码编码技术的主要任务是寻求产生安全性高的有效密码算法和协议，以满足对数据和信息进行加密或认证的要求；密码分析技术的主要任务是破译密码或伪造认证信息，以实现窃取机密信息的目的。

密码是通信双方按照约定的法则进行信息变换的一种手段。依照这些信息变换法则，变明文为密文，称为加密变换；变密文为明文，称为解密变换。加密模型如图 9.1 所示，欲加密的信息 m 称为明文，明文经过某种加密算法 E 之后转换为密文 c，加密算法中的参数称为加密密钥 K；密文经过解密算法 D 的变换后恢复为明文，解密算法也有一个密钥 K'，它与加密密钥 K 可以相同，也可以不相同。

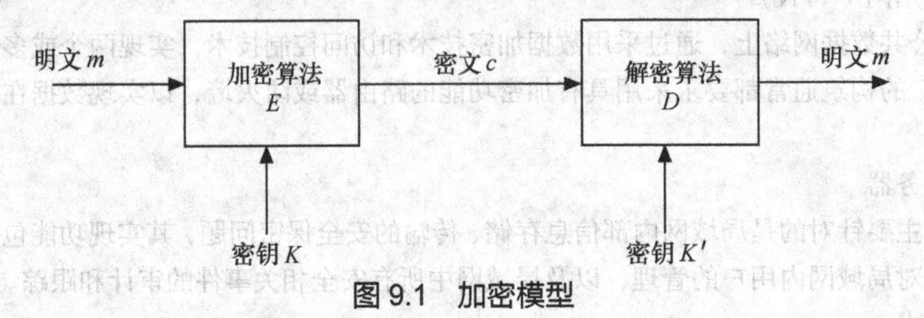

图 9.1 加密模型

加密变换和解密变换的关系式分别为

$$c = E_K(m) \tag{9.1}$$

$$m = D_{K'}(c) = D_{K'}(E_K(m)) \tag{9.2}$$

密码学的真正秘密在于密钥。密钥越长，密钥空间就越大，破译的可能性就越小。但密钥越长，加密算法就越复杂，所需的存储空间和运算时间也越长，所需的资源就越多。密钥通常由一个密钥源提供，密钥易于变换。

2. 密码体制

如果解密算法的密钥 K' 与加密算法的密钥 K 不相同，公开 K 也不会损害 K' 的安全，于是便可以将 K 公开，这种密码体制称为公开密钥密码体制。如果 K' 与 K 相同，则称为单钥密码体制，单钥密码算法又称为对称密钥算法。密码学目前主要有两大体制，即公钥密码与单钥密码。其中，针对明文处理方式的不同，单钥密码又可以分为分组密码和序列密码。

（1）公钥密码

1976 年，Whitfield Diffie 和 Martin Hellman 发表了论文 *New directions in cryptography*，提出了公共密钥密码体制，奠定了公钥密码系统的基础。

公钥密码算法又称非对称密钥算法或双钥密码算法，其原理是加密密钥和解密密钥分离，这样一个具体用户就可以将自己设计的加密密钥和算法公开，而只保密解密密钥。任何人利用这个加密密钥和算法向该用户发送的加密信息，该用户均可以将之还原。公共密钥密码的优点是不需要经过安全渠道传递密钥，大大简化了密钥的管理。

公开密钥密码体制是现代密码学最重要的发明和进展。一般理解的密码学就是保护信息传递的机密性，但这仅仅是当今密码学主题的一个方面。对信息发送与接收人的真实身份进行验证，对所发出或接收的信息在事后加以承认并保障数据的完整性，是现代密码学主题的另一方面。公开密钥密码体制对这两方面的问题都给出了出色的解答，并正在继续产生许多新的思想和新的方案。在公钥体制中，加密密钥不同于解密密钥，人们将加密密钥公开，谁都可以使用，而解密密钥只有解密人自己知道。

（2）分组密码

所谓分组密码，通俗地说就是数据在密钥的作用下，一组一组、等长地被处理，且通常情况下是明、密文等长。这样做的好处是处理速度快，节约了存储空间，避免浪费带宽。分组密码是许多密码组件的基础，比如很容易转换为序列密码。分组密码的另一个特点是容易标准化，由于具有高速率、便于软硬件实现等特点，分组密码已经成为标准化进程的首选体制。但该算法存在一个比较大的缺陷，就是安全性很难被证明。有人为了统一安全性的概念，引入了伪随机性和超伪随机性，但在实际设计和分析中很难应用。关于分组密码的算法，有早期的 DES 密码和现在的 AES 密码，此外还有其他一些分组密码算法，如 IDEA、RC5、RC6、Camellia 算法等。

（3）序列密码

序列密码也称为流密码，加密是按明文序列和密钥序列逐位模 2 相加（异或操作）进行，解密也是按密文序列和密钥序列逐位模 2 相加进行。由于一些数学工具（比如代数、数论、概率等）可以用于研究序列密码，因此序列密码的理论和技术相对而言比较成熟。

序列密码的基本思想：加密的过程是明文数据与密钥流的叠加，解密过程是密钥流与密文的叠加。该理论的核心就是对密钥流的构造与分析。

序列密码与分组密码的区别在于有无记忆性。对于序列密码来说，内部存在记忆元件（存储器）。根据加密器中记忆元件的存储状态是否依赖于输入的明文序列，序列密码又分为同步序列密码和自同步序列密码，目前大多数的研究成果都是关于同步序列密码的。

在序列密码的设计方法方面，人们将设计序列密码的方法归纳为 4 种，即系统论方法、复杂性理论方法、信息论方法和随机化方法。序列密码不像分组密码那样有公开的国际标准，虽然世界各国都在研究和应用序列密码，但大多数设计、分析和成果还都是保密的。

（4）不同密码体制的优缺点

双钥密码的缺点是算法一般比较复杂，加解密速度较慢。因此，网络中的加密普遍采用双钥和单钥密码相结合的混合加密体制，即加解密时采用单钥密码，密钥传送则采用双钥密码。这样既解决了密钥管理的困难，又解决了加解密速度的问题。

3. 常见密码算法介绍

（1）单钥密码算法

DES 密码和 AES 密码都是著名的单钥密码算法。DES 由 IBM 公司于 1975 年研究成功并发表，1997 年被美国定为联邦信息标准。DES 使用一个 56 位的密钥和附加的 8 位奇偶校验位（每组的第 8 位作为奇偶校验位），将 64 位的明文经加密算法变换为 64 位的密文。AES 由美国国家标准与技术研究院（NIST）于 2001 年 11 月 26 日发布，并在 2002 年 5 月 26 日成为有效的标准，目前 AES 已成为对称密钥加密中最流行的算法之一。AES 是分组加密算法，分组长度为 128 位，密钥长度支持 128 位、192 位和 256 位，分别称为 AES-128、AES-192 和 AES-256。

（2）公钥密码算法

公共密钥密码体制提出后，1978 年，Ron Rivest、Adi Shamirh 和 Len Adleman 在美国麻省理工学院提出了公共密钥密码的具体实施方案，即 RSA 方案，RSA 系统是迄今为止公钥密码中最著名和使用最广泛的一种体系。ElGamal 密码方案是 T. ElGamal 于 1984 年提出的，它也是一个安全性良好的公钥密码方案，至今仍然广泛使用。

（3）数字签名算法

数字签名主要用于网络环境中，模拟日常生活中的手工签字或印章，它是对电子形式的消息进行签名的一种方法。与传统签字或印章不同，每个消息的数字签名都不一样，否则数字签名就会被复制到另一个文件中。ISO对数字签名是这样定义的：数字签名是指附加在数据单元上的一些数据，或是对数据单元所做的密码变换，这种数据或变换允许数据单元的接收者用于确认数据单元的来源和数据单元的完整性，并保护数据，防止被人伪造。数字签名的基础是公钥密码学，数字签名算法有RSA和ElGamal等。

（4）Hash函数

哈希（Hash）意为散列，Hash函数就是通过散列算法把任意长度的输入变换成固定长度的输出，该输出就是散列值。这种转换是一种压缩映射，也就是散列值的空间通常远小于输入的空间。Hash函数通常分为两类：不带密钥的Hash函数，只需要有一个消息输入；带密钥的Hash函数，需要输入一个消息和一个密钥。Hash函数主要用于数字签名和消息完整性检验等方面。

（5）MAC算法

消息认证码（MAC）是用来保证数据完整性的一种工具。MAC的安全性依赖于Hash函数，故MAC也称为带密钥的Hash函数。在发送数据之前，发送方首先使用通信双方协商好的散列函数计算其摘要值，在双方共享的会话密钥作用下，由摘要值获得消息验证码；之后，它和数据一起被发送；接收方收到报文后，利用会话密钥还原摘要值，同时利用散列函数在本地计算所收到数据的摘要值，并将这两个数据进行比对，若两者相等，则报文通过认证。随着网络技术的发展，保证信息的完整性变得越来越重要。消息认证就是验证消息的完整性，当接收方收到发送方的报文时，接收方能够验证收到的报文是真实的和未被篡改的。消息认证包含两层含义：一是验证信息的发送者是真正的而不是冒充的，即数据起源认证；二是验证信息在传送过程中未被篡改、重放或延迟等。

（6）密钥管理

从前面的介绍可以看出，大部分密码算法都依赖于密钥。密钥管理本身是一个很复杂的课题，而且是保证安全性的关键点。密钥管理包括确保产生的密钥具有必要的特性、通信双方事先约定密钥的方法，以及密钥的保护机制等。密钥管理方法因所使用的密码算法不同而各异。所有的密钥都有生存期，一般而言，密钥的生存期经历密钥产生、密钥分发、密钥启用/停用、密钥替换/更新、密钥撤销、密钥销毁几个阶段，密钥从产生到终结的整个生存期都需要进行保护。在实际中，密钥安全最重要的是物理安全，也即将密钥存放在物理上安全的地方。

4. 密码协议

密码协议也称为安全协议，它是使用密码技术的通信协议（Communication Protocol）。近代密码学者多认为除了传统上加解密的密码算法外，密码协议也一样重要，两者为密码学研究的两大课题。

协议就是两个或者两个以上的参与者为完成某些任务所采取的一系列步骤。首先，协议至少需要两个参与者，一个人也可以完成某项任务，但它不构成协议。其次，步骤是有序的，必须依次执行，只有前一步完成了，才能执行后一步。最后，通过执行协议必须完成某项任务，某些执行内容看起来像是协议，但没有完成任务，也不能成为协议。

密码协议就是应用密码技术构成的协议。参与密码协议的各方可能是朋友或可信任的人，也可能是敌人或相互不信任的人。密码协议的目的是在完成某项任务时，不仅能够发现或防止协议参与者彼此之间的欺骗行为，还要能够避免敏感信息被窃取或篡改。密码协议必须包含某种密码算法，其研究包括两个方面：协议安全性分析和安全协议设计。

9.2 物联网安全概述

正如物联网不是全新的概念一样，物联网安全也不是全新的概念。物联网是互联网的延伸，物联网的安全也是互联网安全的延伸。与已有的互联网安全相比，物联网安全大部分都采用了相同的技术。但是，物联网对实时性、安全可信性、资源有限性等方面都提出了很高的要求，物联网安全的重点在于部署感知层的信息防护和大量新型应用的安全保护，物联网对同样的技术可能采用不同的原理实现，物联网还可能会出现新的安全技术。物联网中的信息量将远大于互联网，物联网的安全是基于互联网的，但物联网安全的复杂性更高。

9.2.1 物联网安全威胁举例

物联网安全与互联网安全的最大区别在于“平民化”，其安全需求远大于互联网安全需求。在互联网时代，安全不具有“平民化”特征，普通用户在使用计算机上网时，信息安全造成的危害并不是十分显著。互联网出现问题，损失的是信息，可以通过加密或备份等降低损失。物联网是与物理世界打交道，一旦出现问题就涉及财产或生命的损失，当物联网与汽车、银行卡、身份证等紧密连接在一起后，物联网安全就显得非常重要了。

（1）RFID 汽车钥匙的安全问题导致贝克汉姆丢失了汽车

采用 RFID 技术可以实现汽车无钥匙系统，开车门甚至开车都可以免去使用钥匙的麻烦，还可以在上百米范围内了解汽车的安全状况。但是这样的系统也有漏洞，具有恶意的人可以在无钥匙系统通信范围内监听设备的通信信号，并复制这样的信号，达到偷车的目的。著名球星贝克汉姆在西班牙时，就这样丢失了宝马 X5 SUV 汽车。

（2）加油卡的安全问题导致埃克森石油公司的汽油被盗加

美国埃克森石油公司发行了一种速结卡（一种加油卡），该卡可以方便司机支付石油费和在便利店刷卡消费。该系统采用 40 比特的密钥和专有加密算法，从 1997 年开始使用。2005 年，约翰霍普金斯大学的团队宣布破解了该卡，同年 RSA 实验室的一群学生伪造了一张速结卡，并成功用这张卡来加油。

（3）IC 卡被破解导致我国公共事业面临威胁

截至 2009 年，我国 180 多个城市使用了不同规模的公共事业 IC 卡，发卡量已超过 1.5 亿张，其中约 95%的城市在使用 IC 卡时采用了 MIFARE 卡，应用范围覆盖公交、地铁、出租车、轮渡、自来水、燃气、风景园林及小额消费等。但是，早在 2008 年 2 月，荷兰政府发布了一项警告，指出目前广泛应用的 MIFARE 卡有很高的风险。这个警告的起因是一个德国学者 Henryk Plotz 和一个弗吉尼亚大学在读博士 Karsten Nohl 已经破解了 MIFARE 卡的 Crypto-1 加密算法，二人利用普通的计算机在几分钟之内就能够破解出 MIFARE Classic 的密钥。MIFARE 卡被破解给我国的公共事业和企业安全带来了极大的隐患。

（4）RFID 标签的安全问题导致零售业面临安全威胁

超市是 RFID 最有潜力的应用领域之一，自沃尔玛公司在 2006 年开始构建 RFID 系统并实现仓储管理和出售商品的自动化，RFID 超市应用的安全问题就受到广泛关注。攻击者通过信道监听、暴力破解或其他人为因素，可能得到写入 RFID 标签数据所需的接入密钥，如果破解了标签的接入密钥，攻击者可随意修改标签数据，更改商品价格，甚至“kill”标签，将导致超市的商品管理和收费系统陷入混乱。标签中数据的脆弱性还可能导致后端系统的安全受到威胁，有研究者提出，病毒可能感染 RFID 芯片，通过伪造沃尔玛、家乐福等这样超级市场里的 RFID 电子标签，将正常的电子标签替换成恶意标签，就可以进入超级市场的数据库，对 IT 系统发动攻击。

（5）通过 Google 连接全球摄像监控设备导致用户泄露隐私

随着摄像头、摄像监控设备的日益普及，人们可以在连接摄像部件的电子设备上视频通话，也可以通过手机、计算机、电视等对办公地点、家居等重要场所进行监控。但是，这样的摄像设备也容易被具有恶意的人控制，从而监视我们的生活，泄露我们的隐私。通过 Google，就可以找到遍布全球的摄像监控设备，通过悄悄地连接这些设备，就可以窥视别人的生活。近年来，黑客利用个人计算机连接摄像头泄露用户隐私的事件层出不穷。

9.2.2 物联网安全面临的挑战

物联网具有由大量设备构成、缺少人对设备的有效监控、大量采用无线网络技术等特点，物联网安全除了要解决传统信息安全问题之外，还需要克服成本、复杂性等问题。物联网在安全理论、技术、需求等方面都面临新的挑战。

（1）安全需求与成本的矛盾

物联网安全的最大挑战来源于需求与成本的矛盾。物联网的“物”包含普通生活中的所有物品，由于安全是要付代价的，“平民化”的物联网安全将面临巨大的成本压力。例如，RFID 电子标签的期望成本为 5 美分，为了保证其安全，可能会增加相对较大的成本，成本增加会影响到它的应用。因此，成本将是物联网安全不可回避的挑战。

（2）安全的轻量级解决方案

由于物联网安全需求与成本的矛盾，如果采用现阶段的安全思路，物联网安全将面临十分严重的成本压力。因此，物联网安全必须采用轻量级的解决方案。物联网安全的轻量级解决方案正是物联网安全的一大难点，安全措施的效果必须好，同时要低成本，这可能会催生出一系列的安全新技术。因此，轻量级解决方案也是物联网安全不可回避的挑战。

（3）安全的复杂性加大

物联网安全的复杂性将是另一个巨大的挑战。物联网将获取、传输、处理和存储海量的信息，信息源和信息目的的相互关系将十分复杂。若解决同样的问题，已有的技术虽然能用，但可能不再高效，这种复杂性将会催生新的解决方案。例如，海量信息将导致现有的包过滤防火墙性能达不到要求，今后可能出现分布式防火墙或全新技术的防火墙。又例如，物联网中的计算环境、技术条件、应用场合和性能要求更复杂，需要研究、考虑的情况更多。

（4）网络边缘安全能力弱与网络中心处理能力强的非对称矛盾

在物联网中，各个网络边缘感知结点的能力较弱，但是其数量庞大，而网络中心信息处理系统的计算处理能力非常强，整个网络呈现出非对称的特点。物联网安全在面向这种非对称的矛盾时，需要将能力弱的感知结点安全处理能力与网络中心的强大处理能力结合起来，采用高效的安全管理措施，形成综合能力，在整体上发挥安全设备的效能。

（5）物联网攻击的动态性很难把握

信息安全发展到今天，仍然较难全面呈现网络攻击的动态性，防护方法还主要依靠经验，“道高一尺，魔高一丈”时有发生。目前，对于很多安全攻击，物联网都不具有主动防护能力，往往在攻击发生之后才获得相关信息，还不能从根本上防护各种动态攻击。

（6）密码学方面的挑战

密码技术是信息安全的核心，物联网对密码学也提出了挑战。这主要表现在两个方面。其一，物联网感知层感知结点的计算能力和存储能力远弱于网络层和应用层的设备，这导致了其不可能采用复杂的密码算法，密码技术应产生一批运算复杂度不高、但防护强度较高的轻量级密码算法。其二，物联网感知层可能面临不同的应用需求，其环境变化剧烈，这就要求密码算法能够适应多种环境，传统的、单一的不可变密码算法很可能不再适用，而需要全新的、灵活的可编程、可重构的密码算法。

（7）信息技术自身发展带来的安全问题

信息技术自身的发展在给人们带来方便和信息共享的同时，也带来了安全问题。例如，密码分析者大量利用信息技术自身提供的计算和决策方法实施破解，网络攻击者利用网络技术本身设计大量的攻击工具、病毒和垃圾邮件。

9.2.3 物联网安全与互联网安全的关系

由于物联网与互联网的关系密不可分，物联网安全与互联网安全的关系也密不可分。物联网安全构建在互联网安全上，也存在着一些特殊安全问题。

（1）物联网安全不是全新的概念

与已有的互联网安全相比，物联网安全大部分采用了相同的技术，对信息进行防护的方式也不会有太大的变化。但是物联网安全的重点在于广泛部署的感知层的信息防护，以及大量新型应用的安全保护。

（2）传统互联网的安全机制可以应用到物联网

物联网是互联网的延伸，当前互联网所面临的病毒攻击、数据窃取、身份假冒等安全风险在物联网中依然存在，传统的互联网安全机制可以应用到物联网。

（3）物联网安全比互联网安全多了感知层

物联网比互联网多了感知层，由于感知层的任务是全面感知物理世界的信息，这需要多种感知信息的安全保护。因此，物联网安全主要是比互联网多了感知层安全。

（4）物联网安全比互联网安全更“平民化”

在物联网中，所有的“物”都将联网，例如智能家居、智能汽车、智能医疗和银行卡等，物联网与大众生活紧密联系在了一起，信息安全也就具备了“平民化”的特征。

（5）物联网安全比互联网安全更复杂

物联网的信息量比互联网更多，物联网感知层的应用比互联网更广，物联网终端的成本比互联网更小，物联网的动态性比互联网更大。因此，物联网安全比互联网安全更复杂。

9.3 物联网信息安全体系

在物联网发展的高级阶段，由于物联网场景中的实体均具有一定的感知、计算和执行能力，广泛存在的这些感知设备将会对国家基础、社会和个人信息安全构成新的威胁。一方面，由于物联网具有网络技术种类上的兼容和业务范围上无限扩展的特点，因此当大到国家电网数据、小到个人病例情况都接到物联网上时，将可能导致更多的公众信息在任何时候、任何地方会被非法获取；另一方面，随着国家重要的基础行业都依赖于物联网，国家基础领域的动态信息将可能被窃取。所有这些问题使得物联网安全上升到国家层面，需要从感知安全、网络安全、应用安全和安全管理几个方面提出物联网安全的体系结构。

9.3.1 物联网的安全层次模型和体系结构

从物联网的架构出发，物联网安全的总体需求就是信息采集安全、信息传输安全、信息处理安全和信息利用安全的综合，安全的最终目标是确保信息的保密性、完整性、真实性和网络的容错性，物联网相应的安全层次模型如图 9.2 所示。物联网应该具备 3 个基本特征：一是全面感知，即利用 RFID 和传感器等实时获取物体的信息；二是可靠传递，通过各种电信网络与互联网的融合，将物体的信息准确地传递出去；三是智能处理，利用云计算、模糊识别等各种智能计算技术，对海量数据和信息进行分析和处理，对物体实施智能化的控制。物联网安全需要对物联网的各个层次进行有效的安全保障，需要确定相应的安全问题及解决方案，还要对各个层次的安全防护手段进行统一的管理和控制。

物联网安全还存在各种非技术因素。目前，物联网在我国的发展表现为行业性太强，公众性和公用性不足，重视数据收集、轻数据挖掘与智能处理，产业链长但每一环节规模效益不够，商业模式不清晰。物联网是一种新的应用，要想得以快速发展，一定要建立一个社会各方共同参与和协作的组织模式，集中优势资源，这样物联网应用才会朝着规模化、智能化和协同化的方向发展。物联网的安全普及需要各方的协调及各种力量的整合，这就需要国家的政策以及相关立法走在前面，以便引导物联网朝着安全、健康、稳定的方向发展。

物联网安全研究是一个新兴的领域，任何安全技术都伴随着具体的需求而生，因此物联网的安全研究将始终贯穿于人们的生活之中。未来的物联网安全研究将主要集中在开放的物联网安全体系、物联网个体隐私保护模式、物联网终端安全功能、物联网安全相关法律的制定等几个方面，人们的安全意识教育也将是影响物联网安全的一个重要因素。从技术角度来说，需要对物联网的安全尺度和特有安全问题进行分析，提出物联网安全的体系架构，全面解决物联网存在的安全隐患。

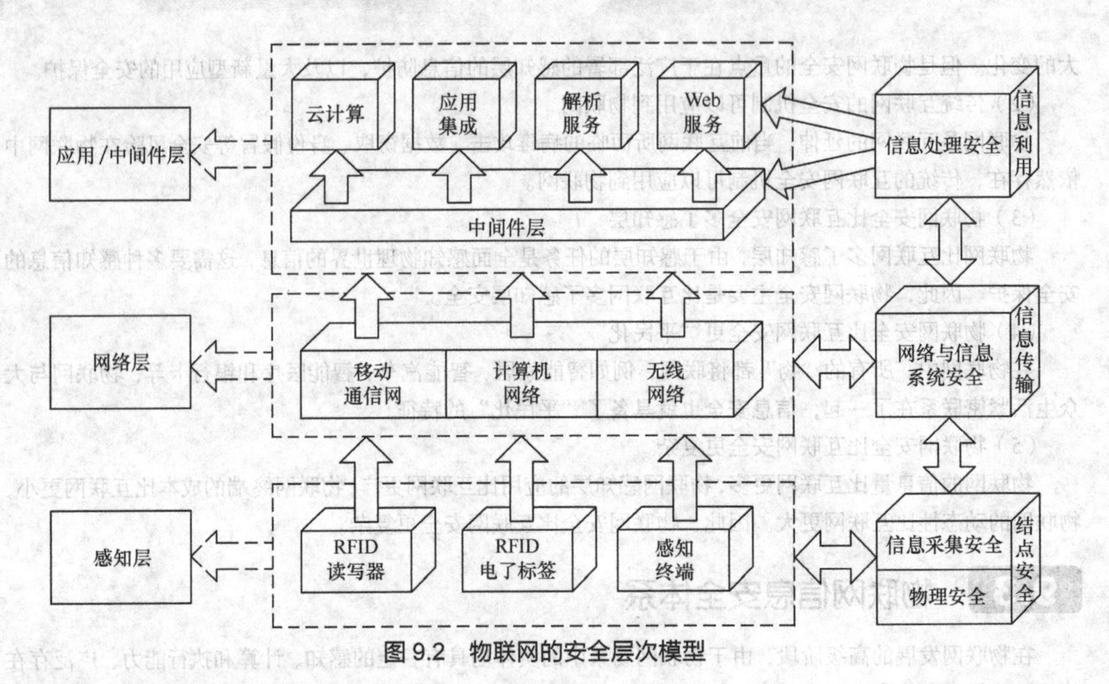

图 9.2 物联网的安全层次模型

9.3.2 物联网感知层安全

相对于互联网而言，物联网感知层的安全既是新事物，也是物联网安全的重点。物联网感知层的任务是实现智能感知外界信息，包括信息采集、捕获和物体识别。针对物联网感知层所涵盖的内容，可以将物联网感知层大体分为 RFID 和传感网两大类，其他类别感知技术在安全保护方面都可以借鉴这两种类型。

1. 感知层安全机制的建立

在物联网感知层，需要提供机密性、数据完整性和认证等安全机制，而物联网感知层的感知结点常常受到资源限制，只能执行少量的计算和通信任务。为此，物联网感知层需要轻量级密码算法和轻量级安全认证协议。

（1）轻量级密码算法

目前对轻量级并没有严格的定义。也就是说，轻量级是一个定性的描述，而非定量。但是，根据国际 RFID 标准的规定，RFID 的标签需要留出 2000 门电路或相当的硬件资源用于密码算法的实现，因此人们也将轻量级密码算法视为 2000 门电路硬件可以实现的密码算法。源于应用的推动，近几年，轻量级密码的研究非常热门，轻量级密码算法的关键问题是处理安全性、实现代价和性能之间的权衡。表 9.1 给出了几种传统安全算法使用的逻辑门数。

表 9.1 几种传统安全算法使用的逻辑门数

算法	Universal Hash	DES	AES-128
逻辑门数	1700	2300	3400

（2）轻量级认证技术

认证技术通过基础服务设施的形式将用户身份管理和设备身份管理关联起来，实现物联网中所有接入设备和人员的数字身份管理、授权、责任追踪，以及传输消息的完整性保护，这是整个网络的安全核心和命脉。认证技术分为两类，一类是对消息本身的认证，使用的技术是消息认证码（MAC），其目的是提供消息完整性认证；另一类是认证协议，用于对通信双方身份的确认。

国际化标准组织正在制定轻量级密码算法的相关标准，其中包括轻量级的分组密码、流密码、数字签名等。但是，目前对于轻量级认证技术并没有统一的衡量和评价的标准体系，轻量级认证还处于发展阶段。

2．传感网的安全问题与技术

作为物联网的基础单元，传感器在物联网信息采集层面能否完成它的使命，成为物联网感知任务成败的关键。传感器技术是物联网技术的支撑、应用的支撑和未来泛在网的支撑。传感网到物联网的演变是信息技术发展的阶段表征，传感技术利用传感器和多跳自组织网，协作地感知、采集网络覆盖区域中感知对象的信息，并发布给上层。由于传感网络本身具有无线链路比较脆弱、网络拓扑动态变化、结点计算能力有限、存储能力有限、能源有限、无线通信过程中易受到干扰等特点，使得传统的安全机制无法应用到传感网络中。目前传感器网络安全技术主要包括如下几点。

（1）基本安全框架

安全框架主要有以数据为中心的自适应通信路由协议（SPIN）、Tiny 操作系统保密协议（Tiny Sec）、名址分离网络协议（Lisp）、轻型可扩展身份验证协议（LEAP）等。

（2）结点认证

结点认证包括结点的单向或双向认证，确保消息的来源和去向正确。

（3）消息机密性

保护数据不被非法截获者获知。

（4）消息完整性

保护传输的数据不被非法修改。

（5）密钥管理

每个感知结点都采用不同的密钥，传感器网络的密钥管理主要倾向于采用随机预分配模型的密钥管理方案。

（6）安全路由

安全路由技术常采用的方法包括加入"容侵策略"。

（7）入侵检测

入侵检测技术常常作为信息安全的第二道防线，主要包括被动监听检测和主动检测两大类。除了上述安全保护技术外，由于物联网结点资源受限，且是高密度冗余散布，不可能在每个结点上都运行一个全功能的入侵检测系统（IDS），所以如何在传感网中合理地分布 IDS，有待于进一步研究。

3．RFID 的安全问题与技术

（1）RFID 安全问题举例

下面给出一个 RFID 安全问题的例子。德州仪器（TI）公司制造了一种数字签名收发器（Digital Signature Transponder，DST），其内置了加密功能的低频 RFID 设备。DST 已配备在数以百万计的汽车上，其功能主要是防止车辆被盗。DST 同时也被 SpeedPass 无线付费系统采用，该系统在北美用于成千上万的埃克森美孚加油站。DST 执行了一个简单的询问/应答（Challenge/Response）协议来进行工作。读写器的询问数据长度为 40bit，标签芯片产生的回应数据长度为 24bit，芯片中的密钥长度亦为 40bit。由于 40bit 的密钥长度对于现在的标准而言太短了，这个长度对于暴力攻击毫无免疫力。2004 年末，一队来自约翰霍普津斯大学和 RSA 实验室的研究人员示范了对 DST 安全弱点的攻击，他们成功复制了 DST，这意味着他们破解了含有 DST 的汽车钥匙。

一般而言，数据传送率为 13.56MHz 时，26kb/50 标签；数据传送率为 900MHz 时，128KB/200 标签。假定标签读取时间不超过 1s，每个标签能够传输约 500bit。

（2）RFID 安全问题

通常，采用 RFID 技术涉及的主要安全问题如下。

① 标签本身的访问缺陷。标签本身的访问缺陷是指任何用户（授权以及未授权的）都可以通过合法的读写器读取 RFID 电子标签，而且标签的可重写性使得标签中数据的安全性、有效性和完整性都得不到保证。

② 通信链路的安全。RFID 通信链路是标签与读写器之间的无线物理连接。无线通信时，通信链路指

基站和终端之间传播电磁波的路径空间。

③ 移动 RFID 的安全。移动 RFID 的安全主要是指存在假冒和非授权服务访问。

④ 具体而言，RFID 的安全问题主要表现为非法复制和非法跟踪。

（3）RFID 安全技术

目前 RFID 安全技术主要有物理方法、密码机制以及二者结合的方法。物理安全存在很大的局限性，往往需要附加额外的辅助设备，不但增加了成本，还存在其他缺陷。密码机制与密码学密切相关，有多种方案可供选择，主要安全技术为密码技术和身份隐私保护技术。任何单一手段的安全性都是相对的，安全措施级别会因应用的不同而改变，安全性也与成本相互制约，实际上往往需要综合性的解决方案。在实施和部署 RFID 应用系统之前，有必要进行充分的业务安全评估和风险分析，综合的解决方案需要考虑成本和收益之间的关系。

9.3.3 物联网网络层安全

物联网网络层主要实现信息的转发和传送，它将感知层获取的信息传送到远端，为数据在远端进行智能处理和分析决策提供强有力的支持。考虑到物联网本身具有专业性的特征，其基础网络可以是互联网，也可以是具体的某个行业网络。物联网的网络层按传输功能可以大致分为接入层和核心层，此外物联网的网络层还提供云计算平台，因此物联网的网络层安全主要体现在以下 3 个方面。

1. 来自物联网接入方式的安全问题

物联网的接入层将采用如移动互联网、有线网及各种无线接入技术。接入层的异构性使得如何为终端提供移动性管理以保证异构网络间结点漫游和服务的无缝移动成为研究重点，其中安全问题的解决将得益于切换技术和位置管理技术的进一步研究。由于无线接口是开放的，任何使用无线设备的个体均可以通过窃听无线信道而获得其中传输的信息，甚至可以修改、插入、删除或重传无线接口中传输的消息，达到假冒移动用户身份以欺骗网络端的目的。因此，物联网的接入层存在无线窃听、身份假冒和数据篡改等不安全的因素。

（1）近距离无线接入安全——无线局域网（WLAN）安全

WLAN 所面临的基本安全威胁有信息泄露、完整性破坏、拒绝服务、非法使用等。主要威胁包括非授权访问、窃听、伪装、篡改信息、否认、重放、重路由、错误路由、删除消息、网络泛洪等。

WLAN 的安全机制包括 WEP 加密和认证机制、IEEE 802.1×认证机制、IEEE 802.11i 接入协议和 WAPI 协议等。

（2）远距离无线接入安全——无线移动通信安全

无线移动通信安全包括 2G、3G 和 4G 的移动通信安全，移动通信基本安全威胁有窃听、伪装、非授权访问、破坏数据完整性、否认攻击和拒绝服务攻击等。

移动通信的安全机制包括 GSM 用户认证与密钥协商协议、3G（UMTS）认证与密钥协商协议、LTE 中的流密码算法 ZUC 等。

（3）有线网络接入安全

物联网的一个基本应用就是改造传统的工业控制领域，有线网络接入安全主要包括工业控制领域的有线网络安全。在工业控制领域，自动化和信息化融合的传统技术是基于短距离有线通信的现场总线控制系统的。现场总线（Field Bus）是一种应用于现场的工业数据总线，它主要解决工业现场的智能化仪器仪表、控制器、执行机构等现场设备间的数字通信，以及这些现场控制设备和高级控制系统之间的信息传递问题。

随着工业控制越来越多地采用通用协议、通用硬件和通用软件，病毒、木马等威胁正在向工业控制系统扩散。由于现场总线是公开标准，容易被攻击，因此应采用严格的网络隔离措施。另外，基于 RS-485 总线和光纤物理层的现场总线安全性相对较好。

2. 来自物联网核心网的安全问题

目前全 IP 网络是一个趋势，物联网核心网中最重要、最常见的是 IP 网络，其安全可以归结到有线网络的安全。有线网络的安全研究时间已经比较长了，有比较成熟的研究成果和商业产品，例如防火墙、入侵检测系统、入侵保护系统、虚拟专用网、网络隔离系统等。

物联网的网络核心层主要依赖于传统网络技术，其面临的最大问题是现有的网络地址空间短缺，主要解决方法寄希望于正在推进的IPv6技术。IPv6采纳IPSec（IP Security）协议，在IP层上对数据包进行了高强度的安全处理，提供数据源地址验证、无连接数据完整性、数据机密性、抗重播、业务流加密等安全服务。

然而任何技术都不是完美的，实际上，IPv4网络环境中的大部分安全风险在IPv6网络环境中仍将存在，而且某些安全风险随着IPv6新特性的引入将变得更加严重。第一，分布式拒绝服务攻击（DDOS）等异常流量攻击仍然猖獗，甚至更为严重，以及IPv6协议本身机制的缺陷所引起的攻击。第二，针对域名服务器（DNS）的攻击仍将继续存在，而且在IPv6网络中提供域名服务的DNS更容易成为黑客攻击的目标。第三，IPv6协议作为网络层的协议，仅对网络层安全有影响，其他（包括物理层、数据链路层、传输层、应用层等）各层的安全风险在IPv6网络中仍将保持不变。第四，采用IPv6替换IPv4协议需要一段时间，向IPv6过渡只能采用逐步演进的办法，为解决两者间互通所采取的各种措施将带来新的安全风险。

3. 来自大数据和云计算的安全问题

以数据为中心是物联网的重要特点，物联网网络层不仅需要实现各类组网和传输的安全，而且需要实现数据管理和分析的安全。当物联网的规模足够大时，需要分析和处理的数据是海量的，因此云计算又经常和大数据联系到一起。

（1）大数据安全

大数据具有异构性和关联性，攻击者可能利用其漏洞实施攻击，以窃取和篡改数据。大数据的主要安全威胁是数据来源不可信、数据非授权访问、数据完整性受到破坏和数据可用性受到破坏等。大数据安全包括数据加密、数据隔离、访问控制、完整性验证、安全审计等。

（2）云计算安全

云计算的安全研究问题应该是与云计算的特征密切相关的新产生的安全问题。具体包括如下几方面。

① 数据存储安全问题：数据的完整性和保密性。

② 访问控制：服务访问控制策略、访问控制的授权机制。

③ 可信虚拟计算问题：安全的虚拟化计算、安全的虚拟进程移植等。

④ 信任管理：服务提供者之间、服务者与用户之间信任的建立与管理。

⑤ 存储可靠性问题：将数据托管或外包到“云”端存储的可靠性问题。

⑥ 鉴别与认证：用户标识管理、用户身份认证。

⑦ 密钥管理：数据加密的密钥管理。

⑧ 加密解密服务：在何处进行数据的加密和解密、能否通过服务提供安全。

⑨ 云服务的安全：尤其是Web服务的安全评估、安全扫描和检测。

⑩ 其他问题：云计算的电子取证、云计算风险的评估和管理等。

9.3.4 物联网应用层安全

物联网应用是信息技术与行业专业技术紧密结合的产物。物联网应用层充分体现了物联网智能处理的特点，其涉及业务管理、中间件、数据挖掘等技术。考虑到物联网涉及多领域、多行业，因此广域范围的海量数据信息处理和业务控制策略将在安全性方面面临巨大挑战，特别是业务控制、管理和认证，中间件以及隐私保护等安全问题显得尤为突出。

（1）业务控制、管理和认证

由于物联网设备可能是先部署后连接网络，而物联网结点又无人值守，所以如何对物联网设备远程签约，如何对业务信息进行配置就成了难题。另外，庞大且多样化的物联网必然需要一个强大而统一的安全管理平台，否则单独的平台会被各式各样的物联网应用所淹没，但这样将使如何对物联网机器的日志等安全信息进行管理成为新的问题，并且可能割裂网络与业务平台之间的信任关系，导致新一轮安全问题的产生。传统的认证是区分不同层次的，网络层的认证负责网络层的身份鉴别，业务层的认证负责业务层的身份鉴别，两者独立存在。但是大多数情况下，物联网机器都拥有专门的用途，因此其业务应用与网络通信紧紧地绑在一起，很难独立存在。

（2）中间件

如果把物联网系统和人体做比较，感知层好比人体的四肢，传输层好比人的身体和内脏，那么应用层就好比人的大脑，软件和中间件是物联网系统的灵魂和中枢神经。目前，使用最多的几种中间件系统是CORBA、DCOM、J2EE/EJB，以及被视为下一代分布式系统核心技术的 Web Services。人们需要研究这些中间件系统的安全。

在物联网中，中间件主要包括服务器端中间件和嵌入式中间件。服务器端中间件是物联网业务基础中间件，一般都是基于传统的中间件（如应用服务器），加入设备连接和图形化组态展示模块的构建；嵌入式中间件存在于感知层和传输层的嵌入式设备中，是一些支持不同通信协议的模块和运行环境。中间件的特点是固化了很多通用功能，但在具体应用中多半需要二次开发来实现个性化的行业业务需求，也应该根据这些特点研究中间件的安全。

（3）隐私保护

在物联网发展的过程中，大量的数据涉及个体隐私问题（如个人出行路线、消费习惯、个体位置信息、健康状况、企业产品信息等），因此隐私保护是必须考虑的一个问题。如何设计不同场景、不同等级的隐私保护，将是物联网安全技术研究的热点问题。当前，隐私保护方法主要有两个发展方向：一是对等计算（P2P），通过直接交换共享计算机资源和服务；二是语义 Web，通过规范定义和组织信息内容，使之具有语义信息，能被计算机理解，从而实现与人的相互沟通。

9.4 物联网安全实施策略

物联网是在现有网络的基础上扩展了感知环节和应用平台，并且感知结点大都部署在无人监控的环境，传统网络安全措施不足以提供可靠的安全保障，从而使得物联网的安全问题具有特殊性，必须根据物联网本身的特点设计相关的安全机制。本小节以 RFID 为例，讨论物联网感知层数据安全性的实施策略。RFID 的后端是非常标准化的网络基础设施，可以借鉴现有的网络安全技术，确保 RFID 后端网络的信息安全。

目前 RFID 的安全策略主要有两大类：物理安全机制和逻辑安全机制。物理安全机制包括静电屏蔽法、自毁机制、主动干扰法、休眠机制、读写距离控制机制等。逻辑安全机制主要解决消息认证和数据加密的问题，消息认证是指在数据交易进行前，读写器和电子标签必须确认对方的身份，即双方在通信过程中应首先检验对方的密钥，然后才能进行进一步的操作；数据加密是指经过身份认证的电子标签和读写器，在数据传输前使用密钥和加密算法。消息认证和数据加密有效地实现了数据的保密性，但同时其复杂的算法和流程也大大提高了 RFID 系统的成本。对一些低成本标签而言，往往受成本的限制难以实现上述复杂的密码机制，此时可以采用一些物理方法限制标签的功能，防止部分安全威胁。

1. RFID 物理安全

物理安全是通过物理隔离达到安全的。逻辑机制的安全是基于软件保护的一种安全，极易被操纵；相比而言，物理安全则是一道绝对安全的大门。RFID 物理安全主要采用如下方法。

（1）法拉第笼

法拉第笼采用静电屏蔽法。根据电磁场理论，由导电材料构成的容器（法拉第笼）可以屏蔽无线电波，使得外部的无线电信号不能进入容器内，容器内的信号同样也不能传输到容器外。把标签放进由导电材料（金属网罩或金属箔片）构成的容器中，可以阻止标签被扫描，即被动标签接收不到信号，不能获得能量，而主动标签发射的信号不能被外界所接收。这种方法的优点：可以阻止恶意扫描标签获取信息，例如当货币嵌入 RFID 标签后，可利用法拉第笼原理阻止恶意扫描，以避免他人知道你包里有多少钱。这种方法的缺点：增加了额外费用，有时不可行。

（2）杀死（Kill）标签

Kill 标签采用自毁机制。Kill 标签的原理是使标签丧失功能，采用的方法主要是使用编程 Kill 命令，Kill 命令是用来在需要的时候使标签失效的命令。Kill 命令可以使标签失效，而且是永久的。Kill 命令基于保护产品数据安全的目的，必须对使用过的产品进行杀死标签的处理。Kill 这种方式的优点是能够阻止对标签及其携带物的跟踪，如在超市买单时进行的 Kill 处理，商品在卖出后，标签上的信息将不再可用。Kill 这种方式的缺点是影响反向跟踪，比如多余产品的返回、损坏产品的维修和再分配等，因为标签已经无效，物流系统将不能再识别该数据，也不便于日后的售后服务和用户对产品信息的进一步了解。

（3）主动干扰

主动干扰无线电信号也是一种屏蔽标签的方法。标签用户可以通过一种设备主动广播无线电信号，用于阻止或破坏附近的 RFID 读写器的操作。但这种方法可能导致非法干扰，使附近其他合法的 RFID 系统受到干扰，更严重的是，它可能会阻断其他无线系统。

（4）阻止标签

阻止标签是一种特殊设计的标签，此种标签会持续对读取器传送混淆的信息，以阻止读写器读取受保护的标签；但当受保护的标签离开保护范围时，则安全与隐私的问题仍然存在。这种方法的原理是通过采用一个特殊的干扰防碰撞算法来实现的，它将一部分标签予以屏蔽，读写器每次读取命令总是获得相同的应答数据，从而保护标签。

2. RFID 电子标签的安全设计

现在 RFID 电子标签的应用越来越多，其安全性也开始受到重视。RFID 电子标签自身都有安全设计，但电子标签能否足够安全，个人信息存储在电子标签中是否会泄露，取决于电子标签的安全机制是如何设计的。

（1）电子标签的安全类别

电子标签的安全类别与标签分类直接相关。电子标签按芯片的类型分为存储型、逻辑加密型和 CPU 型，一般来说，存储型的安全等级最低，逻辑加密型居中，CPU 型最高。目前广泛使用的 RFID 电子标签，以逻辑加密型居多。

存储型电子标签没有做特殊的安全设置，标签内有一个厂商固化的不重复、不可更改的唯一序列号，内部存储区可存储一定容量的数据信息，不需要安全认证即可读出数据。虽然所有存储型的电子标签在通信链路层都没有采用加密机制，并且芯片本身的安全设计也不是非常强大，但却在应用方面采取了很多保密手段，使其可以较为安全。

逻辑加密型电子标签具备一定强度的安全设置，内部采用了逻辑加密电路及密钥算法。逻辑加密型电子标签可设置启用或关闭安全设置，如果关闭安全设置则等同于存储型电子标签。许多逻辑加密型电子标签具备密码保护功能，这种方式是逻辑加密型电子标签采取的主流安全模式，设置后可通过验证密钥实现对数据信息的读取或改写等。采用这种方式的电子标签密钥一般不会很长，通常为 4 字节或 6 字节数字密码。有了这种安全设置的功能，逻辑加密型电子标签还可以具备一些身份认证及小额消费的功能，如我国第二代公民身份证和 MIFARE 卡都采用了这种安全方式。

CPU 型电子标签在安全方面加密最强，因此在安全方面有着很大的优势。CPU 型电子标签芯片内部的操作系统（Chip Operating System，COS）本身采用了安全的体系设计，并且在应用方面设计了密钥文件和认证机制，与前两种电子标签的安全模式相比有了极大的提高。这种 RFID 电子标签将会更多地应用于带有金融交易功能的系统中。

（2）电子标签的安全机制

存储型电子标签主要应用于动物识别和跟踪追溯等方面。这种应用要求的是系统的完整性，而对于标签存储的数据要求不高，多是要求数据具有唯一的序列号，以满足自动识别的要求。如果部分容量稍大的存储型电子标签要在芯片内存储数据，对数据做加密后写入芯片即可，这样信息的安全性主要由密钥体系的安全性决定。

逻辑加密型电子标签的应用极其广泛，并且其中还有可能涉及小额消费的功能，因此它的安全设计是极其重要的。逻辑加密型电子标签的内部存储区一般按块分布，并用“密钥控制位”设置每个数据块的安全属性。

CPU 型电子标签的安全设计与逻辑加密型类似，但安全级别与强度要高得多。CPU 型电子标签芯片内部采用了核心处理器，而不是如逻辑加密型芯片那样在内部使用逻辑电路。CPU 型电子标签芯片安装了专用的操作系统，可以根据需求将存储区设计成不同大小的二进制文件、记录文件、密钥文件等。

（3）电子标签安全机制举例

MIFARE 卡是目前世界上使用数量最大、技术成熟、内存容量大的一种感应式智能 IC 卡，它将 RFID 技术和 IC 卡技术相结合，解决了卡中无电源和免接触的技术难题。MIFARE 卡是荷兰恩智浦（NXP）公司的产品，主要包括 MIFARE one S50（1K 字节）、MIFARE one S70（4K 字节）、简化版 MIFARE Light 和升级版 MIFARE Pro，广泛使用在门禁、校园和公交领域，应用范围已覆盖全球。在这 4 种芯片中，除 MIFARE Pro 外都属于逻辑加密卡，即内部没有独立的 CPU 和操作系统，完全依靠内置硬件逻辑电路实现安全认证和保护。下面以 MIFARE 公交卡为例，说明逻辑加密型电子标签的密钥认证功能流程，如图 9.3 所示。MIFARE 公交卡认证的流程可以分成以下几个步骤。

① 应用程序通过 RFID 读写器向电子标签发送认证请求。

② 电子标签收到请求后向读写器发送一个随机数 B。

③ 读写器收到随机数 B 后，向电子标签发送要验证的密钥加密 B 的数据包，其中包含了读写器生成的另一个随机数 A。

④ 电子标签收到数据包后，使用芯片内部存储的密钥进行解密，解出随机数 B 并校验与之发出的随机数 B 是否一致。

⑤ 如果是一致的，则 RFID 使用芯片内部存储的密钥对 A 进行加密并发送给读写器。

⑥ 读写器收到此数据包后进行解密，解出 A 并与前述的 A 比较是否一致。

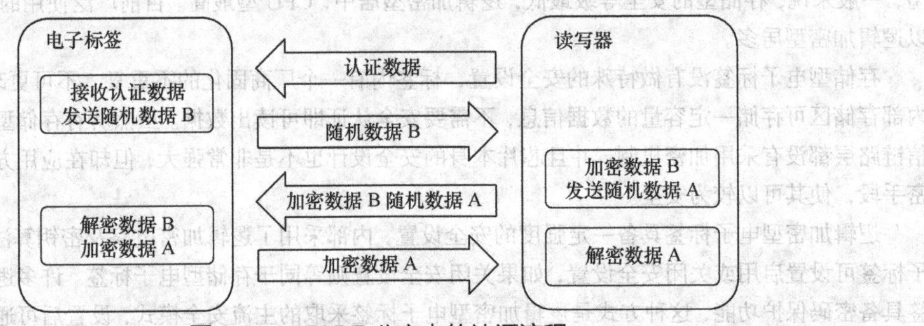

图 9.3　MIFARE 公交卡的认证流程

如果上述的每一个环节都成功，则验证成功，否则验证失败。这种验证方式可以说是非常安全的，破解的强度也是非常大的。比如，MIFARE 的密钥为 6 字节，也就是 48 位；MIFARE 一次典型验证需要 6ms，如果外部使用暴力破解的话，所需的时间为一个非常大的数字，常规破解手段将无能为力。

3. RFID 应用系统的安全设计

（1）MIFARE 卡的安全性

尽管 MIFARE 卡已经极力做了安全设计，但还是被破解了（仅是 MIFARE 逻辑加密型，目前 CPU 型尚无人破解）。2008 年 2 月，荷兰发布了一项警告，指出目前广泛应用的 MIFARE RFID 产品存在很高的风险。这个警告的起因是一个德国的学者和一个弗吉尼亚大学的在读博士已经破解了 MIFARE 卡的 Crypto-1 加密算法，二人利用普通的计算机在几分钟之内就能够破解出 MIFARE Classic 的密钥。这两位专家使用了反向工程方法，一层一层剥开 MIFARE 的芯片，分析芯片中近万个逻辑单元，根据 48 位逻辑移位寄位器的加密算法，利用普通计算机通过向读卡器发送几十个随机数，就能够猜出卡片的密钥是什么。这两位专家发现了 16 位随机数发生器的工作原理，从而可以准确预测下一次产生的随机数，他们几乎可以让 MIFARE Classic 加密算法在一夜之间从这个地球上被淘汰。

（2）RFID 系统的加密体系

那么如何保证电子标签的安全？答案只有一个，那就是 RFID 应用系统采用高安全等级的密钥管理系统。密钥管理系统相当于在电子标签本身的安全基础上再加上一层保护壳，这层保护壳的强度决定于数学的密钥算法。目前 RFID 应用系统广泛采用公钥基础设施（PKI）及简易对称（DES 及 3DES 等）的加密体系，如图 9.4 所示。

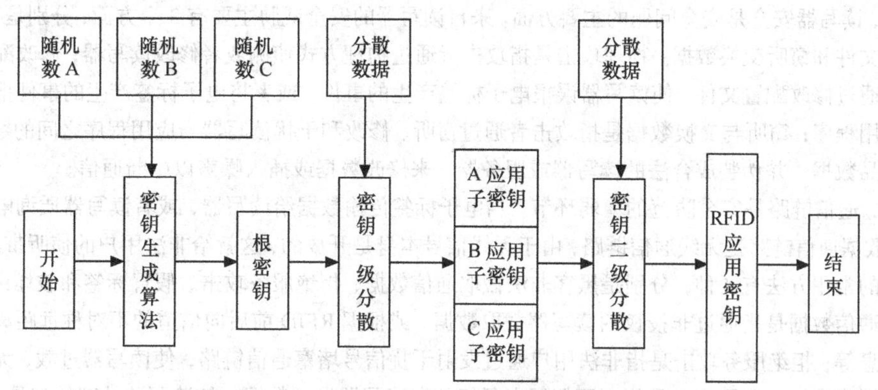

图 9.4 RFID 系统广泛采用的加密体系

从图 9.4 可以看到，RFID 系统通过复杂并保密的生成算法，可以得到根密钥；再根据实际需要，通过多级分散，最终可以获得电子标签芯片的密钥。此时每一个 RFID 芯片根据 ID 号不同，写入的密钥也不同，这就是“一卡一密”。如果采用了“一卡一密”的管理方式，前面破解的电子标签芯片，也只是破解了一张 RFID 电子标签的密钥而已，并不代表可以破解整个应用系统的密钥，系统还是安全的。

目前在金融领域，电子标签的金融消费不仅采用了专用交易流程限制，而且在认证安全方面又使用了 PKI 体系的静态认证、动态认证和混合认证，安全性能又提高了一个等级。所以我们有理由认为，电子标签自身的安全设计虽有不足，但完善的 RFID 应用系统可以弥补并保证电子标签安全地运行。电子标签只是信息媒介，在电子标签自有的安全设置基础上，再加上应用系统更高级别的安全设计，可以使电子标签的安全无懈可击。

4. RFID 安全策略举例

在物流领域，RFID 的信息安全涉及储存、运输及使用的各个环节，在电子标签、读写器、通信链路、中间件及后端应用等方面，都需要考虑信息安全问题。

（1）物流领域中的 RFID 技术

在物流领域，RFID 电子标签正逐渐取代传统的产品卡片和装箱单，成为商品信息的真正载体。物流领域 RFID 技术涉及如下几个方面。

① 首先需要对产品按照某种规则编制电子标签，实现对电子标签的识别，完成产品与电子标签之间信息的映射转化。

② 在接收产品时，将相关的产品信息从电子标签中读出，并输入到物流信息管理系统，进行相关业务的处理。

③ 在发放产品时，将产品的相关信息写入电子标签。通过读写器对电子标签的内容进行修改，输入新的数据，并将信息反馈到物流信息管理系统，以便及时更改账目。

④ 在运输途中可以采集电子标签中的信息，并上传给数据中心，以便物流信息管理系统实时掌握商

品的流动状况。

⑤ 在应急物流的情况下，对电子标签中的数据进行读写，达到对产品管理、查找、统计和盘点的目的。

（2）物流领域对 RFID 安全的需求分析

在物流领域管理中，RFID 系统存储信息的方式有两种。一种是将产品信息直接写入电子标签；另一种是电子标签中只存储产品序列号，而产品的信息存储于后台数据库中，通过读取序列号来调取数据库中的产品信息。

第一，标签数据是安全防范的关键。由于电子标签的技术及成本等原因，电子标签本身没有足够的能力保证信息的安全。标签数据的安全性包括数据复制、虚假事件等问题。数据复制是指复制电子标签所造成的数据虚假，例如，对已经失去时效的电子标签再次复制并读取等；虚假事件是指电子标签的数据被非法篡改。

第二，读写器安全是安全问题的主要方面。来自读写器的安全威胁主要有 3 个方面，分别是物理攻击、修改配置文件和窃听交换数据。物理攻击是指攻击者通过物理方式侦测或者修改读写器；修改配置文件是指攻击者通过修改配置文件，使读写器误报电子标签产生的事件，或者将电子标签产生的事件报告给未经授权的应用程序；窃听与交换数据是指攻击者通过窃听、修改和干扰读写器与应用程序之间的数据，窃听与交换产品数据，并伪装成合法的读写器或服务器，来修改数据或插入噪声以中断通信。

第三，通信链路是安全防范的薄弱环节。当电子标签传输数据给读写器，或者读写器质询电子标签的时候，其数据通信链路是无线通信链路，由于无线信号本身是开放的，这就给非法用户的侦听带来了方便。非法侦听的常用方法有 4 种，分别是黑客非法截取通信数据、拒绝服务攻击、假冒标签和破坏标签。黑客非法截取通信数据是指通过非授权的读写器截取数据，或根据 RFID 前后向信道的不对称远距离窃听电子标签的信息等；拒绝服务攻击是指非法用户通过发射干扰信号堵塞通信链路，使读写器过载，无法接收正常的电子标签数据；假冒标签是指利用假冒电子标签向读写器发送数据，使读写器处理的都是虚假数据，而真实的数据则被隐藏；破坏标签是指通过发射特定的电磁波，破坏电子标签。

第四，中间件与后端安全不容忽视。RFID 中间件与后台应用系统的安全属于传统的信息安全范畴，是网络与计算机数据的安全。如果说前端系统相当于物流领域的前沿阵地，那么中间件与后端就相当于这个体系的指挥部，所有产品的数据都由这个部分搜集、存储和调配。中间件承担了所有信息的发送与接收任务，中间件的每个环节都存在着被攻击的可能性，具体攻击会以数据欺骗、数据回放、数据插入或数据溢出等手段进行。这一环节一旦遭到攻击，整个 RFID 识别系统将面临瘫痪的危险。

（3）物流领域 RFID 系统的安全策略

为保证 RFID 系统在物流领域中正常、有效地运转，解决 RFID 系统存在的诸多安全问题，需要有 RFID 安全策略。

安全策略之一：屏蔽电子标签。在不需要阅读和通信的时候，屏蔽对电子标签来说是一个主要的保护手段，特别是对包含敏感数据的电子标签。电子标签被屏蔽之后，也同时丧失了射频（RF）的特征。在需要通信的时候，可以解除对电子标签的屏蔽。

安全策略之二：锁定电子标签。锁定是使用一个特殊的、被称为锁定者的电子标签，来模拟无穷电子标签的一个子集，这样可以阻止非授权的读写器读取电子标签的子集。锁定电子标签可以防止其他读写器读取和跟踪附近的电子标签，而在需要的时候，则可以取消这种阻止，使电子标签得以重新生效。

安全策略之三：采用编程手段使 RFID 标签适时失效。方法是使用编程 Kill 命令，电子标签接收到这个 Kill 命令之后，便终止其功能，无法再发射和接收数据。屏蔽和杀死都可以使电子标签失效，但后者是永久的。Kill 这种方式的缺点是影响反向跟踪，比如多余产品的返回和损坏产品的维修等，因为电子标签已经无效，物流系统将不能再识别该数据。

安全策略之四：物理损坏。物理损坏是指使用物理手段彻底销毁电子标签，并且不必像 Kill 命令一样担心标签是否失效。但是对一些嵌入的、难以接触的标签，物理损坏难以做到。

安全策略之五：利用专有通信协议实现敏感使用环境的安全。专有通信协议有不同的工作方式，如限制标签和读写器之间的通信距离等。可以采用不同的工作频率、天线设计、标签技术、读写器技术等，限制电子标签与读写器之间的通信距离，降低非法接近和阅读电子标签的风险。这种方法有非公有的通信协议和加解密方案，基于完善的通信协议和编码方案，可实现较高等级的安全。但是，这种方法不能完全解决数据传输的风险，而且可能还会损害系统的共享性，影响RFID系统与其他标准系统之间的数据共享能力。

安全策略之六：引入认证和加密机制。使用各种认证和加密手段，确保标签和读写器之间的数据安全，确保网络上的所有读写器在传送信息给中间件之前都通过验证，并且确保读写器和后端系统之间的数据流是加密的。但是这种方式的计算能力以及采用算法的强度受电子标签成本的影响，一般在高端RFID系统适宜采用这种方式加密。

安全策略之七：利用传统安全技术解决中间件及后端的安全。RFID读取器的后端是标准化的网络基础设施，因此RFID后端网络存在的安全问题，与其他网络是一样的。在读取器后端的网络中，可以借鉴现有的网络安全技术，确保物流信息的安全。

本章小结

物联网安全的实质就是信息安全。信息安全的基本属性是指信息的机密性、完整性、可用性、可认证性和不可否认性。密码技术是信息安全技术的核心，密码学是研究编制密码和破译密码的一门科学。密码学有公钥密码与单钥密码两大体制，加解密算法和密码协议为密码学研究的两大课题。物联网安全不是全新的概念，它是互联网安全的延伸。物联网安全的重点在于部署感知层的信息防护和大量新型应用的安全保护，物联网安全在理论、技术复杂性、低成本需求等方面都面临新的挑战。从物联网的架构出发，物联网信息安全体系包括感知层安全、网络层安全和应用层安全。物联网感知层的安全既是新事物，也是物联网安全的重点，针对物联网感知层所涵盖的内容，可以将感知层的安全主要分为RFID安全和传感网安全两大类，物联网感知层需要轻量级密码算法和轻量级安全认证协议。物联网网络层的安全主要体现在接入安全、核心层安全和云计算平台安全。其中，接入安全包括无线接入安全和有线接入安全；核心层安全主要依赖于传统网络安全技术，并寄希望于IPv6技术；云计算平台安全则需要实现数据管理和分析的安全，并经常和大数据安全联系到一起。物联网应用层的安全主要体现在业务控制、管理和认证机制，中间件以及隐私保护等安全问题。在物联网安全实施策略中，专家们给出了RFID的安全策略。

思考与练习

9.1 信息安全的基本属性是什么？

9.2 信息安全威胁的具体方式和解决手段是什么？

9.3 简述加密模型。密码体制有哪几种？公钥密码体制有什么特点？

9.4 介绍常见的密码算法。密码学研究的两大课题是什么？什么是密码协议？

9.5 举例说明物联网的安全威胁。

9.6 物联网安全面临哪些方面的技术挑战？

9.7 物联网安全是全新的概念吗？简述物联网安全与互联网安全的关系。

9.8 解释物联网的安全层次模型。

9.9 为什么说物联网感知层的安全是物联网安全的重点？物联网感知层的安全机制怎样建立？可以简单地将物联网感知层的安全大体分为哪两大类？

9.10 物联网网络层的安全主要体现在哪3个方面？其中哪方面是关于信息传输的安全？哪方面是关于数据管理和分析的安全？

9.11 物联网应用层的安全是怎样在业务控制、管理、认证、中间件、隐私保护方面实现的？

9.12 RFID物理安全的实施策略有哪些？存储型、逻辑加密型和CPU型电子标签中，哪一种安全级别高？解释MIFARE公交卡的认证流程。解释RFID系统广泛采用的加密体系。给出物流领域RFID系统的安全策略。

第 10 章 智慧地球与物联网应用

在过去的几年中，物联网和智慧地球这些颇具前瞻性的概念，在某种程度上打破了原来对信息与通信技术固有的看法。人们正摆脱信息与通信技术惯常的思维模式，认识到在信息与通信的世界里将获得一个新的沟通维度，从任何时间、任何地点人与人之间的沟通和连接，扩展到任何时间和任何地点人与物、物与物之间的沟通和连接。信息技术已经上升为让整个物理世界更加智能的智慧地球的新阶段。

物联网描绘的是充满智能化的世界，如果在基础建设的执行中植入“智慧”的理念，在物联网的世界里万物都将相连，地球将充满智慧。物联网通过对现有技术的综合运用，实现了全新的通信模式，现在人类正以前所未有的创新性构建、汇集、整合和连接存在于任何地方的各类资源，物联网将对社会经济的各个领域产生深刻影响。物联网的时代即将来临，人类梦寐以求的“将物体赋予智能”这一希望，在物联网的时代将成为现实。

10.1 智慧地球

智慧地球的核心是以一种更加智慧的方法，通过利用新一代信息技术来改变相互交互的方式，以便提高交互的明确性、效率、灵活性和响应速度，其目标是让世界运转得更加智能化，让个人、企业、组织、自然和社会之间的互动效率更高。

物联网是智慧地球发展的基石。构建智慧地球，不是简单地将实物与互联网进行连接，而是需要进行更高层次的整合和创新，需要“更透彻的感知，更全面的互联互通，更深入的智能化”。IBM 提出的物联网与智慧地球如图 10.1 所示。

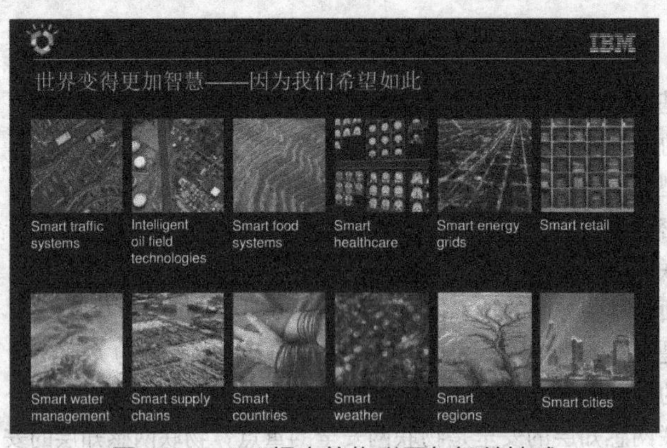

图 10.1 IBM 提出的物联网与智慧地球

10.1.1 物联网带来更透彻的感知

“更透彻的感知”是超越传统传感器的一个更为广泛的概念。具体来说，是指随时随地利用任何可感知信息的设备或系统。通过使用这些设备或系统，从人的血压到公司的数据或城市的交通状况等任何信息，都可以被快速获取并进行分析。

美国提出了智能电网（Smart Grid）。智能电网是物联网在电力领域的一种应用，是物联网“带来更透彻的感知”的具体体现。智能电网就是电网的智能化，它建立在集成的、高速双向通信网络的基础上，通过先进的传感技术、先进的测量技术、先进的控制技术、先进的决策支持系统，实现电网可靠、安全、经济、高效、环保地运行。智能电网通过在用户终端安装智能电表，来感知电网的运行情况，然后通过各种不同发电形式的接入，以信息化、数字化、自动化、互动化为特征，实现电网优化高效的运行。

我国则提出了“感知中国”。“感知中国”离我们很近，日常生活中任何物品都可以变得“有感觉、有思想”。通俗地讲，物联网就是在物体上植入各种微型感应芯片使其智能化，然后借助无线网络进行人和物体“对话”，物体和物体“交流”。这些物体既可以是手表、钥匙，也可以是汽车、楼房。

10.1.2 物联网带来更全面的互联互通

“更全面的互联互通”是指通过各种形式的通信网络，将个人、电子设备、组织收集和存储的分散信息连接起来，进行交互和多方共享，从全局的角度分析并实时解决问题，从而彻底改变整个世界的运作方式。

美国沃尔玛公司是将 RFID 技术和 EPC 网络应用于零售业的积极倡导者。美国麻省理工学院将 RFID 与互联网结合，提出了 EPC 智能物流解决方案，形成了物联网的最初构想。在沃尔玛的推动下，在物流领域开始了物联网 EPC 系统的应用。EPC 系统在全球范围内采用统一的标准，完成物品的自动、实时识别，并提供物品信息的网络服务，提高了贸易信息的透明度与可视性，带来了供应链“更全面的互联互通”，开始了物流领域“物联网全球全程联动”的时代。

我国则积极推动车联网的建设。车联网能实现在信息网络平台上对所有车辆的属性、静态和动态信息进行提取和有效利用，并根据不同的需求对所有车辆进行有效的监管。车联网 2020 年可控车辆规模将达 2 亿，车联网将成为我国最大的物联网应用模式之一。早期的智能交通是围绕高速公路展开的，其中最主要的一项就是建立了高速公路收费系统。但是，目前交通问题的重点和压力来自于城市道路拥堵，未来的交通发展将以热点区域为主，向以车为对象的管理模式转变。因此，汽车运行亟待建立以车为结点的信息系统“车联网”，2020 年以后我国的汽车将实现“全面的互联互通”状态。

10.1.3 物联网带来更深入的智能化

“更深入的智能化”可深入分析收集到的数据，以获取更加新颖、系统、全面的洞察力来解决特定的问题。这要求使用先进技术（如数据挖掘和分析工具、科学模型和功能强大的运算系统），通过分析、汇总和计算，整合跨地域、跨行业和跨部门的数据和信息，并将特定的知识应用到特定行业、场景和解决方案中，以更好地支持决策和行动。

德国提出了“未来商店”的概念，“未来商店”为千篇一律的买卖过程注入了新鲜的体验。麦德龙公司设计了一种奇特的“智能试衣间”，在这里，顾客不用把衣服穿上再脱下，商店里的大屏幕就可以显示出试穿这件衣服的效果。站在它面前，顾客的形象也可以通过网络传输到亲友的手机或者电子邮箱，这样一来，即使亲友不在现场也可以提供意见。甚至，还可以将虚拟形象上传到网上，让网友投票提意见。这就是基于物联网的未来商店，是物联网带来更深入的智能化的具体体现。

我国则倡导智能家电。智能家电就是将微处理器、计算机技术和通信技术引入家电设备，智能家电可以自动监测自身故障、自动测量、自动控制、自动调节、自动与远方控制中心通信。其中，物联网冰箱不仅可以储存食物，而且可以与网络连接，实现冰箱与冰箱里的食品、与超市的食品、与人之间的自由沟通，并可获得烹饪方法、推荐菜单等个性化信息；物联网洗衣机具有自动识别洗涤剂品类、衣物质料、自来水水质、脏污程度、家庭水电费管理等多种功能。智能家电通过物联网实现家电“更深入的智能化”，从而带来产业升级。

10.1.4 物联网使地球变得更加智慧

物联网通过将新技术充分运用在各行各业之中，将各种物体充分连接，并通过网络将采集到的各种实时动态信息送达计算机处理中心，进行汇总、分析和处理，从而构建智慧地球。在物联网中，商业系统和社会系统将与物理系统融合起来，形成新的智慧系统，地球将达到“智慧”运行的状态，这将提高资源利用率和生产力水平，改善人与自然的关系。

IBM 公司提出的“智慧地球”关注新锐洞察、智能运作、动态构架和绿色节能。物联网能提高人类的洞察力，让我们知道如何利用从众多资源中获取的大量实时信息来做出明智的选择；物联网能提高人类的运作能力，让我们知道如何动态地满足人类灵活的生活和工作需求；物联网能让我们知道如何构建一个低成本、智能和安全的动态基础设施；物联网能让我们知道如何针对能源和环境的可持续发展要求提高效率，高效节能，使生活更加节能和环保。

物联网不仅是与互联网的融合，而且是更高层次的整合，能带来“更透彻的感知，更全面的互联互通，更深入的智能化”。物联网将使地球变得更加智慧。

10.2 M2M——物联网应用的雏形

就如互联网之初是由一个个局域网构成的，M2M 是物联网的构成基础，是现阶段物联网雏形的一种表现形式。未来的物联网将有无数个 M2M 系统，类似于人类身体的不同机能。不同的 M2M 系统会负责不同的功能处理，通过核心单元协调运作，最终组成智能化的社会系统。

10.2.1 M2M 的概念

M2M 是机器对机器（Machine to Machine）通信的简称，是一种以机器终端智能交互为核心的网络化应用与服务。M2M 主要是指通过通信网络传递信息，完成机器对机器的数据交换，也就是机器与机器的对话，从而实现机器与机器之间的互通与互联，并涵盖了所有在人、机器、系统之间建立通信连接的技术和手段。

M2M 表达的是多种不同类型通信技术的有机结合：机器之间的通信；机器控制通信；人机交互通信；移动互联通信。M2M 让机器、设备、应用处理过程与后台控制系统共享信息，提供了设备实时在系统之间、远程设备之间或个人之间建立无线连接、传输数据的手段。M2M 技术综合了数据采集、GPS、远程监控、电信、信息等众多技术，是涵盖计算机、网络、设备、传感器、人类等的生态系统，能够使业务流程自动化，并创造增值服务。

人与人之间的沟通很多是通过机器实现的，例如通过手机、电话、计算机、传真机等来实现人与人之间的沟通。另外一类技术是专为机器和机器建立通信而设计的，例如，许多智能化仪器仪表都带有通信接口，越来越多的设备具有了通信和联网的能力。人与人之间的通信需要直观、精美的界面和丰富的多媒体内容，而 M2M 则需要建立统一规范的通信接口和标准化的传输内容。

随着网络通信技术的出现和发展，人与人之间可以更加快捷地沟通，信息的交流也更加顺畅。但是对于机器而言，目前仅仅是计算机和一些 IT 类设备具备这种通信和网络的能力，众多的普通机器设备几乎不具备联网和通信能力。M2M 的目标就是使所有机器设备都具备联网和通信能力，其核心理念就是网络一切（Network Everything）。

10.2.2 M2M 架构和体系

1. M2M 系统架构

M2M 系统架构由设备域（Device Domain）、网络域（Network Domain）和应用域（Application Domain）3 个部分组成，如图 10.2 所示。在设备域，M2M 区域网络（M2M Area Network）中的设备通过 M2M 网关（M2M Gateway）连接到网络域。在网络域，有 M2M 核（M2M Core），同时通信网络与 M2M 应用之间有接口服务能力（Service Capabilities）。在应用域，既有 M2M 应用（M2M Application），也有客户应用（Client Application）。

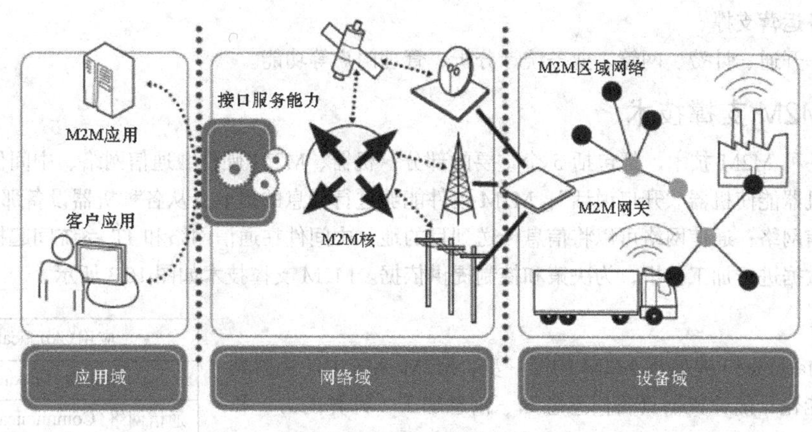

图 10.2 M2M 系统架构

（1）M2M 设备

M2M 设备是可以响应对其本身存储数据的请求或者可以自动传输其中数据的设备。

（2）M2M 区域网络

M2M 区域网络是一个提供 M2M 设备和 M2M 网关连接功能的网络。M2M 区域网络含有多种网络技术，包括 ZigBee、RFID、蓝牙、超宽带以及局域网等。

（3）M2M 网关

M2M 网关确保 M2M 设备之间互联互通并能连接到通信网络。

（4）M2M 通信网络

M2M 网关和 M2M 应用（服务器）之间的通信网络统称为 M2M 通信网络。它们可以进一步细分为接入、传输和核心网络。

（5）M2M 应用

M2M 应用（服务器）是中间件层，数据通过它传输到各种应用服务，然后被特定的业务处理引擎使用。

2. M2M 运营体系

为了实现 M2M 应用的标准化和规模化，国内外的电信运营商都已经开始建设各自的 M2M 运营体系。M2M 的运营体系主要包括 M2M 终端、承载网络、运营系统和应用系统。其中，M2M 终端主要包括行业专用终端、手持设备等；M2M 承载网络包括各种通信网络，并以无线通信网络为主；M2M 运营系统支持多种网络接入方式，提供标准化的数据传输接口，为用户提供统一的移动行业终端管理和终端设备鉴权，提供数据路由、用户鉴权、内容计费等管理功能；M2M 应用系统为个人、家庭和企业用户提供服务。

在 M2M 运营体系中，运营系统属于管理平台，是实现 M2M 管理和运营的核心部分。M2M 运营体系中运营系统的主要功能如下。

（1）终端接入

连接通信网关，M2M 管理平台向集团客户应用系统提供统一接入接口。

（2）终端管理

实现 M2M 终端的接入、认证鉴权、远程监控、远程告警、远程故障诊断、远程软件升级、远程配置、远程控制、终端接口版本差异管理的功能。

（3）业务处理

根据 M2M 终端或者应用发出请求消息的命令执行对应的逻辑处理，实现 M2M 终端管理和控制的业务逻辑。M2M 管理平台能够对业务消息请求进行解析、鉴权、协议转换、路由和转发，并提供流量控制功能。

（4）业务运营支撑

提供业务开通、计费、网管、业务统计分析、管理门户等功能。

10.2.3　M2M 支撑技术

无论哪一种 M2M 技术，都包括 5 个重要的部分：机器、M2M 硬件、通信网络、中间件、应用。其中，智能化机器能使机器“开口说话”；M2M 硬件能够进行信息的提取，从各种机器设备那里获取数据，并传送到通信网络；通信网络可以将信息传送到目的地；中间件在通信网络和 IT 系统间起桥接作用；应用是对所获数据进行加工分析，为决策和控制提供依据。M2M 支撑技术如图 10.3 所示。

应用（Applications）
中间件（Middleware）
通信网络（Communication Network）
M2M 硬件（M2M Hardware）
机器（Machines）

图 10.3　M2M 支撑技术

1．机器

机器（Machines）是实现 M2M 的第一步，M2M 系统中的机器具有高度的智能化，能让机器具备信息感知、信息加工（计算能力）和无线通信能力。

2．M2M 硬件

M2M 硬件是使机器获得远程通信和联网能力的部件，可分为如下 5 种。

（1）嵌入式硬件

嵌入式硬件可嵌入到机器里面，使其具备网络通信能力。

（2）可组装硬件

厂商拥有大量不具备 M2M 通信和联网能力的设备仪器，可组装硬件就是为满足这些机器的网络通信能力而设计的。可组装硬件包括从传感器收集数据的 I/O 设备，以及将数据发送到通信网络的连接终端等。

（3）调制解调器

上面提到，嵌入式模块将数据传送到移动通信网络上时，起的就是调制解调器（Modem）的作用。如果要将数据通过公用电话网或者以太网送出，则分别需要相应的 Modem。

（4）传感器

智能传感器（Smart Sensor）是指具有感知能力、计算能力和通信能力的微型传感器。由智能传感器组成的传感器网络是 M2M 技术的重要组成部分，一组具备通信能力的智能传感器能够以 Ad hoc 方式构成无线网络，协作感知、采集和处理网络覆盖区域中感知对象的相关信息，并可以通过移动或卫星通信网络将信息传给远方的 IT 系统。

（5）识别标识

识别标识如同每台机器、每个商品的“身份证”，使机器之间可以相互识别和区分。常用的识别技术有条形码技术、射频识别技术等。

3．通信网络

通信网络在整个 M2M 技术框架中处于核心地位。M2M 中的通信网络包括广域网（无线移动通信网络、卫星通信网络、Internet、公众电话网）、局域网（以太网、无线局域网）、个域网（ZigBee、Bluetooth）。在 M2M 技术框架的通信网络中，网络运营商和网络集成商是两个主要参与者。尤其是移动通信网络运营商，在推动 M2M 技术应用方面起着至关重要的作用，是 M2M 技术应用的主要推动者。

4．中间件

中间件主要涉及两部分：M2M 网关、数据收集/集成部件。

（1）M2M 网关

网关是 M2M 系统的“翻译员”，M2M 网关的主要功能是完成不同通信协议之间的转换。M2M 网关获取来自通信网络的数据，并将数据传送给信息处理系统。

（2）数据收集/集成部件

数据收集/集成部件是为了将数据变成有价值的信息，对原始数据进行不同的加工和处理，并将结果呈现给需要这些信息的观察者和决策者。这些中间件包括数据分析和商业智能部件、异常情况报告和工作流程部件、数据仓库和存储部件等。

5. 应用

M2M 应用主要是通过数据融合、数据挖掘等技术，将感知和传输来的信息进行分析和处理，为决策和控制提供依据，实现智能化的 M2M 业务应用和服务。

10.2.4 M2M 业务发展现状

M2M 的概念已经被电信运营商定义为物联网应用的基础支撑设施平台。目前电信运营商开发的 M2M 应用已达十几种，提供了“物联信息”表达和交流的规范，将在智能家居、智能校园等应用领域以及下一代互联网、电子支付、云计算、大数据等技术领域广泛开展合作，让用户体验物联网带来的个性化、智慧化、创新化的信息新生活。

1. 智能家居

智能家居集自动化控制系统、计算机网络系统和网络通信系统于一体，将各种家庭设备（如音视频设备、照明系统、窗帘控制、空调控制、安防系统、网络家电等）通过智能家庭网络联网实现自动化，通过电信运营商的网络实现对家庭设备的远程操控。

2. 智能医疗

智能医疗系统借助家庭医疗传感设备，对家中病人或老人的生理指标进行自测，并将生成的生理指标数据通过电信运营商的网络，传送到护理人或有关医疗单位。根据客户的需求，还可以提供增值业务，如紧急呼叫救助服务、专家咨询服务、终生健康档案管理服务等。

3. 智能城市

智能城市包括对城市的数字化管理和城市安全的统一监控。智能城市的数字化管理基于 3S［地理信息系统（GIS）、全球定位系统（GPS）、遥感系统（RS）］等关键技术，可以深入开发和应用空间信息资源，建设服务于城市规划、城市建设、城市管理，服务于政府、企业、公众，服务于资源环境、经济社会的信息基础设施和信息系统。智能城市安全的统一监控基于宽带互联网的实时远程监控、传输、存储、管理等业务，利用电信运营商无处不达的网络，将分散、独立的图像采集点进行联网，实现对城市安全的统一监控、统一存储、统一管理。

4. 智能环保

智能环保通过在各个监控点安装监控传感器，实施对地表水水质等的自动监测，可以实现水质和环境的实时连续监测和远程监控，预报重大或流域性污染事故，解决跨行政区域的污染事故纠纷，监督总量控制制度落实情况。

5. 智能交通

智能交通包括车管专家、电子票务、公交行业无线视频监控平台、智能公交站台等。车管专家利用全球定位系统（GPS）、地理信息系统（GIS）、移动通信（4G、5G）等技术，将车辆的位置、速度、车内外图像等信息进行实时管理，有效满足用户对车辆管理的各类需求。电子票务是手机凭证业务的典型应用，手机凭证业务就是手机+凭证，是以手机为平台、以手机身后的移动网络为媒介，实现票务的凭证功能。公交行业无线视频监控平台利用车载设备的无线视频监控和 GPS 定位功能，对公交运行状态进行实时监控。智能公交站台通过媒体发布中心与电子站牌的数据交互，实现公交调度信息数据的发布和多媒体数据的发布功能，还可以利用电子站牌实现广告发布等功能。

6．智能校园

智能校园主要包括一卡通和金色校园业务。校园手机的一卡通主要实现的功能包括电子钱包、身份识别和银行圈存，其中，电子钱包即通过手机刷卡实现主要校内消费；身份识别包括门禁、考勤、图书借阅、会议签到等；银行圈存即实现银行卡到手机的转账充值、余额查询。金色校园业务能够帮助中小学用户实现学生管理电子化、老师排课办公无纸化，以及学校管理的系统化，使学生、家长、学校三方可以时刻保持沟通。

7．智能农业

智能农业通过采集温度传感器等信号，经由无线信号传输数据，能够实时采集温室内的温度、湿度、光照、土壤温度、二氧化碳浓度、叶面湿度、露点温度等环境参数，自动开启或者关闭指定设备。智能农业还包括智能粮库系统，该系统通过将粮库内温湿度变化的感知与计算机或手机连接起来，进行实时观察，记录现场情况以保证粮库内的温湿度平衡。

8．智能物流

智能物流建设集物流配载、仓储管理、电子商务、金融质押、园区安保、海关保税等功能于一体的物流综合信息服务平台。该平台以功能集成、效能综合为主要开发理念，以电子商务、网上交易为主要交易形式，并为金融质押、园区安保、海关保税等功能预留了接口，可以为客户及管理人员提供一站式综合信息服务。

9．智能文博

智能文博主要应用于文化、博览等行业，能够实现智能导览、呼叫中心等拓展应用。智能文博系统是基于RFID和电信运营商的无线网络。在服务器端，该系统建立相关导览场景的文字、图片、语音以及视频介绍数据库，以网站形式提供专门面向移动设备的访问服务。在移动设备终端，通过其附带的RFID读写器，得到相关展品的EPC码后，可以根据用户需要，访问服务器网站并得到该展品的文字、图片、语音或者视频介绍等相关数据。

10.3 物联网典型应用

物联网产业覆盖了传感感知、传输通道、运算处理、行业应用等领域，其中涉及的技术包括RFID、传感器、无线定位、通信网络、大数据、智能控制、云计算、人工智能等。物联网的应用正从面向企业逐步发展到面向公众，将遍及各行各业。

10.3.1 物联网在德国汽车制造领域的应用

德国ZF Friedrichshafen公司是全球知名的车辆底盘和变速器供应商，在全球25个国家设有119家工厂，约有57000名员工，公司的年度财政收入195亿美元。在ZF Friedrichshafen的工厂里，公司为MAN和IVECO等品牌的商用车辆生产变速器和底盘，越来越多的用户要求ZF Friedrichshafen公司不仅要准时供货，而且还要按生产排序供货。因此，ZF Friedrichshafen公司希望实现在正确的时间按正确的顺序运送正确的产品给顾客。

1．RFID系统的构成

ZF Friedrichshafen公司引进了一套RFID系统来追踪和引导八速变速器的生产。这套RFID系统采用Siemens RF660读写器和Psion Teklogix Workabout Pro手持读写器，通过RF-IT Solutions公司生产的RFID中间件，与ZF Friedrichshafen公司其他的应用软件连接。现在，ZF Friedrichshafen公司实现了生产全过程的中央透明管理。

2．变速器的RFID标签

ZF Friedrichshafen公司在这个新项目之前采用的是条码识别产品，但条码在生产器件过程中容易受损或脱落，公司需要一套可识别各个变速器的新方案。

针对这个 RFID 新项目，ZF Friedrichshafen 公司专门设计了一个新的生产流程，通过对 RFID 标签进行测试，确认其可以承受变速器恶劣的生产环境。ZF Friedrichshafen 公司将 RFID 技术直接引入生产流程，建立了一条八速变速器的生产线，设置了 15 个 RFID 标签读取点，通过获得标签存储的信息，来控制生产的全部流程。RFID 标签封装在保护性塑料外壳里，封装在塑料外壳里的 RFID 标签如图 10.4 所示。

RFID 标签符合 EPC Gen2 标准，是无源超高频 RFID 标签。RFID 标签带有 512 字节的用户内存，标签内存储着与生产相关的数据信息，该数据信息包括变速器的识别码、序列号、型号、生产日期等。

ZF Friedrichshafen 公司自己或者委托供应商浇铸变速器的外壳。当 ZF Friedrichshafen 公司或者供应商浇铸变速器的外壳时，外壳配置一个 RFID 标签嵌体，RFID 标签将安装在嵌体里。安装在变速器外壳嵌体里的 RFID 标签如图 10.5 所示。

图 10.4 封装在塑料外壳里的 RFID 标签

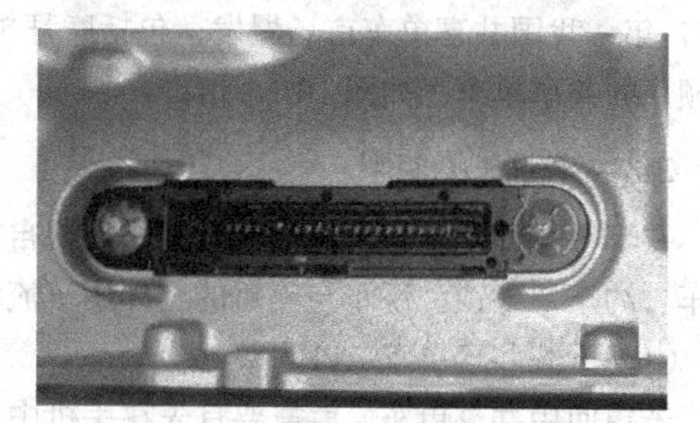

图 10.5 安装在变速器外壳的嵌体里的 RFID 标签

3. RFID 标签在生产线上

一旦 RFID 标签应用于变速器上，ZF Friedrichshafen 公司或者供应商将采用手持或固定 RFID 读写器测试标签，并在标签里存储浇铸信息。之后，ZF Friedrichshafen 公司或者供应商将采用读写器识别变速器外壳，再将变速器送往生产线上。

在生产线上，ZF Friedrichshafen 公司在 3 个生产阶段共识别外壳约 15 次，包括机械处理、变速器集装和检测等。

在全自动生产线的多个点上，ZF Friedrichshafen 公司采用远距离读写站来读取 RFID 标签，并获取可以改变特定变速器生产流程的信息。举个例子，在读写站可以升级 RFID 标签数据，如补充生产状态信息等，同时在读写站获取的工艺参数和测量值可能被用于定制生产流程。在生产线上读取 RFID 标签数据如图 10.6 所示。

图 10.6 在生产线上读取 RFID 标签数据

4. 变速器 RFID 系统的优点

在生产的最后阶段，各个变速器装满油，进行运行测试。上述生产数据保留在 ZF Friedrichshafen 公司的服务器上，用于诊断和过程监测，如果产品发生问题，可以用于生产追溯。一旦变速器通过测试，系统接着对 RFID 标签写入序列号，标签仍保留着生产运行信息，标签的这些信息可用于质量追溯。

八速变速器 RFID 系统于 2009 年年初开始实施，ZF Friedrichshafen 公司希望由 RFID 标签控制的生产线每年可生产 100000 ~ 200000 件变速器。ZF Friedrichshafen 公司称，这套系统的主要收益是稳定、低成本、变速器的唯一识别和生产能力控制。

10.3.2 共享单车——我国物联网应用的一次爆发

共享单车是指企业在校园、地铁站点、公交站点、居民区、商业区、公共服务区等提供自行车单车共享服务，是共享经济的一种新形态。2017 年 11 月，中国通信工业协会发布团体标准《基于物联网的共享自行车应用系统总体技术要求》。共享单车是我国物联网应用的很好实例，将引领物联网真正爆发。

1. 共享单车的产生

2014 年，共享单车首次出现在北大校园，北大学生创立 ofo 公司，致力于解决大学校园的出行问题。2017 年，我国共享单车市场爆发，包括摩拜单车在内的几十家公司运营共享单车，各大城市路边排满各种颜色的共享单车，如图 10.7 所示。

2. 共享单车的使用

共享单车创造了一种通过移动互联实现自行车共享的新模式，让人们用手机就可以在运营区域内完成找车、约车、开锁、还车与支付的全部用车流程。

（1）下载共享单车 APP

若想使用共享单车，就需要首先在手机中下载 APP。2017 年，有 20 多个共享单车品牌，其中 4 个共享单车品牌的 APP LOGO 图标如图 10.8 所示。

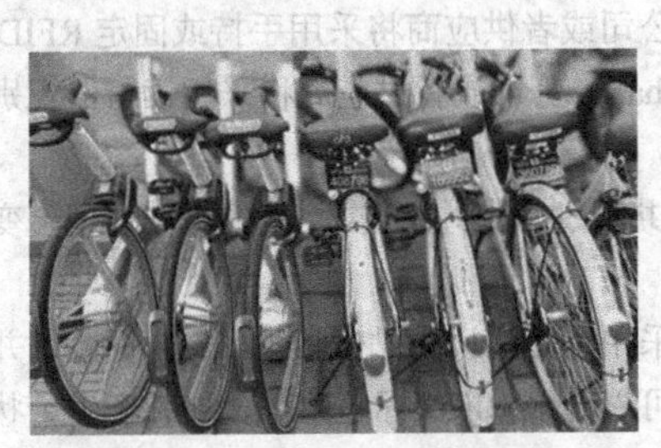

图 10.7　不同公司的共享单车

图 10.8　4 种共享单车的 APP LOGO 图标

（2）在 APP 内操作

当下载了某一品牌的 APP 之后，均需要经过“手机验证”“交纳押金”“实名认证”3 个步骤，才可以正常使用共享单车。在 APP 内进行操作时，需要支付押金和实名认证，这会需要个人银行资金信息和个人身份信息。

（3）寻找并预约附近的共享单车

想使用共享单车的时候，首先打开 APP，APP 首页显示附近 100 米之内是否存在共享单车。若有，在电子地图上点击想要的车辆即可预约，车辆在预约后可保留 15 分钟，以便取车。开锁后计费开始，预约不算入计费时间。

（4）共享单车开锁

来到共享单车处，再次打开 APP，点击首页底部的“扫码开锁”按钮后，便可打开扫描二维码的界面，对准单车前把位置（或者车座下面）的二维码扫描，即可打开车锁。单车前把位置的二维码如图 10.9 所示。

（5）停放共享单车并结单

使用完毕后，需要将共享单车停放到合适的位置，以方便大家找寻。在停放共享单车的时候，关上手动车锁，合上锁环，即可完成还车，结束计费，APP 上便会显示即时提示信息，提示结单。

图 10.9 单车前把位置的二维码

3. 共享单车的智能锁

共享单车的车锁是智能锁，共享单车的定位能力就来源于智能锁。智能锁内嵌了 GPS 模块、SIM 卡、开锁电机、传感器等，具有定位、无线移动通信、自动开锁、蜂鸣报警等功能。共享单车的智能锁如图 10.10 所示。

图 10.10 共享单车的智能锁

（1）GPS 定位

智能锁里面有 GPS 模块，智能锁可以 GPS 定位。骑行时，实时的路径追踪可以使用用户的手机上传位置，单车内的 GPS 只负责跟踪单车，只需要在一段时间内更新某个点，这个更新的时间可以长达 30s ~ 1min。而车辆锁上后，后台也可以控制 10 ~ 15min 才更新一次。

（2）GPRS、蓝牙、短信多种方法智能开锁

智能锁里面有无线移动通信模块，相当于智能锁里面有个手机，例如将锁内的 GSM 模块当成当年 SIM 卡的黑白功能手机。智能锁里面还有蓝牙模块。这里介绍 3 种智能开锁的方式。

① 利用短信可以开锁。用手机扫描单车上的二维码，网络上的服务器收到后，给单车发短信（就是手机短信），单车响应后就开锁了。由于仅是用手机扫码，没有任何激活单车的操作，所以智能锁始终与网络保持连接，也就是说智能锁始终是开机的状态，时刻要接收信号。共享单车以短信作为开锁信号，这种智能开锁的方法比较慢，但开锁比较稳定，极少失败。

② 利用 GPRS 流量可以开锁。这种共享单车智能锁采用 2G 移动通信模块，开锁方式就直接由服务器通过 GPRS 流量传达开锁指令。通过流量直接开锁，开锁的速度可大大提升。原来靠短信开锁，开锁等待时间有时候要 30s、1min（短信收发有时候还不止这么长的时间）；利用 GPRS 流量开锁，变成了 3s 内开锁，这照顾到了很多用户对快捷的要求。但问题也随之而来，这种利用 GPRS 流量开锁的成功率依赖于信号，在信号不强的地区开锁不稳定。

③ 利用流量+蓝牙可以开锁。这是现在智能锁普遍使用的开锁方式，采用这种方式，开锁不稳定、开锁时间慢、耗电的问题得以一次性解决。蓝牙辅助开锁的原理是使用用户的手机蓝牙，通过加密，与锁内

的蓝牙配对后开锁。服务器只需用流量连接用户手机，再由用户手机蓝牙发送开锁指令到智能锁即可。这样一来，开锁功耗大大降低，也不需要依赖智能锁中模块的信号强度，提高了稳定性。

（3）传感器蜂鸣报警

共享单车的智能锁加装了传感器，在非正常移动、被人恶意破坏时会发出蜂鸣警报。蜂鸣报警器还可终端控制、方便找车。

（4）开锁电机

开锁电机通过控制车锁卡簧的移动来实现开锁，包括通过一系列传动齿轮控制金属杆向上移动解锁。开锁电机需要耗电。

（5）续航问题

智能锁内部主要存在两个耗电模块，一个是给 GSM、GPS 和蓝牙模块供电，另外一个是给开锁电机供电。

最初的摩拜单车采用的是轴承，而不是链条，靠我们骑车来发电，单车脚踏特别费力，如果某辆单车一直没人骑，等到它的电量耗尽就变成了一辆“僵尸车”。最初的摩拜单车如图 10.11 所示。

现在行业里普遍采用的充电方式是太阳能充电，在车篮子上加装太阳能电池板，保证电量的供应。太阳能电池板大多采用的是 PET 和 EVA 材料，工作电压为 6V，工作电流为 1A，转换效率为 18%～24%。通过特殊的封装技术，制成长 270mm、宽 175mm、厚 2.2mm 的太阳能电池板，这样的太阳能电池板可以保障单车的供电问题。车篮里的太阳能电池板如图 10.12 所示。

图 10.11　最初采用骑行发电的摩拜单车

图 10.12　车篮里的太阳能电池板

4．共享单车的企业平台

共享单车包括用户智能终端侧、共享单车侧和企业应用平台侧，其中企业平台是核心。智能锁的开发和生产只是第一步，更重要的是其背后的后端服务器、云平台。企业平台体现了共享单车的真正本质，能有效对接车与人的需求，构建车与车的物联网数据，实现前后台系统的无缝一体化。

企业平台可以把用车需求量化，进行动态匹配，收集用户短途骑行的大数据信息，对单车铺货位置、数量等运营有战略性的意义。

企业平台可以划定电子围栏，支持电子围栏服务，督促用户不要乱停乱放，如果单车没有停放在电子围栏内，后台将会一直计费。电子围栏是一种信号覆盖技术，由蓝牙发射器发出信号，与共享单车连接，划定一个无形围栏，单车只有来到了电子围栏圈定的范围，蓝牙连接上了，后台才允许使用者结束计费。如果蓝牙没有连接上，车子将无法上锁。电子围栏的大小可以调整，最长的辐射半径为 100m。

企业平台还可以与互联网企业建立用户信用体系。例如，2017 年 11 月，腾讯 QQ 与摩拜单车联合宣布，QQ 正式全面接入摩拜单车，通过 QQ“扫一扫”入口或 QQ 钱包的专门入口，用户均可解锁摩拜单车。

5．共享单车的标准

2017 年 11 月，中国通信工业协会正式发布团体标准《基于物联网的共享自行车应用系统总体技术要求》。这是由中国通信工业协会物联网应用分会、摩拜单车、中国信息通信研究院等权威专业机构和各领域龙头企业参与制定和发布的。这是自共享单车诞生以来，国内出台的首个基于物联网的共享单车系统团体标准。

《基于物联网的共享自行车应用系统总体技术要求》的主要内容如下。

在用户服务方面，共享单车 APP 应在行程结束后自动结算，应具备押金支付、退回功能。此外，为了规范用户停车，宜具备停放区引导功能，向用户推荐目的地附近的停放区域，以及禁止停放/骑行区域等信息。

在车辆技术方面，智能车锁是共享自行车的信息化主体，应具备远程自动开锁、车辆定位、数据通信、移动报警、电源管理、信息上报等功能；关锁后应在 30s 内停止计费，关锁状态下，自行车位置信息上报不低于每 4 小时一次；应满足不低于 8000 次无故障开关锁循环。在信息安全方面，应具备防止暴力破解的能力。

在企业平台方面，共享单车企业应建立用户信用体系，对于用户不规范用车或违法违规的行为在信用体系中予以体现；应具备大数据管理功能，具备不同区域自行车分布数量状况、活跃用户数量、一天各时段行程数量、活跃地区分布、自行车及人员属性统计等分析能力；应该支持电子围栏服务，对于用户是否遵守规则在电子围栏中停车予以记录，该记录在用户信用体系中体现。

10.3.3 物联网在西班牙农业领域的应用

西班牙是欧盟第一大果蔬输出国，西班牙的阿尔梅里亚被称为“欧洲的菜园”。阿尔梅里亚南临地中海，阳光充足，气温较高，但该地区气候干燥，蔬菜和瓜果都只能在温室中生产，基于物联网的设施农业成为当地的支柱产业。

1. 阿尔梅里亚的设施农业

阿尔梅里亚的设施农业总规模约 3.0 万公顷，集中分布在阿尔梅里亚沿海的西部一带，密度居世界第一，如图 10.13 所示。阿尔梅里亚蔬菜和西甜瓜年产量约 300 万吨。阿尔梅里亚集约化农业衍生出了现代农业产业集群，涉及温室建设、种子、种苗、栽培基质、苗床、生物农药、农业灌溉系统、环境控制系统、质量检测和农药残留检测系统等。

图 10.13 阿尔梅里亚的农业密度居世界第一

2. 物联网在西班牙农业中的应用

（1）利用传感器进行温室智能监控

农业温室务必考虑如何控制和保持温度、光照、湿度、二氧化碳浓度等的均衡，这需要加强对温室与生产功能之间关系的研究，包括遮阳网的颜色与光照强弱之间的关系、防虫网孔大小与病虫害传播之间的关系、温室喷雾与湿度之间的关系等，推广应用人工智能控制系统、保温系统、光照系统和喷雾系统。温室智能遮阳网和喷雾系统如图 10.14 所示。

温室采用的传感器有空气温度传感器、空气湿度传感器、光照强度传感器、二氧化碳传感器等，利用传感器可以控制温室的温度、湿度、光照、二氧化碳浓度等各项指标。温室里安装的各种传感器如图 10.15 所示。

图 10.14　温室智能遮阳网和喷雾系统

图 10.15　温室里安装的各种传感器

（2）利用传感器进行土壤智能监控

阿尔梅里亚干旱、少雨、土壤贫瘠，需要改良土壤，采用节水技术。当地温室的土壤为“三明治式”结构，即底层是从外地运来的土壤、中间层是经过发酵的有机肥、上层是沙子。当地普遍应用滴灌系统，全自动滴灌系统对温度、pH 值等一系列指标全程监控，温室园艺作物每吨水的效益达 12.5 欧元，传统的有机肥也已经被液体有机肥取代，使得底肥滴灌成为可能。土壤滴灌和利用传感器对土壤智能监控如图 10.16 所示。

（3）智能农业质量监管服务体系

智能农业质量监管服务体系包括在采摘期间严格进行农药残留检测，检测蔬菜、水果可能携带的葡萄灰孢霉、晚疫病菌、沙门氏菌以及病毒，检测的次数超过 10000 次，农药残留检测达到 6000 次。利用化学传感器检测蔬菜、水果如图 10.17 所示。

图 10.16　土壤滴灌和利用传感器对土壤智能监控

图 10.17　利用化学传感器监测蔬菜、水果

智能农业质量监管服务体系使用传感和分析系统，避免能量和资源的浪费，土壤消毒严格，务必保证喷雾和滴灌系统处于良好的状态，完善残留物控制体系。同时，使用 RFID 对农产品进行追溯，记录农产品的生长过程。智能农业质量监管服务体系如图 10.18 所示。

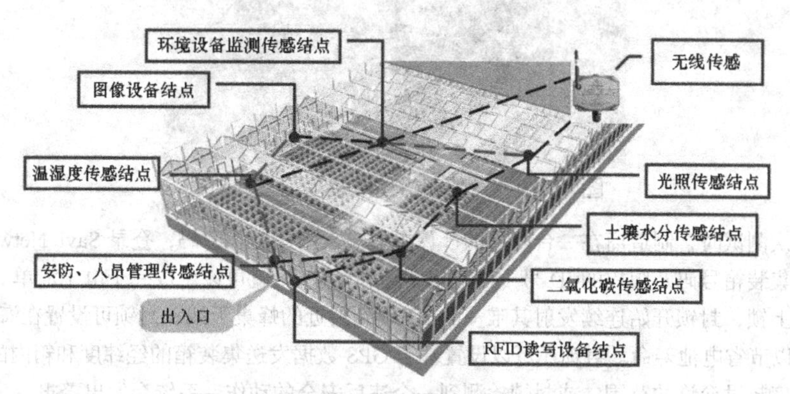

图 10.18 智能农业质量监管服务体系

10.3.4 物联网在美国食品物流领域的应用

美国专门从事食品经营的 Royal Food Import 公司在食品物流领域选择了 Savi Networks 公司的物联网监控服务，用于改善食品在运输过程中的端对端可见性、安全性和新鲜度。当进口食品从港口通过火车运往美国各地的配送中心时，到达时间是多变和不可预测的，无法精确预计产品的到达时间，这会导致 Royal Food Import 公司费用的增加和时间的拖延。该监控系统涉及水果和蔬菜运输过程中的跟踪和安全，可实现水果和蔬菜从亚洲、南美洲等生产基地运输到美国配送中心的全程实时监控。

1. 食品监控系统

当 Royal Food Import 公司寻求一套运输途中集装箱温度监测系统时，发现可以同时解决温度监测和时间监测问题，而且监控系统还能提高集装箱的安全性，让顾客获得产品位置的实时可视性。

最初，Royal Food Import 公司只希望这套系统能够提供一套体制，监测运输过程中对温度敏感的食品。然而，Royal Food Import 公司还发现了其他优势，即一套定位系统可帮助公司更好地了解货物到达的时间和地点，并且可以与顾客分享上述信息。

2. 食品监控方案的内容

Savi Networks 公司提供了食品安全方案，利用含有 GPS 技术的货物集装箱安全封锁，识别高速运行货物的位置。这套食品监控方案可监测温度，可通过蜂巢天线给出食品的位置信息、安全状态和感应器数据，并发送到一台 Web 服务器。

当货物到达铁路堆场时，Royal Food Import 公司必须先付款才能取得货物的拥有权，有时比应付日期提前一天或更早，这就意味着货款过早地从账号上扣除。公司经常在货物预计到达时间的前一天或几天就进行付款，以确保及时获得货物所有权，在货物到达的第一时间直接提货，避免集装箱滞留造成的逾期费用。在食品行业谨慎付费是相当重要的，通过采用定位系统，公司可以了解货物的具体位置，在合适的时间进行支付。

3. 食品监控方案的测试

Royal Food Import 公司开始在泰国货物上测试这套系统。在集装箱船开往美国的过程中，公司测试这套系统的定位、温度和湿度监控功能。在那场测试中，这套系统的有效性和可行性已经被证明。

公司很快对中国和泰国的货物集装箱采用 RFID 标签，并在集装箱箱门采用电池供电的封锁，封锁内嵌着温度和湿度感应器，用来监测箱内状况，如图 10.19 所示。封锁和一台 GPS 发射/接收器配合工作，还有一个感应器检测集装箱上锁后的任何动静，实时监测是否有人企图打开集装箱。

图 10.19　安装在货物集装箱门上的封锁

当封锁初次测试时，制造商在一台联网的计算机上输入用户名和密码，登录 Savi Networks 公司的软件，接着输入集装箱号码及版权的 ID 号（对应集装箱和标签），就可以生成一个电子清单。

一旦封锁上锁，封锁开始连续发射其唯一的 ID 码到附近的蜂巢天线。封锁可设置在海上或非信号范围内不激活，以节省电池寿命。封锁还可以设置基于 GPS 数据发送集装箱的经纬度和箱内的温湿度数据，如果温度或湿度超过允许的范围，或封锁检测到一个违反安全的动作，系统会发出警报。

4. 食品监控方案的实施

货物集装箱封锁发送的数据被转发到由 Savi Networks 公司管理的 Web 服务器，Royal Food Import 公司可以通过互联网获取信息，如图 10.20 所示。

图 10.20　Royal Food Import 公司通过互联网获取货物的信息

Royal Food Import 公司向 Savi Networks 公司按月支付服务费。Royal Food Import 公司可以让顾客分享该数据，并将成本分摊到那些需求数据的客户身上，作为公司服务的部分费用。总体来说，这项服务的成本很小。

5. 食品监控方案的优势

Royal Food Import 公司致力于为零售和饭馆客户提供价格有竞争力的顶级产品，如果每趟运输付费时间可以推迟两或三天，这将节省成百上千美元。温度数据对易腐坏产品非常重要，Royal Food Import 公司充分利用 Savi Networks 公司先进的信息系统，确保产品从田间到餐桌的安全。Savi Networks 公司的服务为 Royal Food Import 公司提供了有竞争力的信息优势，可实现对整个供应链端到端的跟踪，可实现对全球贸易可见性的控制，保证了 Royal Food Import 公司以合适的价格提供新鲜的产品。

10.3.5　物联网在全球机场管理领域的应用

基于物联网的机场管理系统正逐渐成为民航信息化建设的重点。机场管理系统可提高运营效率，实现航空运输各个环节的信息化管理，并为顾客提供高效周到的服务。

1. 物联网在机场管理中的作用

（1）行李跟踪管理

在机场登记处，工作人员给旅客的行李贴上 RFID 标签。在柜台、行李传送带和货仓，机场分别安装上射频读写器。这样就可以全程跟踪行李，解决行李丢失问题。

（2）货物仓储管理

RFID 标签可以安装在货箱上，记录产品摆放位置、产品类别和日期等。通过识别在货箱上的 RFID 标签，就可以随时了解货品的状态、位置以及配送的地方。

（3）运输过程管理

RFID 技术可以实现全程追踪，可以实时、准确、完整地记录运行情况，由此可为客户提供查询、统计、数据分析等服务。

（4）降低飞机检修风险

RFID 可以降低飞机维修错误的风险。在巨大的飞机检修仓库内，高级机械师每天都要花费大量的时间寻找维修飞机的合适配件，这不但可能会犯错误，还浪费了大量的时间。通过在飞机部件上使用 RFID 电子标签，能帮助机械师迅速准确地更换有问题的部件。

（5）对机场工作人员进出授权

机场可以根据每位工作人员的工作性质、职位和身份对他们的工作范围进行划分，然后把以上信息输入员工工作卡上的 RFID 电子标签。RFID 系统能够及时识别该员工是否进入了未被授权的区域，使航空公司更好地对员工进行管理。

（6）加强安保工作

机场采用传感器和数字摄像机，可加强安保工作。通过传感器提取排队的旅客数量，可进行工作人员的相应调配。将原来的模拟摄像机更换为数字摄像机，对影像进行评估，通过人脸识别系统追踪危险旅客。

2. 物联网在机场管理中的应用

（1）电子机票

电子机票是提升空中旅行效率的源头。1993 年 8 月，美国 Valuejet 航空公司售出第一张电子机票。2000 年，我国南方航空公司在国内率先推出电子机票。目前国际航协已经制定了统一的电子机票国际标准，希望全面实现机票电子化，取消纸质机票。

电子机票是纸质机票的电子形式，用户可以在线支付票款，即刻订票。电子机票利用了 RFID 智能卡技术，不仅能为旅客累计里程，还可以预定出租车和酒店，同时还能够提供金融服务。

在我国，电子机票利用了第二代身份证，而我国的第二代身份证就是一个 RFID 电子标签。旅客使用电子机票，在机场需要凭第二代身份证领取登机牌。旅客如需报销，可领取“行程单”作为凭证，打印“行程单”同样需要第二代身份证，如图 10.21 所示。

图 10.21　在机场打印“行程单”需要第二代身份证

（2）行李追踪

根据国际航空运输协会列出的全球机场 RFID 应用计划，全球 80 家最繁忙的机场都将采用 RFID 电子标签追踪和处理包裹。国际航空运输协会在一份计划书中列出了全球采用 RFID 电子标签代替条码标签的详细方案。RFID 航空管理系统全程跟踪行李如图 10.22 所示，其中图 10.22（a）所示为 RFID 电子标签，图 10.22（b）所示为机场行李传送带，图 10.22（c）所示为带有 RFID 电子标签的行李。

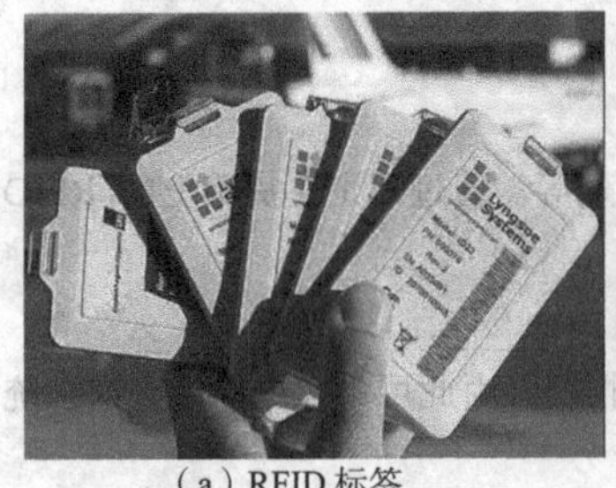

（a）RFID 标签

（b）机场行李传送带

（c）带有 RFID 标签的行李

图 10.22　RFID 航空管理系统全程跟踪行李

国际航空运输协会代表着全球 240 家航空公司，该协会研究表明，80 家最繁忙的机场对全球 80%的包裹丢失事件负有责任，并称这 80 家机场将采用 RFID 电子标签代替条形码标签。国际航空运输协会公布的报告称，每 1000 位乘客就有 20 例包裹失踪或处理错误的情况。国际航空运输协会表示其 50%的会员支持 RFID 技术，另一半航空公司则担忧费用、技术的成熟度等问题。但是，从国际航空运输协会的决心和这份报告的数据可以看出，RFID 技术在机场管理系统的应用已经是一种必然的发展方向。

（3）机场“导航”

大型机场俨然是一个方圆数里的迷宫。20 世纪 80 年代中期，某些繁忙的美国机场曾经有自己的广播电台，它不断播出航班、车位、路况等信息。现在，广播和显示屏日渐精致，却本质依旧，对每个人来说，这种信息源大多用处不大。

通过使用 RFID 技术，可以在机场为旅客提供“导航”服务。在机场入口，为每个旅客发一个 RFID 卡（电子标签），将旅客的基本信息输入 RFID 卡，该 RFID 卡可以通过语言提醒旅客航班是否正点、在何处登机等信息。丹麦 Kolding 设计学院探索的概念更前卫，其利用 RFID 个人定位和电子地图技术，不管机场有多复杂，只要按个人信息显示的箭头，就能准确地到达登机口。RFID 技术导航服务如图 10.23 所示，图 10.23（a）所示为繁忙的机场，图 10.23（b）所示为旅客的 RFID 信息卡。

（a）繁忙的机场

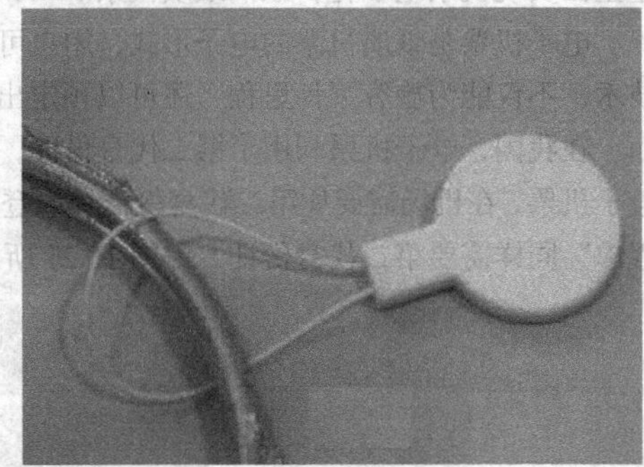

（b）旅客的 RFID 卡

图 10.23　RFID 机场导航服务

（4）旅客追踪

使用 RFID 技术可以随时追踪旅客在机场内的行踪。实施方式是当每位旅客向航空公司柜台登记时，发给其一张 RFID 电子标签，即可在机场内追踪旅客。这项名为“Optap”的计划已在匈牙利机场测试，若测试成功并吸引顾客，可能部署欧洲各地机场。

Optap 具有个人定位功能，在疏散人员、寻找走失儿童和登机迟到的状况下非常有用。Optap 的另一个作用是让机场人员有能力追踪可疑旅客的行踪，阻止他们进入限制区域，提升机场的安全。Optap 识别范围可达 10～20m，识别电子标签定位的误差也减小到 1m 以内。RFID 追踪旅客行踪，阻止他们进入限制区域，如图 10.24 所示。

（5）飞机检修

Aman 航空是一家印度飞机零部件保养和维修（MRO）机构，其与 Dolphin RFID 合作，推动印度民航采用 RFID 技术。相比纸质记录和手动工具搜索，RFID 能够实时提供工具状态信息，还能够提升精确性。飞机零部件保养和维修如图 10.25 所示。

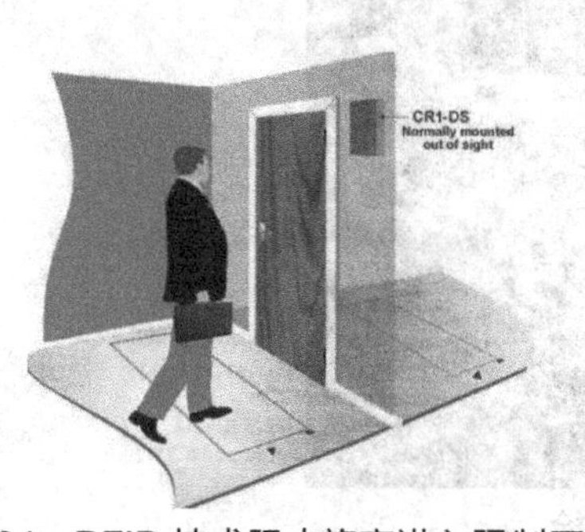

图 10.24　RFID 技术阻止旅客进入限制区域

图 10.25　飞机零部件保养和维修

Dolphin RFID 将 RFID 标签应用于工具追踪。其中，工业级高强度高温 Dot XS 标签直径 6mm，厚度 2.5mm，读写距离达到 1.5m；Dash XS 标签的尺寸为 12mm × 3mm × 2.2mm，读写距离达到 2m。RFID 标签可以应用在最恶劣的环境，即使暴露在极端高温、油污、液压流体和清洗剂中，或应用于金属部件环境中，也能可靠地读取信息。

RFID 标签贴在工具、零件或其他资产后，能够在实物与安全高效运行的信息之间建立物理链接。Dolphin RFID 解决方案是基于使用自己的 Java 软件 Edge Wizard，此软件支持在复杂的供应链中各个阶段资产和库存的高效追踪，以及精确的飞机云端维护管理。

（6）车辆定位

美国凤凰城的 Sky Harbor 国际机场设计了车辆跟踪系统，这个系统采用的是 RFID 结合 GPS 技术，使机场可以对各种车辆进行全程跟踪。如果没有车辆跟踪系统，机场工作人员至少要增加一倍或两倍，才能满足联邦航空管理总局的强化安检要求。

由于 GPS 信号无法穿透建筑，手机信号在室内不太稳定，所以成熟且可行的室内定位可采用 RFID 技术。RFID 定位原理类似于 GPS 定位，RFID 标签在接收到多个读写器的信号后，根据每个读写器的信号值计算出所在坐标。

机场的车辆跟踪系统同时整合 RFID 和 GPS 定位功能，可在特定区域使用 RFID 定位，区域范围外自动切换使用 GPS 定位，实现在建筑地图与 GPS 地图之间的无缝切换。RFID 结合 GPS 对机场车辆进行定位，如图 10.26 所示。

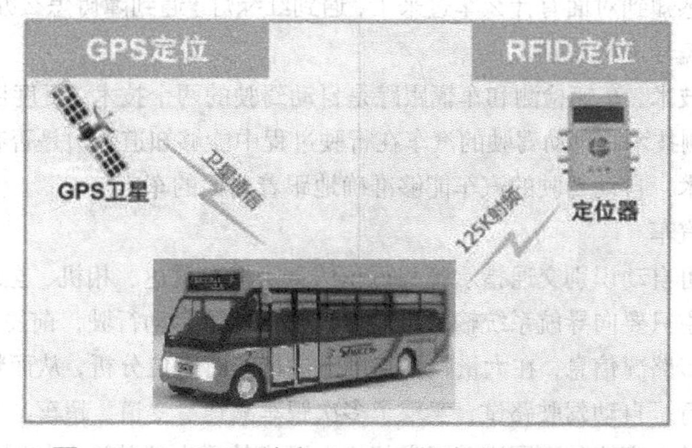

图 10.26　RFID 结合 GPS 对机场车辆进行定位

（7）机场安保

机场应该达到的安全水平是，机场的每个人、每个包、所有物品和设备都能被识别、跟踪和随时定位。在机场的安检如图 10.27 所示。

图 10.27　在机场的安检

最早的安保措施在距机场 1km 之外就开始执行了，路旁的激光扫描器会探测车辆是否带有爆炸物。根据每种物质光谱的不同，将这些光谱与物质数据库比较，就能发现可疑物质，特别是炸药、毒品和生化毒剂。

旅客到机场遇到的第一关口是一个身份认证亭。在身份认证亭里，装有面部识别软件的摄像机会为你拍一张快照，并立即生成一张防破坏和防篡改的智能卡，上面的芯片存有航班号、登机口、到达时间、面部数据图像等信息，机场可以随时了解你的行踪。

旅客的行李和随身物品也会被贴上 RFID 标签，以便随时被定位，标签还能够与智能卡对应，不会出现旅客没有登机而他的行李上了飞机的情况。行李检查也将应用激光扫描器，发现可疑行李后，能立即查找并拦截。

10.3.6　物联网在百度无人驾驶中的应用

2017 年，百度的无人驾驶汽车在北京五环上行驶测试。百度已经发布“Apollo（阿波罗）计划”，向汽车行业及自动驾驶领域的合作伙伴提供一个开放、完整、安全的软件平台，帮助快速搭建完整的自动驾驶系统。汽车将成为物联网的一个智能终端。

1．无人驾驶汽车

（1）自动驾驶

自动驾驶是指汽车无人驾驶，汽车具有感知、自定位、预测和决策功能。汽车感知的范围比较宽，很多比较远的目标都可以感知到对面有什么车过来了，遇到红绿灯、遇到障碍怎么办，行人怎么能识别出来，每个目标都给出唯一的编号进行识别。

自动驾驶涉及很多技术，车辆检测和车辆跟踪是自动驾驶的两个技术，百度目前在这两项技术上处于领先地位。通过车辆检测技术，自动驾驶的汽车在行驶过程中能够知道旁边是否有车辆，这个车辆的位置在哪。通过车辆跟踪技术，自动驾驶的汽车能够准确地跟着前面的车走。

（2）百度无人驾驶汽车

百度无人驾驶汽车可自动识别交通指示牌和行车信息，具有雷达、相机、全球卫星导航等电子设施，并安装同步传感器。车主只要向导航系统输入目的地，汽车即可自动行驶，前往目的地。在行驶过程中，汽车会通过传感设备上传路况信息，在大量数据基础上进行实时定位分析，从而判断行驶方向和速度。百度无人驾驶汽车已经进行了自动驾驶路试，实现了多次跟车减速、变道、超车、上下匝道、调头等行驶动作，完成了进入高速到驶出高速的不同道路场景切换。百度的无人驾驶汽车如图 10.28 所示。

图 10.28 百度的无人驾驶汽车

（3）汽车联网解决方案

百度汽车联网是指人机交互，充分利用电子地图、导航、私有云、语音、安全等产品的优势，为车主搭建更为完善的人车互联服务平台。百度汽车大数据能完成人、车、路的联动分析，并为汽车企业提供整车设计、用户管理、舆情分析等多方面的数据和服务支持。

2. 百度人工智能

无人驾驶就是把智能驾驶能力释放出来。只做硬件或者软件都是不够的，而数据起到了重要且特殊的作用。百度的无人驾驶汽车包括前端的对话式人工智能系统（DuerOS）和自动驾驶（Apollo）开放平台，以及后端的百度大脑。

（1）人工智能

人工智能（Artificial Intelligence，AI）可以对人的意识、思维的信息过程进行模拟。人工智能不是人的智能，但能像人那样思考，也可能超过人的智能。人工智能包括十分广泛的科学领域，它由机器学习、机器视觉等不同的领域组成，人工智能研究的一个主要目标是使机器能够胜任一些通常需要人类智能才能完成的复杂工作。

无人驾驶的环境感知部分包括车道线、车辆、行人、交通标志等目标的自动检测，这就要用机器学习的方法去完成自动识别工作。而深度学习是利用深层的神经网络，通过一定的算法训练出一个识别率非常高的机器，从而为驾驶决策模块提供正确的环境信息，保证无人驾驶正常完成。

在汽车领域，视觉识别在识别内容和要求两个方面与传统的视觉识别有所不同。传统的视觉识别常见的应用场景有文字转录、人脸识别、指纹识别等，都是静止状态下的识别。在汽车领域的视觉识别中，目标是相对运动的，需要识别的机动车、非机动车、人都处于主动运动状态，而障碍物、交通牌、红绿灯等则处于相对运动状态。

由于汽车领域的视觉识别既要求成本又要求性能，而识别内容又更加复杂，因此视觉识别在汽车领域的应用难点尤其突出。将深度学习融入视觉识别，可以使无人驾驶技术更加完善。机器视觉技术为无人驾驶汽车提供了一双“慧眼”，如图 10.29 所示。

（2）百度大脑

DuerOS 与 Apollo 开放平台都运用了百度大脑的核心能力。百度大脑就是百度的人工智能产品，它由 3 部分组成：人工智能算法（超大规模的神经网络）、计算能力（数十万台服务器基于 GPU 进行计算）、大数据。百度已构建包含算法层、感知层、认知层和平台层技术架构的 AI 平台，将全面开放百度大脑 60 项核心 AI 能力，其中包括语音识别能力、人脸识别能力、增强现实、机器人视觉、自然语言理解等。百度大脑如图 10.30 所示。

百度之所以进入无人驾驶汽车行业，是基于这样一个理念：未来的汽车就是长了 4 个轮子的机器人、电脑。百度自动驾驶拥有环境感知、行为预测、规划控制、操作系统、智能互联、车载硬件、人机交互、高精定位、高精地图和系统安全共 10 项核心技术。把百度大脑的能力放到了汽车上面，就成了一辆无人驾驶汽车。

图 10.29　机器视觉为无人驾驶汽车提供了一双“慧眼”

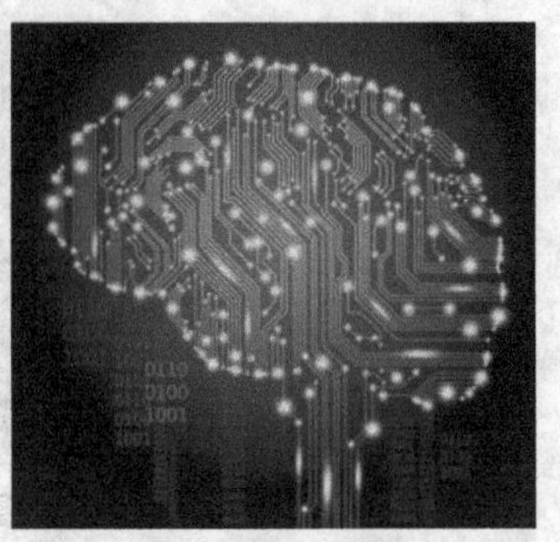

图 10.30　百度大脑的示意图

本章小结

物联网的时代即将来临，世界万物都将相连，地球将充满智慧。IBM 提出了物联网与智慧地球的构想，构建智慧地球需要“更透彻的感知，更全面的互联互通，更深入的智能化”。M2M 是机器对机器（Machine to Machine）通信的简称，它是物联网的构成基础，是一种以机器终端智能交互为核心、网络化的应用与服务。物联网产业覆盖了感知、传输、运算、处理、应用等领域，涉及的技术包括 RFID、传感器、无线定位、通信网络、大数据、智能控制、云计算、人工智能等。本章给出了物联网在德国汽车制造、我国共享单车、西班牙农业、美国食品物流、全球机场管理、百度无人驾驶等领域的应用。

思考与练习

10.1　什么是智慧地球？物联网与智慧地球有什么关系？

10.2　阐述 IBM 提出的智慧地球的概念，说明物联网带来了更透彻的感知、更全面的互联互通、更深入的智能化。

10.3　什么是 M2M 的概念？M2M 系统架构和运营体系是什么？

10.4　简述 M2M 的支撑技术与业务发展现状。

10.5　简述物联网在德国汽车制造领域的应用。

10.6　简述物联网在我国共享单车领域的应用。

10.7　简述物联网在西班牙农业领域的应用。

10.8　简述物联网在美国食品物流领域的应用。

10.9　简述物联网在全球机场管理领域的应用。

10.10　简述物联网在百度无人驾驶领域的应用。

附录 部分习题参考答案

1.1 物联网的英文名称是 The Internet of Things，简称为 IoT。

1.2 全面感知、互通互联和智慧运行。

1.8 互联网是由多个计算机网络按照一定的协议组成的国际计算机网络。

1.9 人到人（H2H）的发展路线主要有宽带化、移动化。物到物（T2T）的发展路线主要有 IP 化、智能化。

2.1 感知层、网络层、应用层。

2.3 自动识别和传感器两种方式。

2.4 信息短距离传输主要有 ZigBee、蓝牙、RFID、IrDA、NFC 和 UWB 等。

2.7 计算机网络从逻辑上分为资源子网和通信子网，体系结构有 OSI、TCP/IP 参考模型。

3.3 射频识别系统基本都是由电子标签、读写器和计算机网络这 3 部分组成的。

3.6 RFID 主要工作频率为 0～135kHz、13.56MHz、800/900MHz、2.45GHz 及 5.8GHz。

3.8 RFID 标准体系主要由技术标准、数据内容标准、性能标准和应用标准 4 部分组成。全球 RFID 标准化组织有 ISO/IEC、EPC global、UID、AIM global 和 IP-X。

3.10 EPC 系统 5 个基本组成部分是 EPC 码、RFID、Middleware、ONS 和 EPCIS。

3.11 ① 2097151；② 131071；③ 16777215；④ 4611648360173142015。

3.13 EPC 标签分 Class 0、Class 1、Class 2、Class 3 和 Class 4 共 5 类，有 Gen1、Gen2 代。

4.1 传感器通常是由敏感元件、转换元件和转换电路组成的。

4.3 传感器的一般特性是指传感器系统的输出—输入关系特性。传感器的一般特性分为静态特性和动态特性。

4.4 12.5mV/mm。

4.5 0.2 级。

4.13 无线传感器网络的基本组成是传感器结点、汇聚结点和管理结点。

5.1 核心网（包括长途网、中继网）和接入网。

5.2 WPAN，一般在 10m 以内；WLAN，几十米至几百米；WMAN，几千米至几十千米；WWAN，一个国家或一个洲。

5.3 ZigBee、蓝牙、RFID、UWB 和 60GHz 等。见表 5.1。

5.4 见表 5.2。工业、科学和医用频段，属于无许可频段，不需要使用授权。

5.9 见表 5.3。见表 5.4。

5.10 1987 年 11 月 18 日、1995 年、2009 年、2013 年 12 月。

5.11 GSM、GPRS、EDGE。见表 5.5。

5.12 OFDM、智能天线技术、MIMO、软件无线电技术、载波聚合技术、IPv6。万物互联、电信 IT 化、软件定义、云化、蜂窝结构变革。

5.13 HDSL、ADSL、VDSL。

5.14 高锟，获颁 2009 年诺贝尔物理学奖。

5.15 SDH 复接、线路传输及交换功能融为一体，但存在 O-E-O 转换瓶颈问题。WDM 波长路由全光网络，但仅能实现静态配置传输资源。自动交换光网络（ASON）体系结构。

6.2 IOT-NS 是物联网名称解析服务，将电子标签的编码解析成对应的网络资源地址。IOT-IS 是物联网信息发布服务，负责对物品的信息在物联网上进行处理和发布。

6.4 32 位的 IPv4 地址有 4 个字段，每个字段为一个地址节，每个地址节长为 8 位，地址节之间用小数点隔开，例如 202.117.128.8。128 位的 IPv6 地址由 8 个地址节组成，每个地址节包含 16 个地址位，用 4 个十六进制位书写，地址节与地址节之间用冒号分隔。

6.5 ① 16384；② 65536。

6.6 域名一般为主机名.机构性域名.地理域名。

6.12 PML 是实体标记语言，物品信息是用 PML 书写的，PML 是由 XML 发展而来的。

7.1 5V 特征是体量大、类型多、速度快、价值性、真实性。

7.2 数据的大小用计算机存储容量的单位来表示。比特、字节、千字节、兆字节、吉字节、太字节、拍字节、艾字节、泽它字节。8、1024、1024、1024、1024、1024、1024、1024。

7.3 ① 11805916207174113034240Byte；② 94447329657392904273920bit；③ 10737418240 台。

7.4 结构化、非结构化（半结构化和无结构）。关系型数据库管理系统；结构化查询语言；非关系型数据库。关系型数据库、个人产生的数据、物联网产生的数据。物联网产生的数据。

7.6 GFS、MapReduce 和 BigTable。实现了结构化/非结构化数据的海量存储和处理。

7.7 Google 文件系统。见图 7.4。超大集群上并行计算的编程模型，用于处理和生成超大数据集的作业调度。见图 7.5。Google 分布式数据存储系统，是用来查询和处理海量数据的一种非关系型数据库。见图 7.6。

7.8 Hadoop 系统是开源分布式计算平台，为用户提供分布式基础架构的系统底层细节。Google 三宝的开源实现，HDFS 对应 GFS，Hadoop MapReduce 对应 Google MapReduce，HBase 对应 BigTable。

7.11 云计算是一种按使用量付费的模式，提供可用的、便捷的、按需的网络访问，进入可配置的计算资源共享池，能够快速提供，只需投入很少的管理或与服务供应商很少的交互。规模大、虚拟化、按需服务、通用性、高可扩展性、高可靠性、廉价性、潜在的危险性。

7.12 设施层、平台层和应用层。IaaS、PaaS 和 SaaS。

7.14 如果以传统计算机架构“硬件+操作系统/开发工具+应用软件”来看待，PaaS 提供类似操作系统和开发工具的功能。

7.15 在线电子邮箱。SaaS 提供应用表示、应用服务和应用管理。

7.16 端系统、管系统和云系统。车联网的生态链是多源海量信息的汇聚，需要虚拟化、安全认证、实时交互、海量存储等云计算功能。

8.1 中间件是由“平台”和“通信”两部分构成的，中间件是位于平台（硬件和操作系统）和应用之间的通用服务。

8.5 按照技术和作用，中间件可分为数据访问中间件、远程过程调用中间件、面向消息中间件、面向对象中间件、事件处理中间件、网络中间件、屏幕转换中间件等。按照独立性，可分为非独立中间件、独立中间件。

8.8 中间件的系统框架主要是由读写接口、处理模块、应用接口组成的。

8.10 中间件标准主要有 CORBA 标准、J2EE 标准、COM 标准。

9.1 机密性、完整性、可用性、可认证性和不可否认性。

9.3 见图 9.1。公钥密码和单钥密码（含分组密码、序列密码）。加密和解密的密钥不一致。

9.4 DES 和 AES 等单钥密码算法；RSA 和 ElGamal 等公钥密码算法；数字签名算法；Hash 函数；MAC 算法。密码算法、密码协议。使用密码技术的通信协议。

9.7 不是。传统互联网的安全机制可以应用到物联网；物联网多了感知层安全，具备“平民化”特征（需要低成本、轻量级解决方案），更复杂（应用多样性和动态性）。

9.9 感知层的安全是新事物。需要轻量级的密码算法和轻量级的安全认证协议。传感网的安全问题和 RFID 的安全问题。

9.10 接入方式的安全问题，核心网的安全问题，大数据和云计算的安全问题。前两个是信息传输的安全，最后一个是数据管理和分析的安全。

9.12 法拉第笼、杀死（Kill）标签、主动干扰、阻止标签。存储型最低、逻辑加密型居中、CPU 型最高。

10.3 M2M 是机器对机器（Machine to Machine）通信的简称，是一种以机器终端智能交互为核心的网络化应用与服务。M2M 系统架构是由设备域、网络域和应用域组成的。

参考文献

[1] Francis daCosta．重构物联网的未来：探索智联万物新模式[M]．周毅，译．北京：中国人民大学出版社，2016．

[2] Adrian McEwen，Hakim Cassimally．物联网设计[M]．张崇明，译．北京：人民邮电出版社，2015．

[3] Amber Case．交互的未来：物联网时代设计原则[M]．蒋文干，刘文仪，余声稳，等，译．北京：人民邮电出版社，2017．

[4] Nitesh Dhanjani．物联网设备安全[M]．缪纶，林林，陈煜，龚娅君，译．北京：机械工业出版社，2017．

[5] Dirk Slama，Frank Puhlmann，Jim Morrish，Rishi M. Bhatnagar．企业物联网设计[M]．苏金国，张伶，译．北京：中国电力出版社，2017．

[6] Samuel Greengard．物联网[M]．刘林德，译．北京：中信出版社，2016．

[7] EMC Education Services．数据科学与大数据分析[M]．曹逾，译．北京：人民邮电出版社，2016．

[8] Bart Baesens．大数据分析[M]．柯晓燕，张纪元，译．北京：人民邮电出版社，2016．

[9] Michael J.Kavis．云计算服务模式（SaaS、PaaS 和 IaaS）设计决策[M]．陈志伟，辛敏，译．北京：电子工业出版社，2016．

[10] Thomas Erl，Zaigham Mahmood，Ricardo Puttini．云计算概念、技术与架构[M]．龚奕利，贺莲，胡创，译．北京：机械工业出版社，2014．

[11] Afif Osseiran，Jose F. Monserrat，Patrick Marsch．5G 移动无线通信技术[M]．陈明，缪庆育，刘愔，译．北京：人民邮电出版社，2017．

[12] Jonathan Rodriguez．5G 开启移动网络新时代[M]．江甲沫，韩秉君，沈霞，等，译．北京：电子工业出版社，2016．

[13] Luke Dormehl．人工智能[M]．赛迪研究院专家组，译．北京：中信出版社，2015．

[14] 唐赞淞．5G 移动通信技术应用及其发展前景探索[J]．中国新通信，2017,19(1):36-36．

[15] 陈秀娟．5G 移动通信网络关键技术分析与研究[J]．中国新通信，2017(7):4-5．

[16] 赵梓森．中国光纤通信发展的回顾[J]．电信科学，2016,32(5):5-9．

[17] 郑小平，华楠．光网络 30 年：回顾与展望[J]．电信科学，2016,32(5):24-33．

[18] 信息产业部无线电管理局．www.srrc.org.cn

[19] 中国自动识别技术协会．www.aimchina.org.cn

[20] 中国物品编码中心．www.ancc.org.cn

[21] 国家标准化管理委员会．www.sac.gov.cn

[22] 百度 AI 开放平台（人工智能）．http://ai.baidu.com/

[23] 松尾丰．人工智能狂潮[M]．赵函宏，高华彬，译．北京：机械工业出版社，2016．

[24] Christopher Moyer．构建云应用[M]．顾毅，译．北京：机械工业出版社，2012．

[25] 樊昌信，曹丽娜．通信原理[M]．7 版．北京：国防工业出版社，2015．

[26] 朱近之．智慧的云计算——物联网发展的基石[M]．北京：电子工业出版社，2010．

[27] 张玉艳．现代移动通信技术与系统[M]．2 版．北京：人民邮电出版社，2016．

[28] James Barrat．我们最后的发明[M]．闾佳，译．北京：电子工业出版社，2016．

[29] 金纯，罗祖秋，罗凤，陈前斌．ZigBee 技术基础与案例分析[M]．北京：国防工业出版社，2008．
[30] 李劼，张勇，王志辉．WiMAX 技术、应用及网络规划[M]．北京：电子工业出版社，2009．
[31] 黄玉兰，梁猛．电信传输理论[M]．北京：北京邮电大学出版社，2004．
[32] 黄玉兰．物联网核心技术[M]．北京：机械工业出版社，2011．
[33] 黄玉兰．电磁场与微波技术[M]．2 版．北京：人民邮电出版社，2012．
[34] 黄玉兰．物联网射频识别（RFID）技术与应用[M]．北京：人民邮电出版社，2013．
[35] 黄玉兰．射频电路理论与设计[M]．2 版．北京：人民邮电出版社，2014．
[36] 黄玉兰．物联网传感器技术与应用[M]．北京：人民邮电出版社，2014．
[37] 黄玉兰．ADS 射频电路设计基础与典型应用[M]．2 版．北京：人民邮电出版社，2015．
[38] 黄玉兰．物联网—射频识别（RFID）核心技术教程[M]．北京：人民邮电出版社，2016．
[39] 黄玉兰．物联网—射频识别（RFID）核心技术详解[M]．3 版．北京：人民邮电出版社，2016．